交通职业教育教学指导委员会推荐教材
高职高专院校市政工程专业教学用书

高等职业教育规划教材

# 市政工程施工监理与质量检测

Shizheng Gongcheng Shigong Jianli Yu Zhiliang Jiance

主编　任少英
主审　范智杰

人民交通出版社

# 内 容 提 要

本书是交通职业教育教学指导委员会推荐教材，由路桥工程专业指导委员会组织编写。全书分为市政工程施工监理篇和质量检测篇。市政工程施工监理篇共有七章，主要介绍市政工程施工监理方面的基础知识，其内容包括：概论、合同管理、进度监理、费用监理、质量监理、安全监理、环保监理等。质量检测篇共有六章，主要介绍市政工程中路基路面现场质量检测方法和结构主要使用功能及构件性能的检测方法，其内容包括：市政工程质量评定方法、路基路面现场质量检测、混凝土构件质量检测、基桩桩身完整性检测、桥梁荷载试验、给排水管渠质量检测等。

本书作为高职高专院校市政工程专业教学用书，也可供相关专业教学使用，或供从事市政工程基础设施施工、监理、检测工作的工程技术人员学习参考。

图书在版编目（CIP）数据

市政工程施工监理与质量检测 / 任少英主编 . -- 北京：
人民交通出版社，2008.4

ISBN 978-7-114-07076-1

Ⅰ. 市… Ⅱ. 任… Ⅲ. ①市政工程 - 工程施工 - 监督管理②市政工程 - 工程质量 - 质量检验 Ⅳ. TU712 TU99

中国版本图书馆 CIP 数据核字（2008）第 046511 号

书　　名：市政工程施工监理与质量检测
著 作 者：任少英
责任编辑：郝瑞苹
出版发行：人民交通出版社股份有限公司
地　　址：（100011）北京市朝阳区安定门外外馆斜街 3 号
网　　址：http://www.ccpress.com.cn
销售电话：（010）59757973
总 经 销：人民交通出版社股份有限公司发行部
经　　销：各地新华书店
印　　刷：北京市密东印刷有限公司
开　　本：787×1092　1/16
印　　张：24
字　　数：578 千
版　　次：2008 年 4 月　第 1 版
印　　次：2018 年 1 月　第 3 次印刷
书　　号：ISBN 978-7-114-07076-1
印　　数：5001－6000 册
定　　价：45.00 元
（有印刷、装订质量问题的图书由本社负责调换）

# 前言

*QIANYAN*

为深入贯彻落实《高等教育面向21世纪教学内容和课程体系改革计划》,按照教育部“以教育思想、观念改革为先导,以教学改革为核心,以教学基本建设为重点,注重提高质量,努力办出特色”的基本思路,交通职业教育教学指导委员会路桥工程专业指导委员会在总结道路桥梁工程技术专业教学文件编制及其教材编写工作经验的基础上,为合理调整和配置资源,扩充道路桥梁工程技术专业的方向,又组织开发了相关专业的教学指导方案及部分专业教材,其中包括三年制高职高专院校市政工程专业教学指导方案及7门课程的规划教材。

本教材以教育部对高职高专人才培养目标、培养规格、培养模式及与之相适应的知识、技能、能力和素质结构的要求为宗旨,充分注意学生创新能力和实践能力的培养,加强了实训教学环节。本教材紧密跟踪我国市政工程技术的发展,采用了最新的行业技术标准、规范、规程,具有较强的针对性。教材编写中全面贯彻素质教育思想,力求体现以就业为导向,以需求为本位,注重知识实用性的现代职业教育理念,从市政工程行业岗位群对人才的知识结构和技能要求出发,提出教学目标和教学内容。本教材在理论体系、组织结构、内容描述上均反映了专业教学改革的成果。

《市政工程施工监理与质量检测》是高职高专院校市政工程专业规划教材之一,全书分为市政工程施工监理和市政工程质量检测两篇。第一篇内容包括:概论、合同管理、进度监理、费用监理、质量监理、安全监理以及施工环境保护监理。第二篇内容包括:市政工程质量评定方法;路基路面现场质量检测,混凝土构件质量检测,基桩桩身完整性检测,桥梁荷载试验,给排水工程使用功能质量检测。

参加本书编写工作的人员有:内蒙古大学交通学院任少英(编写第一篇第一、六章、七章,第二篇第二章)、周雁星(编写第一篇第三章、四章)、王智远(编写第二篇第五章),呼和浩特市市政公用工程质量监督站乔福东(编写第二篇第一章),新疆交通职业技术学院冯春(编写第一篇第五章,第二篇第三章、四章),江西交通职业技术学院王立军(编写第一篇第二章,第二篇第六章)。全书由任少英担任主编,重庆交通大学范智杰担任主审。

本套教材是路桥工程专业指导委员会委员及长期从事市政工程专业教学与工程实践的教师们工作经验的总结。本教材力求通俗易懂,紧密联系市政工程实际,实用性强,既可以作为市政工程专业三年制教学用书,也可供公路工程、市政工程专业施工人员学习参考。

由于编写时间仓促加之我们水平有限,书中难免有不妥之处,敬请广大读者批评指正。

本套教材在编写过程中得到了交通职业教育教学指导委员会的关心与指导，全国各交通职业技术学院的领导也给予了大力支持，在此，向他们表示诚挚的谢意。

**交通职业教育教学指导委员会**
**路桥工程专业指导委员会**
2008年4月

# 目 录

MULU

## 第一篇 市政工程施工监理

## 第二篇　市政工程质量检测

# 第一篇

# 市政工程施工监理

# 第一章 概 论

**知识目标**

1. 解释市政工程监理的概念，描述监理的要点、依据和任务；
2. 描述监理单位的资质管理规定；
3. 描述监理工程师资格与岗位职责；
4. 描述施工各阶段监理工作的主要内容。

我国于1988年开始推行建设工程监理制度并实施试点，5年后逐步推广。1997年《中华人民共和国建筑法》以法律制度形式作出规定：国家推行建设工程监理制度，从而使建设工程监理进入全面执行阶段。目前，我国建设工程监理在制度化、规范化和科学化方面已经上了一个新的台阶，并向国际监理水准稳步迈进。

市政工程在城市基础设施中占有非常重要的地位，具有显著的经济效益和社会效益。随着我国市政行业工程建设管理体制的深化改革，自20世纪80年代中后期，开始实行施工监理制度。实践证明，市政工程中引入监理制度，改变了多年来一些市政工程建设中存在的管理松懈、质量低劣、工期无保障、投资一超再超的放任自流的局面。在市政工程中推行监理制度，对控制工程造价、实现合理工期、提高工程质量等方面起到积极的促进作用。因此，市政工程建设监理制度的建立和实行，从组织体制上改变了传统单纯的管理模式，是一项重大变革，必将促进我国城市市政基础设施建设的蓬勃发展。

## • 第一节 市政工程监理的基本概念 •

### 一、工程监理的概念

监理单位为具有法人资格并取得建设主管部门颁发的建设工程施工监理资质证书的单位。

监理机构是指由监理单位派出，并代表监理单位履行监理合同的监理组织。

监理人员为取得国家监理工程师执业资格证书并经注册的监理人员，及经过监理业务培训，具有同类工程相关专业知识，从事具体监理工作的监理人员。

监理是指监理单位派出的监理机构和监理人员，在监理合同期限内对工程质量、费用、进度、安全、环保等进行监督和管理的活动。

在我国，工程监理和政府工程主管部门监督，两者的法律地位不同，职能与内容也不相同。政府监督是政府主管工程建设的有关部门依法对工程建设活动的全过程进行监督和管理，具有强制性、执法性、全面性、宏观性；而工程监理单位是以它的技能、经验、管理与检测手段为基础，由监理工程师行使委托方赋予的职权，在工程实施各阶段通过各项控制措施，保证工程建设的各项目标得以最佳实现。

## 二、工程监理的要点

**1. 工程监理的行为主体是监理单位**

建设工程监理的行为主体是明确的，即监理单位。监理单位是具有独立性、社会性、专业化特点的专门从事建设工程监理和其他技术服务活动的组织。只有监理单位才能按照独立、自主的原则，以“公正的第三方”身份开展建设工程监理活动。非监理单位所进行的监督管理活动一律不能称为建设工程监理。例如，政府有关部门所实施的监督管理活动就不属于建设工程监理范畴；项目业主进行的所谓“自行监理”以及不具备监理单位资质的其他单位所进行的所谓“监理”，都不能纳入工程建设监理范畴。

**2. 工程监理的实施需要业主委托和授权**

这是由工程监理的特点决定的，是市场经济的必然结果。工程监理的产生源于市场经济条件下社会的需要，始于业主的委托和授权，而工程监理发展成为一项制度，是根据这样的客观实际作出如此规定的。通过业主委托和授权方式来实施建设工程监理是与政府对建设工程所进行的行政性监督管理的重要区别。这种方式也决定了在实施工程建设监理的项目中，业主与监理单位的关系是委托与被委托关系，授权与被授权的关系；决定了他们是合同关系，是需求与供给关系，是一种委托与服务的关系。这种委托和授权方式说明，在实施建设工程监理的过程中，监理工程师的权力主要是由作为建设项目管理主体的业主通过授权而转移过来的。在工程项目建设过程中，业主始终是以建设项目管理主体身份掌握着工程项目建设的决策权，并承担着主要风险。

**3. 工程监理是针对工程项目建设所实施的监督管理活动**

正如监理规范所指出的，工程监理，“其对象，包括新建、改建和扩建的各种工程项目”。这就是说，无论项目业主、设计单位、施工单位、材料设备供应单位，还是监理单位，他们的工程建设行为载体都是工程项目，离开工程项目，他们的行为就不在工程建设监理的范围之内。工程监理活动都是围绕工程项目来进行的，并应以此来界定工程监理范围。

这里所说的工程项目实际上是指建设项目。所谓建设项目就是一项固定资产投资项目，是指将一定量（限额以上）的投资，在一定的约束条件下（时间、资源、质量），按照一个科学的程序，经过决策（设想、建议、研究、评估、决策）和实施（勘察、设计、施工、竣工、验收、动用），最终形成固定资产特定目标的一次性建设任务。同时，它是由一个或几个相互关联的施工项目和设计项目所组成，因此在技术上还应当满足总体设计或初步设计的要求，而工程监理主要是针对建设项目的要求开展的。工程监理是直接为建设项目提供管理服务的行业，监理单位是建设项目管理服务的主体，而非建设项目管理的主体，也非施工项目和设计项目管理的主体。

**4. 工程监理的行为依据是有关法律、法规和技术标准**

工程监理是严格地按照有关法律、法规和其他有关准则实施的。工程监理所有行为的依据是国家批准的工程项目建设文件、有关工程建设的法律和法规、设计文件、工程监理合同和其他工程建设合同等。例如,政府批准的建设项目可行性研究报告、规划、计划和设计文件,建设工程方面的现行规范、标准、规程,由各级立法机关和政府部门颁发的有关法律和法规,依法成立的建设工程监理合同、工程勘察合同、工程设计合同、工程施工合同、材料和设备供应合同等。特别应当说明,各类工程建设合同(含委托监理合同)是工程监理的最直接依据。

**5. 工程监理的主要行为体现在项目建设的实施阶段**

工程监理的监督管理服务活动主要出现在工程项目建设的设计阶段(含设计准备)、招标阶段、施工阶段、中间交工验收以及竣工验收和保修阶段。当然,在项目建设实施阶段,监理单位的服务活动是否是监理活动还要看业主是否授予监理单位监督管理权。之所以这样界定,主要是因为工程建设监理是“第三方”的监督管理行为,它的发生不仅要有委托方,而且要有被监理方,即需要与项目业主建立委托与服务关系,需要与只在项目实施阶段才出现的设计、施工和材料设备供应单位等承建商建立监理与被监理关系。同时,工程监理的目的是协助业主在预定的投资、进度、质量、安全和环保目标内建成项目,工作的主要内容是进行投资控制、进度控制、质量控制、环境保护、安全生产管理、合同管理、信息管理和组织协调,这些活动也主要发生在项目建设的实施阶段。

## 三、工程监理的性质

工程监理是一种特殊的工程建设活动,它与其他工程建设活动有明显的区别和差异。在我国,工程建设监理已成为一种新的独立行业。其性质归纳如下:

**1. 服务性**

工程监理的服务性是由它的业务性质决定的。工程监理企业不直接进行施工。工程监理是以自己的科学知识和经验为工程建设的事务服务,只向业主收取一定数量的酬金。它既不同于承包单位的直接生产活动,也不同于建设单位的直接投资活动;既不是工程承包活动,又不是工程发包活动,也不需要投入大量的资金、材料、设备、劳动力;它不向建设单位承包工程造价,也不参与工程承包单位的赢利分成。

工程监理是监理单位接受建设单位的委托而开展的服务性活动,它直接服务的对象是建设单位。这种服务性活动是按建设工程委托监理合同来进行的,是受法律约束和保护的。这里的“服务”绝不是一个笼统的概念,在市场经济条件下,监理单位没有任何合同责任和义务为被监理方提供直接服务,但在总体目标上,参与项目建设的三方是一致的,他们要携起手来共同完成工程项目建设,监理工程师需要在工作中进行检查、指导、协调纠正,以使工程顺利进行。

**2. 科学性**

工程监理是一种高智能的技术服务,从事工程建设监理活动应当遵循科学准则。工程监理的科学性是由其任务决定的。它以协助建设单位实现其投资目的为己任,力求在预定的投资、进度、质量、安全生产和环境保护目标内完成工程项目建设。而当今,工程规模日趋庞大,功能标准越来越高,新技术、新工艺、新材料、新设备不断涌现,参加组织和建设的单位越来越多,市场竞争日益激烈,风险日渐增加,所以,只有不断采用新的更加科学的思想、理论、方法、手段才能驾驭工程项目建设。

工程监理的科学性是由工程项目的参与者(即被监理单位)的社会化、专业化特点等决定的。

**3. 公正性**

公正性是监理单位生存和发展的基本职业道德准则。公正性体现在监理单位必须维护建设单位和承包单位的合法权益。

公正性是监理单位和监理工程师应当担任什么角色和如何担任这些角色的一个重要方面,也是从事工程监理工作应该认真对待的问题。监理单位和监理工程师在工作中,一方面严格履行监理合同义务,成为竭诚为建设单位服务的“服务方”,同时也应成为公正的第三方,这就需要在监理过程中,排除各种干扰,以公正的态度对待建设单位和承包单位,特别是当建设单位和承包单位发生利益冲突或矛盾时,能够以事实为依据,以法律、法规以及合同文件为准绳,站在第三方公正的立场上解决和处理有关问题。

公正性是监理工作得以顺利开展的基本条件。监理工程师进行目标规划、动态控制、组织协调、合同管理、信息管理等工作都是力争在预定目标内实现工程建设任务这个总目标。在项目建设过程中,需要项目承担者(设计、施工等单位)的有力配合,监理的成败在很大程度上取决于能否与承包单位以及建设单位进行很好的合作,能否相互支持、相互配合。这一切的实现都需要以公正性作为基础。

公正性也是承包单位的要求。由于工程监理制度赋予监理单位在项目建设中的监督管理权力,被监理方必须接受监理方的监督管理,所以,他们迫切要求监理单位能公正地开展监理活动。

**4. 独立性**

工程监理单位是直接参与工程项目建设的三方当事人之一。它与建设单位和承包单位之间的关系是平等的、横向的。在工程建设中监理单位是独立的一方,它是根据委托监理合同进行工作的。在国际上,国际咨询工程师联合会要求其会员“相对于承包人、制造商、供应商,必须保持其行为的绝对独立性,不得从他们那里接受任何好处,而使他决定的公正性受到影响或不利于他们行使委托人赋予他的职责”,“不得与任何可能妨碍他作为一个独立的咨询工程师工作的商业活动有关”,咨询工程师仅为委托人的合法利益行使其职责,他必须以绝对的忠诚履行自己的义务并且忠诚地服务于社会的最高利益以及维护职业荣誉和名望。在我国,监理单位必须是“作为一个独立的专业公司受聘于业主履行服务的一方”,监理工程师应“作为一名独立的专业人员根据合同进行工作”。

## 第二节　市政工程监理的依据和任务

### 一、市政工程监理的指导思想

市政工程监理在项目实施阶段的指导思想是:以市政工程建设项目目标管理(资金目标、进度目标、质量目标、安全生产目标、环境保护目标)为中心,通过项目目标规划与动态的目标控制,尽可能好地实现项目目标,以提高建设水平和投资效益。

**1. 市政工程建设项目目标管理**

市政工程建设项目的目标控制管理是市政工程建设监理的中心任务，也是控制科学的规划所确定的工程项目的投资、进度、质量、安全和环境保护目标，这五大目标是相互联系、相互制约的目标系统。

任何工程项目都是在一定的投资额度内和一定的投资限制条件下实现的；任何工程项目的实现都要受到时间的限制，都有明确的项目进度和工期要求；任何工程项目都要实现它的功能要求、使用要求和其他有关质量标准；任何工程项目都要求在建设过程中使安全生产、文明施工、环境保护符合标准，这是投资建设一项工程最基本的需求。因此，对于工程建设项目目标控制管理应该成为工程监理的中心任务。

**2. 市政工程监理的基本方法**

市政工程监理的基本方法由目标规划、动态控制、组织协调、信息管理、合同管理等方面组成。它是一个相互联系、相互支持、相互制约、共同运行的完整体系。

1）目标规划

目标规划就是以实现控制为目的的规划和计划，它是围绕工程项目投资、进度、质量、安全和环保目标进行研究确定、分析综合、安排计划、风险管理、制订措施等项目工作的集合。目标规划是目标控制的基础和前提，只有做好目标规划的各项工作才能有效地实施目标控制。

目标规划工作包括：

（1）正确地确定投资、进度、质量、安全和环保目标或对已确定的目标进行论证。

（2）按照目标控制的需要将各目标进行分解，使每个目标都形成一个既能分解又能综合地满足控制要求的目标划分系统，以便实施控制。

（3）把工程项目实施的过程、目标和活动编制成计划，用动态的计划系统来协调和规范工程项目的实施，为实现预期目标构筑一座桥梁，使项目协调有序地达到预期目标。

（4）对计划目标的实现进行风险分析和管理，以便采取针对性的有效措施实施主动控制。

（5）制订各项目标的综合控制措施，力保项目目标的实现。

2）动态控制

动态控制是开展工程监理活动时采用的基本方法，它贯穿于工程项目的整个监理过程中。

动态控制是在完成工程项目的过程中，通过对过程、目标和活动的跟踪，全面、及时、准确地掌握工程建设信息，将实际目标值和工程建设状况与计划目标和状况进行对比，如果偏离了计划和标准要求，就采取措施加以纠正，以便达到计划总目标。

由于工程项目的实施阶段不同，又受到外部环境的变化因素等各种干扰，所以控制也必须采取应变性的措施。计划的不变是相对的，计划总在不断调整中运行，控制就应不断地适应计划的变化，从而达到有效控制。

3）组织协调

在实现工程项目的过程中，监理工程师要不断进行组织协调，这是实现项目目标不可缺少的方法和手段。组织协调包括：

（1）项目监理组织机构内部人与人、机构与机构之间的协调。

（2）项目监理组织机构与外部环境组织之间，其中主要是与建设单位、设计单位、施工单位、材料和设备供应单位、政府有关部门、社会团体、咨询单位、科研单位、工程毗邻单位等的协调。组织协调的问题集中在它们的结合部位,如果在这些结合部位协调得好,可以保证大家一起为实现工程项目目标联合工作,步调一致,达到一体化运行。

4)信息管理

信息管理是监理工程师在项目实现过程中不可缺少的基础工具。监理过程中,要不断预测和发现问题,要不断进行规划、决策、执行和检查,每项工作都离不开信息,规划需要规划信息,决策需要决策信息,执行需要执行信息,检查需要检查信息。

监理工程师对所需要的信息进行收集、整理、处理、存储、传递、应用等工作,就是进行信息管理。只有获得足够的信息,才能使控制工作充满信心,目标才有可能顺利实现。

设专人有效地进行控制,全面、准确、及时地获得工程信息是十分必要的,对众多的费用、时间、质量和安全等方面的信息进行分析判断,去伪存真,掌握可用信息,并进行加工、处理、分类、归纳,可充分发挥计算机的作用,建立起准确、有效的信息库,为项目目标的有效控制提供可靠的依据。

5)合同管理

合同管理对于监理单位完成监理任务是非常重要的。建设工程项目从招标、投标、施工到竣工交付使用,涉及业主单位、设计单位、材料供应商、材料生产厂家、施工单位、监理单位等诸多单位,如何使工程项目各有关单位之间建立有机的联系,相互协调,默契配合,共同实现工程项目目标,一个重要的措施就是利用合同手段,通过经济与法律相结合的方法,将工程项目所涉及的各单位在平等互利的原则上建立起多方的权利义务关系,以保证工程项目目标的顺利实现。

合同管理应注重合同分析,合同履行的监督、检查,合同的变更、索赔管理,并建立合同管理目录、编码和档案。

合同管理应保证合同依法签订和全面履行。

**3. 市政工程监理的目的**

市政工程监理的目的是力求实现工程项目目标。工程建设项目的总目标由资金目标(或投资目标)、时间目标(或进度目标)、质量目标、安全生产目标和环境保护目标组成。监理单位根据业主的委托承担项目监理的范围和内容,既可承担全过程监理,实现总目标,也可承担阶段性监理,实现阶段目标。无论是总目标还是阶段目标,都不能脱离投资、进度、质量、安全生产和环境保护等目标的实现,只有由于范围和内容的不同而各有差异。

监理单位和监理工程师不可能成为任何承包单位的工程的承包人或保证人。这是因为在市场经济条件下,任何承包单位作为建筑产品的卖方,都应当根据合同的要求,按规定时间、费用、质量、安全和环保等要求完成合同约定的工程勘察、设计、施工、供应的承包任务,否则,将承担合同责任。而作为工程承包合同第三方的监理单位提供的只是一种技术服务性活动,只承担服务的相应责任。由于工程监理行业的存在,使建设项目的经济效益更高,速度更快,质量更好,生产和环保更安全,它能够使粗放型的工程管理变成科学的工程项目管理,即按预定目标,力求实现通过目标规划、动态控制、组织协调、信息管理、合同管理,与业主和承建单位共同实现项目目标。

## 二、市政工程监理的依据

市政工程监理的依据是国家工程建设的政策、法律、法规,以及依法订立的工程承包合同。

(1)国家和有关主管部门制定的工程建设的政策、法律和法规。

(2)政府批准的工程建设计划、规划、设计文件。

(3)国家颁布的标准、规范、规程及有关技术法规。

(4)建设单位与监理单位签订的委托监理合同。

(5)建设单位与工程承包单位依法订立的工程承包合同。

(6)建设单位与材料、设备供货单位签订的有关购货合同。

(7)建设单位与其他单位签订的工程建设合同。

(8)在合同执行期间,监理单位和施工单位围绕工程实施的有关会议记录、函电和其他文字记载以及监理工程师批准的所有图纸、监理工程师发出的所有指令等。

## 三、市政工程施工监理的任务

市政工程施工监理的任务是采取组织、技术、经济、合同四大措施,利用组织、协调、监督、控制和服务等手段,对工程进度、质量、费用、安全、环保等目标实施全面监理。

1)质量监理

质量监理是工程建设的关键。影响建设工程质量的因素很多,监理工程师应按照合同要求对影响工程质量的各个因素从原材料、施工工艺到成品都要进行监理,任一环节出现疏忽、大意和放松质量检查,都会给建设工程最终质量带来严重的损害,因此监理工程师必须对整个工程实行施工全过程的监理。

2)进度监理

一个工程项目,一般都在合同文件中对工期作出了明确的规定。承包人应根据合同规定的工期进行计划安排,制订出切实可行的工程总进度计划,提交监理工程师审查批准。监理工程师应按此计划对其进行监理。当出现导致工程延误的关键因素时,监理工程师应当及时要求承包人采取加强计划管理和技术管理的措施并调整计划,增加施工机械或人力的投入,以保证在规定的工期内完成工程。

3)费用监理

工程费用包括合同文件中工程量清单内所列的以及因承包人索赔或业主为履行义务而涉及的一切费用。监理工程师应尽可能合理地减少工程量清单中所列费用以外的附加支付,达到控制费用的最佳效果。

4)安全监理

安全监理的主要任务是对市政工程中的人、机、环境及施工全过程进行预测、评价、监控和督察,并通过法律、经济、行政和技术手段,促使其建设行为符合国家安全生产、劳动保护法律、法规标准,制止建设中的冒险性、盲目性和随意性行为,有效地把市政工程安全控制在允许的风险度范围之内,以确保安全性。

5)环保监理

环境保护监理是针对施工过程环境保护的全方位、全过程的监理。其主要任务一方面是根据《中华人民共和国环境保护法》及相关法律、法规,对工程建设过程中污染环境、破坏生态的行为进行监督管理,如噪声、废气、污水的污染物排放应达标,减少水土流失和生态环境破坏;另一方面对建设项目配套的环保工程进行施工监理,确保"三同时"的实施,如对水池里设施、声屏障、绿化工程、自然保护区、水源保护区以及风景名胜保护区的保护等进行监理。

6)合同管理

建设工程的项目目标反映在工程参与者之间签订的合同之中,监理工程师应依照合同约定,对工程质量、进度、费用、安全和环保等实施管理,并及时按工作程序处理各种问题。其主要内容包括工程分包、工程变更、工程延期、费用索赔、工程计量与支付、工程保险、业主违约以及承包人违约等。

7)信息管理

工程实施过程中,会产生形式多样的反映工程建设实施状况和参与者之间往来关系的信息,这些信息是监理工程师处理问题进行决策的基础。因此在工程建设过程中,必须准确、及时、完整地收集各类信息并在此基础上去伪存真,抓住主要矛盾。信息的收集、整理、分类归档是信息管理的内容。

8)组织协调

社会监理单位是独立于业主和承包人的第三方,又处于工程建设过程中实施监督管理的核心地位,因而具有组织协调工程参与各方的能力,这也是监理工程师必须完成的任务。

## ●第三节　工程监理企业的资质管理●

为了维护建筑市场秩序,保证建设工程的质量、工期和投资效益,必须加强对工程监理企业的资质管理。

### 一、监理单位的设立

**1.设立监理单位的基本条件**

(1)有固定的办公场所。

(2)有一定数量的专门从事监理工作的工程经济、技术人员,而且专业基本配套并有一定数量高级专业职称人员。

(3)有一定数额的注册资金。

(4)有监理单位的章程。

(5)有主管单位同意设立监理单位的批准文件。

(6)拟从事监理工作的人员中,有一定数量的人已取得国家建设行政主管部门颁发的“监理工程师注册证书”,并有一定数量的人取得了监理培训结业合格证书。

**2.筹备设立监理单位应准备的材料**

(1)筹备设立监理单位的申请报告内容:

①单位名称和地址;

②法定代表人或组建负责人姓名、年龄、学历及工作简历;

③拟担任监理工程师的人员一览表,包括姓名、年龄、专业、职称;

④单位所有制性质及章程(草案);

⑤上级主管部门名称;

⑥注册资金数额;

⑦业务范围。
(2)设立监理单位的可行性报告。
(3)已有的拟用于监理工作的机械设备一览表。
(4)开户银行开具的资信证明。

## 二、监理单位的资质等级与业务范围

**1. 监理单位资质**

监理单位是指取得监理资质证书，具有法人资格的监理公司、监理事务所和兼承监理业务的工程设计、科学研究及工程建设咨询单位。

工程监理企业资质是指从事监理业务应当具备的人员素质、资金数量、经营规模、专业技能、管理水平、监理业绩、社会信誉等综合指标。监理单位的资质主要体现在监理能力及其监理效果上。所谓监理能力，是指能够监理多大规模、多大复杂程度的工程建设项目。所谓监理效果，是指对工程建设项目实施监理后，在工程投资控制、工程质量控制、工程进度控制、安全生产管理、环境保护管理、合同管理、信息管理、现场组织协调等方面取得的成果。

我国工程监理企业的资质分为甲级、乙级和丙级，并按照工程性质和技术特点划分为若干工程类别。

监理单位的资质等级、等级标准以及审批规定见表1-1-1。

**工程监理企业的资质等级标准** 表1-1-1

| 资质等级 | 资质等级标准 | 审 批 |
|---|---|---|
| 甲级 | ①企业负责人和技术负责人应当具有15年以上从事工程建设工作的经历，企业技术负责人应当取得监理工程师注册证书；<br>②取得监理工程师资格证书和注册证书的工程技术与管理人员不少于25人；<br>③注册资金不少于100万元；<br>④近3年内监理过5个以上二等房屋建筑工程项目或者3个以上二等专业工程项目 | 国务院建设行政主管部门负责定级审批 |
| 乙级 | ①企业负责人和技术负责人应当具有10年以上从事工程建设工作的经历，企业技术负责人应当取得监理工程师注册证书；<br>②取得监理工程师注册证书的人员不少于15人；<br>③注册资金不少于50万元；<br>④近3年内监理过5个以上三等房屋建筑工程项目或者3个以上三等专业工程项目 | ①省、自治区、直辖市人民政府建设行政主管部门负责。<br>②国务院工业、交通部门负责本部门直属监理单位的定级审批 |
| 丙级 | ①企业负责人和技术负责人应当具有8年以上从事工程建设工作的经历，企业技术负责人应当取得监理工程师注册证书；<br>②取得监理工程师注册证书的人员不少于5人；<br>③注册资金不少于10万元；<br>④承担过2个以上房屋建筑工程项目或者1个以上专业工程项目 | ①省、自治区、直辖市人民政府建设行政主管部门负责。<br>②国务院工业、交通部门负责本部门直属监理单位的定级审批 |

关于定级，其程序如下：

(1)新设立的工程监理企业，到工商行政管理部门登记注册并领取企业法人营业执照后，方可到建设行政主管部门办理资质申请手续，其资质等级按最低等级核定，并设1年的暂定期。核实时要提供以下材料：

①定级申请书；

②“监理申请批准书”和“营业执照”副本；

③法定代表人与技术负责人的有关证件；

④监理业务手册；

⑤其他有关证明文件。

资质管理部门根据申请材料，对其人员素质、专业技能、管理水平、资金数量以及实际业绩等进行综合评审，经审核符合等级标准的，发给相应的“资质等级证书”。

(2)工程监理企业连续2年年检合格，方可申请晋升上一个资质等级，不符合要求的可以降级。同时，核定时也可升级，申请升级时必须向资质管理部门报送以下材料：

①资质升级申请书；

②原“资质等级证书”和“营业执照”副本；

③法定代表人与技术负责人的有关证件；

④监理业务手册；

⑤其他有关证明文件。

上述材料经资质管理部门审核，符合标准的，发给相应的“资质等级证书”。

**2. 监理单位的业务范围**

(1)甲级监理单位可以监理经核定的工程类别中一、二、三等工程。

(2)乙级监理单位可以监理经核定的工程类别中二、三等工程。

(3)丙级监理单位可以监理经核定的工程类别中三等工程。

(4)工程监理企业可以根据市场要求，开展家庭居室装修监理业务。

(5)监理单位应在核定的监理范围内从事监理活动，不得擅自越级承接建设监理业务。

## 三、监理单位的资质管理

国务院建设行政主管部门负责全国工程监理企业资质的归口管理工作。涉及铁道、交通、水利、信息产业、民航等专业工程监理资质的，由国务院铁道、交通、水利、信息产业、民航等有关部门配合国务院建设行政主管部门实施资质管理工作。

省、自治区、直辖市人民政府建设行政主管部门负责本行政区域内工程监理企业资质的归口管理工作。省、自治区、直辖市人民政府交通、水利、通信等有关部门配合同级建设行政主管部门实施相关资质类别工程监理企业资质的管理工作。

**1. 中外合营、合资监理单位的资质管理**

成立这种性质的监理单位，首先应申请资质审查，如符合条件，则发给“设立中外合营、中外合资监理单位资质审查批准书”，然后再向有关部门报批。上述“批准书”是有关审批机关审核时的必备文件。

**2. 监理单位证书管理**

监理单位承担监理业务时，应持有关证书向所在地建设主管部门备案。

**3. 监理单位的变更与终止**

均应按有关规定办理。

**4. 处罚规定**

监理单位出现违反有关监理法规或因监理过失造成重大事故等行为时，应视情节轻重由资质管理部门给予警告、通报批评、罚款、降低资质等级、停业整顿直至收回批准文件或监理许可证、资质等级证书等处罚；构成犯罪的，应由司法机关追究主要责任者的刑事责任。

## ●第四节 监理工程师资格和岗位职责●

### 一、监理工程师的概念

监理工程师系岗位职务，是指取得国家监理工程师执业资格证书并经注册的监理人员。根据不同的岗位设置的监理工程师有：

1）总监理工程师

由监理单位法定代表人书面授权，全面负责委托监理合同的履行、主持项目监理机构工作的监理工程师。

2）总监理工程师代表

经监理单位法定代表人同意，由总监理工程师书面授权，代表总监理工程师行使其部分职责和权力的项目监理机构中的监理工程师。

3）专业监理工程师

根据项目监理岗位职责分工和总监理工程师的指令，负责实施某一专业或某一方面的监理工作，具有相应监理文件签发权的监理工程师。

4）监理员

经过监理业务培训，具有同类工程相关专业知识，从事具体监理工作的监理人员。

总监理工程师应由具有三年以上同类工程监理工作经验的人员担任；总监理工程师代表应由具有两年以上同类工程监理工作经验的人员担任；专业监理工程师应由具有一年以上同类工程监理工作经验的人员担任。

### 二、监理工程师的资格

国务院建设行政主管部门为全国监理工程师注册管理机关，省、自治区、直辖市人民政府建设行政主管部门为本行政区域地方工程建设监理单位监理工程师注册机关。

**1. 监理工程师执业资格考试**

凡参加监理工程师资格考试者，由所在单位向本地区或本部门监理工程师资格考试委员会提出书面申请，经审查批准后，方可参加考试。

1）报考监理工程师的条件

国际上多数国家在设立执业资格时，通常比较注重执业人员的专业学历和工作经验。他们认为这是执业人员的基本素质，是保证执业工作有效实施的主要条件。我国根据对监理工程师业务素质和能力的要求，对参加监理工程师执业资格考试的报名条件也从两方面作出了限制：一要具有一定的专业学历；二要具有一定年限的工程建设实践经验。

2）考试内容

由于监理工程师的业务主要是控制建设工程的质量、投资、进度、安全生产、环境保护，监督管理建设工程合同，协调工程建设各方的关系等，所以，监理工程师执业资格考试的内容主要是工程建设监理基本理论、工程质量控制、工程进度控制、工程投资控制、安全生产管理、环境保护、建设工程合同管理和涉及工程监理的相关法律、法规等方面的理论知识和务实技能。

3）考试方式和管理

监理工程师执业资格考试是一种业务水平考试，是对考生掌握监理理论和监理实务技能的抽检。为了体现公开、公平、公正的原则，考试实行全国统一考试大纲、统一命题、统一组织、统一时间、闭卷考试、分科记分、统一录取标准的办法。考试所用语言为汉语。

**2. 核发资格证书**

对考试合格人员，由省、自治区、直辖市人民政府人事行政主管部门颁发，由国务院人事行政主管部门统一印制，国务院人事行政主管部门和建设行政主管部门共同印发《监理工程师执业资格证书》。持证者自领取证书起，5 年内未经注册，其证书失效。

## 三、监理工程师的注册

监理工程师注册制度是政府对监理从业人员实行市场准入控制的有效手段。监理人员经注册，即表明获得了政府对其以监理工程师名义从业的行政许可，因而具有相应工作岗位的责任和权利。仅取得《监理工程师资格证书》，没有取得《监理工程师注册证书》的人员，则不具备这些权力，也不承担相应的责任。

监理工程师的注册，根据注册内容的不同分为三种形式，即初始注册、续期注册、变更注册。按照我国有关法规规定，监理工程师只能在一家企业、按照专业类别注册。

**1. 初始注册**

经考试合格，取得《监理工程师执业资格证书》的，可以申请监理工程师初始注册。

1）申请监理工程师初始注册需要提供的材料

（1）监理工程师注册申请表。

（2）《监理工程师执业资格证书》。

（3）其他有关材料。

2）申请初始注册的程序

（1）申请人向聘用单位提出申请。

（2）聘用单位同意后，连同上述材料由聘用企业向所在省、自治区、直辖市人民政府建设行政主管部门提出申请。

（3）省、自治区、直辖市人民政府建设行政主管部门初审合格后，报国务院建设行政主管部门。

（4）国务院建设行政主管部门对初审意见进行审核，对符合条件者准予注册，并颁发由国务院建设行政主管部门统一印制的《监理工程师注册证书》和执业印章（执业印章由监理工程师本人保管)。

国务院建设行政主管部门对监理工程师初始注册每年定期集中审批一次,并实行公示公告制度,对符合注册条件的进行网上公示,经公示未提出异议的予以批准确认。

3)不能获得注册的情形

申请注册人员出现下列情形之一的,不能获得注册。

(1)不具备完全民事行为能力。

(2)受到刑事处罚,自刑事处罚执行完毕之日起至申请注册之日不满5年。

(3)在工程监理或者相关业务中有违法、违规行为或者犯有严重错误,受到责令停止执业的行政处罚,自行政处罚或者行政处分决定之日起至申请注册之日不满2年。

(4)在申报注册过程中有弄虚作假行为。

(5)同时注册于两个及以上单位。

(6)年龄65周岁及以上。

(7)法律、法规和国务院建设、人事行政主管部门规定不予注册的其他情形。

4)撤销注册的情形

监理工程师在注册后,有下列情形之一的,原注册机关将撤销其注册,收回《监理工程师注册证书》和执业印章。

(1)完全丧失民事行为能力。

(2)死亡或者依据《中华人民共和国民法通则》的规定宣告死亡。

(3)受到刑事处罚。

(4)在工程监理或者相关业务中违法、违规或者造成工伤事故,受到责令停止执业的行政处罚。

(5)自行停止监理工程师业务满2年。

(6)违反执业道德规范、执业纪律等行规行约。

被撤销注册的当事人对撤销注册有异议的,可以在撤销注册通知之日起15日内直接向国务院建设行政主管部门或者省、自治区、直辖市人民政府建设行政主管部门申请复核。

被撤销注册人员在处罚期满5年后可以重新申请注册。

**2.续期注册**

监理工程师初始注册有效期为2年,注册有效期满要求继续执业的,需要办理续期注册。

1)续期注册应提交的材料

(1)从事工程监理的业绩证明和工作总结。

(2)国务院建设行政主管部门认可的工程监理继续教育证明。

2)不予续期注册的情形

监理工程师如果有下列情形之一,将不予续期注册。

(1)没有从事工程监理的业绩证明和工作总结。

(2)同时在两个及以上单位执业。

(3)未按照规定参加监理工程师继续教育或继续教育未达到标准。

(4)允许他人以本人名义执业。

(5)在工程监理活动中有过失,造成重大损失。

3)申请续期注册的程序

(1)申请人向聘用单位提出申请。

(2)聘用单位同意后,连同上述材料由聘用企业向所在省、自治区、直辖市人民政府建设行政主管部门提出申请。

(3)省、自治区、直辖市人民政府建设行政主管部门进行审核,对无前述不予续期注册情形的准予续期注册。

(4)省、自治区、直辖市人民政府建设行政主管部门在准予续期注册后,将准予续期注册的人员名单,报国务院建设行政主管部门备案。

续期注册的有效期同样为2年,从准予续期注册之日起计算。国务院建设行政主管部门定期向社会公众公告准予续期注册的人员名单。

**3. 变更注册**

监理工程师注册后,如果注册内容变更,应当向原注册机构办理变更注册。

申请变更注册的程序是:

(1)申请人向聘用单位提出申请。

(2)聘用单位同意后,连同申请人与原聘用单位证明,一并上报省、自治区、直辖市人民政府建设行政主管部门。

(3)省、自治区、直辖市人民政府建设行政主管部门对有关情况进行审核,情况属实的准予变更注册。

(4)省、自治区、直辖市人民政府建设行政主管部门在准予变更注册后,将变更人员情况向国务院建设行政主管部门备案。

需要注意的是,监理工程师办理变更注册后,1年内不能再次进行变更注册。

## 四、监理工程师的岗位职责

监理工程师按专业设置岗位。

工程项目建设监理实行总监理负责制。总监理工程师行使合同赋予监理单位的权限,全面负责受委托的监理工作。一名总监理工程师只宜担任一项委托监理合同的项目总监理工程师工作。当需要同时担任多项委托监理合同的项目工程师工作时,须经建设单位同意,且最多不得超过3项。

**1. 总监理工程师的岗位职责**

(1)确定项目监理机构人员的分工和岗位职责。

(2)主持编写项目监理规划、审批项目监理实施细则,并负责管理项目监理机构的日常工作。

(3)审查分包单位的资质并提出审查意见。

(4)检查和监督监理人员的工作,根据工程项目的进展情况可进行监理人员的调配,对不称职的监理人员应调换其工作。

(5)主持监理工作会议,签发项目监理机构的文件和指令。

(6)审定承包单位提交的开工报告、施工组织设计、技术方案、进度计划。

(7)审查施工组织设计中的安全技术措施或者专项施工方案。

(8)审核签署承包单位的申请、支付证书和竣工结算。

(9)审查和处理工程变更。

(10)主持或参与工程质量事故的调查。

(11)调解建设单位与承包单位的合同争议,处理索赔,审批工程延期。

(12)组织编写并签发监理月报、监理工作阶段报告、专题报告和项目监理工作总结。

(13)审核签认分部工程和单位工程的质量检验评定资料,审查承包单位的竣工申请,组织监理人员对验收的工程项目进行质量检查,参与工程项目的竣工验收。

(14)主持整理工程项目的监理资料。

**2. 总监理工程师代表的岗位职责**

(1)负责总监理工程师指定或交办的监理工作。

(2)按总监理工程师的授权,行使总监理工程师的部分职责和权力。但是总监理工程师不得将下列工作委托总监理工程师代表:

①主持编写项目监理规划、审批项目监理实施细则。

②签发工程开工/复工报审表、工程暂停令、工程款支付证书、工程竣工报验单。

③审核签认竣工结算。

④调解建设单位与承包单位的合同争议,处理索赔,审批工程延期。

⑤根据工程项目的进展情况进行监理人员的调配,调换不称职的监理人员。

**3. 专业监理工程师的岗位职责**

(1)负责编制本专业的监理实施细则。

(2)负责本专业监理工作的具体实施。

(3)组织、指导、检查和监督本专业监理员的工作,当人员需要调整时,向总监理工程师提出建议。

(4)审查承包单位提交的涉及本专业的计划、方案、申请、变更,并向总监理工程师提出报告。

(5)负责本专业分项工程验收及隐蔽工程验收。

(6)定期向总监理工程师提交本专业监理工作实施情况报告,对重大问题及时向总监理工程师汇报和请示。

(7)根据本专业监理工作实施情况记好监理日记。

(8)负责本专业监理资料的收集、汇总及整理,参与编写监理月报。

(9)核查进场材料、设备、构配件的原始凭证、检测报告等质量证明文件及其质量情况,根据实际情况认为有必要时对进场材料、设备、构配件进行平行检验,合格时予以签认。

(10)负责本专业的工程计量工作,审核工程计量的数据和原始凭证。

**4. 监理员的岗位职责**

(1)在专业监理工程师的指导下开展现场监理工作。

(2)检查承包单位投入工程项目的人力、材料、主要设备及其使用、运行状况,并做好检查记录。

(3)复核或从施工现场直接获取工程计量的有关数据并签署原始凭证。

(4)按设计图及有关标准,对承包单位的工艺过程或施工工序进行检查和记录,对加工制作及工序施工质量检查结果进行记录。

(5)担任旁站工作,发现问题及时指出并向专业监理工程师报告。

(6)做好监理日记和有关的监理记录。

## ●第五节　工程施工各阶段监理的主要工作内容和工作方法●

市政工程施工监理工作可分为三个阶段,即施工准备阶段的监理,施工阶段的监理,竣工及质量保修期阶段的监理。这三个阶段监理工作的详细内容和工作方法将分章详述,现仅作如下简单的介绍。

### 一、施工准备阶段

施工准备阶段一般是指从监理合同签订之日起至总监理工程师签发合同工程开工令之日止为施工准备阶段。在这一阶段监理的主要工作内容有:

**1. 组建监理工作机构**

施工监理组织机构的组建，应考虑工程项目的组成、工程规模、难易程度、合同工期、地理位置、现场条件等因素。需要注意的是，市政工程的施工现场往往是一条线，而不是一个点；采取交叉作业施工较多；监理人员的组合应合理；监理设备应完整；监理设施应保证工作开展。

**2. 熟悉施工设计文件**

编制监理规划和监理工作细则,制订详细的监理工作计划。监理工作规划是监理委托合同签订后,在项目总监理工程师主持下,按合同要求制订的以项目整体监理为对象指导监理工作开展的纲领性文件。监理工作细则是在监理规划指导下,由专业监理工程师针对项目具体情况而制订的具有实施性和可操作性的业务文件。监理人员应全面熟悉施工设计文件和有关标准及测试方法;应根据工程特点、建设单位委托的监理服务范围、监理工作重点和主要控制目标及手段、监理预防控制措施等编制的监理工作实施细则,使监理工作有一个详细的、可操作的工作计划。

**3. 现场复核和施工现场调查**

监理人员应对设计文件中提供的施工图纸和有关数据进行必要的现场核查,纠正差错,补充漏缺。发现图纸有重大错误时,应提出书面报告要求澄清。同时组织人员对施工现场、施工环境、施工条件等作详细的调查。

**4. 参与图纸会审和技术交底**

图纸会审是建设单位组织有关技术人员(包括施工单位)熟悉图纸、看懂图纸并了解设计意图,也可提出疑点和合理建议,由设计单位解答或共同协商解决。技术交底是在工程施工前,对参与施工的有关管理人员、技术人员和操作工人进行的技术性交待,以便科学地组织施工和合理安排工序,避免发生技术指导错误和操作错误。

**5. 召开第一次工地会议**

第一次工地会议是监理单位、施工单位进入工地后的第一次会议,宜在工程正式开工前召开。

**6. 审查分包单位的资质**

监理工程师应按照施工合同的规定，对施工单位所选择的分包单位进行资格审查。

**7. 审批施工单位的施工组织计划**

施工组织计划是根据工程施工项目的特点和施工单位自身实际情况，对工程项目施工的一个指导性文件，包括施工方案、施工进度计划、各种资源安排计划、施工平面图、主要施工技术、质量保证措施和安全、环保的技术措施等诸多内容。监理工程师必须对此进行严格、详细的审查，在对施工组织设计予以认可后批准付诸实施。

**8. 审查施工单位质量、安全与环保的保证体系**

监理工程师应要求施工单位建立一个完整的质量、安全以及环保等保证体系。各级质保人员应由富有施工经验、具有专业技术职称、熟悉施工规范、质量标准、设计图纸、安全和环保管理内容的技术人员担任。

**9. 检验施工单位的进场材料**

在施工单位将采购的用于工程的原材料、半成品、成品、构件运入施工现场以后，监理工程师除了要核查生产厂家提供的出厂产品质量合格证明和试验报告外，还应按照规定的批量和频率进行抽样检验，不合格的原材料、半成品、成品、构件不准用于工程，并应督促施工单位将其运出场外（对成品机构间的生产单位，必要时将委派驻厂监理工程师）。

**10. 审批施工单位提交的各种标准试验**

标准试验是对工程质量进行控制的一项重要工作，它通过施工前的数据采集，使得工程在施工前有一个控制标准；它是控制和指导施工的科学依据。标准试验包括各种击实试验、各种材料的级配试验、混合料的配合比试验、焊接工艺评定等。工程开工前，施工单位将标准试验报告材料提交监理工程师，监理工程师通过平行复核试验，肯定、否定或调整施工单位的标准试验参数或指标。

**11. 审查施工单位的施工机械设备**

监理工程师应根据批准的施工组织设计，审查施工单位的进场施工机具、起重机械和电器设备等其规格、性能是否符合要求，是否符合安全运行的规范、规程要求，检查安全保护装置配备是否齐全、灵敏可靠，配套是否合理，能否满足工程施工需要。

**12. 复核验收施工单位的测量放样成果**

工程开工以前，监理工程师应对施工单位提供的用于施工的基准点、基准线和基准高程进行复核，并根据复核结果确定施工所使用的基准点、基准线和基准高程。

**13. 开工前对施工单位的准备工作进行总检查再确认**

在工程建设项目的准备工作即将结束、工程开工前，监理工程师应会同建设单位、施工单位进行一次全面检查，以保证工程开工后能顺利进行。

**14. 发布工程开工令**

总监理工程师依据施工合同规定的日期，按期向施工单位发出开工令。

## 二、施工阶段

该阶段是整个工程施工周期中资金投入最多、消耗最大、历时最长的一个阶段，也是施工监理工作的重点。在该阶段监理工程师的主要工作内容就是对质量、进度、投资、安全生产和环境保护等项目标进行控制。

**1. 质量控制主要工作内容**

(1)检查施工单位的质保体系运转状况。

(2)检查施工单位的施工工艺是否符合技术标准的要求。

(3)检查工程所使用的原材料、半成品、成品、构件等是否符合质量要求和批准的质量标准。

(4)按照规定要求频率对工程质量进行试验、检测、抽查。

(5)每道工序完工后按照合同、规范、标准要求进行检验,检验合格后才可以进行下道工序施工。

(6)及时处理施工过程中产生的质量缺陷和质量事故。

(7)及时向建设单位报告工程质量状况。

**2. 进度控制主要工作内容**

(1)审批承包单位报送的施工进度计划。

(2)对进度计划的实施情况进行检查,并记录实际进度及其相关情况。

(3)当实际进度符合计划进度时,应要求承包单位编制下一期进度计划;当实际进度滞后于计划进度时,监理工程师应书面通知承包单位采取纠偏措施并监督实施;当实际进度严重滞后于计划进度时,应由总监理工程师与建设单位商定采取进一步措施。

(4)专业监理工程师应依据施工合同有关条款、施工图及经过批准的施工组织设计制订进度控制方案,对进度目标进行风险分析,制订防范性对策,经总监理工程师审定后报送建设单位。

(5)总监理工程师应在监理月报中向建设单位报告工程进度和所采取进度控制措施的执行情况,并提出合理预防由建设单位原因导致的工程延期及其相关费用索赔的建议。

**3. 造价控制主要工作内容**

(1)按施工合同的约定,对施工单位完成的合格工程进行核查、计量。

(2)根据工程进度和计量单签署工程款支付证书,并报建设单位。

(3)对发生的工程量变化部分和合同价外的零星工程项目,要严格进行审核,控制不合理部分的费用支付。

(4)可能出现造价变化较大的情况时,及时向建设单位报告。

**4. 安全监理主要工作内容**

(1)检查施工单位是否落实了安全生产的责任制度、规章制度和操作规程,是否确保了安全生产费用的有效使用。

(2)定期巡视、检查施工过程中危险性较大工程的作业情况。

(3)核查施工现场施工起重机械、整体提升脚手架、模板等自升式架设设施和安全设施的验收手续。

(4)检查施工现场各种安全标志和安全防护措施是否符合强制性标准要求,并检查安全生产费用的使用情况。

(5)督促施工单位进行安全自查工作,并对施工单位自查情况进行抽查,参加建设单位组织的安全生产专项检查。

**5. 环境保护监理主要工作内容**

(1)检查施工单位是否严格执行了“施工人员环保教育”。

(2)检查施工单位是否按照环评报告书的要求合理布设施工营地位置。

(3)检查施工单位各项工程的施工工序安排是否符合环评要求。

(4)检查施工单位的施工废水、渣土、生活污水、垃圾的处置是否合理。

(5)检查施工单位有无砍伐野生植物或捕猎野生动物的事件。

(6)监督施工单位按照设计要求在拟定的取土场取土,取土完工后对取土场采取有效的排水防护措施和植被恢复措施。

(7)监督检查施工单位机械设备的各类废油料及润滑油是否全部分类回收并存储,揩擦油污的固体废弃物是否集中填埋。

(8)检查施工单位材料堆场设置的环境合理性及运输建筑材料的车辆是否加盖篷布以减少撒落。

**6. 合同管理主要工作内容**

(1)审查工程变更要求。

(2)审查工程延期要求。

(3)审查工程费用索赔要求。

(4)根据合同规定,处理工程施工过程中的合同纠纷。

(5)根据合同规定,督促各方遵守、履行合同,及时处理施工过程中的违约行为。

**7. 信息与档案资料管理主要工作内容**

监理工程师的信息管理及采集主要是通过报表。监理工程师的档案包括工程大量技术资料、函件、行政档案、财务档案等,见表1-1-2。

**档案资料管理的主要工作内容** 表1-1-2

| 分 类 | 资料管理内容 |
|---|---|
| 行政档案 | ①行政档案包括监理工程师与业主之间的来往函件。<br>②监理工程师与承包人或指定分包人之间来往函件、书面协议、申请批复、会议记录等。<br>③监理工程师与技术专家之间来往的函件。<br>④监理工程师机构内部往来的函件。<br>⑤请示报告和报告的批复。<br>⑥监理工程师与第三方来往的函件、协议。<br>⑦工程监理报表 |
| 技术档案 | ①开工及停工指令。<br>②额外增加的工程图纸。<br>③变更设计图纸。<br>④现场指令。<br>⑤检查记录。<br>⑥验收记录。<br>⑦施工图纸。<br>⑧竣工图纸。<br>⑨维修记录 |

续上表

| 分　类 | 资料管理内容 |
|---|---|
| 财务(支付)档案 | ①承包人提出的延期索赔申请及批准的延期时间和索赔的费用。<br>②承包人提出的计日工计划以及批准计日工计划和单价。<br>③承包人提出的价格调整申请以及批准的价格调整指导。<br>④额外或紧急工程的费用计算。<br>⑤设计变更批准的费用计算。<br>⑥各类支付证书、保险单及付款依据。<br>⑦其他的费用支付证明。<br>⑧工程进度月报 |

监理工程师应尽量采用计算机辅助手段进行管理,力求信息准确、资料齐全、档案完整。

**8. 组织协调主要工作内容**

工程项目实施关系着业主、承包人、监理工程师三方的利益,实现工程项目总目标是大家共同的目的,但工程项目实施过程中三方从各自项目管理角度着眼,必然会出现矛盾,因此费用控制、进度控制、质量控制等方面会有大量协调工作,只有各方认真履行合同中所规定的责任与义务,才能保证总目标按期实现。协调的主要工作内容包括:

(1)协调项目各方及人际之间的关系。

(2)协调项目各方组织分工与配合。

(3)协调项目实施中人、财、物、技术、管理等方面的工作。

## 三、竣工验收阶段及质量保修期

市政工程完工以后的竣工验收,是工程建设全过程的最后一个程序,它是全面考核工程建设工作、检验设计和工程质量的重要环节。任何市政工程项目,凡是已经按照批准的设计文件建成,工程质量达到合同规定要求,能够正常投入使用的,都应当立即组织竣工验收。

质量保修期是工程交工投入运行的初期。在此阶段,施工质量上存在的缺陷极易暴露出来,有些遗留工程项目也必须在保修期内完成。因此,保修期阶段的监理工作也是整个施工监理的组成部分。

**1. 竣工验收阶段监理工作主要内容**

审查施工单位提交的工程竣工技术资料;现场核查工程是否已经按合同建成、现场清理完毕;对工程质量进行检验;编写监理工作总结;编写工程质量评价报告。

**2. 质量保修期监理工作内容**

检查施工单位对遗留工程项目的实施情况;检查在质量保修期内的工程质量是否出现缺陷,若出现质量缺陷,督促施工单位及时进行修复;对在工程质量保修期内出现的质量缺陷进行原因分析和责任调查,非施工单位造成的质量缺陷也应督促施工单位及时修复并将修复费用报建设单位。

质量保修期结束,工程的施工监理工作全部完成。

## 复习思考题

1. 实现工程监理需要具备哪些基本条件？
2. 建设工程质量责任主体各自的质量责任和义务有哪些？
3. 简述工程监理的特性、依据以及指导思想。
4. 工程施工阶段目标控制的主要任务是什么？
5. 结合监理企业实际情况，试述如何开展市场竞争。

# 第二章 合同管理

**知识目标**

1. 解释合同管理中工程分包，工程变更，工程延期、索赔、违约与争端处理及工程保险的概念；

2. 描述合同管理的内容和必要性，FIDIC 条款的基本内容和作用、管理程序和方法；

3. 识别施工合同与监理合同。

**能力目标**

1. 懂得如何签订建设工程项目合同、如何履行合同以及处理合同管理相关问题；

2. 熟悉建设工程招、投标的基本程序。

目前，我国建筑领域的立法体系已基本完善，与建设工程合同有直接关系的《中华人民共和国民法通则》、《中华人民共和国合同法》、《中华人民共和国招投标法》、《中华人民共和国建筑法》、《中华人民共和国担保法》、《中华人民共和国保险法》、《中华人民共和国劳动法》、《中华人民共和国仲裁法》等相继颁布和实施，为我国建设事业的发展指明了方向，提供了法律保障。同时，建设工程合同本身也得到了规范与完善。建设部与国家工商行政管理局联合颁布的《建设工程勘察合同（示范文本）》、《建设工程设计合同（示范文本）》、《建设工程委托监理合同（示范文本）》、《建设工程施工合同（示范文本）》，充分考虑到建设工程在合同订立和履行中可能涉及到的问题，提供了比较公正的解决方法，有效地减少了合同争议，对完善建设工程合同管理制度起到了积极的推动作用。建设工程合同管理是保证工程建设质量、提高工程建设社会效益和经济效益的法律保障，是加强建设工程科学管理、依法治理我国建设事业的重要手段。

## ●第一节　概　　述●

### 一、合同的基本概念

**1. 合同的概念**

合同，又称契约，它是当事人双方或数方设立、变更和终止相互权利和义务的协议。协议应在平等互利的原则下签订。合同作为一种法律手段,是法律规范在具体问题中的应用,签订合同属于一种法律行为,因此,依法成立的合同具有法律约束力。

经济合同是当事人之间为实现一定的经济目的,明确相互权利义务关系的协议。这种协议以法律的形式确认和调整合同当事人之间的权利和义务。

工程合同属于经济合同范畴,是指在工程项目建设过程中业主就工程项目的设计、施工、监理等环节,与各经济法人(设计方、承包人、监理人)为实现工程目标而以书面协议形式缔结的具有法律效力的契约。

**2.工程合同的常见类型**

工程经济活动中,合同的形式与类型多种多样。

1)按合同的标的物进行分类

工程合同可分为勘察设计合同、建设监理合同、施工承包合同、工程材料和机械设备供应合同、工程咨询合同等。

(1)勘察设计合同是发包方与承包方为完成勘察设计任务,明确双方权利和义务关系的协议。发包方可以是建设单位也可以是全过程承包的总承包人。承包方是持有勘察设计证书的勘察设计单位。

(2)建设监理合同是工程项目的建设单位委托监理单位对工程项目实施阶段的建设行为实施监督管理的协议。委托方必须委托与实施合同内工程资质等级相适应的监理单位进行工程监理。

(3)施工承包合同是建设单位与承包方为完成商定的施工和安装工作内容,明确双方权利、义务关系的协议。

(4)工程材料和机械设备供应合同是合同的需方与供方就工程材料和机械设备的供应签订的协议。需方可能是建设单位也可能是总承包人,供方一般为物资供应商或机械设备的生产厂家。

(5)工程咨询合同是就特定的技术项目提供可行性论证、技术预测、专项技术调查、分析评价报告等所订立的协议。合同的当事人一方可以是建设单位或承包人,他们提出咨询要求,称为委托方。另一方是提供服务的单位或个人,称为顾问方。

2)按合同所包括的工程范围和承包关系进行分类

工程合同可分为总包合同和分包合同。

(1)总包合同是业主与总承包人之间就某一工程项目的承包内容签订的合同,总包合同的当事人是业主和总承包人。

(2)分包合同是总承包人将工程项目的某部分工程或单项工程分包给某一分包人完成所签订的合同,分包合同的当事人是总承包人和分包人。

3)按承包合同计价方法进行分类

工程合同可分为总价合同、单价合同及成本加酬金合同。

(1)总价合同也称总价固定合同或总价不变合同。这种合同要求投标者按照招标文件的要求报一个总价。根据完成设计图纸和说明书上规定的所有项目,业主不管承包人获得多少利润,均按合同规定的总价分批付款,所以有时也简称包干制。

(2)单价合同是当准备发包的工程项目的内容和设计指标一时不能确定,或工程量可能出入较大时采用的合同形式。

(3)成本加酬金合同也称成本补偿合同,即业主向承包人支付实际工程成本、管理费以及利润的一种合同方式。

### 二、合同管理的必要性和作用

随着社会经济的高速发展,土木工程项目在建设规模、施工设备和技术上提出了比以前更高的要求,传统的建设制度已适应不了高速度发展的需要。一个工程项目,从招投标、施工、监理,到竣工交付使用,建设单位单凭自己的力量是无法独立完成的。因此,必须委托设计单位、施工单位和监理单位进行设计、施工和监理。这样一个工程项目就要涉及到业主单位、设计单位、材料设备供应单位、各专业施工单位、工程监理单位等。怎样建立起项目各方在建设过程中的有机联系,使一个复杂的、原先无联系的建设大系统运转得畅通无阻、相互协调、默契配合、共同实现工程项目的三大目标,一个重要的措施就是采用合同制,依靠经济和法律的手段,将工程项目涉及到的各单位在平等互利的原则上建立起多方的权利和义务关系。

社会主义市场经济体制为工程建设市场的建立和完善提供了有利条件,工程合同的普遍实行,将更加有利于工程建设市场的规范与发展,加速推进建设工程施工监理制度。工程合同的科学性、公平性和法律效力使合同各方自觉遵守,有章可循,其具体作用如下:

**1. 工程合同可以有效管理工程进度**

为了保障施工顺利进行,工程合同对各种可能影响工程进度的情况均作了相应的规定,承包人和监理工程师都将按合同规定的分项和整个工程的工期要求,合理地组织施工和实施监理。如果工程进度计划受到影响,监理工程师将按合同规定,要求承包人修改计划,采取各种措施,确保在合同工期内完成工程施工任务。

**2. 工程合同可以保证工程质量**

根据合同规定,承包人必须严格按照工程施工技术规范进行施工。技术规范详细地规定了各项工程和各种材料的质量标准,监理工程师可按合同要求对承包人的施工方案、工艺、材料、施工机械设备、试验路段等质量进行全面控制管理。如果质量不符合要求,监理工程师不予计量,承包人则得不到相应的工程款项。因此,工程合同是保证质量的有力措施之一。

**3. 工程合同可以公正地维护合同双方利益**

工程合同详细规定了合同双方的职责、权利和义务,既保证了业主的投资利益,同时也保护了承包人的合法权益。如合同中有关违约管理的条款、索赔条款等,使合同双方的矛盾可以在比较合理的基础上得到解决。

**4. 工程合同有利于工程建设的科学管理**

工程建设活动投资大,涉及面广,要求有一种科学的管理体系。工程合同充分地反映了这种管理的科学性。工程合同规定:工程施工过程中合同各方办事要有根据,验收要有数据,变更要有指令,支付要有凭证,即业主、承包人、监理工程师必须扎扎实实工作,以科学的态度,按客观规律办事,做好工程项目的建设。

## 第二节　合同管理的主要内容

我国实行建设工程施工监理制度以来,国际惯例的 FIDIC 土木工程施工合同条件得到了广泛的应用，尤其是引入外资的项目更是如此。十几年来的建设工程施工监理的实践证明，建设工程的进度、质量、费用等均应实施合同管理。

合同管理的主要内容有工程变更、工程延期、费用索赔、争端与仲裁、违约、工程分包、工程保险等方面。理解和熟悉合同的主要内容，对监理工程师、业主、承包人都十分重要。下面结合我国建设工程施工、监理实践，对合同管理的主要内容作概括性介绍。

## 一、工程变更

工程变更，是指经监理工程师审查批准并下达变更令后，对工程合同文件的任何部分或工程项目的任何部分所采用的形式上的改变、质量要求上的改变或工程数量上的改变，涉及的内容比较广泛。

建设工程施工过程中，工程变更通常是不可预见的。但工程变更一般均会对工程费用、工期产生影响，涉及业主和承包人的利益，因而监理工程师应谨慎地按合同条款实施工程变更管理。

项目监理机构应按下列程序处理工程变更：

(1)设计单位对原设计存在的缺陷提出的工程变更，应编制设计变更文件；建设单位或承包单位提出的变更，应提交总监理工程师，提交变更报告的内容主要包括：变更的工程项目、部位或合同某文件内容；变更的原因、依据及有关的文件、图纸、资料；此项变更给其费用带来影响的估价报告。由总监理工程师组织专业监理工程师审查，审查同意后，由建设单位转交原设计单位编制设计变更文件。当工程变更涉及安全、环保等内容时，应按规定经有关部门审定。

(2)项目监理机构应了解实际情况和收集与工程变更有关的资料。监理工程师宜指定专人受理变更，重大的工程变更请业主和设计单位参加。变更意向通知发出的同时，着手收集与该变更有关的一切资料，包括：变更前后的图纸(或合同、文件)；技术变更洽商记录；技术研讨会记录；来自业主、承包人、监理工程师方面的文件与会谈记录；行业部门涉及变更方面的规定与文件；上级主管部门的指令性文件等。

(3)总监理工程师必须根据实际情况、设计变更文件和其他有关资料，按照施工合同的有关款项，在指定专业监理工程师完成下列工作后，对工程变更的费用和工期做出评估。

①确定工程变更项目与原工程项目之间的类似程度和难易程度；

②确定工程变更项目的工程量；

③确定工程变更的单价或总价。

(4)总监理工程师应就工程变更费用及工期的评估情况与承包单位和建设单位进行协调。

(5)总监理工程师签发工程变更令。变更资料齐全，变更费用确定之后，监理工程师应根据合同规定，签发工程变更令。工程变更令应包括工程变更要求、工程变更说明、工程变更费用和工期、必要的附件等内容，有设计变更文件的工程变更应附设计变更文件。

(6)项目监理机构根据项目变更令监督承包单位实施。

在建设单位和承包单位未能就工程变更的费用等方面达成协议时，项目监理机构应提出一个暂定的价格，作为临时支付工程款的依据。该工程款最终结算时，应以建设单位与承包单位达成的协议为依据。在总监理工程师签发工程变更令之前，承包单位不得实施工程变更。

未经总监理工程师审查同意而实施的工程变更,项目监理机构不得予以计量。

(7)确定工程变更价款。

我国现行的《建设工程施工合同(示范文本)》约定的工程变更价款的确定方法如下:

①合同中已有适用于变更工程的价格,按合同已有的价格变更合同价款;

②合同中只有类似于变更工程的价格,可以参照类似价格变更合同价款;

③合同中没有适用或类似于变更工程的价格,由承包人提出适当的变更价格,经监理工程师确认后执行。

## 二、工 程 延 期

**1. 工程延期的条件**

FIDIC 合同条件中工程延期的定义是:按合同有关规定,非承包人自身原因造成的,经监理工程师书面批准的合理竣工期限的延长,它不包括由于承包人自身原因造成的工期延误。延期的原因主要有:额外的或附加的工作;异常恶劣的气候条件;由业主造成的延误、妨碍、阻止;不是承包人的过失、违约或由其负责的其他特殊情况;合同中所规定的任何延误原因。

监理工程师必须在确认下述条件满足后才受理工程延期:

(1)由于非承包人的责任,工程不能按原定工期完工。

(2)延期情况发生后,承包人在合同规定期限内向监理工程师提交工程延期意向。

(3)承包人承诺继续按合同规定向监理工程师提交有关延期的详细资料,并根据监理工程师需求随时提供有关证明。

(4)延期时间终止后,承包人在合同规定的期限内,向监理工程师提交正式的延期申请报告。

**2. 工程延期的受理程序**

工程延期管理是监理工程师实施合同管理的重要工作之一,一般的受理程序如下:

1)收集资料,做好记录

监理工程师应在承包人表明延期意向后,做好工地实际情况的调查和记录,收集各种相关的文件资料及信息。

2)审查承包人的延期申请

监理工程师收到承包人正式的延期申请后,应主要从以下几个方面进行审查:

(1)延期申请的格式满足监理工程师的要求。

(2)延期申请应列明延期的细目及编号,阐明延期发生、发展的原因及申请所依据的合同条款,并附有延期测算方法和延期涉及的有关证明、文件、资料、图纸等。

审查通过后,可开始下一步的评估。

3)延期评估

评估应主要从以下几个方面进行评定:

(1)承包人提交的申请资料必须真实、齐全,满足评审需要。

(2)申请延期的合同依据必须准确。

(3)申请延期的理由必须正确与充分。

(4)延期天数的计算规则与方法应恰当。

4)审查报告,确定延期

监理工程师应根据现场记录和有关资料,经调查、讨论、协调,在确认延期测算方法及由此确认的延期天数的基础上作出审查报告,并在确认其结论之后,确定延期,签发有关报表。

## 三、费用索赔

索赔是工程承包合同履行中,当事人一方因对方不履行或不完全履行既定的义务,或者由于对方的行为使权利人受到损失时,要求对方补偿损失的权利。索赔是工程承包中经常发生并随处可见的正常现象。由于施工现场条件、气候条件的变化,施工进度的变化,以及合同条款、规范、标准文件和施工图纸的变更、差异、延误等因素的影响,使得工程承包中不可避免地出现索赔,进而导致项目的投资发生变化。因此索赔的控制将是施工阶段造价控制的重要手段。

**1. 常见的索赔内容**

1)承包人向业主的索赔

(1)不利的自然条件与人为障碍引起的索赔　不利的自然条件是指施工中遇到的实际自然条件比招标文件中所描述的更为困难和恶劣,是一个有经验的承包人无法预测,导致承包人必须花费更多的时间和费用,在这种情况下,承包人可以向业主提出索赔要求。

在施工过程中,如果承包人遇到了地下构筑物或文物,如地下电缆、管道等,只要是图纸上未说明的,承包人应立即通知监理工程师,并共同讨论处理方案。如果导致工程费用增加,如原计划是机械挖土,现在改为人工挖土,承包人即可提出索赔。

(2)工程变更引起的索赔　在工程施工过程中,由于施工现场不可预见的情况和环境的改变,或为了节约成本等,在监理工程师认为必要时,可以对工程或其任何部分的外形、质量或数量作出变更。任何此类变更,承包人不应以任何方式使合同作废或无效。但如果监理工程师确定的工程变更单价不合理,或缺乏说服承包人的依据,则承包人有权就此向业主进行索赔。

(3)工期延期的费用索赔　工期延期的索赔通常包括两个方面:一是承包人要求延长工期;二是承包人要求偿付由于非承包人原因导致工程延期而造成的损失。因为工期和费用索赔并不一定同时成立,所以这两方面的索赔报告要分别编制。例如:由于特殊恶劣气候等原因承包人可以要求延长工期,但不能要求补偿;也有些延误时间并不影响关键路线的施工,承包人可能得不到延长工期的承诺。但是,如果承包人能提出证据说明其延误造成的损失,就有可能有权获得这些损失的补偿,有时两种索赔可能混在一起,既可以要求延长工期,又可以获得对其损失的补偿。

承包人提出工期索赔,通常是由于下述原因:

①合同文件的内容出错或互相矛盾;

②监理工程师在合理的时间内未发出承包人要求的图纸和指示;

③有关测量放线或控制点的资料不准;

④不利的自然条件;

⑤在现场发现化石、钱币、有价值的物品或文物;

⑥额外的样本与试验；

⑦业主和监理工程师命令暂停工程；

⑧业主未能按时提供施工现场；

⑨业主违约；

⑩不可抗力。

以上这些原因要求延长工期，只要承包人能提出合理的证据，一般可获得监理工程师及业主的同意，有的还可索赔损失。凡纯属业主方面的原因造成拖期，不仅应给承包人延长工期，还应给予费用补偿。但属于客观原因造成的延期，属于业主也无法预见到的情况，承包人可得到延长工期，但得不到费用补偿。

(4)加速施工费用的索赔　一项工程很可能会遇到各种意外情况或由于工程变更而必须延长工期，但如果业主坚持不予以延期，迫使承包人加班赶工来完成工程，从而导致工程成本增加，承包人可提出加速施工的费用索赔。

通常情况下，如何确定加速施工所发生的附加费用，合同双方可能会有很大的分歧。因为影响附加费用款额的因素很多，如投入的资源量、提前的完工天数、加班津贴、施工新单价等。解决这一问题建议采用“奖金”的办法，鼓励承包人克服困难，加速施工，它的优点是：不仅促使承包人早日完成施工任务，而且计价方式简单，避免了计算加速施工、延长工期、调整单价等许多容易扯皮的繁琐计算和讨论。

(5)业主不正当地终止工程而引起的索赔　由于业主不正当地终止工程，承包人有权要求补偿损失，其数额是承包人在被终止工程中的人工、材料、机械设备的全部支出，以及各项管理费用、保险费、贷款利息、保函费用的支出，并有权要求赔偿其盈利损失。

(6)物价上涨引起的索赔　由于物价上涨，使人工费和材料费不断增长，引起了工程成本的增加。如何处理物价上涨引起的合同价调整问题，常用的办法有以下3种：

①对固定总价合同不予调整。这适用于工期短、规模小的工程。

②按价差调整合同价。在工程结算时，对人工费及材料费的价差，由业主向承包人补偿，对管理费及利润不进行调整。

③用调价公式调整合同价。在每月结算工程进度款时，利用合同文件中的调价公式，计算人工、材料等的调整数。

(7)法律、货币及汇率变化引起的索赔

①法律改变引起的索赔。如果在基准日期（投标截止日期前的28天）以后，由于国家或地方的法规、法令、政令或其他法律或规章发生了变更，导致承包人成本增加。对承包人由此增加的开支，业主应予补偿。

②货币及汇率变化引起的索赔。如果在基准日期以后，支付合同价格的一种或几种货币实行货币限制或货币汇兑限制，则业主应补偿承包人因此而受到的损失。

(8)拖延支付工程款引起的索赔　如果业主在规定的付款时间内未能按监理工程师签发的支付证书向承包人支付应支付的款额，承包人可在提前通知业主的情况下，暂停工作或减缓工作速度，并有权获得任何误期的补偿和其他额外费用的补偿（如利息）。

(9)不可抗力引起的索赔　不可抗力系指某种异常事件或情况，包括：

①一方无法控制的；

②在签订合同前，一方不能对之进行合理准备的；

③发生后，一方不能合理避免或克服的；

④不能主要归因他方的。

只要满足上述①～②项的条件，不可抗力可以包括但不限于下列各种异常事件或情况。

a. 战争、敌对行动（不论宣战与否）、入侵、外敌行为；

b. 叛乱、恐怖主义、革命、暴动、军事政变或篡夺政权，或内战；

c. 承包人人员和承包人的其他雇员以外的人员的骚动、喧闹、混乱、罢工或停工；

d. 战争军火、爆炸物资、电离辐射或放射性污染，但可能因承包人使用此类军火、炸药、辐射或放射性引起的除外；

e. 自然灾害，如地震、飓风、台风或火山活动。

如果承包人因不可抗力，妨碍其履行合同规定的任何义务，使其遭受延误和（或）导致增加费用，承包人有权提出索赔要求。

2）业主向承包人的索赔

由于承包人不履行或不完全履行约定的义务，或者由于承包人的行为使业主受到损失时，业主可向承包人提出索赔。

（1）工期延误引起的索赔　在工程项目的施工过程中，由于多方面的原因，往往使竣工日期拖后，影响到业主对该工程的利用，给业主带来经济损失，按惯例，业主有权对承包人进行索赔，即由承包人支付误期损害赔偿费。承包人支付误期损害赔偿费的前提是：工期延误的责任属于承包人方面。施工合同中的误期损害赔偿费，通常在招标文件中要明确。

（2）质量不满足合同要求引起的索赔　当承包人的施工质量不符合合同要求，或使用的设备和材料不符合合同规定，或在缺陷责任期未满以前未完成应该负责修补的工程时，业主有权向承包人要求补偿所受的经济损失。如果承包人在规定的期限内未完成缺陷修复工作，业主有权雇佣他人来完成工作，发生的成本和利润由承包人负担。如果承包人自费修复，则业主可索赔重新检验的费用。

（3）承包人不履行投保引起的索赔　如果承包人未能按照合同条款指定的项目投保，并保证保险有效，业主可以投保并保证保险有效，业主所支付的必要的保险费可在应付给承包人的款项中扣回。

（4）超额利润引起的索赔　如果工程量增加较大，使承包人预期的收入增加，但承包人任何固定成本并不增加，合同价应由双方讨论调整，收回部分超额利润。

如果由于法规的变化导致承包人在工程实施中降低了成本，产生了超额利润，应重新调整合同价格，收回部分超额利润。

（5）未给指定分包人付款引起的索赔　在承包人未能提供已向指定分包人付款的合理证明时，业主可以直接按照监理工程师的证明书，将承包人未付给指定分包人的所有款项付给分包人，并从应付给承包人的款项中如数扣回。

（6）业主合理终止合同或承包人不正当地放弃工程引起的索赔　如果业主合理地终止承包人的承包，或者承包人不合理放弃工程，则业主有权从承包人手中收回由新的承包人完成工程所需的工程款与原合同未付部分的差额。

**2. 索赔费用的计算方法**

1）实际费用法

其计算原则是，以承包人为某项索赔工作所支付的实际开支为根据，向业主要求费用补偿。

用实际费用法计算时，在直接费的额外费用部分的基础上，再加上应得的间接费和利润，即是承包人应得的索赔金额。由于实际费用法所依据的是实际发生的成本记录或单据，所以系统而准确地积累记录资料是非常重要的。

2）总费用法

即总成本法，就是当发生多次索赔事件以后，重新计算该工程的实际总费用，实际总费用减去投标报价时的估算总费用，即为索赔金额，即：

索赔金额 = 实际总费用 - 投标报价估算总费用

但是实际发生的总费用中可能包括了承包人的原因而增加的费用，如施工组织不善而增加的费用，同时投标报价估算的总费用却因为想中标而过低。所以这种方法只有在难以采用实际费用法时才应用。

3）修正的总费用法

这种方法是对总费用法的改进。在总费用计算原则的基础上，去掉一些不合理的因素，使其更合理。修正的内容如下：

（1）将计算索赔款的时段限制在受到外界影响的时间之内，而不是整个施工期。

（2）只计算受影响时段内的某项工作所受影响的损失，而不是计算该时段内所有施工工作所受的损失。

（3）与该项工作无关的费用不列入总费用中。

（4）对投标报价费用重新进行核算，按受影响时段内该项工作的实际单价进行核算，乘以实际完成的该项工作的工程量，得出调整后的报价费用。

修正的总费用法与总费用法相比，有了实质性的改进，它的准确程度已接近于实际费用法。

一般来讲，监理工程师是代表业主的利益来进行工程项目管理的。但在处理索赔时，监理工程师必须以完全独立的裁判人身份，对索赔作出公正的裁决，即使索赔对业主不利，也不能偏袒徇私。如果监理工程师的裁决不公正，承包人可将此类裁决诉于仲裁，仲裁人可以推翻监理工程师的裁决，监理工程师的信誉将受到损害。

## 四、争端与仲裁

在建设工程施工过程中以及合同终止以前或以后，业主和承包人对合同以及工程施工中的很多问题可能发生各种争端，包括由于监理工程师对某一问题的决定使双方意见不一致而导致的争端。FIDIC 合同条件对争端事宜的解决作了明确的程序规定。

**1. 争端的管理**

按照合同要求，无论是承包人还是业主，应以书面形式向监理工程师提出争端事宜，并呈一副本给对方。监理工程师应在收到争议通知后，按合同规定的期限，完成对争议事件的全面调查与取证。同时对争议作出决定，并将决定书面通知业主和承包人。如果监理工程师发出通知后，业主或承包人未在合同规定的期限内要求仲裁，其决定则为最终决定，争端事宜处理完毕。只要合同未被放弃或终止，监理工程师应要求承包人继续精心施工。

**2. 仲裁**

当合同一方提出仲裁要求时，监理工程师应在合同规定的期限内，对争议设法进行友好调解，同时督促业主和承包人继续遵守合同，执行监理工程师的决定。在合同规定的仲裁机构进行仲裁调查时，监理工程师应以公正的态度提供证据和作证，监理工程师应在仲裁后执行裁决。一般而言，仲裁人的裁决是最终裁决，对双方均有约束力，任何一方不再诉诸于法院或其他权力机构，以改变此裁决。

## 五、违约管理

**1. 业主的违约**

业主有下列事实时，监理工程师应确认为业主违约。

(1)宣告破产或作为一个公司宣告停业清理，但清理不是为了改组或合并。

(2)由于不可预见的理由，而不能继续履行其合同义务。

(3)没有在合同规定的时间内根据监理工程师的支付证书向承包人付款，或干涉、阻挠、拒绝支付证书的签发。

当监理工程师受到承包人因业主违约而提出的部分或全部中止合同的通知后，应尽快深入调查，收集掌握有关情况，澄清事实。在调查、了解的基础上，根据合同文件要求，同业主、承包人协商后，办理部分或全部中止合同的支付。

按照合同规定，因业主未能按时向承包人支付其应得款项而违约时，承包人有权按合同有关规定暂停工程或延缓工程进度，由此发生的费用增加和工期延长，经监理工程师与业主、承包人协商后将有关费用加到合同价中，并应给予承包人适宜的工期延长。如果业主收到承包人暂停工程或延缓工程进度的通知后，在合同规定时间内恢复了向承包人应付款的支付以及支付了延期付款利息，承包人应尽快恢复正常施工。

**2. 承包人的违约**

承包人违约视情节分为一般违约和严重违约两种。监理工程师在处理时应区别对待。

1)一般违约

根据规定，承包人有下列事实，监理工程师应确认承包人为一般违约。

(1)给公共利益带来伤害、妨碍和不良影响。

(2)未严格遵守和执行国家及有关部门的政策与法规。

(3)由于承包人的责任，使业主的利益受到损害。

(4)不严格执行监理工程师的指示。

(5)未按合同监管好工程。

属承包人一般违约时，监理工程师应书面通知承包人在尽可能短的时间内予以弥补与纠正，且提醒承包人一般违约有可能导致严重违约。对于因承包人违约对业主造成的费用影响，监理工程师办理扣除承包人相应费用的证明。

2)严重违约

承包人有下列事实时，监理工程师应确认承包人为严重违约。

(1)无力偿还债务或陷入破产,或主要财产被接管,或主要资产被抵押,或停业整顿等,因而放弃合同。

(2)无正当理由不开工或拖延工期。

(3)无视监理工程师的警告,公然忽视履行合同规定的责任与义务。

(4)未经监理工程师同意,随意分包工程,或将整个工程分包出去。

监理工程师确认承包人严重违约,业主已部分或全部中止合同后,应采取如下措施:

①指示承包人将其为履行合同而签订的任何协议的利益(如材料和货物的供应服务的提供等)转让给业主。

②认真调查并充分考虑业主因此受到的直接和间接的费用影响后,办理并签发部分或全部中止合同的支付证明。

在终止对承包人的雇佣及驱逐承包人之后,按照合同规定,业主有权处理和使用承包人的设备、材料和临时工程。

## 六、工程分包

工程分包是指承包人经监理工程师批准后,将所有承包工程一部分委托其他承包人承建或为实施合同中以暂定金额支付的工程施工和机械设备、材料的供应等工程任务而由业主、监理工程师指定另外的承包人承担。

工程分包有两种形式,即一般分包和指定分包。

**1. 一般分包的管理**

一般分包是指由承包人自己选择分包人,但监理工程师应禁止承包人把大部分工程分包出去或层层分包。承包人必须经监理工程师批准,并按规定办理分包工程手续后,才能将部分工程分包出去。所分包的工程不能超过全部工程的一定百分比,该百分比应在合同中予以明确。承包人未经业主同意,不得转让合同或合同的任务部分。这主要表明业主希望工程承包合同由中标的承包人来执行。

在一般分包中,承包人不能因为分包而对所有分包出去的工程不承担合同所规定的义务。即承包人应对分包人的任何行为如违约、疏忽和工程质量、进度等负责。监理工程师应通过承包人对分包工程进行管理,监理工程师也可以直接到分包工程去检查,发现涉及分包工程的各类问题,应要求承包人负责处理,监理工程师应通过"中期支付证书",由承包人对分包工程进行支付。

监理工程师在获得承包人推荐的分包人和分包的工程内容及有关的资料后,应对分包人进行审查。主要审查分包人的资格情况及证明;分包工程项目及内容;分包工程数量及金额;分包工程项目所使用的技术规范与验收标准;分包工程的工期;承包人与分包人的合同责任;分包协议。监理工程师完成上述审查工作后,若无问题,签发"分包申请报告单",批准分包人。

**2. 指定分包的管理**

指定分包是指业主或监理工程师根据工程需要而指定的分包。分包合同一经签发,指定分包人应接受承包人的管理,向承包人负责,承担合同文件中承包人应向业主承担一切相应责任和义务,并向总承包人交纳部分管理费。监理工程师应要求分包人保护和保障承包人由于指定分包人的疏忽、违约造成的一切损失。

若承包人未按合同规定向指定分包人支付应得款项，根据监理工程师的证明，业主有权直接向指定分包人付款，并在承包人应得款项中扣除。

为保证工程的顺利进行，在指定分包合同招标前，指定分包人最好被业主或监理工程师和承包人共同认可。若承包人有合理的理由，可以拒绝业主或监理工程师指定的分包人。

当指定分包人未能按要求实施分包任务时，业主或监理工程师应采取如下措施：

（1）业主或监理工程师应重新指定分包人。

（2）业主支付承包人所受损失的任何附加费。

（3）应给承包人一个适当的工期延期。

### 七、保　　险

土木工程实施阶段的保险，是指通过专门机构——保险公司收取保险费的方式建立保险基金，一旦发生自然灾害或意外事故，造成参加保险者的财产损失或人员伤亡时，即用保险金给予补偿的一种制度。它的好处是参加者付出一定的小量保险费，换得遭受大量损失时得到补偿的保障，从而增强抵御风险的能力。监理工程师应根据合同有关规定，督促承包人进行保险。

**1. 检查保险**

保险的种类，一般分为工程和装备的保险；人员伤亡或伤残事故的保险；第三方保险。

监理工程师应根据合同有关规定，从以下几个方面对承包人的保险进行检查。

（1）保险的数额应与保险标的实际价值相符。

（2）保险的有效期应不少于合同工期或修订的合同工期。

（3）确认承包人已在合同规定的时间内将保险单及保险费收据提交给业主，并保留复印件备查。

**2. 落实保险**

当监理工程师确认承包人未在合同规定的时间内，按合同规定的内容，向业主提交合格的保险单时，应采取如下措施：

（1）指示承包人尽快补充办理保险。

（2）承包人拒绝办理时，通知并建议业主补办保险。

（3）保险最终由业主补办的，监理工程师应签发扣除承包人相应费用的证明。

（4）如果业主也未补办，监理工程师应书面通知承包人和业主由此带来的危害。根据合同有关规定，未来发生与此有关的一切责任和费用将由责任方承担和赔偿，并督促其尽快办理。

## ●第三节　工程招、投标管理●

### 一、概　　述

**1. 工程项目招、投标的概念**

所谓“招标”，是指项目建设单位（业主）将工程项目的内容和要求以文件形式标明，招引项目承包单位（承包人）来报价（投标），经比较，选择理想承包单位并达成协议的活动。对于业主来说，招标就是择优。由于工程的性质和业主的评价标准不同，择优可能有不同的侧重面，但一般包含四个主要方面，即较低的价格、先进的技术、优良的质量和较短的工期。业主通过招标，从众多的投标者中进行评选，既要从其突出的侧重面进行衡量，又要综合考虑上述四个方面的因素，最后确定中标者。

所谓“投标”，是指承包人向招标单位提出承包该工程项目的价格和条件，供招标单位选择以获得承包权的活动。对于承包人来说，参加投标就如同参加一场赛事竞争，因为它关系到企业的兴衰存亡。这场赛事不仅比报价的高低，而且比技术、经验、实力和信誉。招标单位又叫发包单位，中标单位又叫承包单位。

招、投标的适用范围包括工程项目的前期阶段（可行性研究项目评估等），以及建设阶段的勘测设计、工程施工、技术培训、试生产等各阶段的工作。由于这两个阶段的工作性质有很大差异，实际工作中往往分别进行招、投标，也有实行全过程招、投标的。

**2. 工程项目招标的条件与方式**

1）招标单位应具备的条件

招标单位自行组织招标，必须符合下面的条件，并设立专门的招标组织，经招、投标管理机构审查合格后发给招标组织资格证书。

（1）具有与招标工程规模相适应的技术、经济、管理人员。

（2）具有组织编制招标文件的能力。

（3）具有审查投标单位投标资格的能力。

（4）具有组织开标、评标、定标的能力。

不具备上述条件者，招标单位必须委托具有相应资质（资格）的招标代理单位组织招标。

2）招标工程项目应具备的条件

（1）项目已经正式列入国家、部门或者地方的年度固定资产投资计划，或者已经报政府有关部门备案。

（2）已经向招、投标管理机构办理登记。

（3）项目概算已经批准，招标范围内所需资金已经落实。

（4）工程项目用地使用权已经依法取得。

（5）招标所需的其他条件已经具备。

（6）招标项目所需要的有关文件及技术资料已经编制完成，并经过审批。

3）工程项目招标的方式

项目招标方式主要有公开招标、邀请招标和协商议标三种。

（1）公开招标　由招标单位通过报刊、电台、电视等信息媒介或委托招、投标管理机构发布招标信息，公开邀请投标单位参加投标竞争，凡符合招标单位规定条件的投标单位可在规定时间内向招标单位申请投标。

（2）邀请招标　由招标单位向经预先选择的数量有限的投标单位发出邀请信，邀请他们参加招标竞争。被邀请的投标单位一般为 4 ~ 10 个。

（3）协商议标　对于有保密性要求或专业性、技术性要求较高的特殊工程，不适合采用公开招标和邀请招标的工程项目，经招、投标管理机构审查同意，可以进行协商议标。

（4）两段招标　两段招标是将公开招标和邀请招标结合起来的招标方式。这种方式一般适用于技术复杂的大型招标项目。招标单位首先采用公开招标的方式广泛地吸引投标者，对投标者进行资格预审。从中邀请三家以上条件最好的投标者，进行详细的报价、开标、评标。

**3. 工程项目招、投标的一般程序**

招标、投标活动一般分为四个阶段，现以建设工程施工项目为例进行分析。

1）招标准备阶段

基本分为以下几个步骤：具有招标条件的单位填写《建设工程招标申请书》，报有关部门审批；获准后，组织招标班子和评标委员会，编制招标文件和标底，发布招标公告，审定投标单位；发放招标文件，组织招标会议和现场勘察，接受投标文件。

2）投标准备阶段

根据招标公告或招标单位的邀请，选择符合本单位施工能力的工程，向招标单位提交投标意向，并提供资格证明文件和资料。资格预审通过后，组织投标班子，跟踪投标项目，购买招标文件，参加招标会议和现场勘察，编制投标文件，并在规定时间内报送给招标单位。

3）开标、评标阶段

按照招标公告规定的时间、地点，由招标、投标方派代表并有公证人在场的情况下，当众开标；招标方对投标者做资格后审、询标、评标；投标方做好询标解答准备，接受询标质疑，等待评标、决标。

4）决标签约阶段

评标委员会提出评标意见，报送决定单位确定，依据决标内容向中标单位发出《中标通知书》；中标单位在接到通知书后，在规定的期限内与招标单位签订合同。

## 二、工程项目招标

**1. 招标工作班子的组建**

(1)有建设单位法人代表或其委托的代理人参加。

(2)有与工程规模相适应的技术、预算、财务和工程管理人员。

(3)有对投标企业进行资格评审的能力。

不具备上述条件的建设单位，可由其上级主管部门帮助组织招标工作班子，也可以委托招标公司或具有法人资格的咨询服务单位代理招标工作。

大型、重要的招标项目一般还要由主管部门、招标单位、设计单位、建设银行或投资金融单位及有关专家组成招标领导小组。

开展国际竞争性招标，必须委托具有承办资格的招标公司或具有招标能力的外贸公司代理招标。

**2. 招标程序**

具备招标条件的单位，一般按以下程序开展工作，如图 1-2-1 所示。

**3. 编制招标文件和标底**

1）招标文件的作用和内容

招标文件是标明招标工程数量、规格、要求和招标、投标双方责、权、利关系的书面文件。

项目招标，首先要有一份内容明确、考虑细致周密、兼顾招标和投标双方权益的招标文件。招标文件的作用，首先是向投标人提供招标信息，以指导承包人根据招标文件提供的资料，进行投标分析与决策；其次，招标文件又是承包人投标和业主评标的依据；第三，招标、投标成交后，是业主和承包人签订合同的主要组成部分。鉴于此，各国对招标文件的编制都比较重视。

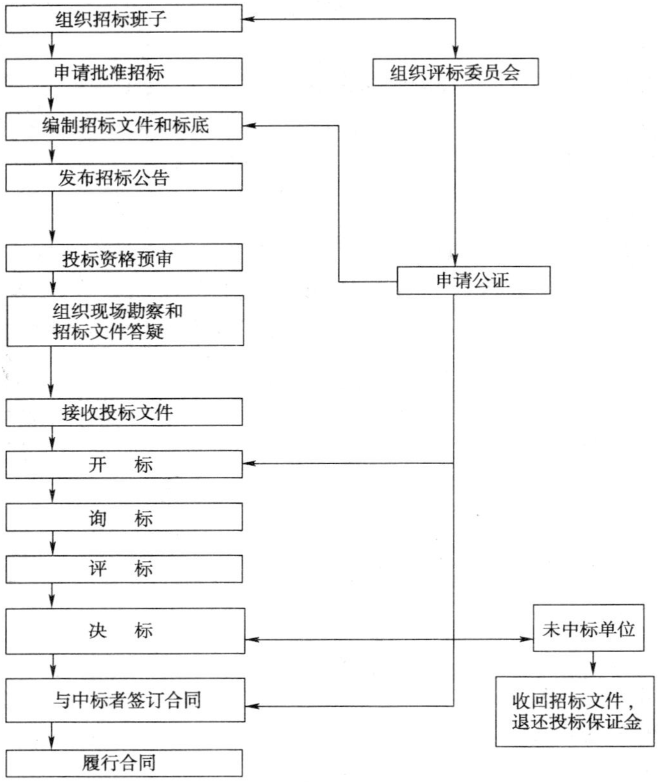


图　1-2-1

招标文件的内容和篇幅大小，与项目的规模和类型有关。一般而言，货物采购的招标文件简单些，工程建设招标的内容复杂些。特别是一些大型项目，其招标文件的篇幅可能长达数千页，内容全面且要求前后连贯。不同工程的招标文件，内容虽有繁简、详略之别，但招标文件一般都包括以下几个部分：

(1)招标邀请书，投标人须知；

(2)合同的通用条款、专用条款；

(3)业主对货物、工程与服务方面的要求一览表(表格式)、技术规格(规范)、图纸；

(4)投标书、资格审查需要的报表、工程量清单、报价一览表、投标保证金格式表及其他补充资料表；

(5)双方签署的协议书，履约保证金格式表、预付款保函等。

2)编制标底

标底又称底价，是招标人对招标项目所需费用的自我测算的期望值，它是评定投标价的合理性、可行性的重要依据，也是衡量招标、投标活动经济效果的依据。标底应具有合理性、公正性、真实性和可行性。

**4. 发布招标公告**

招标文件编制好后，即可根据既定的招标方式，在主要报刊上刊登招标公告或发出投标邀请通知。

招标公告和投标邀请通知的主要内容有：项目名称；项目建设地点；项目内容概述、投资来源；招标内容和数量，工期要求；发放招标文件的日期和地点；招标文件的价格、投标地点；投标截止日期（必须具体到年、月、日、时）和开标时间（一般与投标截止日期只相差1～2h，最多不超过24h）；招标单位的地址、电话号码、邮编、传真号码等。

**5. 投标者资格预审**

1）资格预审的方法

资格预审是对申请投标的单位进行事先的资质审查。

由建设单位、委托编制标底单位和建设监理单位共同对投标单位的资格进行预审，同时有政府主管部门参加，在收到投标单位的资格预审申请后即开始评审工作。一般先检查申请书的内容是否完整，在此基础上拟定评审方法。比较常用的评审方法是“定项评分法”，而且常采用比较简便的百分制计分。这种方法是对投标单位报送的资格预审内容，按一定的标准判分，并确定一个授予投标资格的最低分数线。这种方法对投标单位各项资格的评价转换为数字概念，数值的高低具体直观，审查和选择较为方便。通常把影响投标资格的因素分为若干组，然后根据招标项目的特点、合格因素的重要程度来分配比例和分别赋予加权数值。比如可以把财务状况、技术资质和项目实施经验分成三组，每组所占分数按4∶3∶3或是3∶3∶4分配等。每组所占分数要按工程项目性质来定。如项目实施要求投标单位垫付资金较多，就可以将财务能力定为40分，技术资质和项目实施经验各占30分；如果项目工程技术比较复杂，则项目实施经验定为40分，其余两项各占30分。即哪一项重要就应该提高该项的分数比重。

2）资格预审的主要内容

（1）法人地位。

（2）信誉。

（3）财务状况。

（4）技术资格。

（5）项目实施经验。

**6. 组织现场勘察和文件答疑**

1）勘察现场

业主在招标文件中要注明投标人进行现场勘察的时间和地点。按照国际惯例，投标人提出的标价一般被认为是在审核招标文件后并在现场勘察的基础上编制出来的。一旦标价提出并经开标以后，投标人就无权因为现场勘察不周、情况了解不细或其他因素考虑不全面而提出修改标价、调整标价或给予补偿等要求。因此，投标人应派出适当的负责人员参加现场勘察，并做出详细的记录，作为编制投标书的重要依据。

通常招标人组织投标人统一进行现场勘察并对工程项目作必要的介绍。投标人现场勘察的费用将由投标人自行承担。

2）文件答疑

标前会议是业主给所有投标者提供的一次质疑机会。在勘察现场前，投标人应消化招标文件中提到的各类问题，整理成书面文件，寄往招标单位指定地点要求答复，或在答疑会上要求澄清。业主在回答问题的同时，展示工程勘探资料，供投标单位参考。答疑会上提出的问题和解答的概要情况，应做好记录，如有必要可以作为招标文件的补充部分发给所有投标人。

3）接收投标文件

投标书由投标单位编制，且盖有投标单位的印鉴，法人代表或法人代表委托人的印鉴，密封后在投标截止日期前送到指定地点。

**7. 开标、评标、定标、签订合同**

1）开标

开标的日期、时间和地点在招标文件的投标单位须知中应具体规定。投标单位是否参加公开开标，这要看标书中是怎样规定的。

若是公开开标，开标方式由招标单位组织并主持，投标单位出席开标仪式，参加的部门还应有建设单位上级主管、当地计划部门、经办银行、监理单位、公证机关等。

非公开开标即为不进行公开的当众开标，而是在内部开标。开标后选定2～3家投标单位分别会谈议标，最后选定一家单位中标。

开标后任何投标单位都不允许修改投标内容与报价，也不允许再增加优惠条件。但在建设单位需要时，可以作一般性说明和疑点澄清，但不能改变标函的实质。凡在规定的截止时间之后送达的标函原则上均不予接受，按废标处理，予以原封退回。但如果迟到时间不长，而且延误原因并非投标单位的过失，如交通、自然灾害等不可抗力造成的延误，招标单位也可考虑接受该迟到的投标书。

2）评标

由建设单位组织的评标委员会在开标后独立地进行评标工作。评标委员会一般由建设单位、咨询设计单位、银行以及有关方面（技术、经济、合同等）的专家组成。

（1）评标的步骤：包括初评、技术评审、商务评审。

（2）评标方法：

①计算综合评价法。把投标报价、建设工期、企业信誉、施工经验等评标因素定量化。因为各因素的计量单位不同，不能作简单加法计算，所以用相对数表示上述各因素，设计出综合评价指标体系。

②计分评选法。一般考虑六个方面的因素，即标价、企业素质、主要施工机械设备、施工组织计划、商业信誉和附加优惠条件。

（3）评审报告：是评标阶段的结论性报告，它为建设单位定标提供参考意见。评审报告包括招标过程简况；参加投标单位总数及被列为废标的投标单位名称；重点叙述可能中标的几份标书。主要内容是：标价分析（标价的合理性与标底的比较，高于或低于标底的百分比及其原因）；投标书与招标文件是否相符，有什么建议和保留意见，这些建议是否合理；对投标单位提出的工期和进度计划的评述；投标单位的资信及承担类似工程经验的简述；授标给某一投标单位的风险和可能遇到的问题等。评审报告要明确提出推荐的中标单位。

3）定标、签订合同

以评审报告为依据，建设单位选出2～3家投标单位就工程项目有关问题和价格问题进行谈判，然后选择决标。确定了中标单位后即可发售中标通知书，中标单位应在规定时间内和建设单位签订工程项目实施合同。

# •第四节 监理合同管理•

## 一、建设工程委托监理合同的概念及特点

在国际土木工程建设中，工程监理和咨询是一种非常普及的做法。施工过程的监督管理只是工程咨询的一个阶段性工作。建设工程委托监理合同是业主与工程监理公司之间签订的明确双方权利和义务的协议。

监理合同中的业主方应具备建设工程的法人资格；监理方必须具有法人资格和营业执照，并且必须具备与实施合同内工程等级相适应的资质等级。监理方不得与被监理方及材料、设备供应方有隶属关系或发生经营性业务关系，不得营私舞弊，损害业主或承包人的利益。监理工程师应持有国务院或省级建设行政主管部门颁发的监理工程师证书上岗。

## 二、建设工程委托监理合同示范文本

**1. 建设工程委托监理合同示范文本概述**

我国建设主管部门通过制订《建设工程委托监理合同（示范文本）》来规范监理委托双方的合同行为。现行的《建设工程委托监理合同（示范文本）》（GF—2000—0202）从法律性质上并不具备强制性，但由于其通用条款较为公平合理地设定了合同双方的权利和义务，因此得到了较为广泛的应用。

**2.《监理合同文本》的组成**

《监理合同文本》由《建设工程委托监理合同》、《标准条件》、《专用条件》三部分组成，还可增加附加协议条款。

《建设工程委托监理合同》是《监理合同文本》中总纲性的文件。虽然其文字量并不大，但它规定了合同当事人双方最主要的权利义务，规定了组成合同的文件及合同当事人对履行合同义务的承诺，并且合同当事人在这份文件上签字盖章，因此具有很高的法律效力。《建设工程委托监理合同》的内容包括工程概况、合同中的有关词语含义、合同的组成部分、监理业务范围、监理报酬等。

《标准条件》是根据《合同法》、《建筑法》、《建设工程监理合同管理办法》等法律、法规对双方的权利义务作出的规定，除双方协商一致对其中的某些条款作了修改、补充或取消外，双方都必须履行。它是将建设工程监理合同中共性的一些内容抽象出来编写的一份完整的合同文件。《标准条件》具有很强的通用性，基本适用于各类建设工程。《标准条件》共有十一部分49条。这十一部分内容是：

（1）词语定义、适用范围和法规。

（2）监理人义务。

（3）委托人义务。

（4）监理人权利。

(5)委托人权利。

(6)监理人责任。

(7)委托人责任。

(8)合同生效、变更与终止。

(9)监理报酬。

(10)其他。

(11)争议的解决。

考虑到建设工程的内容各不相同，工期、造价也随之变动，监理人、发包人各自的能力、监理条件也各不相同，《标准条件》不能完全适用于各个具体工程，因此配之以《专用条件》对其作必要的修改和补充，使《标准条件》和《专用条件》成为双方统一意愿的体现。《专用条件》的条款号与《标准条件》相一致，但主要是空格，由当事人根据工程的具体情况予以明确或者对《标准条件》进行修改。

《监理合同文本》的附加协议条款则是对监理合同当事人权利、义务的进一步明确，并且使得监理合同当事人的有关工作一目了然，便于执行和管理。

**3. 监理合同文件的组成及解释顺序**

《建设工程委托监理合同》第 2 条、第 3 条规定了监理合同文件的组成及解释顺序。组成建设工程委托监理合同的文件包括：

(1)建设工程委托监理合同。

(2)监理投标书或中标通知书。

(3)本合同标准条件。

(4)本合同专用条件。

(5)在实施过程中双方共同签署的补充与修正文件。

双方有关工程的来往信函、书面协议或文件视为监理合同的组成部分。

上述监理合同范本对有关监理合同双方的权利和义务、违约责任及争端解决均有详细条款规定，监理合同双方均应按国家法律规定及合同条款规定执行。

## 三、委托监理合同双方的一般权利和义务

熟悉委托监理合同中双方的一般权利和义务，是监理工程师最基本的要求。在市场经济条件下，监理任务的最终确认是以委托监理合同为依据的，监理工程师必须代表监理单位(监理人)完成应当由监理单位完成的工作；了解发包人的工作则是监理工程师在监理中要求发包人合作的基础，也是维护己方权益的基础。《监理合同示范文本》第 4 条至第 30 条规定了监理合同双方的一般义务和权利。

**1. 监理人义务**

(1)监理人按合同约定派出监理工作需要的监理机构及监理人员；向委托人报送委派的总监理工程师及其监理机构主要成员名单、监理规划；完成监理合同专用条件中约定的监理工程范围内的监理业务。在履行合同义务期间，应按合同约定定期向委托人报告监理工作。

(2)监理人在履行本合同的义务期间，应认真、勤奋地工作，为委托人提供与其水平相适应的咨询意见，公正维护各方面的合法权益。

(3)监理人使用委托人提供的设施和物品属委托人的财产,在监理工作完成或中止时,应将其设施和剩余的物品按合同约定的时间和方式移交给委托人。

(4)在合同期内或合同终止后,未征得有关方同意,不得泄露与本工程、本合同业务有关的保密资料。

**2. 委托人义务**

(1)委托人在监理人开展监理业务之前应向监理人支付预付款。

(2)委托人应当负责工程建设的所有外部关系的协调,为监理工作提供外部条件。根据需要,如将部分或全部协调工作委托监理人承担,则应在专用条件中明确委托的工作和相应的报酬。

(3)委托人应当在双方约定的时间内免费向监理人提供与工程有关的为监理工作所需要的工程资料。

(4)委托人应当在专用条款约定的时间内就监理人书面提交并要求作出决定的一切事宜作出书面决定。

(5)委托人应当授权一名熟悉工程情况、能在规定时间内作出决定的常驻代表(在专用条款中约定),负责与监理人联系。更换常驻代表,要提前通知监理人。

(6)委托人应当将授予监理人的监理权利以及监理人主要成员的职能分工、监理权限及时书面通知已选定的承包合同的承包人,并在与第三人签订的合同中予以明确。

(7)委托人应在不影响监理人开展监理工作的时间内提供如下资料:

①与本工程合作的原材料、构配件、机械设备等生产厂家名录。

②提供与本工程有关的协作单位、配合单位的名录。

(8)委托人应免费向监理人提供办公用房、通信设施、监理人员工地住房及合同专用条件约定的设施,对监理人自备的设施给予合理的经济补偿(补偿金额 = 设施在工程使用时间占折旧年限的比例 × 设施原值 + 管理费)。

(9)根据情况需要, 如果双方约定,由委托人免费向监理人提供其他人员,并应在监理合同专用条件中予以明确。

**3. 监理人权利**

(1)监理人在委托人委托的工程范围内, 享有以下权利:

①选择工程总承包人的建议权。

②选择工程分包人的认可权。

③对工程建设有关事项包括工程规模、设计标准、规划设计、生产工艺设计和使用功能要求,向委托人的建议权。

④对工程设计中的技术问题,按照安全和优化的原则,向设计人提出建议。如果拟提出的建议可能会提高工程造价,或延长工期,应当事先征得委托人的同意。当发现工程设计不符合国家颁布的建设工程质量标准或设计合同约定的质量标准时,监理人应当书面报告委托人并要求设计人更正。

⑤审批工程施工组织设计和技术方案,按照保质量、保工期和降低成本的原则,向承包人提出建议,并向委托人提出书面报告。

⑥主持工程建设有关协作单位的组织协调,重要协调事项应当事先向委托人报告。

⑦征得委托人同意,监理人有权发布开工令、停工令、复工令,但应当事先向委托人报告。如在紧急情况下未能事先报告时,则应在24h内向委托人作出书面报告。

⑧监理人对工程上使用的材料和施工质量具有检验权。对于不符合设计要求和合同约定及国家质量标准的材料、构配件、设备,有权通知承包人停止使用;对于不符合规范和质量标准的工序、分部分项工程和不安全施工作业,有权通知承包人停工整改、返工。承包人得到监理机构复工令后才能复工。

⑨工程施工进度的检查、监督权,以及工程实际竣工日期提前或超过工程施工合同规定的竣工期限的签认权。

⑩在工程施工合同约定的工程价格范围内,工程款支付的审核和签认权,以及工程结算的复核确认权与否决权。未经总监理工程师签字确认,委托人不支付工程款。

(2)监理人在委托人授权下,可对任何承包人合同规定的义务提出变更。如果由此严重影响了工程费用或质量、进度,则这种变更须经委托人事先批准。在紧急情况下未能事先报委托人批准时,监理人所做的变更也应尽快通知委托人。在监理过程中如发现工程承包人员工作不力,监理机构可要求承包人调换有关人员。

(3)在委托的工程范围内,委托人或承包人对对方的任何意见和要求(包括索赔要求),均必须首先向监理机构提出,由监理机构研究处置意见,再同双方协商确定。当委托人和承包人发生争议时,监理机构应根据自己的职能,以独立的身份判断,公正地进行调解。当双方的争议由政府建设行政主管部门调解或仲裁机关仲裁时,应当提供作证的事实材料。

**4. 委托人权利**

(1)委托人有选定工程总承包人,以及与其订立合同的权利。

(2)委托人有对工程规模、设计标准、规划设计、生产工艺设计和设计使用功能要求的认定权,以及对工程设计变更的审批权。

(3)监理人调换总监理工程师须事先经委托人同意。

(4)委托人有权要求监理人提交监理工作月报及监理业务范围内的专项报告。

(5)当委托人发现监理人员不按监理合同履行监理职责,或与承包人串通给委托人或工程造成损失的,委托人有权要求监理人更换监理人员,直到终止合同并要求监理人承担相应的赔偿责任或连带赔偿责任。

**5. 监理人责任**

(1)监理人的责任期即委托监理合同有效期。在监理过程中,如果因工程建设进度的推迟或延误而超过书面约定的日期,双方应进一步约定相应延长的合同期。

(2)监理人在责任期内,应当履行约定的义务。如果因监理人过失而造成了委托人的经济损失,应当向委托人赔偿。累计赔偿总额(除本合同第二十四条规定以外)不应超过监理报酬总额(除去税金)。

(3)监理人对承包人违反合同规定的质量要求和完工(交图、交货)时限,不承担责任。因不可抗力导致委托监理合同不能全部或部分履行,监理人不承担责任。但对违反第五条规定引起的与之有关的事宜,向委托人承担赔偿责任。

(4)监理人向委托人提出赔偿要求不能成立时,监理人应当补偿由于该索赔所导致委托人的各种费用支出。

**6. 委托人责任**

(1)委托人应当履行委托监理合同约定的义务,如有违反则应当承担违约责任,赔偿给监理人造成的经济损失。监理人处理委托业务时,因非监理人原因的事由受到损失的,可以向委托人要求补偿损失。

(2)委托人如果向监理人提出赔偿的要求不能成立,则应当补偿由该索赔所引起的监理人的各种费用支出。

**7. 工程师的产生和职权**

1)工程师的产生和易人

工程师包括监理单位委派的总监理工程师或者发包人指定的履行合同的负责人两种情况。

(1)发包人委托监理　发包人可以委托监理单位,全部或者部分负责合同的履行。工程施工监理应当依照法律、行政法规及有关的技术标准、设计文件和建设工程施工合同,对承包人在施工质量、建设工期和建设资金使用等方面,代表发包人实施监督。发包人应当将委托的监理单位名称、监理内容及监理权限以书面形式通知承包人。

监理单位委派的总监理工程师在施工合同中称为工程师。总监理工程师是经监理单位法定代表人授权,派驻施工现场监理组织的总负责人,行使监理合同赋予监理单位的权利和义务,全面负责受委托工程的建设监理工作。监理单位委派的总监理工程师姓名、职务、职责应当向发包人报送,在施工合同的专用条款中应当写明总监理工程师的姓名、职务、职责。

(2)发包人派驻代表　发包人派驻施工场地履行合同的代表在施工合同中也称工程师。发包人代表是经发包人单位法定代表人授权,派驻施工现场的负责人,其姓名、职务、职责在专用条款内约定,但职责不得与监理单位委派的总监理工程师职责相互交叉。发生交叉或不明确时,由发包人法定代表人明确双方职责,并以书面形式通知承包人。

(3)工程师易人　工程师易人,发包人应至少于易人前7d以书面形式通知承包方文件约定的前任的职权,履行前任的义务。

2)工程师的职责

(1)工程师委派工程师代表后任继续行使合同　在施工过程中,不可能所有的监督和管理工作都由工程师自己完成。工程师可委派工程师代表,行使自己的部分权利和职责,并可在认为必要时撤回委派。委派和撤回均应提前7d以书面形式通知承包人,委派书和撤回通知作为合同附件。工程师代表在工程师授权范围内向承包人发出的任何书面形式的函件具有同等效力。工程师代表发出的指令有失误时,工程师应进行纠正。

(2)工程师发布指令、通知　工程师的指令、通知由其本人签字后,以书面形式交给项目经理,项目经理在回执上签署姓名和收到时间后生效。确有必要时,工程师可发出口头指令,并在48h内给予书面确认,承包人对工程师的指令应予执行。工程师不能及时给予书面确认,承包人应于工程师发出口头指令后7d内提出书面确认要求。工程师在承包人提出确认要求后48h内不予答复,应视为承包人要求已被确认。承包人认为工程师指令不合理,应在收到指令后24h内提出书面申告,工程师在收到承包人报告后24h内作出修改指令或继续执行原指令的决定,并以书面形式通知承包人。紧急情况下,工程师要求承包人立即执行的指令或承包人虽有异议,但工程师决定仍继续执行的指令,承包人应予执行。因指令错误发生的费用和给承包人造成的损失由发包人承担，延误的工期相应顺延。

上述规定同样适用于工程师代表发出的指令、通知。

(3)工程师应当及时完成自己的职责　工程师应按合同约定，及时向承包人提供所需指令、批准文书、图纸并履行其他约定的义务，否则承包人在约定时间后24h内将具体要求、需要的理由和延误的后果通知工程师，工程师收到通知后48h内不予答复，应承担延误造成的追加合同价款，并赔偿承包人有关损失，顺延延误的工期。

(4)工程师作出处理决定　在合同履行中，发生影响承、发包双方权利或义务的事件时，负责监理的工程师应作出公正的处理。为保证施工正常进行，承、发包双方应尊重工程师的决定。承包人对工程师的处理有异议时，按照合同约定争议处理办法解决。

## ●第五节　施工合同管理●

### 一、建设工程施工合同的概念

建设工程施工合同即建筑安装工程承包合同，是发包人与承包人之间为完成商定的建设工程项目，明确双方权利和义务的协议。依据施工合同，承包人应完成一定的建筑、安装工程任务，发包人应提供必要的施工条件并支付工程价款。

施工合同是建设工程合同的一种，它与其他建设工程合同一样，是一种双务合同，在订立时也应遵守自愿、公平、诚实信用等原则。

建设工程施工合同是建设工程合同的主要合同，是工程建设质量控制、进度控制、投资控制的主要依据。通过合同关系，可以确定建设市场主体之间的相互权利和义务关系，这对规范建筑市场有重要作用。1999年3月15日九届全国人大第二次会议通过、1999年10月1日开始实施的《中华人民共和国合同法》对建设工程合同作了专章规定。《中华人民共和国建筑法》(1997年1月1日通过、1998年3月1日开始实施)、《中华人民共和国招标投标法》(1999年8月30日通过、2000年1月开始实施)也有许多涉及建设工程施工合同的规定。这些法律是我国建设工程施工合同管理的依据。

### 二、建设工程施工合同示范文本

**1. 建设工程施工合同示范文本概述**

我国建设主管部门通过制定《建设工程施工合同(示范文本)》来规范承、发包双方的合同行为。尽管示范文本从法律性质上并不具备强制性，但由于其通用条款较为公平合理地设定了合同双方的权利和义务，因此得到了较为广泛的应用。

现行的《建设工程施工合同(示范文本)》(GF—1999—0201)(以下简称《示范文本》)，是在《建设工程施工合同》(GF—1991—0201)基础上进行修订的版本，是一种建设施工合同。该《示范文本》由《协议书》、《通用条款》和《专用条款》三部分组成。《通用条款》是依据有关建设工程施工的法律、法规制定而成，它基本上可以适用于各类建设工程，因而有相对的固定性。而建设工程施工涉及面广，每一个具体工程都会发生一些特殊情况，针对这些情况必须专门拟定一些专用条款。《专用条款》就是结合具体工程情况的有针对性的条款，它体现了施工合同的灵活性。这种固定性和灵活性相结合的特点，适应了建设工程施工合同的需要。

**2.《施工合同文本》的组成**

《施工合同文本》由《协议书》、《通用条款》、《专用条款》三部分组成，并附有三个附件：附件一是《承包人承揽工程项目一览表》、附件二是《发包人供应材料设备一览表》、附件三是《工程质量保修书》。

《协议书》是《施工合同文本》中总纲性的文件。虽然其文字量并不大，但它规定了合同当事人双方最主要的权利和义务，规定了组成合同的文件及合同当事人对履行合同义务的承诺，并且合同当事人在这份文件上签字盖章，因此具有很高的法律效力。《协议书》的内容包括工程概况、工程承包范围、合同工期、质量标准、合同价款、组成合同的文件等。

《通用条款》是根据《合同法》、《建筑法》、《建设工程施工合同管理办法》等法律、法规对承、发包双方的权利和义务作出的规定，除双方协商一致对其中的某些条款作了修改、补充或取消外，双方都必须履行。它是将建设工程施工合同中共性的一些内容抽象出来编写的一份完整的合同文件。《通用条款》具有很强的通用性，基本适用于各类建设工程。《通用条款》共有十一部分47条。这十一部分内容是：

(1)词语定义及合同文件。

(2)双方一般权利和义务。

(3)施工组织设计和工期。

(4)质量与检验。

(5)安全施工。

(6)合同价款与支付。

(7)材料设备供应。

(8)工程变更。

(9)竣工验收与结算。

(10)违约、索赔和争议。

(11)其他。

考虑到建设工程的内容各不相同，工期、造价也随之变动，承、发包人各自的能力、施工现场的环境和条件也各不相同，《通用条款》不能完全适用于各个具体工程，因此配之以《专用条款》对其作必要的修改和补充，使《通用条款》和《专用条款》成为双方统一意愿的体现。《专用条款》的条款号与《通用条款》相一致，但主要是空格，由当事人根据工程的具体情况予以明确或者对《通用条款》进行修改。

《施工合同文本》的附件则是对施工合同当事人的权利和义务的进一步明确，并且使得施工合同当事人的有关工作一目了然，便于执行和管理。

**3. 施工合同文件的组成及解释顺序**

《施工合同文本》第2条规定了施工合同文件的组成及解释顺序。组成建设工程施工合同的文件包括：

(1)施工合同协议书。

(2)中标通知书。

(3)投标书及其附件。

(4)施工合同专用条款。

(5)施工合同通用条款。

(6)标准、规范及有关技术文件。

(7)图纸。

(8)工程量清单。

(9)工程报价单或预算书。

双方有关工程的洽商、变更等书面协议或文件视为施工合同的组成部分。

上述合同文件应能够互相解释、互相说明。当合同文件中出现不一致时,上面的顺序就是合同的优先解释顺序。当合同文件出现含糊不清或者当事人有不同理解时,按照合同争议的解决方式处理。

## 三、施工合同双方的一般权利和义务

了解施工合同中承、发包双方的一般权利和义务,是建筑施工企业项目经理最基本的要求。在市场经济条件下,施工任务的最终确认是以施工合同为依据的,项目经理必须代表施工企业(承包人)完成应当由施工企业完成的工作;了解发包人的工作则是项目经理在施工中要求发包人合作的基础,也是维护己方权益的基础。《施工合同文本》第 5 条 ~ 第 9 条规定了施工合同双方的一般权利和义务。

**1. 发包方工作**

根据专用条款约定的内容和时间,发包人应分阶段或一次完成以下工作:

(1)办理土地征用、拆迁补偿、平整施工场地等工作,使施工场地具备施工条件,并在开工后继续负责解决以上事项的遗留问题。

(2)将施工所需水、电、电信线路从施工场地外部接至专用条款约定地点,并保证施工期间的需要。

(3)开通施工场地与城乡公用道路的通道以及专用条款约定的施工场地内的主要交通干道,满足施工运输的需要,保证施工期间的畅通。

(4)向承包人提供施工场地的工程地质和地下管线资料,对资料的真实准确性负责。

(5)办理施工许可证及其他施工所需证件、批件和临时用地、停水、停电、中断道路交通、爆破作业等的申请批准手续(证明承包人自身资质的证件除外)。

(6)确定水准点与坐标控制点,以书面形式交给承包人,并进行现场交验。

(7)组织承包人和设计单位进行图纸会审和设计交底。

(8)协调处理施工现场周围地下管线和邻近建筑物、构筑物(包括文物保护建筑)以及古树名木的保护工作,并承担有关费用。

(9)发包人应做的其他工作,双方在专用条款内约定。

发包人可以将上述部分工作委托承包人办理,具体内容由双方在专用条款内约定,费用由发包人承担。发包人不按合同约定完成以上义务,应赔偿承包人的有关损失,延误的工期相应顺延。

**2. 承包人工作**

承包人按专用条款约定的内容和时间完成以下工作:

（1）根据发包人的委托，在其设计资质允许的范围内，完成施工图设计或与工程配套的设计，经工程师确认后使用，发生的费用由发包人承担。

（2）向工程师提供年、季、月工程进度计划及相应的进度统计报表。

（3）根据工程需要提供和维修非夜间施工使用的照明、围栏设施，并负责安全保卫。

（4）按专用条款约定的数量和要求，向发包人提供在施工现场办公和生活的房屋及设施，发生费用由发包人承担。

（5）遵守有关部门对施工场地交通、施工噪声以及环境保护和安全生产等的管理规定，按规定办理有关手续，并以书面形式通知发包人。发包人承担由此发生的费用，因承包人责任造成的罚款除外。

（6）已竣工工程未交付发包人之前，承包人按专用条款约定负责已完工程的成品保护工作，保护期间发生损坏，承包人自费予以修复。要求承包人采取特殊措施保护的工程部位和相应的追加合同价款，在专用条款内约定。

（7）按专用条款的约定做好施工现场地下管线和邻近建筑物、构筑物（包括文物保护建筑）以及古树名木的保护工作。

（8）保证施工场地的清洁程度符合环境卫生管理的有关规定，交工前清理现场达到专用条款约定的要求，承担因自身原因违反有关规定造成的损失和罚款。

（9）承包人应做的其他工作，双方在专用条款内约定。承包人不履行上述各项义务，应对发包人的损失给予赔偿。

**3. 项目经理的产生和职责**

1）项目经理的产生

项目经理是由承包人单位法定代表人授权的、派驻施工场地的承包人的总负责人，他代表承包人负责工程施工的组织、实施。承包人施工质量、进度的好坏与承包人代表的水平、能力、工作热情有很大的关系，一般都应当在投标书中明确，并作为评标的一项内容。最后，项目经理的姓名、职务在专用条款内约定。项目经理一旦确定后，承包人不能随意更换项目经理，承包人应至少于易人前7d以书面形式通知发包人，后任继续履行合同文件约定的前任的权利和义务，不得更改前任作出的书面承诺。发包人可以与承包人协商，建议调换其认为不称职的项目经理。

2）项目经理的职责

项目经理应当积极履行合同规定的职责，完成承包人应当完成的各项工作。项目经理应当对施工现场的施工质量、成本、进度、安全等负全面的责任。对于在施工现场出现的超过自己权限范围的事件，应当及时向上级有关部门和人员汇报，请示处理方案或者取得自己处理的授权。其日常性的工作有：

（1）代表承包人向发包人提出要求和通知。项目经理有权代表承包人向发包人提出要求和通知。承包人的要求和通知，由项目经理签字后送交工程师，工程师在回执上签署姓名和收到时间后生效。

（2）组织施工。项目经理按发包人认可的施工组织设计（或施工方案）和依据合同发出的指令、要求组织施工。在情况紧急且无法与工程师联系时，应当采取保证人员生命和工程财产安全的紧急措施，并在采取措施后48h内向工程师送交报告。责任在发包人和第三方，由发包人承担由此发生的追加合同价款，相应顺延工期；责任在承包人，由承包人承担费用，不顺延工期。

## ●第六节　FIDIC施工合同条件简述●

### 一、FIDIC与FIDIC合同条件

“FIDIC”是国际咨询工程师联合会的法文首字母缩写，该组织1913年成立于英国，起初由四个欧洲国家的咨询工程师协会组成，属于民间组织，目前，已发展到70多个会员国。FIDIC代表了国际上大多数咨询工程师的水平，是世界上最具权威的咨询工程师组织。FIDIC有地区性组织，还有专业委员会，现在其办公机构总部设在瑞士洛桑。

国际咨询工程师联合会编制的《土木工程施工合同条件》简称为FIDIC合同条件，于1957年首次出版。由于当时以红色封面发行，故又称“红皮书”。适用于建设工程管理的是该合同条件中的第I部分，称为通用条件，而根据业主或工程具体情况对通用条件中的某些条款进行修正后单独成册的第II部分，则称为专用条件。随着多年来该合同条件的应用和国际承包工程中新问题的不断出现，条款亦不断地加以完善。1987年9月FIDIC执行委员会在瑞士洛桑举行的FIDIC年会上，通过并发行《土木工程施工合同条件》第四版，尔后于1988年发行了第四版的订正版。1989年又发行了订正版的应用指南。在第四版的修订过程中，由于欧美主要的承包人协会也参与了充分的讨论，因而比前几版显得客观、公正。FIDIC合同条件集中了世界各国土木工程建设管理百余年的经验，科学地把土木工程技术、管理、经济、法律有机地结合在一起，并用合同形式固定下来，其中详细规定了承包人、业主、监理工程师的责任、义务和权利。现在，FIDIC合同条件已被世界银行、亚洲开发银行等国际金融机构在工程建设贷款项目中广泛应用，已成为工程承包项目中的国际惯例。许多国家包括若干发展中国家，均在国内土木工程建设项目中积极地加以采用。

### 二、采用FIDIC合同条件的优点

采用FIDIC合同条件作为工程实施的标准合同文本具有如下优点：

(1)该合同条件脉络清晰，逻辑性强，承包人、业主之间的风险分担公平合理。

(2)该合同条件对业主、承包人的义务、权利和监理工程师的职责权限作了明确的规定，使合同双方的义务和权利界线分明，避免了合同执行过程中过多的纠纷和索赔事件的发生。

(3)该合同条件被大多数国家采用并被世界大多数承包人所熟悉，又被世界银行及其他国际金融机构推荐，有利于实行国际招标。

(4)该合同条件便于合同管理，对保证工程质量、合理地控制工期和投资将产生良好的效果。

### 三、FIDIC合同文件的组成

当业主选择了合适的承包人发出中标通知书后，必须履行法律程序并制订合同文件。合同文件的组成及优先次序如下：

(1)合同协议书(含合同谈判中有关问题的澄清文件，如果有)。

(2)中标通知书。

(3)标前会议补充文件。

(4)投标书及其附件(含补遗书)。

(5)合同专用条件。

(6)合同通用条件。

(7)技术规范。

(8)图纸。

(9)标价的工程量清单。

## 四、FIDIC 合同条件的内容简介

FIDIC 合同条件包括第 I 部分和第 II 部分,第 I 部分称为通用条件,一般在国际土木工程招标文件中,将合同的通用条件直接放入招标文件中即可,而不必再重新去编写合同条件。通用条件共有 72 条 194 款,与第 II 部分配合使用。它包括了业主、监理工程师、承包人三者之间的权利和义务关系、准则和约定。它不需签字,也不用写工程名称,只要在合同文件的协议书中约定即可。

合同条件的第 II 部分称为专用条件,一般由工程项目的业主或招标单位根据具体工程项目的所在国或地区的情况,以及工程项目的特点,对照第 I 部分具体进行编写。如果通用条件中某些条款不适合具体工程的,可在专用条件中指出并予以删除或修改;对某些不具体、不详细的条款可在专用条件的对应条款中加以补充和详细说明。专用条件中的所有条款要与通用条件中的相应条款一一对应,专用条件是通用条件的补充说明和限制,因此这里仅对通用条件的基本内容做一简述。

**1. 合同条件专用术语**(略)

**2. 合同条件的条款分类**

合同条件的通用条件从其属性与作用方面大致可分为如下五大类:

1)工程师的职责与权限条款

工程师对整个工程项目负责,必须按照合同条款的规定公正地维护业主、承包人双方的利益,合同通用条件中有 48 条都涉及工程师的职责和权限。一般地讲,在业主授权范围内,工程师应保留行使以下一些权限和职责:

(1)由工程师审批承包人提交的工程进度计划和现金流动估算表等,并签发开工通知书。

(2)决定工程竣工时间的延长。

(3)工程师签发竣工验收交接证书。

(4)工程师签发变更令。

(5)工程师签发缺陷责任终止证书。

(6)判定并证实承包人是否违约,向业主建议处理办法。

(7)提出对特殊风险的处理意见。

(8)工程师作为调解人,裁定业主和承包人之间的争端。

(9)证实业主违约,并处理有关索赔费用及延期问题。

(10)签发月支付证书及最后支付证书。

2)保障合同执行的法规条款

为使合同顺利履行、工程正常进展及尽可能减少一些不必要的争议,合同通用条件中列入了有关法规的条款共有27条。

3)质量检验与检查条款

合同通用条件中有22条条款涉及到控制工程质量方面的问题,可归纳为以下四个方面:

(1)严格控制技术条件,确保工程质量　合同中的标准和规范是控制工程质量的依据,合同条件中涉及到有关技术条件的条款有8条。

(2)材料、设备的检查与检验条款　在工程施工中,首先要把好材料、设备关。对进入工地以前和进入工地以后的材料、设备都要进行质量检验和验收,对不合格的材料和设备是不准进入施工现场的。涉及到这方面的条款有第36、37、39条等。

(3)施工质量检查与隐蔽工程部分的验收　为了保证工程质量，消除工程中存在的隐患，对工程质量，尤其是对隐蔽工程的质量检查必须要有一套严密的检查方法和质量保证措施。

(4)缺陷责任期的工程缺陷修复　承包人在工程竣工验收完毕后,还应继续履行缺陷责任期对工程缺陷的修复工作。合同条件中的第49、50条对此作了明确的规定。

4)计量与支付条款

(1)计量条款　工程计量虽然在业主招标时已提供了工程量清单,但只能视为估计工程量,它与实际工程量有一定的出入。为了控制投资,合同作了明确的规定。

(2)支付条款　承包人的付款和结算,关系到合同总价的控制,为此合同条件中的第14、52、58、60条对此作了一系列规定。

(3)索赔及处理条款　合同条件第53条具体规定了索赔程序和费用计算等问题。索赔问题涉及面较广,在合同条件中互相关联的还有第6、12、17、30、36、35、47、63、69条等条款。

5)控制工程进度的条款

为了工程早日或如期完成,合同条件对工程进度作了如下规定:

(1)图纸和文件的提供方法。

(2)承包人在不可预见的恶劣天气或地下障碍情况下申请工程延期。

(3)承包人应在规定的时间内提交工程施工进度计划。

(4)工程暂时停工。

(5)承包人的工程开工。

(6)工程竣工和工程交接证书。

(7)由于承包人的原因使工程延误,应采取措施加快施工进度,若不能按期竣工,则应向业主交付拖期违约偿金。

(8)缺陷责任期内承包人的责任。

从上述合同条款可看出,FIDIC合同条件详细规定了业主、承包人、监理工程师的职责、权利和义务,阐明了三方之间的关系,并特别突出了监理工程师的地位和作用。可见,FIDIC条款使土木工程项目的承包和实施有了一套标准的合同文件。

## 复习思考题

1. 工程合同常见类型有哪些?
2. 简述合同管理的主要内容。
3. 简述工程项目招、投标一般程序。
4. 招标文件由哪些文件组成?
5. 建设工程委托监理合同示范文本由哪些文件组成?
6. 简述监理人的义务及责任。
7. 建设工程施工合同示范文本由几个部分组成?
8. 建设工程施工合同的文件包括哪些?
9. 简述 FIDIC 施工合同条件的内容。

# 第三章
# 进度监理

**知识目标**

1. 解释市政工程进度控制的概念，描述进度监理主要工作内容和措施；
2. 描述进度计划的编制方法；
3. 描述施工阶段进度监理工作的主要内容和方法。

**能力目标**

1. 进行进度计划调整的操作；
2. 进行进度计划横道图和网络图的计算。

工程施工进度关系到业主和承包人的重大利益，是工程施工合同能否顺利执行的关键。有效地控制工程施工进度，不仅能够保证工程建设项目按预期交付使用，及时发挥投资效益，而且也有利于维持良好的经济秩序，保障业主和承包人的经济利益。因此，监理工程师应采用科学的控制方法和手段来控制市政建设工程项目的施工进度。

## ● 第一节　概　　述 ●

### 一、进度监理的概念

市政建设工程施工进度监理是指在既定的工期内，明确市政建设工程项目施工阶段的工作内容、工作程序、持续时间和工序衔接关系，根据施工进度总目标及资源优化配置的原则编制出最优的施工进度计划，并付诸实施；在进度计划的实施过程中经常检查实际进度是否按计划要求进行，对出现的偏差情况分析其产生的原因和对计划目标的影响程度，及时采取补救措施或调整、修改原计划后再付诸实施，如此循环，直到工程竣工验收交付使用。

施工进度监理的最终目的是确保施工项目既定目标工期的实现，或者在保证施工质量和不增加施工成本的条件下，适当缩短施工工期。

施工进度监理是监理工程师的主要任务之一，由于在工程施工过程中存在着许多影响进度的因素，这些因素通常来自不同的部门和不同的时期，它们对工程施工进度带来复杂的影响。因此，进度控制人员必须事先对影响工程进度的各种因素进行调查分析，预测它们对工程施工进度的影响程度，确定合理的进度控制目标，编制可行的施工进度计划，使工程施工过程始终能按计划进行。

但是,不管施工进度计划安排得如何周密,毕竟是施工管理者事前的主观设想,在实施过程中,必然会因为新情况的产生、各种干扰因素和风险因素的作用而发生变化,难以按照原定的进度计划执行。因此,进度监理人员必须掌握动态控制原理,在计划执行过程中不断检查施工的实际进展情况,并将实际状况与进度计划进行对比,从中得出偏离计划的信息。在分析偏差及其产生原因的基础上通过采取组织、技术、经济等措施,努力维持原计划,使之能正常实施。如果采取措施仍不能保持原计划的实施,则需要对原进度计划进行调整或修正,再按新的进度计划实施,这样在进度计划的执行过程中不断地进行检查和调整,以保证工程施工进度得到有效控制。

## 二、影响进度的因素分析

由于市政建设工程具有规模庞大、工程结构与工艺技术复杂、建设周期长、交叉作业较为频繁、相关协作单位多及受外在因素制约等特点,决定了市政建设工程进度将受到诸多因素的影响。要想有效地控制工程进度,就必须对影响进度的有利因素和不利因素进行全面、细致的分析和预测。这样,一方面可以促进对有利因素的充分利用和对不利因素的预防;另一方面也便于事先制订预防措施,事中采取有效对策,事后进行妥善补救,以缩小实际进度与计划进度的偏差,实现对工程进度的主动控制和动态控制。

影响市政建设工程进度的不利因素有很多,如人为因素、技术因素、设备材料及构配件因素、机具因素、资金因素、水文地质与气象因素、交叉作业的影响因素以及其他自然与社会环境等方面的因素。其中,人为因素是最大的干扰因素。从产生的根源看,有的来源于建设单位及其上级主管部门;有的来源于勘察设计、施工及材料、设备供应单位;有的来源于政府、建设主管部门、协作单位;有的来源于社会因素;有的来源于各种自然条件;也有的来源于建设、监理单位本身。在工程建设过程中,常见的影响因素如下:

**1. 业主因素**

如业主应提供的施工场地条件不能及时提供或所提供的场地不能满足工程连续施工的需要;业主的征地拆迁工作不到位;业主使用要求改变而进行设计变更;不能及时向承包人或材料供应商支付工程款等。

**2. 勘察设计因素**

如勘察资料不准确,特别是地质资料错误或遗漏;设计内容不完善,规范应用不恰当,设计有缺陷或错误;设计未充分考虑施工过程的可能性;各种管线平面位置发生冲突;与周围建筑物高程衔接错误;施工图纸供应不及时、不配套,或出现重大差错等。

**3. 施工技术因素**

如施工工艺不合理;施工方案不切合实际;施工安全措施不当;应用的施工技术不可靠;施工人员技术能力不满足要求;相关施工单位的交叉作业造成的停工等。

**4. 自然环境因素**

如复杂的工程地质条件;不明的水文气象条件;地下埋藏文物的保护及处理;洪水、地震、台风、夏季高温等不可抗力。

**5. 社会环境因素**

如临近单位工程的施工干扰；城市交通、市容整顿的限制；环境保护部门对施工噪声和施工时间的限制；临时停水、停电等。

**6. 组织管理因素**

如向有关部门提出各种申请审批手续的延误；合同签订时遗漏条款、表达失当；计划安排不周密，组织协调不力，导致停工待料、相关作业脱节；领导不力，指挥失当，使参加工程建设的各个单位、各个专业、各个施工过程之间交接、配合上发生矛盾等。

**7. 材料、设备因素**

如材料、构配件、机具、设备供应环节的差错，品种、规格、质量、数量、时间不能满足工程的需要；特殊材料及新材料的不合理使用；施工用材料不符合设计要求造成返工；施工设备不配套，选型失当，安装失误，有故障等。

**8. 资金因素**

如业主单位拖欠资金，资金不到位，施工单位流动资金短缺；汇率浮动和通货膨胀等。

## 三、进度监理程序和主要工作内容

监理工程师应按下列程序进行工程进度控制：

(1)总监理工程师审批承包人报送的施工总进度计划。

(2)总监理工程师审批承包人编制的年、季、月施工进度计划。

施工进度计划审核的主要内容有：

①进度计划是否符合施工合同中开、竣工日期的规定。

②进度计划中的主要工程项目是否有遗漏，分期施工是否满足分批动用的需要和配套动用的要求，总承包和分包单位分别编制的各单项工程进度计划之间是否相协调。

③施工顺序的安排是否符合施工工艺的要求。

④工期是否进行了优化，进度安排是否合理。

⑤劳动力、材料、构配件、设备及施工机具、水、电等生产要素供应计划能否保证施工进度计划的需要，供应是否均衡。

⑥对由建设单位提供的施工条件(资金、施工图纸、施工场地、采供的物资等)，承包人在施工进度计划中所提出的供应时间和数量是否明确、合理，是否有造成因建设单位违约而导致工程延期和费用索赔的可能。

(3)专业监理工程师依据施工合同有关条款、施工图及经过批准的施工组织设计制订施工进度控制方案，对施工进度目标进行风险分析，制订防范对策，经总监理工程师审定后报送建设单位。

施工进度控制方案的主要内容包括：

①施工进度控制目标分解图。

②实现施工进度控制目标的风险分析。

③施工进度控制的主要工作内容和深度。

④监理人员对进度控制的职责分工。

⑤进度控制工作流程。

⑥进度控制的方法（包括进度检查周期、数据采集方式、进度报表格式、统计分析方法等）。

⑦进度控制的具体措施（包括组织措施、技术措施、经济措施及合同措施等）。

⑧尚待解决的有关问题。

（4）专业监理工程师对进度计划实施情况进行检查、分析。在实施进度控制过程中，专业监理工程师的主要工作是：

①检查和记录实际进度完成情况。

②通过下达监理指令、召开工地例会、各种层次的专题协调会议，督促承包人按期完成进度计划。

③当实际进度符合计划进度时，要求承包人编制下一期进度计划。

④当发现实际进度滞后于计划进度时，应签发监理工程师通知单指令承包人采取调整措施，并监督实施。

⑤当实际进度严重滞后于计划进度时，应及时报总监理工程师，由总监理工程师与建设单位商定采取进一步措施。

（5）总监理工程师应在监理月报中向建设单位报告实际工程进度和所采取进度控制措施的执行情况，并提出合理预防由建设单位原因导致的工程延期及其相关费用索赔的建议。

## 四、进度监理的措施

为了实施施工进度控制，监理工程师必须根据工程建设的具体情况，认真制订进度控制措施，以确保工程进度控制目标的实现。进度控制的措施应包括组织措施、技术措施、经济措施及合同措施。

**1. 组织措施**

进度控制的组织措施主要包括：

（1）建立进度控制目标体系，明确工程现场监理组织机构中进度控制人员及其职责分工。

（2）建立工程进度报告制度及进度信息沟通网络。

（3）建立进度计划审核制度和进度计划实施中的检查分析制度。

（4）建立进度协调会议制度，包括协调会议举行的时间、地点，协调会议的参加人员等。

（5）建立图纸审查、工程变更和设计变更等相关管理制度。

**2. 技术措施**

进度控制的技术措施主要包括：

（1）审查承包人提交的进度计划，使承包人能在合理的状态下施工。

（2）编制进度控制工作细则，指导监理人员实施进度控制。

（3）采用网络计划技术及其他科学适用的计划方法，并结合计算机技术的应用，对工程进度实施动态控制。

**3. 经济措施**

监理工程师应该认真分析合同中的经济条款内容，特别是在造价确定和支付手段上，对进度达不到计划规定要求比率的，合同规定将减付工程款，以给承包人一定的压力来促进施工进度达到计划要求。进度控制的经济措施主要包括：

(1)及时办理工程预付款及工程进度款支付手续。

(2)对应急赶工工作给予优厚的赶工费用。

(3)按照施工合同的相关条款,对工期提前给予奖励。

(4)按照施工合同的相关条款,对工程延误收取误期损失赔偿金。

**4. 合同措施**

运用合同措施是控制工程进度最理性的手段,全面实际地履行合同是承包人的法律义务。进度控制的合同措施主要包括:

(1)推行 CM 承发包模式,对建设工程实行分段设计、分段发包和分段施工。

(2)加强合同管理,协调合同工期与进度计划之间的关系,保证合同中进度目标的实现。

(3)严格控制合同变更,对各方提出的工程变更和设计变更,监理工程师应严格审查后再补入合同文件之中。

(4)加强风险管理,在合同中应充分考虑风险因素及其对进度的影响,以及相应的处理方法。

(5)加强索赔管理,公正地处理索赔。

(6)严格按照合同条件处理工程延期,避免由于不合理延期造成工期延误。

## ●第二节　进度计划的编制●

### 一、工程进度计划的表示方法

工程进度计划的表示方法有多种,常用的有横道图和网络图两种表示方法。

**1. 横道图**

用横道图表示工程进度计划,一般包括两个部分:在图形左侧表示工作名称及工作的持续时间等基本数据,在图形右侧用横道线表示工程进度安排。图 1-3-1 所示即为用横道图表示的某市政道路小桥工程施工进度计划。该计划直观地表示出各项工作的划分、工作的开始和完成时间、工作的持续时间、工作之间的先后顺序,以及整个工程项目的开工时间、完工时间和总工期。

利用横道图表示工程进度计划,存在下列缺点:

(1)不能明确地反映出各项工作之间错综复杂的相互关系,因而在计划执行过程中,当某些工作的进度由于某种原因提前或滞后时,不便于分析其对其他工作及总工期的影响程度,不利于工程进度的动态控制。

(2)不能明确地反映出影响工期的关键工作和关键线路,也就无法反映出整个工程项目的关键所在,因而不便于进度控制人员抓住影响工程进度的主要矛盾。

(3)不能反映出工作所具有的机动时间,看不到计划的潜力所在,无法进行最合理的组织和指挥。

(4)不能反映工程费用与工期之间的关系,因而不便于缩短工期和降低工程成本。

由于横道图存在上述不足,给工程进度的动态控制工作带来诸多不便。即使进度控制人员在编制计划时已充分考虑了各方面的问题,但在横道图上也不能全面地反映出来,特别是当工程项目规模大、工艺关系复杂和交叉作业较多时，横道图就很难充分暴露矛盾。而且在横道计划的执行过程中，对其进行调整也十分繁琐和费时。由此可见，利用横道图控制工程进度有较大的局限性。

| 序号 | 工序名称 | 持续时间(d) | 工程进度(d) | | | | | | | | | | |
|---|---|---|---|---|---|---|---|---|---|---|---|---|---|
| | | | 5 | 10 | 15 | 20 | 25 | 30 | 35 | 40 | 45 | 50 | 55 |
| 1 | 施工准备工作 | 5 | | | | | | | | | | | |
| 2 | 预制梁 | 30 | | | | | | | | | | | |
| 3 | 运输梁 | 5 | | | | | | | | | | | |
| 4 | 1# 桥台基础 | 10 | | | | | | | | | | | |
| 5 | 1# 桥台及台帽 | 8 | | | | | | | | | | | |
| 6 | 1# 桥台台背回填 | 5 | | | | | | | | | | | |
| 7 | 2# 桥台基础 | 20 | | | | | | | | | | | |
| 8 | 2# 桥台及台帽 | 10 | | | | | | | | | | | |
| 9 | 2# 桥台台背回填 | 5 | | | | | | | | | | | |
| 10 | 架梁 | 7 | | | | | | | | | | | |
| 11 | 桥头搭板 | 8 | | | | | | | | | | | |

图 1-3-1 某市政道路小桥工程施工进度横道图

有关横道图的分类、绘制方法以及相关参数的确定等知识已在相关课程中进行了学习，本课程不再讲述。

**2. 网络图**

工程进度计划用网络图来表示，可以使工程进度得到有效控制。实践证明，网络计划技术是用于控制工程进度的最有效工具。网络计划技术是监理工程师进行施工进度控制的有效手段之一。

1）网络计划的种类

网络计划可分为确定型和非确定型两类。如果网络计划中各项工作及其持续时间和各工作之间的相互关系都是确定的，就是确定型网络计划，否则属于非确定型网络计划。在一般情况下，工程进度控制主要应用确定型网络计划。

对于确定型网络计划，除了普通的双代号网络计划和单代号网络计划以外，还根据实际的需要，派生出下列几种网络计划：

（1）时标网络计划　时标网络计划是以时间坐标为尺度表示工作进度安排的网络计划，其主要特点是进度计划时间直观明了。

（2）搭接网络计划　搭接网络计划是可以表示计划中各项工作之间搭接关系的网络计划，其主要特点是图形简单。常用的搭接网络计划是单代号搭接网络计划。

（3）有时限的网络计划　有时限的网络计划是指能够体现由于外界因素的影响而对工作计划时间安排有限制的网络计划。

(4)多级网络计划　多级网络计划是一个由若干个处于不同层次且相互间关联的网络计划组成的系统，它主要适用于大中型工程建设项目，用来解决工程进度中的综合平衡问题。

除上述网络计划外,还有用于表示工作之间流水作业关系的流水网络计划和具有多个工期目标的多目标网络计划等。

2)网络计划的特点

利用网络计划控制工程进度,可以弥补横道图的许多不足。图1-3-2为双代号网络图表示的某市政道路小桥工程施工进度计划。与横道计划相比,网络计划具有以下主要特点:

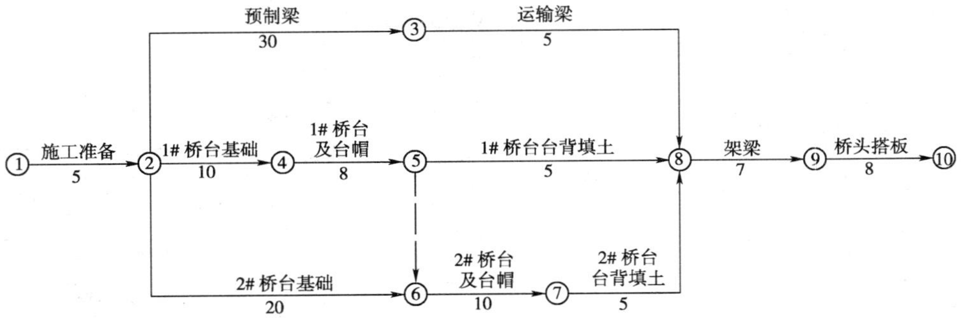


图1-3-2　某市政道路小桥工程施工进度双代号网络计划

(1)网络计划能够明确表达各项工作之间的逻辑关系。所谓逻辑关系,是指各项工作之间的先后顺序关系,对于施工过程而言就是各工序之间较为严格的工艺流程。网络计划能够明确地表达各项工作之间的逻辑关系,对于分析各项工作之间的相互影响及处理它们之间的协作关系具有非常重要的意义,同时也是网络计划比横道图先进的主要特征。

(2)通过网络计划时间参数的计算,可以找出关键线路和关键工作。在关键线路法(CPM)中,关键线路是指在网络计划中从起点节点开始,沿箭线方向通过一系列箭线与节点,最后到达终点节点为止所形成的通路上所有工作持续时间总和最大的线路。关键线路上各项工作持续时间总和即为网络计划的工期,关键线路上的工作就是关键工作,关键工作的进度将直接影响到网络计划的工期。

通过时间参数的计算,能够明确网络计划中的关键线路和关键工作,也就明确了工程进度控制中的工作重点,这对提高工程进度控制的效果具有非常重要的意义。

(3)通过网络计划时间参数的计算,可以明确各项工作的机动时间。所谓工作的机动时间,是指在执行进度计划时除完成任务所必需的时间外尚剩余的、可供利用的富余时间,亦称“时差”。在一般情况下,除关键工作外,其他各项非关键工作均有富余时间。这种富余时间可视为一种“潜在资源”,既可以用来支援关键工作,也可以用来优化网络计划,降低单位时间资源需求量。

(4)网络计划可以利用计算机进行计算、优化和调整。既然非关键工作的富余时间可以视为资源而被利用,那么当其自身的富余时间被充分利用后,非关键工作就有可能成为关键工作,这就是网络计划的优化。

对网络进度计划进行优化和调整是工程进度控制工作中的一项重要内容。如果仅靠手工进行计算、优化和调整是非常困难的,必须借助于计算机。而且由于影响工程进度的因素有很多,只有利用计算机进行进度计划的优化和调整,才能适应实际变化的要求。网络计划就是这样一种模型,它能使进度控制人员利用计算机对工程进度计划进行计算、优化和调整。正是由于网络计划的这一特点,使其成为最有效的进度控制方法。

当然,网络图也有其不足之处,比如与横道图相比表达的内容不直观明了等,但这可以通过绘制时标网络图得到弥补。

## 二、网络计划的编制程序

当应用网络计划技术编制工程进度计划时,其编制程序一般包括4个阶段10个步骤,见表1-3-1。

工程进度计划编制程序　　表1-3-1

| 编制阶段 | 编制步骤 | 编制阶段 | 编制步骤 |
|---|---|---|---|
| I. 计划准备阶段 | 1. 调查研究 | III. 计算时间参数及确定关键线路阶段 | 6. 计算工作持续时间 |
| | 2. 确定网络计划目标 | | 7. 计算网络计划时间参数 |
| II. 绘制网络图阶段 | 3. 进行项目分解 | | 8. 确定关键线路和关键工作 |
| | 4. 分析逻辑关系 | IV. 网络计划优化阶段 | 9. 优化网络计划 |
| | 5. 绘制网络图 | | 10. 编制优化后网络计划 |

### 1. 计划准备阶段

1)调查研究

调查研究的目的是为了掌握足够充分、准确的资料,从而为确定合理的进度目标、编制科学的进度计划提供可靠的依据。

(1)调查研究的内容

①工程任务情况、实施条件、设计资料;

②有关标准、定额、规程、制度;

③资源需求与供应情况;

④资金需求与供应情况;

⑤有关统计资料、经验总结及历史资料等。

(2)调查研究的方法

①实际观察、测算、询问;

②会议调查;

③资料检索;

④分析预测等。

2)确定网络计划目标

网络计划的目标即为工程建设的目标,一般可分为以下三类:

(1)时间目标　时间目标也即工期目标,是指建设工程合同中规定的工期或有关主管部门要求的工期。工期目标的确定应以市政建设工程工期定额为依据,同时要充分考虑类似工程实际进展情况、气候条件以及工程难易程度、建设条件的落实情况和资金到位情况等因素。施工进度安排必须以市政建设工程工期定额为最高时限。

(2)时间—资源目标　所谓资源,是指在工程建设过程中所需要投入的劳动力、原材料、施工机具及建设资金等。在一般情况下,时间—资源目标分为两类:

①资源有限,工期最短,即在一种或几种资源供应能力有限的情况下,寻求工期最短的计划安排。

②工期固定,资源均衡,即在工期固定的前提下,寻求资源需用量尽可能均衡的计划安排。

(3)时间—成本目标　时间—成本目标是指以限定的工期寻求最低成本或寻求最低成本时的工期安排。

对于网络计划目标的确定要根据工程实际进行认真的分析。由于业主单位和承包人从自身利益考虑问题的出发点是不同的,因此在目标确定时,要求监理工程师要作出全面、细致和充分的论证,保证目标的科学性和合理性。

**2. 绘制网络图阶段**

1)进行项目分解

将工程项目由粗到细进行分解,是编制网络计划的前提。如何进行工程项目的分解,工作划分的粗细程度如何,将直接影响到网络图的结构。对于控制性网络计划,其工作划分应粗一些,而对于实施性网络计划,工作划分应细一些。工作划分的粗细程度,应根据实际需要来确定。

2)分析逻辑关系

分析各项工作之间的逻辑关系时,既要考虑施工程序或工艺技术过程,又要考虑组织安排或资源调配的可行性,同时要兼顾施工安全、环境保护和资源充分利用的要求。

对施工进度计划而言,分析其工作之间的逻辑关系时,应考虑:

(1)施工工艺的要求。

(2)施工方法和施工机械的要求。

(3)施工组织的要求。

(4)施工质量的要求。

(5)当地的气候条件。

(6)安全技术的要求。

分析逻辑关系的主要依据是施工方案、有关资源供应情况以及施工经验等。

3)绘制网络图

根据已确定的逻辑关系,即可按照绘图规则绘制网络图。既可以绘制单代号网络图,也可以绘制双代号网络图,还可根据需要,绘制双代号时标网络计划。

**3. 计算时间参数及确定关键线路阶段**

1)计算工作持续时间

工作持续时间是指完成该工作所花费的时间。其计算方法有多种,既可以凭经验进行估算,也可以通过试验推算。当有定额可用时,还可利用时间定额或产量定额并考虑工作面及合理的劳动组织进行计算。

对于搭接网络计划,还需要按最优施工顺序及施工需要,确定出各项工作之间的搭接时间。如果有些工作有时限要求,则应确定其时限。

2)计算网络计划时间参数

网络计划是指在网络图上加注各项工作的时间参数而成的工作进度计划。网络计划时间参数一般包括:工作最早开始时间、工作最早完成时间、工作最迟开始时间、工作最迟完成时间、工作总时差、工作自由时差、节点最早时间、节点最迟时间、相邻两项工作之间的时间间隔、计算工期等。应根据网络计划的类型及其使用要求选择上述时间参数。

3)确定关键线路和关键工作

在计算网络计划时间参数的基础上,便可根据有关时间参数确定网络计划中的关键线路和关键工作。

**4. 网络计划优化阶段**

1)优化网络计划

当初始网络计划的工期满足所要求的工期及资源需求量能得到满足而无需进行网络优化时,初始网络计划即可作为正式的网络计划。否则,需要对初始网络计划进行优化。

根据所追求的目标不同,网络计划的优化包括工期优化、费用优化和资源优化三种。应根据工程的实际需要选择不同的优化方法。

2)编制优化后网络计划

根据网络计划的优化结果,便可绘制优化后的网络计划,同时编制网络计划说明书。网络计划说明书的内容应包括:编制原则和依据,主要计划指标一览表,执行计划的关键问题,需要解决的主要问题及其主要措施,以及其他需要说明的问题。

关于网络图的绘制、时间参数的计算、关键线路的确定以及网络计划优化的内容在相关课程中讲述。

## ●第三节 施工阶段的进度监理●

施工阶段是工程产品实体的形成阶段,对施工阶段的进度实施控制是建设工程进度控制的重点。做好施工进度计划与项目建设总进度计划的衔接,并跟踪检查施工进度计划的执行情况,在必要时对施工进度计划进行调整,对于建设工程进度控制总目标的实现具有十分重要的意义。

监理工程师受业主的委托在施工阶段实施监理时,其进度控制的总任务就是在满足工程项目建设总进度计划要求的基础上,编制和审核施工进度计划,并对其执行情况加以动态控制,以保证工程项目按期竣工交付使用。

### 一、施工进度计划实施中的监测

确定工程施工进度目标,编制一个科学、合理的施工进度计划是监理工程师实现进度控制的首要前提。但在施工过程中,由于各方面条件的变化,监理工程师很难事先对施工过程中可能出现的问题进行全面、准确的估计,各方面条件的变化均会对施工进度产生影响,造成实际进度偏离计划进度,如果偏差得不到及时纠正,势必影响施工进度目标的实现。为此,在施工进度计划的执行过程中,监理工程师应经常地、定期地对承包人施工进度计划的执行情况进行跟踪检查,发现问题及时采取措施加以解决。

**1. 施工进度计划实施中的跟踪检查**

对施工进度计划的执行情况进行跟踪检查是施工进度信息的主要来源,是进度分析和调整的依据,也是进度控制的关键步骤。跟踪检查的主要工作是定期收集反映工程实际进度的有关数据,收集的数据应当全面、真实、可靠,不完整或不准确的进度数据将导致判断不准确,甚至导致决策失误。为了全面、准确地掌握进度计划的执行情况,监理工程师应认真做好以下三方面的工作。

1)定期地、经常地收集由承包人提交的有关进度报表资料

工程施工进度报表资料是反映工程实际进度的主要方式之一,不仅是监理工程师实施进度控制的依据,同时也是其核对工程进度款的依据。在一般情况下,进度报表格式由监理单位提供给承包人,承包人按时填写完后提交给监理工程师核查。报表的内容根据施工对象及承包方式的不同而有所区别,但一般应包括工作的开始时间、完成时间、持续时间、逻辑关系、实物工程量和工作量,以及工作时差的利用情况等。承包人若能准确地填报进度报表,监理工程师就能从中了解到建设工程的实际进展情况。

2)由驻地监理人员现场跟踪检查建设工程的实际进展情况

为了避免承包人超报已完工程量,驻地监理人员有必要进行现场实地检查和监督,随时检查进度计划的实际执行情况,这样可以加强进度检查工作的力度,掌握工程实际进度的第一手资料,使获取的数据更加及时、准确。

3)定期召开工地现场会议

除上述两种方式外,由监理工程师定期组织现场施工负责人召开现场会议,也是获得建设工程实际进展情况的一种方式,通过这种面对面的交谈,监理工程师可以从中了解到施工过程中的潜在问题,以便及时采取相应的措施加以预防,同时也可以协调有关方面的进度关系。

一般说来,进度控制的效果与收集数据资料的时间间隔有关。究竟多长时间进行一次进度检查,这是监理工程师应当确定的问题。如果不经常地、定期地收集实际进度数据,就难以有效地控制实际进度。进度检查的时间间隔由工程项目的类型、规模、监理范围及施工现场的条件等多方面因素而定,可以每月或每半月检查一次,也可每旬或每周检查一次。如果在某一施工阶段出现不利情况时,甚至需要每天检查。

**2. 实际进度数据的加工处理**

为了进行实际进度与计划进度的比较,必须对收集到的实际进度数据进行加工处理,形成与计划进度具有可比性的数据。例如,对检查时段实际完成工作量的进度数据进行整理、统计和分析,确定本期累计完成的工作量、本期已完成的工作量占计划总工作量的百分比等。

**3. 实际进度与计划进度的对比分析**

将实际进度数据与计划进度数据进行比较,可以确定建设工程实际执行状况与计划目标之间的差距。为了直观反映实际进度偏差,通常采用表格或图形进行实际进度与计划进度的对比分析,从而得出实际进度比计划进度超前、滞后还是一致的结论。

实际进度与计划进度的比较是施工进度监测的重要环节,常用的进度比较方法有横道图、S 曲线、香蕉曲线、前锋线和列表比较法。这五种比较方法的详细内容请参考相关课程。

## 二、施工进度计划的调整

在建设工程施工进度监测过程中，一旦发现实际进度偏离计划进度，必须认真分析产生偏差的原因及其对后续工作和总工期的影响，必要时采取合理、有效的进度计划调整措施，确保进度总目标的实现。

**1. 分析进度偏差产生的原因**

通过实际进度与计划进度的比较，发现进度偏差时，为了采取有效措施调整进度计划，必须深入现场进行调查，分析产生进度偏差的原因。

**2. 分析进度偏差对后续工作和总工期的影响**

在工程项目实施过程中，当通过实际进度与计划进度的比较，发现有进度偏差时，需要分析该偏差对后续工作及总工期的影响，从而采取相应的调整措施对原进度计划进行调整，以确保工期目标的顺利实现。进度偏差的大小及其所处的位置不同，对后续工作和总工期的影响程度是不同的，分析时需要利用网络计划中工作总时差和自由时差的概念进行判断。

分析步骤如下：

1）分析出现进度偏差的工作是否为关键工作

如果出现进度偏差的工作位于关键线路上，即该工作为关键工作，则无论其偏差有多大，都将对后续工作和总工期产生影响，必须采取相应的调整措施；如果出现偏差的工作是非关键工作，则需要根据进度偏差值与总时差和自由时差的关系作进一步分析。

2）分析进度偏差是否超过总时差

如果工作的进度偏差大于该工作的总时差，则此进度偏差必将影响其后续工作和总工期，必须采取相应的调整措施；如果工作的进度偏差未超过该工作的总时差，则此进度偏差不影响总工期。至于对后续工作的影响程度，还需要根据偏差值与其自由时差的关系作进一步分析。

3）分析进度偏差是否超过自由时差

如果工作的进度偏差大于该工作的自由时差，则此进度偏差将对其后续工作产生影响，此时应根据后续工作的限制条件确定调整方法；如果工作的进度偏差未超过该工作的自由时差，则此进度偏差不影响后续工作，因此，原进度计划可以不作调整。

通过分析，进度控制人员可以根据进度偏差的影响程度，制订相应的纠偏措施进行调整，以获得符合实际进度情况和计划目标的新进度计划。

**3. 确定后续工作和总工期的限制条件**

当出现的进度偏差影响到后续工作或总工期而需要采取进度调整措施时，应当首先确定可调整进度的范围，主要指关键节点、后续工作的限制条件以及总工期允许变化的范围。这些限制条件往往与合同条件有关，需要认真分析后确定。

**4. 采取措施调整进度计划**

采取进度调整措施，应以后续工作和总工期的限制条件为依据，确保要求的进度目标得到实现。

**5. 实施调整后的进度计划**

进度计划调整之后，应采取相应的组织、经济、技术措施予以保证，并继续监测进度的执行情况。

## 三、进度计划实施中的调整方法

当实际进度偏差影响到后续工作、总工期而需要调整进度计划时，其调整方法主要有以下两种：

**1. 改变某些工作间的逻辑关系**

当工程项目实施中产生的进度偏差影响到总工期，且有关工作的逻辑关系允许改变时，可以改变关键线路和超过计划工期的非关键线路上的有关工作之间的逻辑关系，达到缩短工期的目的。

对于大型建设工程，由于其单位工程较多且相互间的制约比较小，可调整的幅度比较大，所以容易采用平行作业的方法来调整施工进度计划。而对于单位工程项目，由于受工作之间工艺关系的限制，可调整的幅度比较小，所以通常采用搭接作业的方法来调整施工进度计划。但不管是搭接作业还是平行作业，建设工程在单位时间内的资源需求量将会增加。

**2. 缩短某些工作的持续时间**

这种方法是不改变工程项目中各项工作之间的逻辑关系，而通过采取增加资源投入、提高劳动效率等措施来缩短关键线路上的持续时间来缩短工期，使工程进度加快，以保证按计划工期完成该工程项目。

这种调整方法通常可以在网络图上直接进行。其调整方法视限制条件及对其后续工作的影响程度的不同而有所区别，一般可分为以下三种情况：

(1)网络计划中某项工作进度拖延的时间已超过其自由时差但未超过其总时差，此时该工作的实际进度不会影响总工期，而只对其后续工作产生影响。因此，在进行调整前，需要确定其后续工作允许拖延的时间限制，并以此作为进度调整的限制条件。该限制条件的确定常常较复杂，尤其是当后续工作由多个平行的承包人负责实施时更是如此。后续工作如不能按原计划进行，在时间上产生的任何变化都可能使合同不能正常履行，而导致蒙受损失的一方提出索赔。因此，寻求合理的调整方案，把进度拖延对后续工作的影响减少到最低程度，是监理工程师的一项重要工作。

(2)网络计划中某项工作进度拖延的时间超过其总时差。如果网络计划中某项工作进度拖延的时间超过其总时差，则无论该工作是否为关键工作，其实际进度都将对后续工作和总工期产生影响。此时，进度计划的调整方法又可分为以下三种情况：

①总工期不允许拖延。如果工程项目必须按照原计划工期完成，则只能采取缩短关键线路上后续工作持续时间的方法来达到调整计划的目的。

②总工期允许拖延。如果总工期允许拖延，则此时只需以实际数据取代原计划数据，并重新绘制实际进度检查日期之后的简化网络计划即可。

③总工期允许拖延的时间有限。如果项目总工期允许拖延，但允许拖延的时间有限，则当实际进度拖延的时间超过此限制时，也需要对网络计划进行调整，以便满足要求。

以上三种情况均是以总工期为限制条件调整进度计划的。值得注意的是，当某项工作实际进度拖延的时间超过其总时差而需要对进度计划进行调整时，除需考虑总工期的限制条件外，还应考虑网络计划中后续工作的限制条件，特别是对总进度计划的控制更应注意这一点。因为在这类网络计划中，后续工作也许就是一些独立的合同段，时间上的任何变化，都会带来协调上的麻烦或者引起索赔。因此，当网络计划中某些后续工作对时间的拖延有限制时，同样需要以此为条件，按前述方法进行调整。

(3)网络计划中某项工作进度超前。监理工程师对建设工程实施进度控制的任务就是在工程进度计划的执行过程中，采取必要的组织协调和控制措施，以保证建设工程按期完成。在建设工程计划阶段所确定的工期目标，往往是综合考虑了各方面因素而确定的合理工期。因此，时间上的任何变化，无论是进度拖延还是超前，都可能造成其他目标的失控。例如，在一个建设工程施工总进度计划中，由于某项工作的进度超前，致使资源的需求发生变化，而打乱了原计划对人、财、物等资源的合理安排，也将影响资金计划的使用和安排；特别是当多个平行的承包人进行施工时，由此引起后续工作时间安排的变化，势必给监理工程师的协调工作带来许多麻烦。因此，如果建设工程实施过程中出现进度超前的情况，进度控制人员必须综合分析进度超前对后续工作产生的影响，并同承包人协商，提出合理的进度调整方案，以确保工期总目标的顺利实现。

缩短某些工作的持续时间通常需要采取一定的措施来达到目的。具体措施包括：

①组织措施。增加工作面，组织更多的施工队伍；增加每天的施工时间(如采用三班制等)；增加劳动力和施工机械的数量。

②技术措施。改进施工工艺和施工技术，缩短工艺技术间歇时间；采用更先进的施工方法，以减少施工过程的数量(如将现浇框架方案改为预制装配方案)；采用更先进的施工机械。

③经济措施。实行包干奖励；提高奖金数额；对所采取的技术措施给予相应的经济补偿。

④其他配套措施。改善外部配合条件；改善劳动条件；实施强有力的调度等。

除了分别采用上述两种方法来缩短工期外，有时由于工期拖延得太多，当采用某种方法进行调整，其可调整的幅度又受到限制时，还可以同时利用这两种方法对同一施工进度计划进行调整，以满足工期目标的要求。

## 四、施工阶段的进度控制

### 1. 施工阶段进度控制目标的确定

1)施工进度控制目标体系

保证工程项目按期建成交付使用，是建设工程施工阶段进度控制的最终目的。为了有效地控制施工进度，首先要将施工进度总目标从不同角度进行层层分解，形成施工进度控制目标体系，从而作为实施进度控制的依据。

建设工程不但要有项目建成交付使用的确切日期这个总目标，还要有各单位工程交工动用的分目标以及按承包人、施工阶段和不同计划期划分的分目标。各目标之间相互联系，共同构成建设工程施工进度控制目标体系。其中，下级目标受上级目标的制约，下级目标保证上级目标，最终保证施工进度总目标的实现。

(1)按项目组成分解，确定各单位工程开工及动用日期。各单位工程的进度目标在工程项目建设总进度计划及建设工程年度计划中都有体现。在施工阶段应进一步明确各单位工程的开工和交工动用日期，以确保施工总进度目标的实现。

(2)按承包人分解，明确分工条件和承包责任。在一个单位工程中有多个不同专业承包人参加施工时，应按承包人将单位工程的进度目标分解，确定出各分包单位的进度目标，列入分包合同，以便落实分包责任，并根据各专业工程交叉施工方案和前后衔接条件，明确不同承包人工作面交接的条件和时间。

(3)按施工阶段分解，划定进度控制分界点。根据工程项目的特点，应将其施工分成几个阶段，如市政工程可分为雨污、水管线施工、供热工程施工、燃气工程施工、道路工程施工、路灯绿化工程施工等阶段。每一施工阶段的起止时间都要有明确的标志。特别是不同单位承包的不同施工段之间，更要明确划定时间分界点，以此作为形象进度的控制标志，从而使单位工程动用目标具体化。

(4)按计划期分解，组织综合施工。将工程项目的施工进度控制目标按年度、季度、月(或旬)进行分解，并用实物工程量、货币工作量及形象进度表示，将更有利于监理工程师明确对各承包人的进度要求。同时，还可以据此监督其实施，检查其完成情况。计划期越短，进度目标越细，进度跟踪就越及时，发生进度偏差时也就更能有效地采取措施予以纠正。这样，就形成一个有计划、有步骤地协调施工，长期目标对短期目标自上而下逐级控制，短期目标对长期目标自下而上逐级保证，逐步趋近进度总目标的局面，最终达到工程项目按期竣工交付使用的目的。

2)施工进度控制目标的确定

为了提高进度计划的预见性和进度控制的主动性，在确定施工进度控制目标时，必须全面细致地分析与建设工程进度有关的各种有利因素和不利因素。只有这样，才能制订出一个科学、合理的进度控制目标。确定施工进度控制目标的主要依据有：建设工程总进度目标对施工工期的要求；工期定额、类似工程项目的实际进度；工程难易程度和工程条件的落实情况等。

在确定施工进度分解目标时，还要考虑以下几个方面：

(1)对于市政工程建设项目，应根据整体规划按照先地下后地上、先主干道后次干道的原则，集中力量分期分批建设，以便尽早投入使用，尽快发挥投资效益。这时，为保证每一动用单元能形成完整的生产能力，就要考虑这些动用单元交付使用时所必需的全部配套项目。因此，要处理好前期动用和后期建设的关系、每期工程中主体工程与辅助及附属工程之间的关系等。

(2)合理安排道路与管线工程的综合施工。要按照它们各自的特点，合理安排道路施工与管线施工的先后顺序及搭接、交叉或平行作业，明确管线工程对道路工程的要求和道路工程为管线工程提供施工条件的内容及时间。

(3)结合工程的特点，参考同类建设工程的经验来确定施工进度目标。避免只按主观愿望盲目确定进度目标，从而在实施过程中造成进度失控。

(4)做好资金供应能力、施工力量配备、物资(材料、构配件、设备)供应能力与施工进度的平衡工作，确保工程进度目标的要求而不使其落空。

(5)考虑外部协作条件的配合情况。包括施工过程中及项目竣工动用所需的水、电、气、通信、道路及其他社会服务项目的满足程序和满足时间。它们必须与有关项目的进度目标相协调。

(6)考虑工程项目所在地区地形、地质、水文、气象以及地线、管线埋置情况等方面的限制条件。

总之，要想对工程项目的施工进度实施控制，就必须有明确、合理的进度目标(进度总目标和进度分目标)；否则，控制便失去了意义。

**2. 施工阶段进度控制的内容**

建设工程施工进度控制工作从审核承包人提交的施工进度计划开始，直至建设工程保修期满为止，其工作内容主要有：

1）编制施工进度控制工作细则

施工进度控制工作细则是在监理规划的指导下，由控制进度的监理工程师负责编制的更具有实施性和操作性的监理业务文件。其主要内容包括：

（1）施工进度控制目标分解图。

（2）施工进度控制的主要工作内容和深度。

（3）进度控制人员的职责分工。

（4）与进度控制有关各项工作的时间安排及工作流程。

（5）进度控制的方法（包括进度检查周期、数据采集方式、进度报表格式、统计分析方法等）。

（6）进度控制的具体措施（包括组织措施、技术措施、经济措施及合同措施等）。

（7）施工进度控制目标实现的风险分析。

（8）尚待解决的有关问题。

事实上，施工进度控制工作细则是对监理规划中有关进度控制内容的进一步深化和补充。如果将监理规划比作开展监理工作的“初步设计”，施工进度控制工作细则就可以看成是开展监理工作的“施工图设计”，它对监理工程师的进度控制实务工作起着具体的指导作用。

2）编制或审核施工进度计划

为了保证建设工程的施工任务按期完成，监理工程师必须审核承包人提交的施工进度计划。对于大型建设工程，由于单位工程较多、施工工期长，且采取分期分批发包又没有一个负责全部工程的总承包单位时，就需要监理工程师编制施工总进度计划；或者当建设工程由若干个承包人平行承包时，监理工程师也有必要编制施工总进度计划。施工总进度计划应确定分期分批的项目组成；各批工程项目的开工、竣工顺序及时间安排；全场性准备工程，特别是首批准备工程的内容与进度安排等。

当有总承包单位时，监理工程师只需对总承包单位提交的施工总进度计划进行审核即可。而对于单位工程施工进度计划，监理工程师只负责审核而不需要编制。

施工进度计划审核的内容主要有：

（1）进度安排是否符合工程项目建设总进度计划中总目标和分目标的要求，是否符合施工合同中开工、竣工日期的规定。

（2）施工总进度计划中的项目是否有遗漏，分期施工是否满足分批动用的需要和配套动用的要求。

（3）施工顺序的安排是否符合施工工艺的要求。

（4）劳动力、材料、构配件、设备及施工机具、水、电等生产要素的供应计划是否能保证施工进度计划的实现，供应是否均衡、需求高峰期是否有足够能力实现计划供应。

（5）总包、分包单位分别编制的各项单位工程施工进度计划之间是否相协调，专业分工与计划衔接是否明确合理。

（6）对于业主负责提供的施工条件（包括资金、施工图纸、施工场地、采供的物资等），在施工进度计划中安排得是否明确、合理，是否有造成因业主违约而导致工程延期和费用索赔的可能存在。

如果监理工程师在审查施工进度计划的过程中发现问题，应及时向承包人提出书面修改意见（也称整改通知书），并协助承包人修改。其中重大问题应及时向业主汇报。

应当说明，编制和实施施工进度计划是承包人的责任。承包人之所以将施工进度计划提交给监理工程师审查，是为了听取监理工程师的建设性意见。因此，监理工程师对施工进度计划的审查或批准，并不解除承包人对施工进度计划的任何责任和义务。此外，对监理工程师来讲，其审查施工进度计划的主要目的是为了防止承包人计划不当，以及为承包人保证实现合同规定的进度目标提供帮助。如果强制地干预承包人的进度安排，或支配施工中所需要劳动力、设备和材料，将是一种错误行为。

尽管承包人向监理工程师提交施工进度计划是为了听取建设性的意见，但施工进度计划一经监理工程师确认，即应当视为合同文件的一部分，它是以后处理承包人提出的工程延期或费用索赔的一个重要依据。

3）按年、季、月编制工程综合计划

在按计划期编制的进度计划中，监理工程师应着重解决各承包人施工进度计划之间、施工进度计划与资源（包括资金、设备、机具、材料及劳动力）保障计划之间及外部协作条件的延伸性计划之间的综合平衡与相互衔接问题。并根据上期计划的完成情况对本期计划作必要的调整，从而作为承包人近期执行的指令性计划。

4）下达工程开工令

监理工程师应根据承包人和业主双方关于工程开工的准备情况，选择合适的时机发布工程开工令。工程开工令的发布，要尽可能及时，因为从发布工程开工令之日算起，加上合同工期后即为工程竣工日期。如果开工令发布拖延，就等于推迟了竣工时间，甚至可能引起承包人的索赔。

为了检查双方的准备情况，监理工程师应参加由业主主持召开的第一次工地会议。业主应按照合同规定，做好征地拆迁工作，及时提供施工用地。同时，还应当完成法律及财务方面的手续，以便能及时向承包人支付工程预付款。承包人应当将开工所需要的人力、材料及设备准备好，同时还要按合同规定为监理工程师提供各种条件。

5）协助承包人实施进度计划

监理工程师要随时了解施工进度计划执行过程中所存在的问题，并帮助承包人予以解决，特别是承包人无力解决的内外关系协调问题。

6）监督施工进度计划的实施

这是建设工程施工进度控制的经常性工作。监理工程师不仅要及时检查承包人报送的施工进度报表和分析资料，同时还要进行必要的现场实地检查，核实所报送的已完项目的时间及工程量，杜绝虚报现象。

在对工程实际进度资料进行整理的基础上，监理工程师应将其与计划进度相比较，以判定实际进度是否出现偏差。如果出现进度偏差，监理工程师应进一步分析此偏差对进度控制目标的影响程度及其产生的原因，以便研究对策、提出纠偏措施。必要时还应对后期工程进度计划作适当的调整。

7)组织现场协调会

监理工程师应每月、每周定期组织召开不同层级的现场协调会议,以解决工程施工过程中的相互协调配合问题。在每月召开的高级协调会上通报工程项目建设的重大变更事项,协商其后果处理,解决各个承包人之间以及业主与承包人之间的重大协调配合问题;在每周召开的管理层协调会上,通报各自进度状况、存在的问题及下周的安排,解决施工中的相互协调配合问题。通常包括:各承包人之间的进度协调问题;工作面交接和阶段成品保护责任问题;场地与公用设施利用中的矛盾问题;某一方面断水、断电、断路、开挖要求对其他方面影响的协调问题以及资源保障、外协条件配合问题等。

在平行、交叉施工单位多,工序交接频繁且工期紧迫的情况下,现场协调会甚至需要每日召开。在会上通报和检查当天的工程进度,确定薄弱环节,部署当天的赶工任务,以便为次日正常施工创造条件。

对于某些未曾预料的突发变故或问题,监理工程师还可以通过发布紧急协调指令,督促有关单位采取应急措施维护施工的正常秩序。

8)签发工程进度款支付凭证

监理工程师应对承包人申报的已完分项工程量进行核实,在质量监理人员检查验收后,签发工程进度款支付凭证。

9)审批工程延期

造成工程进度拖延的原因有两个方面:一是由于承包人自身的原因;二是由于承包人以外的原因。前者所造成的进度拖延,称为工程延误;而后者所造成的进度拖延称为工程延期。

(1)工程延误　当出现工程延误时,监理工程师有权要求承包人采取有效措施加快施工进度。如果经过一段时间后,实际进度没有明显改进,仍然拖后于计划进度,而且显然影响工程按期竣工时,监理工程师应要求承包人修改进度计划,并提交给监理工程师重新确认。

监理工程师对修改后的施工进度计划的确认,并不是对工程延期的批准,他只是要求承包人在合理的状态下施工。因此,监理工程师对进度计划的确认,并不能解除承包人应负的一切责任,承包人需要承担赶工的全部额外开支和误期损失赔偿。

(2)工程延期　如果由于承包人以外的原因造成工期拖延,承包人有权提出延长工期的申请。监理工程师应根据合同规定,审批工程延期时间。经监理工程师核实批准的工程延期时间,应纳入合同工期,作为合同工期的一部分。即新的合同工期应等于原定的合同工期加上监理工程师批准的工程延期时间。

监理工程师对于施工进度的拖延,是否批准为工程延期,对承包人和业主都十分重要。如果承包人得到监理工程师批准的工程延期,不仅可以不赔偿由于工期延长而支付的误期损失费,而且还要由业主承担由于工期延长所增加的费用。因此,监理工程师应按照合同的有关规定,公正地区分工程延误和工程延期,并合理地批准工程延期时间。

10)向业主提供进度报告

监理工程师应随时整理进度资料,并做好工程记录,定期向业主提交工程进度报告。

11)督促承包人整理技术资料

监理工程师要根据工程进展情况,督促承包人及时整理有关技术资料。

12)签署工程竣工报验单、提交质量评估报告当单位工程达到竣工验收条件后，承包人在自行预验的基础上提交工程竣工报验单，申请竣工验收。监理工程师在对竣工资料及工程实体进行全面检查、验收合格后，签署工程竣工报验单，并向业主提出质量评估报告。

13）整理工程进度资料

在工程完工以后，监理工程师应将工程进度资料收集起来，进行归类、编目和建档，以便为今后其他类似工程项目的进度控制提供参考。

14）工程移交

监理工程师应督促承包人办理工程移交手续，颁发工程移交证书。在工程移交后的保修期内，还要处理验收后质量问题的原因及责任等争议问题，并督促责任单位及时修理。

当保修期结束且再无争议时，建设工程进度控制的任务即告完成。

## 复习思考题

1. 什么叫进度监理？进度监理的作用和任务是什么？
2. 影响进度的常见因素有哪些？
3. 阐述施工阶段进度计划审核的内容。
4. 在施工阶段如何做好进度计划实施检查？
5. 如何用横道图比较法进行进度控制？
6. 如何区分工程延期与延误？
7. 如何控制工程延期？对工程延误如何处理？

# 第四章

# 费用监理

**知识目标**

1. 描述在工程各个阶段费用监理的主要工作内容和措施；
2. 描述招、投标阶段费用监理的主要任务和招、投标的定价方式；
3. 描述工程计量的程序、依据和方法；
4. 描述工程量清单的内容及其在工程中的作用、工程量清单的编制及其要求。

**能力目标**

1. 进行工程施工中变更和索赔费用控制的操作；
2. 进行工程量的计算。

建设项目投资含固定资产投资和流动资产投资两部分，其中固定资产投资与建设项目的工程造价在量上是相等的。工程总造价中包括：用于购买工程项目所含各种设备的费用，用于建筑施工和安装施工所需支出的费用，用于委托工程勘察设计应支付的费用，用于购置土地所需的费用，用于建设单位自身进行项目筹建和项目管理所花费的费用等。总之，工程造价是工程项目按照确定的建设内容、建设规模、建设功能、功能标准和使用要求等全部建成合格交付使用所需要的全部费用。

实践证明实行建设项目全过程工程造价控制制度是十分必要的，其所得到的经济效益和社会效益也是十分可观的。所谓全过程工程造价控制，就是在项目决策阶段、设计阶段和建设项目实施阶段，对工程造价进行研究比较，把建设项目的造价控制在科学合理的范围之内，根据项目的进展情况随时纠正发生的偏差，以保证投资目标的实现，力求在项目建设的各个阶段合理使用人力、物力、财力，以取得较好的投资效益和社会效益。

建筑安装工程施工过程是整个建设过程中的重要部分，在施工生产活动中由于各种消耗和支出而形成的建筑工程费和安装工程费的总和，称为建筑安装工程费。它是工程造价的主要组成部分，一般约占总造价的60%～80%。因此对施工生产过程的造价进行控制，对于实现全过程工程造价控制以及充分利用有限的建设资金，提高投资效益，减少建设资金的浪费有着十分重要的意义。

## •第一节　概　　述•

项目监理机构在进行质量、进度监督的同时，对工程施工过程费用的控制也起着相当重要的作用。项目监理机构对施工生产过程的费用控制包括事前、事中和事后三个阶段。事前控制是指项目监理机构的造价工程师对招标项目的工程量、投标单价及总价、各种规费及材料价差、各种包干费用和主要材料指标以及标底价格的合理性进行审核;事中控制是指造价工程师对承包人提出的施工组织设计、工程计量、材料差价、工程款支付、工程变更、费用索赔等进行审核;事后控制是指造价工程师对承包人提出的工程竣工结算进行审核。

费用监理的核心内容是以市场为中心对工程造价进行动态控制和管理,项目监理机构的造价工程师应该全面地掌握和运用施工招、投标文件,施工合同协议书及施工图设计文件,设计变更文件,工程变更文件和工程洽商文件等,及时掌握造价管理部门有关工程造价方面的法律法规,全面收集各种材料、设备价格信息,了解价格动态,整理分析各种造价资料,以合理的工程量清单为依据,抓住计量支付这个关键环节,认真审核承包人提出的支付申请,使每笔资金都能得到合理控制和支付,最后通过认真审核承包人提交的工程竣工结算文件,真实地反映工程造价,切实保障业主和承包人的经济利益。

## 一、招、投标阶段费用控制的内容和措施

如果业主单位在施工招标阶段已经确定项目监理机构,为实现全过程的工程造价控制,项目监理机构的造价工程师应介入施工招、投标阶段,进行费用控制。

造价工程师应在认真分析建设工程规模、特点等的基础上,根据现行施工技术规范和标准、定额和取费标准、施工图设计文件、现场因素、工程工期要求等认真编制或审核标底,其内容包括:

(1)计算和审核工程量并编制工程量清单。

(2)计算和审核分部、分项工程单价。

(3)审核工程取费标准及材料、设备价差。

(4)审核各种包干费用和主要材料指标。

(5)审核标底价格的合理性和可行性。

在评标、定标阶段,造价工程师应使业主单位认识到合理的工程费用是工程质量的经济保证。高价发包将使业主蒙受投资损失,低价发包将会造成承包人为追求自身的经济目标而不能严格按照技术规范施工、不能保障必要的安全生产投入,施工工期和质量的目标也得不到保证,同时也会增加工程项目的后期维修费用。

## 二、施工阶段费用控制的内容和措施

在施工阶段的费用控制,就是把计划投资额作为费用控制的目标值,在工程施工过程中定期进行实际值和目标值的比较,通过比较发现两者间的偏差,分析产生偏差的原因,并采取有效措施加以控制,保证投资控制目标的实现。

(1)在项目开始施工前,项目监理机构应依据施工合同的有关条款和施工图,对工程项目费用目标进行风险分析,并制订防范措施,经审核后向建设单位提出报告,为做好施工过程中的造价控制做好准备工作。

风险分析主要是找出工程费用最容易突破的部分(如施工合同中不明确的条款,施工图设计文件中易产生工程变更的部分以及材料、设备的不确定价格因素)以及最容易发生费用

索赔的原因和部位（如建设单位资金不到位、施工图纸不到位、建设单位供应的材料和设备不到位等）。

（2）监理工程师应对承包人提交的施工组织设计进行认真审核，采用经济技术比较方法对承包人提出的施工方案、工艺流程和质量控制措施的技术和经济合理性进行综合评审。施工方法和采取的工艺控制措施不同所产生的费用也会有所不同，例如，土方工程施工中采用的机械配套种类不同，所产生的费用就会不同。当然监理工程师也不能盲目采用费用较低的施工方法，而违背实际施工的需要，应在满足工程进度要求和质量标准的前提下，以经济合理为基本原则，按实际施工需要配备机械设备。

造价工程师还应重点审查为满足施工生产而产生的各种措施项目费。措施项目费是指为完成工程项目施工，发生于该工程施工前和施工过程中非工程实体项目的费用，例如市政工程施工过程中便道、便桥的修建，为满足文明施工要求设置的施工现场围栏、机械设备的调运等。措施项目费产生的条件往往在施工前是不明确的，这就需要承包人在施工组织设计中提出相应的方案，并预计由此产生的相关费用。造价工程师应审核措施项目的必要性和可能性，在措施项目实施的过程中审查承包人的实际投入，并防止产生各种索赔事件的诱因。

（3）工程计量和工程款支付工作是施工阶段造价控制的有效手段和重要环节，是关系到业主与承包人经济利益的关键工作，对于保证工程质量和进度具有重要的作用。

（4）在实际施工过程中，往往会由于设计深度不够、设计工作不细致或发生了不可预见的事故及其他原因，而产生变更的情况。由于工程变更的内容往往超出了施工合同约定的工程量范围，从而产生工程造价的增加或减少。由于现行的建设工程费用计算规则规定措施项目费和间接费等都是以工、料、机直接费为计费基础，变更往往会产生直接费的提高，相应的间接费也会随之增加，这就会促使承包人为了追求利润而搞工程变更。因此，对变更的控制成为施工阶段投资控制的重要工作。

项目监理机构应按照下列内容进行控制：

①无论是由设计单位、建设单位或承包人提出的变更，均需经过建设单位、设计单位、承包单位和监理单位四方代表共同签认，并通过总监理工程师下达变更指令后，承包单位方可施工。

②承包单位应按照施工合同的有关规定，编制工程变更概算书，报送总监理工程师审核、确认，经建设单位、承包单位认可后，方可进入工程计量和工程款支付程序。

③总监理工程师应从造价、项目的功能要求、质量和工期等方面确定是否需要进行变更，并审查工程变更的方案。

④在工程变更实施前，总监理工程师应及时与建设单位、承包人确定工程变更的价款。

⑤造价工程师必须依据工程变更内容认真核查工程量清单和估算工程变更价格，进行技术经济分析比较，检查每个子项单价、数量和金额的变化情况，按照施工合同中工程变更价格的条款确定变更价格，计算该项工程变更对总投资额的影响。

⑥专业监理工程师应在变更项目实施过程中及时核定工程量，避免事后核定工程量。如果待变更完成后再核实计量，现场情况往往已被破坏和覆盖，工程计量将不准确。

只有规范工程变更操作，实行事前把关，主动监控，工程变更的投资才能得到有效控制。

（5）正确处理和防范费用索赔，协助业主做好反索赔工作，也是控制工程造价的重要工作内容。在施工过程中，引起费用索赔的原因是多方面的，承包人为了保证和争取更大的利润，会利用施工合同、工程变更等寻找索赔机会。这就需要监理工程师精通施工合同条款，熟悉工程项目的专业技术标准，公正地处理好索赔，在控制工程造价的前提下，维护合同双方合法权益。索赔处理难度大，监理工程师应通过自己的工作防止或尽量减少索赔事件的发生。

①专业监理工程师应及时收集、整理有关的施工和监理资料，为处理费用索赔提供证据。涉及费用索赔的有关施工和监理资料包括施工合同、协议、供货合同、工程变更、施工方案、施工进度计划，承包单位工、料、机动态记录（文字、照片等）、建设单位和承包人的有关文件、会议纪要、监理工程师通知等。

②监理工程师应严格按监理工作程序开展监理工作，避免工作延误发生索赔事件。

③应对设计变更和工程变更严格把关，仔细测算造价和分析可能带来的索赔问题。

④协助业主及时完成与工程进展密切相关的各项工作，如按期提供施工场地，按质、按量、按期提供施工图纸和材料、设备，避免因延误造成索赔。

⑤认真审核停工、窝工签证，计日工签证；使用机械签证、材料代用和材料调价的签证。

⑥认真记录监理日志，详细描述工程实施过程，据此划分费用索赔的起因和责任归属。

### 三、工程竣工结算阶段造价控制的内容和措施

工程竣工结算阶段是施工阶段造价控制的最重要环节，也是对施工过程造价控制成果的最终反映。工程竣工并完成工程交验后，监理工程师应及时按施工合同的有关规定进行竣工结算，并对竣工结算的价款与建设单位和承包单位进行协商。竣工结算应按下列程序进行：

（1）承包人按施工合同规定填报竣工结算报表，并附相关证明文件。包括施工合同协议书、工程竣工图纸、设计变更和工程变更文件、设计交底记录、会议纪要、工程洽商记录、材料供销合同、设备租赁合同、补充定额测算文件、竣工结算书及说明等。

（2）造价工程师审核承包人报送的竣工结算报表，审核竣工结算，真实反映工程造价。审核的内容包括：竣工结算是否符合合同条款，招、投标文件的约定，采用的定额和定额套用是否准确，是否按工程计量规则计算工程量，是否按实际情况计算未计价主材价格，工程规模划分是否正确，费率采用是否合理，材料价差是否符合造价主管部门的调价规定等。

（3）总监理工程师审定竣工结算报表，与建设单位、承包人协商一致后，签发竣工结算文件和最终的工程款支付证书报建设单位。

## 第二节　工程招、投标阶段的费用控制

对于在进行施工招标前已经确定了监理单位的工程，监理单位有义务协助建设单位完成工程招标工作，并从工程承包合同采用的价格方式、计价方式、工程量清单确定、标底确定、开标和定标等环节对工程造价进行事前的有效控制，从而为造价控制打好基础。当然，建设单位也可以委托相关的招标代理机构完成上述工作。

### 一、建设工程承包合同的价格分类

《建筑工程施工发包与承包计价管理办法》（中华人民共和国建设部令第 107 号）规定，合

同价可以采用三种方式:固定价、可调价和成本加酬金。

**1. 固定价**

固定价是指合同总价或者单价,在合同约定的风险范围内不可调整,即在合同的实施期间不因资源价格等因素的变化而调整的价格。

1)固定总价

固定总价合同的价格计算是以设计图纸、工程量及技术规范等为依据,发包和承包双方就承包工程协商一个固定的总价,并包死,无特殊情况不作调整。

由于固定总价合同的总价是包死的,在合同执行过程中,发、承包双方均不能以工程量、设备和材料价格、工资等变动为理由,提出对合同总价调值的要求,只有在设计和工程范围发生变更的情况下才能调整。因此,承包方要承担合同履行过程中的主要风险,包括实物工程量、工程单价等变化而可能造成损失的风险。

为降低风险,就需要详细的设计图纸、设计说明以及明确采用的技术规范和标准,从而对工程做出详尽的描述。同时,承包方要在投标时对一切费用上升的因素作出估计并将其包含在报价之中。承包方为尽可能降低不可预见因素所增加的风险,需要加大不可预见费用,从而导致投标价格可能较高。

因此,固定总价合同的适用条件受到了一定的限制,一般为:

(1)设计深度已达到施工的要求,设计文件完整齐全,工程施工范围及工程量计算依据确切,合同履行过程中不会出现较大的设计变更,承包方报价时依据的工程量与实际完成的工程量不会有较大的差异。

(2)承包方在报价时能预见到实施过程中可能遇到各种风险的规模较小、技术不太复杂的中小型工程。

(3)合同工期较短,一般为工期在1年以内的工程。

2)固定单价

(1)估算工程量单价　是以工程量清单和工程单价表为依据计算合同价格,亦称计量估价合同。估算工程量单价合同是由发包方提出工程量清单,列出分部、分项工程量,由承包方以此为基础填报相应单价,累计计算得出合同价格。需要说明的是,此价格不作为工程竣工结算的依据,工程结算时应按合同中确定的分部、分项工程单价和承包人实际完成的工程量,计算出工程结算和支付的工程总价格。

由于承包方报出的单价是以其对应的工程量为基础计算的,如果实际完成的工程量大幅度增减或施工工艺发生较大的变化,都将直接导致施工成本的增加,因此要求实际完成的工程量与清单工程量之间不能有实质性的变更。

但是究竟有多大范围的变更才算实质性变更,要根据合同执行情况确定。有些合同规定,如果实际工程量与清单工程量相差超过±10%时,允许承包方调整合同单价,也有些合同规定在材料价格变动较大时允许承包方调整单价。

这种计价方式较为合理地分担了合同履行过程中的风险。首先,由于是单价合同,清单工程量只是报价的基础,不作为结算的依据,避免了实际完成工程量与清单工程量有较大差异时导致的发包方过大的额外支出或承包方的亏损。其次,承包方在报价时不必将不能准确预见的风险计入投标报价内,有利于发包方获得较为合理的合同价格。第三,清单工程量是由发包方提供的，对于任何承包方均是统一的，承包方只需要经过复核后填上适当的单价，因此承担的风险较小；发包方也只需审核各承包人单价的合理性，对双方都较为简便。因此，估算工程量单价合同是比较常见的一种合同计价方式。

估算工程量单价合同适用于工期长、技术复杂、实施过程中各种不可预见因素较多的工程。在施工图不完整或准备招标的工程项目内容、技术经济指标尚不能明确时，往往要采用这种合同计价方式。

(2)纯单价　当遇到没有施工图或虽有施工图，但工程量不明确，却急需开工的紧迫工程，发包方在招标时只能给出发包工程的工程内容、工程范围和必要的说明，承包方在投标时只需对给定范围的分部、分项工程作出报价即可，合同实施过程中按实际完成的工程量进行结算，这就是纯单价合同。对于纯单价合同来说，发包方必须对工程范围的划分作出明确的规定，以使承包方能够合理地确定工程单价。

**2. 可调价**

可调价是指在合同的实施过程中可以按照合同约定，随资源价格等因素的变化而调整合同总价或单价。

1)可调总价

可调总价合同的总价是以设计图纸及技术规范为基础，在报价及签约时，按招标文件的要求和当时的物价计算合同总价；但合同总价是相对固定的，在合同执行过程中，由于通货膨胀原因使工、料、机成本增加时，可对合同总价进行相应的调整。可调总价合同的总价不变，只是在合同条款中增加调价条款，如果出现通货膨胀，合同总价就可按约定的调价条款作相应调整，但调价工作必须按照这些特定的调价条款进行。

可调总价合同与固定总价合同的不同之处在于，它对合同实施中出现的风险作了分摊，发包方承担了通货膨胀的风险，承包方承担合同实施中实物工程量、成本和工期因素等的其他风险。

2)可调单价

在合同中签订的单价，根据合同约定的条款，如在工程实施过程中物价发生变化等，可作调整。有的工程在招标或签约时，因某些不确定因素而在合同中暂定某些分部、分项工程的单价，在工程结算时，再根据实际情况和合同约定对合同单价进行调整，确定实际结算单价。

**3. 成本加酬金**

成本加酬金是将工程项目的投资划分为直接成本费和承包方完成工作后应得酬金两部分，工程实施过程中发生的直接成本费由发包方实报实销，再按合同约定的方式另外支付给承包方相应的报酬。

这种方式适用于工程内容及技术经济指标尚未全面确定，投标报价的依据不充分的情况下，发包方因工期要求紧迫，必须发包的工程；或者发包方与承包方之间有较高的信任度，承包方具有独特的技术、特长或经验。由于在签订合同时，发包方不能提供准确报价所必需的资料，承包方缺乏报价依据，因此，在合同内只能商定酬金的计算方法。成本加酬金合同广泛地适用于工作范围很难确定的工程和在设计完成之前就开始施工的工程。

成本加酬金合同有两个明显缺点：一是发包方对工程总价不能实施有效的控制；二是承包方对降低成本没有足够的积极性。所以采用这种合同计价方式，合同条款必须非常严格。

按照酬金的计算方式不同，成本加酬金合同分为以下几种形式：

1）成本加固定百分比酬金

承包方的实际成本实报实销，同时按照实际成本的固定百分比付给承包方一笔酬金。这种合同计价方式，工程总价及付给承包方的酬金随工程成本而水涨船高，不利于鼓励承包方降低成本，正是由于这种弊病，使得此种计价方式很少被采用。

2）成本加固定金额酬金

这种合同计价方式与成本加固定百分比酬金合同相比，不同之处仅在于在成本上所增加的费用是一笔固定金额的酬金。酬金一般是按估算工程成本的一定百分比确定，数额是固定不变的。此种方式虽然也不能鼓励承包人积极降低成本，但承包方要尽快获得全部酬金，减少管理投入，就必须采取措施缩短工期。

上述两种合同计价方式，为了避免承包方企图获得更多的酬金而对工程成本不加控制，往往在承包合同中规定一些补充条款，以鼓励承包方节约工程费用的开支，降低工程成本。

3）成本加奖罚

在签订合同时双方事先约定该工程的预期成本或目标成本和固定酬金，以及实际发生成本与预期成本比较后的奖罚计算办法。合同实施后，根据工程实际成本的发生情况，确定奖罚的额度。当实际成本低于预期成本时，承包方除可获得实际成本和酬金外，还可根据成本降低额得到一笔奖金；当实际成本大于预期成本时，承包方仅可得到实际成本和酬金，并视实际成本高出预期成本的情况，被处以一笔罚金。

此种方式可以促使承包方积极降低成本，缩短工期，而且目标成本可以随着设计的进展而加以调整，所以发承包双方均不会承担较大的风险，所以这种合同计价方式应用较多。

4）最高限额成本加固定最大酬金

首先要确定最高限额成本、报价成本和最低成本，当实际成本没有超过最低成本时，承包方支出的成本费用及酬金都可得到发包方的支付，并与发包方分享节约额；如果实际成本在最低成本和报价成本之间，承包方只有成本和酬金可以得到支付；如果实际成本在报价成本与最高限额成本之间，则只有全部成本可以得到支付；实际成本超过最高限额成本，则超过部分发包方不予支付。

这种合同计价方式有利于控制工程投资，并能鼓励承包方最大限度地降低工程成本。

## 二、影响合同计价方式选择的因素

在工程实践中，采用哪种合同计价方式，应根据建设工程的特点，业主对建设工作的设想，对工程费用、工期和质量的要求等，综合考虑后确定。

**1. 项目的复杂程度**

工程规模大且技术复杂的项目，承包方要承担较大的风险，各项费用不易准确估算，因此不宜采用固定总价合同。或者将有把握的部分采用固定总价合同，估算不准的部分采用单价合同或成本加酬金合同。在同一工程中采用不同的合同形式，是业主和承包人合理分担不确定风险因素的有效办法。

**2. 工程设计工作的深度**

工程招标时所依据的设计文件的深度，即工程范围的明确程度和预计完成工程量的准确程度，是选择合同计价方式时考虑的重要因素。设计图纸和工程量清单的详细程度直接决定投标人报价是否合理和准确。

**3. 工程施工的难易程度**

如果在施工中大量采用新技术和新工艺，当发、承包双方都没有相应的技术经验，且在标准、规范、定额中又没有可作为依据的标准时，为了避免投标人盲目提高承包价格或由于对施工难度估计不足而导致亏损，不宜采用固定总价合同，比较合理的做法是选用成本加酬金合同。

**4. 工程进度要求的紧迫程度**

对一些紧急工程，如灾后恢复工程、工期要求较紧的工程，可能只有实施方案，而没有施工图纸，不可能要求承包人报出合理的价格。此时，采用成本加酬金合同比较合理，可采用邀请招标的方式选择有信誉、有能力的承包人及早开工。

## 三、建设工程招标、投标价格

**1. 建设工程招标、投标计价方法**

《建筑工程施工发包与承包计价管理办法》中规定：施工图预算、招标标底和投标报价由成本、利润和税金构成，其编制可以采用工、料单价法和综合单价法两种计价方法。

1）工、料单价法

采用分部、分项工程量的单价为直接费单价，直接费以人工、材料、机械的消耗量及其相应价格确定，其他直接费、现场经费、间接费、利润、税金按照计费规则另行计算。

工、料单价法根据其所含价格和费用标准的不同，又可分为以下两种计算方法：

（1）按现行定额的人工、材料和机械消耗量及其预算价格确定直接费、其他直接费、现场经费、间接费、利润、税金，即按现行定额费用标准计算。

（2）按工程量计算规则和基础定额确定直接成本中的人工、材料、机械消耗量，再按市场价格计算直接费，然后按市场行情计算其他直接费、现场经费、间接费、利润、税金。

2）综合单价法

综合单价就是工程量清单的单价，是分部、分项工程量的全费用单价，它综合计算了完成单位、分部、分项工程所发生的所有费用，包括直接工程费、间接费、利润、税金等所有费用。工程量乘以综合单价就得到了分部、分项工程的造价费用，再将每个分部、分项工程的造价费用加以汇总就得到了整个工程的总建造费用。

综合单价法按所包含项目工作内容及工程计量方法的不同，又可分为三种表达形式：

（1）参照现行预算定额（或基础定额）对应子目所约定的工作内容、计算规则进行报价。

（2）按招标文件约定的工程量计算规则，以及按技术规范规定的每个分部、分项工程所包括的工作内容进行报价。

（3）由投标者依据招标图纸、技术规范，按其计价习惯自主报价，即工程量的计算方法、投标价的确定均由投标者根据自身情况决定。

一般情况下，综合单价法比工、料单价法能更好地控制工程价格，使工程价格接近市场行情，有利于市场竞争，同时也有利于降低建设工程投资。

**2. 建设工程招标、投标价格**

建设工程招标、投标定价程序是由招标人编制招标文件，投标人进行报价竞争，投标人中标后与招标人通过谈判签订工程承包合同，将合同价格作为建设工程价格的定价方式，这种定价方式属于市场调节，施工企业自主定价的方式，是《中华人民共和国招投标法》中规定的计价方式。

1）标底价格

标底是招标人根据招标项目的具体情况编制的完成项目建设所需要的全部费用，是依据国家规定的计价依据和计价方法计算出来的工程造价，是招标人对项目建设的预期价格。标底由成本、利润和税金构成，一般应控制在批准的总概算及投资包干限额内。

《招标投标法》中没有明确要求招标项目必须设置标底价格，招标人可根据工程具体情况决定是否需要设置标底价格。但是招标人设有标底时，标底必须保密。

标底价格是招标人的预期价格，而非合同价格，只作为衡量投标人投标价格的一个尺度，也是招标人控制投资的一种手段。标底价格应该是招标工程社会平均水平的建造价格，在工程评标时，招标人可以用来衡量每个投标人的投标报价，判断投标人的投标报价是否合理。设有标底的招标工程，在评标时应当参考标底。

2）投标报价

投标人为了得到工程施工承包资格，首先要按照招标文件的要求进行估价，然后根据投标策略确定投标价格，以争取中标并通过工程实施取得经济效益。因此投标报价是卖方的要价，如果中标，则投标价格就是合同谈判、签订合同和确定工程价格的基础。

对于设有标底的招标项目，投标报价时要认真研究投标文件，正确理解评标时标底的作用。如果以靠近标底者得分最高，则报价就无需追求最低标价；如果标底价只作为招标人的预期，但仍要求低价中标时，投标人就要努力采取措施，在不低于成本和保证合理利润的情况下尽可能靠近最低价，使投标报价最具竞争力。由于“既能中标，又能获利”是投标报价的原则，所以投标人的报价必须有雄厚的技术、管理实力作后盾，编制出有竞争力、又能盈利的投标报价。

3）评标定价

《招标投标法》规定：评标委员会应当按照招标文件确定的评标标准和方法，对投标文件进行评审和比较；设有标底的，应当参考标底。所以评标的依据是招标文件和标底（如果有）。

《招标投标法》规定，中标人的投标应最大限度地满足招标文件中规定的各项综合评价标准，能够满足招标文件的实质性要求，并且中标价必须是经评审的最低报价，但不得低于成本。中标者的报价将作为签订合同的价格依据。

对于成本的界定，在设标底价格时，可以用两种办法确定：一是标底价格扣除招标人拟允许投标人获得的利润；二是把计算标底时的直接工程费与间接费相加便可得出成本。如果不设标底，则难以界定。因为成本是在施工过程中消耗的活劳动和物化劳动之和，它带有个性，即不同技术水平和管理水平的企业，其消耗水平是不同的，成本也不一致。招标人也无法确定一个代表社会平均水平的成本，于是在评标时，只能由评标委员会的专家根据报价的情况，把低报价，其施工组织设计中又无具体措施的，认为是以低于成本的报价投标者，予以剔除；或专家根据经验判断其报价是否低于成本。

所以招标、投标定价方式也是一种工程价格的定价方式，在定价的过程中，招标文件及标底价均可认为是发包人的定价意图；投标报价可认为是承包人的定价意图；中标价可认为是两方都可接受的价格，在合同中予以确定。

## ●第三节　施工阶段工程费用监理●

建设工程的费用主要发生在施工阶段，在这一阶段需要投入大量的人力、物力、财力，是工程项目建设费用消耗最多的时期。通过加强施工组织、计量控制、挖掘各方面的潜力、减少资源浪费等措施，仍可以收到节约投资的明显效果。对施工阶段的费用控制应给予足够的重视，应从组织、经济、技术、合同等多方面采取综合措施控制工程造价。

**1. 组织措施**

(1)在由建设单位和监理单位共同构成的项目管理机构中，落实从造价控制角度进行施工跟踪的人员、任务分工和职能分工。

(2)监理单位编制施工阶段造价控制工作的计划和详细工作流程，使造价控制工作程序化、制度化。

**2. 经济措施**

(1)项目管理机构编制资金使用计划，确定、分解造价控制目标，对工程项目造价目标进行风险分析，并制订防范措施。

(2)监理单位按时、按规定的程序和计量规则对承包人进行工程计量。

(3)监理单位应认真复核工程付款账单，签发付款证书。

(4)监理单位在施工过程中进行造价跟踪控制，定期进行投资实际支出值与计划目标值的比较，发现偏差并分析产生的原因，及时采取纠偏措施。

(5)监理单位会同建设单位、施工单位协商确定工程变更的价款，审核工程竣工结算。

(6)监理单位对工程施工过程中的投资支出作好分析与预测，经常或定期向建设单位提交项目投资控制及其存在问题的报告。

**3. 技术措施**

(1)监理单位要对设计变更进行技术经济比较，严格控制设计变更。

(2)监理单位要认真审核承包人编制的施工组织设计，对主要施工方案进行技术经济分析。

**4. 合同措施**

(1)监理单位要做好工程施工记录，保存好各种文件图纸，特别是注有实际施工变更情况的图纸，积累必要的资料，为正确处理可能发生的索赔提供依据。

(2)监理单位要参与合同修改、补充工作，着重考虑它对投资控制的影响。

### 一、工程计量

工程计量是指根据设计文件及承包合同中关于工程量计算的规定，监理工程师对承包人申报的已完成的工程量进行的核验。工程量表中的工程量是在编制招标文件时，在图纸和规范的基础上估算的工作量，不能作为结算工程价款的依据，而必须通过监理工程师对已完成的工程进行计量。经过监理工程师计量所确定的数量是向承包人支付工程价款的凭证。

业主对承包人的付款,是以监理工程师批准的付款证书为凭据的,监理工程师对计量支付有充分的批准权和否决权。对于不合格的工作和工程,监理工程师可以拒绝计量。同时,监理工程师通过按时计量,可以及时掌握承包人的工程进度。因此,在施工过程中,监理工程师可以通过计量支付手段,控制工程按合同要求的质量和进度标准进行。

监理工程师一般只对以下三方面的工程项目进行计量:工程量清单中的全部项目;合同文件中规定的项目;工程变更项目。

**1. 工程计量的程序**

1)施工合同(示范文本)约定的程序

(1)承包人应按专用条款约定的时间,向监理工程师提交已完工程量的报告,监理工程师接到报告后7d内按设计图纸核实已完工程量,并在计量前24h通知承包人,承包人为计量提供便利条件并派人参加。

(2)承包人收到通知后不参加计量,计量结果有效,作为工程价款支付的依据。

(3)监理工程师收到承包人报告后7d内未进行计量,从第8d起,承包人报告中开列的工程量即视为已被确认,作为工程价款支付的依据。

(4)监理工程师不按约定时间通知承包人,使承包人不能参加计量,计量结果无效。

(5)对承包人超出设计图纸范围和因承包人原因造成返工的工程量,监理工程师不予计量。

2)建设工程监理规范规定的程序

(1)承包人统计经专业监理工程师质量验收合格的工程量,按施工合同的约定填报工程量清单和工程款支付申请表。

(2)专业监理工程师进行现场计量,按施工合同的约定审核工程量清单和工程款支付申请表,并报总监理工程师审定。

(3)总监理工程师签署工程款支付证书,并报建设单位。

在工程计量和工程款支付时,应注意以下几个要点:

①工程计量和工程款支付应按照施工合同约定的工程量计算规则和支付条款进行。

②工程计量和工程款支付的范围必须是承包人已经完成并经专业监理工程师质量检验合格计量核实的部分。对于未经监理人员质量验收合格的工程量,或不符合施工合同规定的工程量,监理人员应拒绝计量和该部分的工程款支付申请。

③造价工程师应及时建立月完成工程量和工作量统计,对实际完成量和计划完成量进行比较、分析,制订调整措施,并在监理月报中向建设单位报告。

④造价工程师应及时收集工程所在地的原材料价格和设备购置、租赁价格信息,同时做好监理日志的记录,尽可能如实地记录工程进展情况,为合理控制工程造价做好基础工作。

**2. 工程计量的依据**

计量依据一般有质量合格证书,工程量清单前言,技术规范中的“计量支付”条款和设计图纸。

1)质量合格证书

对于承包人已完的工程,并不是全部进行计量,而只是质量达到合同标准的已完工程才予以计量。所以工程计量必须与质量监理紧密配合，经过专业工程师检验，工程质量达到合同规定的标准后，由专业工程师签署报验申请表，即质量合格证书，只有质量合格的工程才予以计量。所以质量监理是计量监理的基础，计量又是质量监理的保障，通过计量支付，强化承包人的质量意识。

2）工程量清单前言和技术规范

工程量清单前言和技术规范是确定计量方法的依据。工程量清单前言和技术规范的计量支付条款规定了清单中每一项工程的计量方法，同时还规定了按规定的计量方法确定的单价所包括的工作内容和范围。

3）设计图纸

单价合同以实际完成的工程量进行结算，但被监理工程师计量的工程数量，并不一定是承包人实际施工的数量。计量的几何尺寸要以设计图纸为依据，工程师对承包人超出设计图纸要求增加的工程量和自身原因造成返工的工程量将不予计量。

**3. 工程计量的方法**

在工程实施过程中，常按以下几种方法进行计量：

(1)均摊法。就是对清单中某些项目的合同价款，按合同工期平均计量，如为监理工程师提供宿舍等。此类项目都有一个共同的特点，即每月均有发生，可以采用均摊法进行计量支付。

(2)凭据法。就是按照承包人提供的凭据进行计量支付。如工程险保险费、第三方责任险保险费、履约保证金等项目，一般按凭据法进行计量支付。

(3)估价法。就是按合同文件的规定，根据监理工程师估算的已完成的工程价值支付。如为监理工程师提供办公设施和生活设施等项目。这类清单项目往往要购买几种仪器设备，当承包人对于某一项清单项目中规定购买的仪器设备不能一次购进时，则需采用估价法进行计量支付。

(4)断面法。主要用于填筑路基土方、管道沟槽开挖土方等的计量。对于土方工程，计量的体积为原地面线与设计断面所构成的体积。采用这种方法计量，在开工前承包人需测绘出原地形的断面，并需经监理工程师检查，作为计量的依据。

(5)图纸法。在工程量清单中，许多项目采取按照设计图纸所示的尺寸进行计量。如混凝土构筑物的体积，钻孔桩的桩长等。

(6)分解计量法。就是将一个项目，根据工序或部位分解为若干子项。对完成的各子项进行计量支付。这种计量方法主要是为了解决一些包干项目或较大的工程项目的支付时间过长，影响承包人的资金流动等问题。

## 二、工程结算

**1. 工程价款的主要结算方式**

工程价款结算可以根据不同情况采取多种方式。

1）按月结算

业主在施工过程中按月结算承包人的工程进度款，竣工后进行竣工结算。我国现行建筑安装工程价款结算中，相当一部分是实行按月结算方式。

2）竣工后一次结算

建设项目或单项工程建设期在12个月以内，或者工程承包合同价值在100万元以下的，可以实行工程价款每月月中预支，竣工后一次结算。

3）分段结算

当年开工，当年不能竣工的单项工程或单位工程按照工程形象进度，划分不同阶段进行结算，分段结算也可以按月预支工程款。

实行竣工后一次结算和分段结算的工程，当年结算的工程款应与分年度的工作量一致。

4）结算双方约定的其他结算方式

**2. 工程预付款**

工程预付款是建设工程施工合同订立后由发包人按照合同约定，在正式开工前预先支付给承包人的工程款。它是施工准备和所需要材料、构配件等流动资金的主要来源，又称为预付备料款。工程预付款额度，各地区、各部门的规定不完全相同，主要是保证施工所需材料和构件的正常储备。一般是根据施工工期、建安工作量、主要材料和构件费用占建安工作量的比例以及材料储备周期等因素经测算来确定。

**3. 工程预付款的扣回**

发包人支付给承包人的工程预付款的性质是预支。随着工程进度的推进，拨付的工程进度款数额不断增加，工程所需主要材料、构件的用量逐渐减少，原已支付的预付款应以抵扣的方式陆续扣回。扣款的方法有：

（1）由发包人和承包人通过合同的形式予以确定，采用等比率或等额扣款的方式。

（2）从尚未施工工程所需的主要材料及构件的价值相当于工程预付款数额时扣起，从每次结算工程价款中，按材料及构件比重扣抵工程价款，至竣工之前全部扣清。因此确定起扣点是工程预付款起扣的关键。

**4. 工程进度款的支付**

工程进度款的支付，一般按当月实际完成工程量进行结算，工程竣工后办理竣工结算。在工程竣工前，承包人收取的工程预付款和进度款的总额一般不超过合同总额的95%，其余5%尾款，在工程竣工结算时除保修金外一并清算。当然实际支付额度，要根据合同约定执行。

**5. 竣工结算**

工程竣工验收报告经发包人认可后28d内，承包人向发包人递交竣工结算报告及完整的结算资料，双方按照协议书约定的合同价款及专用条款约定的合同价款调整内容，进行工程竣工结算。造价工程师审核承包人报送的竣工结算报表；总监理工程师审定竣工结算报表；与发包人，承包人协商一致后，签发竣工结算文件和最终的工程款支付证书。

发包人收到承包人递交的竣工结算报告结算资料后28d内进行核实，给予确认或者提出修改意见。发包人确认竣工结算报告后通知经办银行向承包人支付竣工结算价款。承包人收到竣工结算价款后14d内将竣工工程交付发包人。

发包人收到竣工结算报告及结算资料后28d内无正当理由不支付工程竣工结算价款，从第29d起按承包人同期向银行贷款利率支付拖欠工程价款的利息，并承担违约责任。

发包人收到竣工结算报告及结算资料后28d内无正当理由不支付工程竣工结算价款，承包人可以催告发包人支付结算价款。发包人在收到竣工结算报告及结算资料后56d内仍不支付的，承包人可以与发包人协议将该工程折价，也可以由承包人申请法院将该工程依法拍卖，承包人就该工程折价或者拍卖的价款优先受偿。

工程竣工验收报告经发包人认可后28d内，承包人未能向发包人递交竣工结算报告及完整的结算资料，造成工程竣工结算不能正常进行或工程竣工结算价款不能及时支付，发包人要求交付工程的，承包人应当交付；发包人不要求交付工程的，承包人承担保管责任。

竣工结算要有严格的审查，一般从以下几个方面入手：

1）核对合同条款

首先，应核对竣工工程内容是否符合合同条件要求，工程是否竣工验收合格，只有按合同要求完成全部工程并验收合格才能进行竣工结算；其次，应按合同规定的结算方法、计价定额、取费标准、主材价格和优惠条款等，对工程竣工结算进行审核，若发现合同开口或有漏洞，应请建设单位与施工单位认真研究，明确结算要求。

2）检查隐蔽验收记录

所有隐蔽工程均需进行验收，应经监理工程师签证确认。审核竣工结算时应核对隐蔽工程施工记录和验收签证，手续完整，工程量与竣工图一致方可列入结算。

3）落实设计变更签证

设计变更应有原设计单位出具设计变更通知单和修改的设计图纸、校审人员签字并加盖公章，经建设单位和监理工程师审查同意、签证；重大设计变更应经原审批部门审批，否则不应列入结算。

4）按图核实工程数量

竣工结算的工程量应依据竣工图、设计变更单和现场签证等进行核算，并按国家统一规定的计算规则计算工程量。

5）执行定额单价

结算单价应按合同约定或招标规定的计价定额与计价原则执行。

6）防止各种计算误差

工程竣工结算子目多、篇幅大，往往有计算误差，应认真核算，防止因计算误差多计或少算。

**6. 保修金的返还**

工程保修金一般为施工合同价款的3%，在专用条款中具体规定。发包人在质量保修期到期后14d内，将剩余保修金和利息返还承包人。

## 第四节 工程量清单

### 一、工程量清单的内容和作用

为了适应我国社会主义市场经济发展的需要，规范建设工程工程量清单计价行为，统一建设工程工程量的编制和计价方法，维护招标人和投标人的合法权益，根据《中华人民共和国招标投标法》、《建筑工程施工发包与承包计价管理办法》（建设部令第107号）及其他有关法律、法规，国家建设部与国家质量监督检验检疫总局联合发布了国家标准《建设工程工程量清单计价规范》GB 50500—2003（以下简称《计价规范》）。

工程量清单是依据建设工程设计图纸、工程量计算规则、规定的计量单位、技术标准等计算出的构成工程实体各分部分项的、可供编制标底和投标报价的实物工程量的汇总清单表。工程量清单是体现招标人要求投标人完成的工程项目及其相应工程实体数量的列表,反映全部工程内容以及为实现这些内容而进行的其他工作。

《计价规范》明确了工程量清单是表现拟建工程的工程项目、措施项目、其他项目的名称和数量的明细清单。工程量清单应由分部、分项工程量清单,措施项目清单和其他项目清单组成。

《计价规范》包括规范条文和附录两部分,二者具有同等效力。

规范条文共5章,分为:总则、术语、工程量清单编制、工程量清单计价、工程量清单及其计价格式。

规范附录按所描述的专业不同共有五个部分,分别是:建筑工程、装饰装修工程、安装工程、市政工程、园林绿化工程工程量清单项目及计算规则。

附录就上述工程的工程量清单项目名称、项目特征、计量单位、工程量计算规则和工程内容等作了明确规定。

工程量清单是在发包方与承包方之间,从工程招标、投标开始,直至竣工结算为止,双方进行经济核算、处理经济关系、进行工程管理等活动不可缺少的工程内容及数量依据。工程量清单的主要作用如下:

(1)工程量清单为投标人的投标竞争提供了一个平等和共同的基础,是建设工程计价的依据。工程量清单由招标人编制,将要求投标人完成的工程项目及其相应工程实体数量全部列出,为投标人提供拟建工程的基本内容、实体数量和质量要求等的基础信息。工程量清单使所有参加投标的投标人在一个共同基础条件下进行竞争,投标人所掌握的信息和受到的待遇是客观、公正和公平的,中标的机会是均等的。在招标、投标时,招标人根据工程量清单编制招标工程的标底价格;投标人按照工程量清单所表述的内容,自主填报工程量清单所列项目的单价与合价。

(2)工程量清单是工程付款和结算的依据。在工程的施工阶段,发包人根据承包人是否完成工程量清单规定的内容以及承包人所报的单价作为支付工程进度款和进行结算的依据。工程结算时,发包人按照工程量清单计价表中的序号对已实施的分部、分项工程或计价项目,按合同单价和相关的合同条款计算应支付给承包人的工程款项。

(3)工程量清单是调整工程量、进行工程索赔的依据。在发生工程变更、索赔、增加新的工程项目等情况时,可以选用或者参照工程量清单中的分部、分项工程或计价项目与合同单价来确定变更项目或索赔项目的单价。

## 二、工程量清单的编制

工程量清单应由具有编制招标文件能力的招标人,或受其委托具有相应资质的中介机构进行编制。

分部、分项工程量清单为不可调整的闭口清单,投标人对招标文件提供的分部、分项工程量清单必须逐一计价,对清单所列内容不允许任何更改变动。投标人如果认为清单内容有不妥或遗漏,只能通过质疑的方式由清单编制人做统一的修改更正,并将修正后的工程量清单发往所有投标人。

措施项目清单为可调整清单,投标人对招标文件中所列项目,可根据企业自身特点做适当的变更增减。投标人要对拟建工程可能发生的措施项目和措施费用作通盘考虑，清单一经报出，即被认为是包括了所有应该发生的措施项目的全部费用。如果报出的清单中没有列项，且施工中又必须发生的项目，业主有权认为其已经综合在分部、分项工程量清单的综合单价中。将来措施项目发生时投标人不得以任何借口提出索赔与调整。

其他项目清单由招标人部分、投标人部分等两部分组成。招标人填写的内容随招标文件发至投标人或标底编制人，其项目、数量、金额等投标人或标底编制人不得随意改动。由投标人填写部分的零星工作项目表中，招标人填写的项目与数量，投标人不得随意更改，且必须进行报价。如果不报价，招标人有权认为投标人就未报价内容要无偿为招标人服务。当投标人认为招标人列项不全时，投标人可自行增加列项并确定本项目的工程数量及计价。

**1.分部、分项工程量清单的编制**

计价规范规定：分部、分项工程量清单应根据统一项目编码、项目名称、计量单位和工程量计算规则进行编制。

1)项目编码

分部、分项工程量清单项目编码以五级编码设置，用12位阿拉伯数字表示。一、二、三、四级编码为全国统一；第五级编码由工程量清单编制人区分工程的清单项目特征而分别编制。各级编码代表的含义如下：

(1)第一级表示工程分类顺序码(分2位)；建筑工程为01、装饰装修工程为02、安装工程为03、市政工程为04、园林绿化工程为05。

(2)第二级表示专业工程顺序码(分2位)。

(3)第三级表示分部工程顺序码(分2位)。

(4)第四级表示分项工程项目顺序码(分3位)。

(5)第五级表示工程量清单项目顺序码(分3位)。

如清单项目编码040203004005分解为：

04表示市政工程；02表示道路工程；03表示道路面层；004表示沥青混凝土；005表示在清单中的顺序为第五项。

2)项目名称

“清单计价规范”附录表中的“项目名称”为分项工程项目名称，是形成分部、分项工程量清单项目名称的基础，在此基础上增加相应项目特征，即为清单项目名称。分项工程项目名称一般以工程实体命名，项目名称如有缺项，招标人可按相应的原则进行补充，并报当地工程造价管理部门备案。

3)项目特征

清单项目特征主要涉及项目的自身特征(材质、型号、规格、品牌)、项目的工艺特征以及对项目施工方法可能产生影响的特征。如沥青混凝土项目特征描述为：沥青品种；石料最大粒径；厚度。这些特征对投标人的报价有较大的影响，如果特征描述不清，将导致投标人对招标人的需求不全面，达不到正确报价的目的。对清单项目特征不同的项目应分别列项，如水泥稳定砂砾基层应按配合比、厚度的不同分开列项。

4)计量单位

计量单位应采用基本单位，除各专业另有特殊规定外均按以下单位计量：

(1)以质量计算的项目——吨或千克(t或kg)。

(2)以体积计算的项目——立方米($m^3$)。

(3)以面积计算的项目——平方米($m^2$)。

(4)以长度计算的项目——米(m)。

(5)以自然计量单位计算的项目——个、套、块、台等。

(6)没有具体数量的项目——宗、项等。

各专业有特殊计量单位的,再另外加以说明。

5)工作内容

清单工作内容包括主体工作和辅助工作。如“沥青混凝土”面层,其工作内容包括洒铺底油(即黏层油和透层油)、铺筑和碾压。在以上工作中,描述了主要工艺,除此以外的其他工作都是完成沥青混凝土路面实体所展开的辅助性工作,如沥青混合料的拌和等。没有辅助工作则形成不了实体,辅助项目的工程费用是实体项目工程费用的组成部分。因此,工作内容的清晰描述,对投标人的计价尤为重要,否则可能导致投标报价失误,影响评标质量;也会导致施工过程中承、发包双方对工作内容的理解产生分歧,影响工程的进度和质量,甚至发生索赔。

6)工程数量的计算

《计价规范》明确了清单项目的工程量计算规则,其实质是以形成工程实体为准,并以完成后的净值来计算的。计算方法与之前执行的综合定额有着本质的区别,综合定额除了计算净值外,还包括因施工方案所采用的施工方法而导致的工程量的增加。如基坑开挖工程,其施工方案可能采用放坡开挖,或采用其他的结构围护形式,如采用放坡开挖方法施工,则土方工程量的计算结果是基坑开挖土方量净值与因放坡而增加的土方工程量之和。采用其他结构围护形式施工的工程量计算结果更是不同。即同一项工程,不同的承包人计算出来的工程量可能不同,同一承包人因采用的施工方案不同,其工程量的计算结果也不同。但是,采用工程量清单计价法,严格执行计价规范的工程量计算规则,工程实体的工程量是唯一的,而将施工方案引起工程费用的增加折算到综合单价或因措施费用的增加放到措施项目清单中。统一的清单工程量,为各投标人提供了一个公平竞争的平台。

**2. 措施项目清单的编制**

措施项目清单是表明为完成分项实体工程而必须采取的一些措施性工作的清单表,以“项”为计量单位,相应数量为“1”。

措施项目是指为完成工程项目施工,发生于该工程施工前和施工过程中技术、生活、安全等方面的非工程实体项目。《计价规范》提供了“措施项目一览表”,作为列项的参考。“措施项目一览表”包括通用项目清单和专业项目清单。

通用项目所列内容是指各专业均可列出的措施项目,主要包括:①环境保护。②文明施工。③安全施工。④临时设施。⑤夜间施工。⑥二次搬运。⑦大型机械设备进出场及安拆。⑧混凝土、钢筋混凝土模板及支架。⑨脚手架。⑩已完工程及设备保护。⑪施工排水、降水。

专业项目所列内容是指各专业工程根据各自专业的要求,按相应专业列出的措施项目。市政工程专业措施项目包括:①围堰。②筑岛。③现场施工围栏。④便道。⑤便桥。⑥洞内施工通风、供水、供气、供电、照明及通信设施。⑦驳岸块石清理。

措施项目清单根据拟建工程的具体情况和设计要求列项编制,对《计价规范》“措施项目一览表"中所列项目,可以根据拟建工程的实际情况进行增减。

措施项目清单的设置,需要参考拟建工程的常规施工组织设计和施工方案,以确定环境保护、文明安全施工、临时设施、材料的二次搬运等项目,确定大型机械设备进出场及安拆、混凝土模板及支架、脚手架、施工排水降水、垂直运输机械等项目。参阅相关的施工规范与工程验收规范,确定施工方案没有表述的但为实现施工规范与工程验收规范要求而必须发生的技术措施;招标文件中提出的需通过一定的技术措施才能实现的要求。

**3. 其他项目清单的编制**

其他项目清单是指分部、分项工程量清单及措施项目清单所包含的内容以外,因招标人的特殊要求而发生的与拟建工程有关的其他费用项目和相应数量的清单。其他项目清单应根据拟建工程的具体情况,参照下列内容列项。

(1)招标人部分　包括预留金、材料购置费等。预留金是指招标人为可能发生的工程量变更而预留的金额,这里的工程量变更是指工程量清单漏项或有误引起的工程量的增加,以及工程施工中的设计变更引起的标准提高或工程量的增加等;材料购置费是指在招标文件中规定的,由招标人采购的拟建工程材料费。

(2)投标人部分　包括总承包服务费、零星工作费等。总承包服务费是指为配合协调招标人进行的工程分包和材料采购所需的费用;零星工作费是指完成招标人提出的,不能以实物量计量的零星工作项目所需的费用。零星工作项目表根据拟建工程的具体情况,详细列出人工、材料、机械的名称,计量单位和相应数量,并随工程量清单发至投标人。零星工作项目中的工、料、机数量,要根据工程的复杂程度、工程设计的质量以及工程项目设计深度等因素来确定其数量。

**4. 工程量清单的格式**

工程量清单应采用统一格式,一般由下列内容组成:

1)封面

封面由招标人填写、签字、盖章,其格式见表1-4-1。

**封　面**　　　　表1-4-1

| |
|---|
| ____________________工程 |
| 工程量清单 |
| 招　标　人:____________________(单位签字盖章) |
| 法定代表人:____________________(签字盖章) |
| 中 介 机 构<br>法定代表人:____________________(签字盖章) |
| 造价工程师<br>及注册证号:____________________(签字盖执业专用章) |
| 编 制 时 间:____________________ |

2)填表须知

填表须知包括下列内容:

(1)工程量清单及其计价格式中所有要求签字、盖章的地方,必须由规定的单位和人员签字、盖章。

(2)工程量清单及其计价格式中的任何内容不得随意删除或涂改。

(3)工程量清单计价格式中列明的所有需要填报的单价和合价,投标人均应填报。未填报的单价和合价,视为此项费用已包含在工程量清单的其他单价和合价中。

(4)明确金额的表示币种。

3)总说明

总说明应按下列内容填写:

(1)工程概况。建设规模、工程特征、计划工期、施工现场实际情况、交通运输情况、自然地理条件、环境保护要求等。

(2)工程招标和分包范围。

(3)工程量清单编制依据。

(4)工程质量、材料、施工等的要求。

(5)招标人自行采购材料的名称、规格型号、数量等。

(6)其他项目清单中投标人部分的金额数量。

(7)其他需说明的问题。

4)分部、分项工程量清单

分部、分项工程量清单是指表示拟建工程分项实体工程项目名称和相应数量的明细清单,其格式见表1-4-2。

**分部、分项工程量清单** 表1-4-2

工程名称: 第 页 共 页

| 序号 | 项目编码 | 项目名称 | 计量单位 | 工程数量 |
|---|---|---|---|---|
| | | | | |

5)措施项目清单

措施项目清单指为完成工程项目施工,发生于该工程施工前和施工过程中技术、生活、文明、安全等方面的非工程实体项目清单,其格式见表1-4-3。

**措施项目清单** 表1-4-3

工程名称: 第 页 共 页

| 序号 | 项目名称 |
|---|---|
| | |

6)其他项目清单(表1-4-4)

**其他项目清单** 表1-4-4

工程名称: 第 页 共 页

| 序号 | 项目名称 |
|---|---|
| 1 | 招标人部分 |
| 2 | 投标人部分 |

7)零星工作项目表(表1-4-5)

零星工作项目表

表1-4-5

工程名称：　　　　第　页　共　页

| 序号 | | 名　称 | 计量单位 | 数　量 |
|---|---|---|---|---|
| 1 | 人工 | | | |
| | | | | |
| | | | | |
| 2 | 材料 | | | |
| | | | | |
| | | | | |
| 3 | 机械 | | | |
| | | | | |
| | | | | |

## 三、工程量清单计价的方法

工程量清单计价是指投标人完成由招标人提供的工程量清单所列项目的全部费用,包括分部、分项工程费,措施项目费,其他项目费,规费和税金。

在工程量清单计价中,如按分部、分项工程单价组成来分,工程量清单报价主要有三种形式:工料单价法、综合单价法以及全费用综合单价法。

工料单价 = 人工费 + 材料费 + 机械使用费

综合单价 = 人工费 + 材料费 + 机械使用费 + 管理费 + 利润

全费用综合单价法 = 人工费 + 材料费 + 机械使用费 + 措施项目费 + 管理费 + 规费 + 利润 + 税金

《计价规范》中指出:工程量清单的计价采用综合单价,即完成规定计量单位项目所需的人工费、材料费、机械使用费、管理费、利润,以及考虑相关的风险因素所产生的费用的综合单价。

**1. 总报价的计算**

利用综合单价法计价需分项计算清单项目,汇总得到总报价。

分部、分项工程费 = Σ分部、分项工程量 × 分部、分项工程综合单价

措施项目费 = Σ措施项目工程量 × 措施项目综合单价

单位工程报价 = 分部、分项工程费 + 措施项目费 + 其他项目费 + 规费 + 税金

单项工程报价 = Σ单位工程报价

总报价 = Σ单项工程报价

**2. 分部、分项工程费计算**

1)计算施工方案工程量

工程量清单计价时,招标人提供的工程量是按施工图图示尺寸计算得到的工程净量。在计算直接工程费时,必须考虑施工方案的影响,重新计算施工作业量,以施工作业量为基数完成计价。施工方案不同,施工作业量的计算方法与计算结果也不相同。

例如,雨水管道沟槽土方工程,业主根据施工图和工程量计算规则,以原地面线以下按构筑

物最大水平投影面积乘以挖土深度以体积计算工程量，其中最大水平投影面积是指管道最大直径处形成的投影面积，计算得到土方挖方总量为 $400m^3$。投标人根据分部、分项工程量清单及地质资料，可采用两种施工方案进行，方案 1 的两侧工作面宽度各 0.3m、放坡系数为 0.35；方案 2 则是考虑到土质松散，采用挡土板支护开挖，工作面 0.3m。按预算定额计算工程量分别为：方案 1 的土方挖方总量为 $835m^3$；方案 2 的土方挖方总量为 $680m^3$，但是要增加挡土板的费用。

可以看出由于施工方案的不同，计算出的工程量也不同，所产生的费用也不同。投标单位可根据工程条件选择能发挥自身技术优势的施工方案，力求降低工程造价，确立在招、投标中的竞争优势。同时，必须注意工程量清单计算规则是针对清单项目的主项的计算方法及计量单位进行确定，对主项以外的工程内容的计算方法及计量单位不作规定，由投标人根据施工图及投标人的经验自行确定。最后综合处理形成分部、分项工程量清单综合单价。

2）工、料、机数量测算

企业可以按反映企业水平的企业定额或参照政府消耗量定额确定人工、材料、机械台班的耗用量。

3）市场调查和询价

根据工程项目的具体情况，考虑市场资源的供求状况，采用市场价格作为参考，考虑一定的调价系数，确定人工工资单价、材料预算价格和施工机械台班单价。

4）计算清单项目分项工程的直接工程费单价

按确定的分项工程人工、材料和机械的消耗量及询价获得的单价，计算出对应分项工程单位数量的人工费、材料费和机械费。

5）计算综合单价

计算综合单价中的管理费和利润时，要根据每个分项工程的具体情况逐项估算。一般情况下，采用分摊法计算分项工程中的管理费和利润，即先计算出工程的全部管理费和利润，然后再分摊到工程量清单中的每个分项工程上。分摊计算时，投标人可以根据以往的经验确定一个适当的分摊系数来计算每个分项工程应分摊的管理费和利润。

**3. 措施项目费计算**

措施项目清单的金额，应根据拟建工程的施工方案或施工组织设计，参照规范规定的综合单价组成来确定。措施项目清单中所列的措施项目均以“一项”提出，在计价时，首先应详细分析其所包括的全部工程内容，然后确定其综合单价。计算措施项目综合单价的方法有：

1）参数法计价

参数法计价是指按一定的基数乘系数的方法或自定义公式进行计算。这种方法简单明了，但最大的难点是公式的科学性、准确性难以把握。系数高低直接反映投标人的施工水平。这种方法主要适用于施工过程中必须发生，但在投标时很难具体分项预测，又无法单独列出项目内容的措施项目，如夜间施工费、二次搬运费等，按此方法计价。

2）实物量法计价

实物量法计价就是根据需要消耗的实物工程量与实物单价计算措施费。比如，脚手架搭拆费可根据脚手架摊销量和脚手架价格及搭、拆、运输费计算，租赁费可按脚手架每日租金和搭设周期及搭、拆、运输费计算。

3）分包法计价

在分包价格的基础上增加投标人的管理费及风险费进行计价的方法，这种方法适合可以分包的独立项目，如大型机械设备进出场及安拆费的计算。

在对措施项目计价时，每一项费用都要求是综合单价，但是并非每个措施项目内人工费、材料费、机械费、管理费和利润都必须有。

**4. 其他项目费计算**

由于工程建设标准的高低、工程复杂程度、工期的长短、工程的组成内容各不相同，且这些因素直接影响到其他项目清单中的具体内容，在施工前很难预料在施工过程中会发生什么变更。所以招标人将这部分费用以其他项目费的形式列出，由投标人按规定组价，包括在总价内。招标人部分是非竞争性项目，要求投标人按招标人提供的数量和金额列入报价，不允许投标人对价格进行调整。而投标人部分是竞争性费用，名称、数量由招标人提供，价格由投标人自行确定。计价规范中提到的四项其他项目费，对于招标人来说只是参考，可以补充，但对投标人是不能补充的，必须按招标人提供的工程量确定执行。

1）招标人部分

预留金主要是考虑到可能发生的工程量变化和费用增加而预留的金额。预留金的计算应根据设计文件的深度、设计质量的高低、拟建工程的成熟程度及工程风险的性质来确定其额度。设计深度深，设计质量高，已经成熟的工程设计，一般预留工程总造价的3% ~5%。在初步设计阶段，工程设计不成熟的，最少要预留工程总造价的10% ~15%作为预留金。预留金的支付与否、支付额度以及用途，都必须经过监理工程师的批准。材料购置费指业主出于特殊目的或要求，对工程消耗的某类或某几类材料，在招标文件中规定，由招标人采购的拟建工程材料费。招标人部分可能增加的项目有指定分包工程费，通过向专业队伍询价或招标取得。

2）投标人部分

总承包服务费包括配合协调招标人进行工程分包和材料采购所需的费用。工程分包是指国家允许分包的工程，但不包括投标人自行分包的费用。投标人由于分包而发生的管理费，应包括在相应清单项目的报价内。

零星工作项目表应详细列出人工、材料、机械名称和消耗量。人工应按工种列项，材料和机械应按规格、型号列项。零星工作项目中的工、料、机计量，要根据工程的复杂程度、工程设计质量以及工程项目设计的成熟程度等因素来确定其数量。一般工程以人工计量为基础，按人工消耗总量的1%取值。材料消耗主要是辅助材料消耗，按不同专业工人消耗材料类别列项，按工人日消耗量计入。机械列项和计量，除了考虑人工因素外，还要参考各单位工程机械消耗的种类，可按机械消耗总量的1%取值。

**5. 规费计算**

规费是指政府和有关权力部门规定必须缴纳的费用。规费可用计算基数乘以规费费率计算得到。计算基数可以是直接工程费、人工费或人工费和机械费的合计数。具体计算时，按国家及有关部门规定的计算公式和费率标准进行。

**6. 税金计算**

建筑安装工程税金是指国家税法规定的应计入建筑安装工程造价内的营业税、城市维护建设税及教育费附加。计算税金时，按纳税地点选择税率，纳税地点在市区的企业税率为3.41%，纳税地点在县城、镇的企业税率为3.35%，纳税地点不在市区、县城、镇的企业税率为

3.22%。以直接费、间接费和利润之和乘以税率(综合计税系数)得到税金。

## 四、工程量清单计价的格式

工程量清单计价格式随招标文件发至投标人,由投标人填写。其内容组成如下:

(1)封面(表1-4-6)。

(2)投标总价(表1-4-7)。

(3)工程项目总价表(表1-4-8)。

(4)单项工程费汇总表(表1-4-9)。

(5)单位工程费汇总表(表1-4-10)。

(6)分部、分项工程量清单计价表(表1-4-11)。

(7)措施项目清单计价表(表1-4-12)。

(8)其他项目清单计价表(表1-4-13)。

(9)零星工作项目计价表(表1-4-14)。

(10)分部、分项工程量清单综合单价分析表(表1-4-15)。

(11)措施项目费分析表(表1-4-16)。

(12)主要材料价格表(表1-4-17)。

**封　面**　　表1-4-6

| |
|---|
| ____________________工程 |
| 工程量清单报价表 |
| 招　标　人:______________________________(单位签字盖章) |
| 法定代表人:______________________________(签字盖章) |
| 造价工程师<br>及注册证号:______________________________(签字盖执业专用章) |
| 编 制 时 间:______________________________ |

**投 标 总 价**　　表1-4-7

| |
|---|
| 投 标 总 价 |
| 建 设 单 位:______________________________ |
| 工 程 名 称:______________________________ |
| 投标总价(小写):______________________________ |
| (大写):______________________________ |
| 投　标　人:______________________________(单位签字盖章) |
| 法定代表人:______________________________(签字盖章) |
| 编 制 时 间:______________________________ |

**工程项目总价表** 表 1-4-8

工程名称： 第 页 共 页

| 序号 | 单位工程名称 | 金额（元） |
|---|---|---|
| | | |
| | | |
| | 合计 | |

注：①单项工程名称按照单项工程费汇总表（表 1-4-9）的工程名称填写；

②金额按照单项工程费汇总表（表 1-4-9）的合计金额填写。

**单项工程费汇总表** 表 1-4-9

工程名称： 第 页 共 页

| 序号 | 单位工程名称 | 金额（元） |
|---|---|---|
| | | |
| | | |
| | 合计 | |

注：①单位工程名称按照单位工程费汇总表（表 1-4-10）的工程名称填写；

②金额按照单位工程费汇总表（表 1-4-10）的合计金额填写。

**单位工程费汇总表** 表 1-4-10

工程名称： 第 页 共 页

| 序号 | 项 目 名 称 | 金额（元） |
|---|---|---|
| 1 | 分部、分项工程费合计 | |
| 2 | 措施项目费合计 | |
| 3 | 其他项目费合计 | |
| 4 | 规费 | |
| 5 | 税金 | |
| | 合计 | |

注：单位工程费汇总表中的金额应分别按照分部、分项工程量清单计价表（表 1-4-11）、措施项目清单计价表（表 1-4-12）和其他项目清单计价表（表 1-4-13）的合计金额和按有关规定计算的规费、税金填写。

**分部、分项工程量清单计价表** 表 1-4-11

工程名称： 第 页 共 页

| 序号 | 项目编码 | 项目名称 | 计量单位 | 工程数量 | 金额（元） | |
|---|---|---|---|---|---|---|
| | | | | | 综合单价 | 合价 |
| | | | | | | |
| | | | | | | |
| | | 本页小计 | | | | |
| | | 合计 | | | | |

注：①综合单价应包括完成一个规定计量单位工程所需的人工费、材料费、机械使用费、管理费和利润，并应考虑风险因素；

②分部、分项工程量清单计价表中的序号、项目编码、项目名称、计量单位、工程数量必须按分部、分项工程量清单中的相应内容填写。

**措施项目清单计价表**

表 1-4-12

工程名称： 第　页　共　页

| 序号 | 项目名称 | 金　额(元) |
|---|---|---|
| | | |
| | | |
| | 合计 | |

注：①措施项目清单计价表中的序号、项目名称必须按措施项目清单中的相应内容填写；
②投标人可根据施工组织设计采取的措施增加项目。

**其他项目清单计价表**

表 1-4-13

工程名称： 第　页　共　页

| 序号 | 单位工程名称 | 金　额(元) |
|---|---|---|
| 1 | 招标人部分 | |
| | 小计 | |
| 2 | 投标人部分 | |
| | 小计 | |
| | 合计 | |

注：①其他项目清单计价表中的序号、项目名称必须按其他项目清单中的相应内容填写；
②招标人部分的金额可按估算金额确定；
③投标人部分的总承包服务费应根据招标人提出要求所发生的费用确定，零星工作项目费应根据“零星工作项目计价表”确定。

**零星工作项目计价表**

表 1-4-14

工程名称： 第　页　共　页

| 序号 | 名　称 | 计量单位 | 数量 | 金　额(元) | |
|---|---|---|---|---|---|
| | | | | 综合单价 | 合价 |
| 1 | 人工 | | | | |
| | 小计 | | | | |
| 2 | 材料 | | | | |
| | 小计 | | | | |
| 3 | 机械 | | | | |
| | 小计 | | | | |
| | 合计 | | | | |

注：①表中的人工、材料、机械名称、计量单位和相应数量应按零星工作项目表中相应的内容填写；
②工程竣工后零星工作费应按实际完成的工程量所需费用结算。

**分部、分项工程量清单综合单价分析表** 表 1-4-15

工程名称： 第 页 共 页

| 序号 | 项目编码 | 项目名称 | 工程内容 | 综合单价组成(元) | | | | | 综合单价(元) |
|---|---|---|---|---|---|---|---|---|---|
| | | | | 人工费 | 材料费 | 机械使用费 | 管理费 | 利润 | |
| | | | | | | | | | |

**措施项目费分析表** 表 1-4-16

工程名称： 第 页 共 页

| 序号 | 措施项目名称 | 单位 | 数量 | 金 额(元) | | | | | |
|---|---|---|---|---|---|---|---|---|---|
| | | | | 人工费 | 材料费 | 机械使用费 | 管理费 | 利润 | 小计 |
| | | | | | | | | | |

**主要材料价格表** 表 1-4-17

工程名称： 第 页 共 页

| 序号 | 材料编码 | 材料名称 | 规格、型号等特殊要求 | 单位 | 金额(元) |
|---|---|---|---|---|---|
| | | | | | |

注：①招标人提供的主要材料价格表应包括详细的材料编码、材料名称、规格型号和计量单位等；
②所填写的单价必须与工程量清单计价中采用的相应材料的单价一致。

## 复习思考题

1. 费用监理的核心内容是什么？
2. 工程计量的依据是什么？
3. 工程计量的常用方法有哪些？
4. 建设工程承包合同价格分类有哪些？
5. 简述建设工程招标、投标价格的定价程序。
6. 施工阶段费用控制有哪些内容和措施？
7. 工程量清单的意义是什么？
8. 工程量清单计价的方法有哪些？

# 第五章 质量监理

**知识目标**

1. 描述市政工程质量监理的任务、依据、质量保证体系；
2. 描述施工阶段质量监理的工作内容。

**能力目标**

1. 具有质量管理统计分析方法的知识和能力；
2. 进行市政工程施工各阶段工程的质量控制及质量评定；
3. 具有工程质量事故处理程序的知识。

建设工程质量控制是建设项目的核心，是决定建设工程成败的关键，没有质量，就没有投资效益、没有工程进度、没有信誉。我国一直强调必须贯彻“百年大计，质量第一”的方针，这对建立和发展社会主义市场经济，扩大对外开放发挥了重要的作用。

施工阶段工程施工质量问题涉及面广，实践性强，综合性大，影响因素多，技术要求高。同时，工程施工是使建设单位及工程设计意图最终实现并形成工程实体的阶段，也是最终形成工程产品质量和发挥工程项目投资效益的重要阶段。因此，监理工程师应清醒地认识到施工阶段的质量控制是建设工程监理的核心内容，也是工程项目质量控制的重点。

## ●第一节　工程质量监理概述●

### 一、工程质量的概念

**1. 工程项目质量**

1）质量

质量的概念是随着社会的进步、人们的认识水平的深化而处于不断发展之中，它是指反映实体满足明确和隐含需要的特征的总和。

质量主体是“实体”。实体可以是活动或过程（如监理单位受建设单位委托实施工程建设监理或承包单位履行施工合同的过程）；也可以是活动或过程结果的有形产品，如建成的厂房，或无形产品，如监理规划等；也可以是某个组织体系或人，以及以上各项的组合。

"需要"通常被转化为有规定准则的特性,如实用性、安全性、可信性、可靠性、维修性、经济性、美观和环境协调等方面。在许多情况下,"需要"随时间、环境的变化而变化,这就要求定期修改反映这些"需要"的各种文件。"明确需要"一是指顾客或社会对实体的期望;二是指那些人们公认的、不言而喻的、不必作出规定的"需要",如住宅应满足人们最起码的居住功能即属于"隐含需要"。

广义的"质量"概括为以下四个特点:

(1)质量不仅包括结果,也包括质量形成过程和实现。

(2)质量不仅包括产品质量和服务质量,也包括其形成和实现过程中的工作质量。

(3)质量不仅满足顾客的需求,还要满足社会的需要。

(4)质量不但存在于工业、建筑业,还存在于物质生产和社会服务各个领域。

2)工程项目质量

工程项目质量包括工程实体质量和工作质量两部分。从广义上说,既具有质量定义中的共性,也有自己的个性。它是通过工程建设全过程形成的工程产品(如房屋、桥梁等),以满足用户或社会的生产、生活需要的功能及使用价值;它应符合国家的质量标准、设计要求和合同条款。从系统观念来看,工程项目的质量具有多层次、多方面的因素。

(1)工程项目质量形成的过程　它有以下几个阶段,见表1-5-1。

**工程项目质量形成过程的阶段**　　表1-5-1

| 形成阶段 | 内容 |
| --- | --- |
| 可行性研究阶段质量 | 是研究质量目标和质量控制过程的依据。直接影响项目的决策质量和设计质量 |
| 工程决策阶段质量 | 是确定质量目标和质量水平的基本依据。要能充分反映建设单位对质量的要求和意愿 |
| 工程设计阶段质量 | 是体现质量目标的主体文件,是制订质量控制计划的具体依据,是影响工程项目质量的决定性环节 |
| 工程施工阶段质量 | 是实现质量目标的重要过程,从具体工艺逐一地控制和保证工程质量。这一阶段直接影响工程的最终质量 |
| 工程竣工验收阶段 | 是对项目施工阶段的质量进行试车运转、检查评定、考核质量目标是否符合设计阶段的质量要求的一个阶段。体现工程质量水平的最终结果 |

(2)工程项目的实体质量　从功能和使用价值来看,工程项目质量应体现在适用性、安全性、可靠性、经济性、外观质量与环境协调等方面。而工程项目的功能和使用价值的质量是相对于建设单位的需要而言的,因此,工程项目质量是在"合同环境"下形成,工程项目的功能、使用价值及设计、施工质量都应在有关合同条款中明确规定。

(3)工程项目施工质量　任何工程项目都是由分项工程、分部工程和单位工程所组成的,而工程项目的建设,则是通过一道道工序来完成,是在工序中创造的,是指在施工过程中人、机器、材料、方法和环境等因素综合作用的加工过程的质量。它表示生产过程能稳定生产合格产品的一种能力。工程项目的施工过程,也就是质量特性的形成过程。所以,工程项目质量包括工序质量、分项工程质量、分部工程质量和单位工程质量。

(4)工程项目的工作质量　工程项目质量也包括工作质量。工作质量是指参与工程的建设者,为了保证工程项目质量所从事工作的水平和完善程度。工作质量包括:社会工作质量,如社会调查、市场预测、质量回访和保修服务等;生产过程工作质量,如政治工作质量、管理工作质量、技术工作质量和后勤工作质量等。工程项目质量的好坏是决策、计划、勘察、设计、施工等单位各方面、各环节工作质量的综合反映,而不是单纯靠质量检验检查出来的。需保证工程项目的质量,就要求有关部门和人员精心工作,对决定和影响工程质量的所有因素严加控制,即通过提高工作质量来保证和提高工程项目质量。

**2. 工程项目质量的特点**

工程项目质量的特点是由工程项目的特点决定的。工程项目的特点:一是具有单体性;二是具有一次性与寿命的长期性;三是具有高投入性;四是具有生产管理的方式的特殊性;五是具有风险性。

正是由于上述工程项目的特点而形成了工程质量本身的特点,即:

1)影响因素多

如决策、设计、材料、机械、环境、施工方案、操作方法、技术措施、管理制度、施工人员素质等均直接或间接地影响工程项目的质量。

2)质量波动大

工程建设因其具有复杂性、单一性,不像一般工业产品的生产那样,有固定的生产流水线,有规范化的生产工艺和完善的监测技术,有成套的生产设备和稳定的生产环境,有相同系列规格和相同功能的产品,所以其波动性大。

3)质量变异大

由于影响工程质量的因素较多,任一因素出现质量问题,均会引起工程建设系统的质量变异,造成工程质量事故。

4)质量隐蔽性

工程项目在施工过程中,由于工序交接多,中间产品多,隐蔽工程多,若不及时检查并发现其存在的质量问题,事后看表面可能很好,容易产生判断错误,将不合格的产品认为是合格的产品。

5)综检局限大

工程项目建成后,不可能像某些工业产品那样,可以拆卸和解体来检查内在的质量,所以工程项目综检验收时难以发现工程内在的、隐蔽的质量缺陷。所以,对工程质量更应重视事前控制、事中严格监督,防患于未然,将质量事故消灭于萌芽之中。

## 二、我国工程质量保证体系

目前,我国在建设工程中实行“政府监督、社会监理、企业自检”的三级质量保证体系。社会监理已为独立的第三方,即业主与承包人是合同关系,业主与社会监理单位也是合同关系,承包人与社会监理机构是被监理与监理的关系。这使施工监理工作逐步法制化、标准化、规范化、程序化。

**1. 政府监督**

政府监督是政府部门强化对工程质量管理的具体体现。政府监督具有强制性、全面性、宏观性的性质。即遵照规定的管理程序,在工程建设项目实施的全过程中行使监督、检查、许可、纠正和强制执行等权力,但侧重于对项目的阶段性、控制性的监督管理(不同于社会监理单位实施的直接的、连续的监理)。

政府监督的职能是：对建设行为实施管理；对社会监理单位实行监督管理。按照我国政府机关行政分工的格局，工程建设项目前期阶段是由计划、规划、土地管理、环保等部门负责；建设实施阶段则主要由建设主管部门负责。上述部门分别代表国家或委托专门机构行使政府职能，即充分运用审查、许可，监督、检查、强制等手段对工程项目的建设实施管理。另一方面，政府对社会监理实行监督管理的职能，主要是通过制定有关法规、政策来审批社会监理单位的成立、资质等级、变更、停业以及办理监理工程师的注册、监督管理监理工程师的工作情况等来实现的。

依据国家有关法规和部颁现行技术规范、规程和质量检验评定标准对工程质量进行强制性、阶段性、控制性的监督管理，即定期或不定期地对工程质量进行抽检，以检查监理工程师的检验结果是否符合实际。当工程项目完工后，组织工程质量的竣工检查和进行等级评定。

**2. 监理单位监理**

监理单位是指取得监理资质证书，具有独立法人资格的监理公司、监理事务所和兼承监理业务的工程设计、科学研究及工程建设咨询单位。它是依法成立的、独立的、智力密集型的、从事工程监理业务的经济实体，受建设单位的委托并与其签订监理合同，承担工程建设的监理业务。

施工是工程建设过程中极其重要的一个阶段，它需要认真周密的考虑将设计阶段的规划付诸实施，这个实施过程往往周期较长，因而受外部社会环境和自然环境制约影响较大，施工进度、施工工艺、施工费用都可能与原设计存在较大的差异。监理工程师则代表业主，在项目实施过程中进行动态控制，跟踪纠偏，并对工程质量按质量检验评定标准规定的频率抽查，严格进行质量把关。对质量不合格的工程一律不予签收，不予结算工程价款；对质量合格的工程除进行签收外，还应对其评分定级。

施工监理的目的是为加强工程质量管理，控制工期和工程费用，提高投资效益及工程管理水平，使施工管理工作法制化、标准化、规范化、程序化。

实践证明，一个项目实行施工的全过程监理，不仅减少很多不合理的工程费用，而且能科学地控制工程质量和工期，还避免了过多的合同纠纷，对建设单位和施工单位均有利。

**3. 企业自检**

企业自检是指施工单位按照与建设单位签订的合同文件要求，为保证工程质量所必须建立的内部施工质量控制体系。施工企业作为建设工程产品的直接生产者，在工程质量保证体系中占有特别重要的地位，否则，尽管政府监督多么有力，工程监理多么规范，监理工程师的工作多么认真细致，但监理工程师不可能亲自对分项工程的每一项试验、每一个工程都进行检验或测量，更不可能代替承包人去做具体的施工，施工企业应当尽早地建立周密的自检系统，包括配备人员和试验设备，采用标准、规范化的工作方法，建立和健全标准、规范化的工作制度，在施工企业中实施全面质量管理。其工作方法是："计划—执行—检查—处理"的工作循环，简称 PDCA 循环。工程质量是施工出来的而不是检验出来的，施工企业建立完善的自检系统是形成工程质量保证体系的前提条件。但施工企业有片面追求自身利益的倾向，赶工省钱、降低质量标准的情况时有发生，因而必须建立相应的外部控制系统，这个外部控制系统除政府监督以外，就是工程施工全过程的全委托工程施工监理。

在上述三个环节组成的质量保证体系中，政府监督处于龙头主导地位，强化政府监督作用，可以使质量保证体系有效而高效地运作；社会监理处于工程管理新体制中的核心地位，依据合同、标准和规范，利用法人授予的权利，对工程实施不间断的、全过程和全方位的监理，其工作的优劣无疑将对工程质量有重大影响；施工企业作为建设工程产品的直接生产者，其人员素质、管理水平无疑将决定其工作质量，从而也就决定了工程质量。因此，实行施工企业自检是实现工程建设费用、进度、质量目标的必要条件，施工企业建立完善的自检系统是实行成功的工程质量保证体系的前提条件。

## 三、工程质量监理的依据、特点及其任务

**1. 质量监理的依据**

1)合同条件

合同条件中明确了业主、承包人、监理三方的责任、义务和权利以及工作程序、工程计量与支付等，这是各方都应遵守的法律文件。

2)合同图纸

指业主和承包人签订的合同中所包括的所有图纸，以及在施工过程中产生的监理工程师正式批准颁发的(或需经业主同意)变更与修改文件。

3)技术规范

所有用于工程的材料、设备、施工工艺、设施以及工程所要达到的质量标准，都应符合合同文件中所列技术规范或监理工程师同意使用的技术规范或标准，所述规范可以是国家或部委颁布的通用技术规范，也可以是专为工程编制的技术规范，在执行时应符合合同中规定的优先顺序。

4)质量标准

所有工程质量均应符合在合同文件中列明的质量标准或监理工程师同意使用的其他标准。

**2. 工程质量监理的特点**

实行工程建设监理是工程建设管理体制改革的重要内容，是强化质量管理、控制工程造价、提高投资效益及施工管理水平的有效方法。与以往的内部管理体制相比，实行质量监理有以下特点：

(1)监理工程师对工程质量的监理权受法律保护。这与过去的内部质量管理和行政监督是根本不同的。在承包人和业主签订的承包合同中详细地、明确地规定了监理工程师在质量控制中的作用和权利。这就以合同形式赋予了监理工程师采取各种手段进行工程质量控制的权力，使质量管理变得有法可依，减少了过去内部管理中的扯皮现象。

(2)工程质量监理是监理工程师对一项工程实行全过程、全方位和全天候的全面质量管理。这与内部管理和质量监督部门的抽查是完全不一样的，能使工程的所有部分的质量得到有效、全面的控制。

(3)工程质量监理强调事先监理和主动监理。监理的重点放在施工前的准备阶段，即对原材料、施工机械和施工技术方案的检验和审查，以及施工过程中各环节的质量监理，以便及早发现问题，"防患于未然"。这与过去等工程结束后再进行检查验收的事后监督办法是完全不同的。

(4)质量监理与工程支付挂钩,质量好坏直接关系到承包人的经济效益。这是工程监理制度的最大特点。按合同条款规定,未经监理工程师验收并签字认可的工程项目,一律不支付费用。监理工程师有了这个权力,就能运用经济杠杆的作用有效地保证工程质量。

由上所述可以看出,工程质量监理不是单一的技术管理,而是集技术、经济和法律于一身的一种综合性管理。

**3. 工程质量监理的任务**

监理工程师在质量监理方面,应审查承包人的质量控制体系和措施,核实质量文件,对施工依据的合同文件、设计图纸和技术要求等进行检查和认可,对施工质量进行监督;对单项工程、隐蔽工程和施工前的准备工作等进行检查、验收,发布停工令、复工令等监理指令,对施工质量进行评价。即对施工全过程进行检查、监督和管理,制止影响工程质量的各种不利因素,使承包人提交的工程项目符合合同图纸、技术规范、使用要求和验收标准。

## 四、施工阶段监理的程序和方法

**1. 质量监理的程序**

工程在开工前,监理工程师应向承包人提出适用于对所有工程项目进行质量控制的程序及其说明,以供所有监理人员、承包人的质量自检人员和施工人员共同遵循,使质量的控制工作程序化。质量控制一般按以下程序进行。

1)开工报告

在各单位工程、分部工程或分项工程开工之前,高级驻地监理工程师应要求承包人提交工程开工报告并进行审批。工程开工报告应包括以下内容:工程实施计划和施工方案;根据技术规范列明本项工程的质量控制指标及检验频率和方法;说明材料、设备、劳力及现场管理人员等项的准备情况,提供放样测量、标准试验、施工图等必要的基础资料。

2)工序自检报告

承包人的质量自检人员按照专业监理工程师批准的施工工艺流程和提出的工序检查程序,在每道工序完工后首先进行自检,自检合格后,提交工序自检报告,申报专业监理工程师进行检查认可。

3)工序检查认可

专业监理工程师应紧接承包人的自检,或与承包人的自检同时对每道工序完工后进行检查验收并签认,而对不合格的工序,则应指示承包人进行缺陷修补或返工。若前道工序未经检查认可,则后一道工序不得进行施工。

4)中间交工报告

当工程的单位、分部或分项工程完工后,承包人的质量自检人员还应再进行一次系统的自检,汇总各道工序的检查记录及测量抽样试验的结果,然后提出交工报告。对自检资料不全的交工报告,专业监理工程师应拒绝签收。

5)中间交工证书

专业监理工程师应首先对承包人按工程量清单的分项完工的单项工程,进行一次系统的检查验收,必要时,还应做测量或抽样试验。当检查合格后,再提请高级驻地监理工程师签发《中间交工证书》。未经中间交工检验或检验不合格的工程,不得进行下一工程项目的施工。

6）中间计量

对签发了《中间交工证书》的工程，应进行工程计量，并由高级驻地监理工程师签发《中间计量表》。完工项目的竣工资料不全可暂不计量支付。

综上所述，一个分项工程的质量控制程序是从开工到完工而言的，且主要是控制开工申请批复、质量验收、中间交工证书的签发三个基本环节。为了减少工作层次、节省时间，使在检查中所发现的问题能得到及时沟通和纠正，在质量控制程序具体执行中，若承包人的自检与监理工程师的检查配合得好，亦可以同时平行进行。

**2. 质量监理的方法**

在施工阶段，监理工程师对质量监理的方法，可分为三类：即审查承包人所提供的技术报告和文件；到施工现场进行检查（视觉检查、量测检查、试验检查）；检查信息的及时反馈。

1）现场监理

现场监理是对承包人的各项施工程序、施工方法和施工工艺、材料、设备、机械、配比等进行全方位的巡视、全过程的旁站、全环节的检查，使工程的施工质量得到有效的监督和管理。

（1）巡视　是指监理人员对施工现场或关键工程所进行的经常性的检查。如清理施工场地、清除表土、钻孔桩钻孔、混凝土工程中的钢筋绑扎和支搭模板等。

巡视工作由总监理工程师和高级驻地监理工程师进行。在工程的施工期间，高级驻地监理工程师应每天对施工现场巡视一次，以便现场发现并处理施工中的质量问题。

（2）旁站　即监理人员对工程的重要环节或关键部位，实施全过程的现场察看监理。对承包人施工的隐蔽工程、重要工程部位、重要工序及工艺，专业监理工程师（或其助理）应实行全过程的旁站监督，以便及时消除影响工程质量的不利因素。旁站主要分为以下两种情况：

①全过程旁站。这是指现场监理人员对某一工序或某一工程部分自始至终“盯”在现场观察施工全过程的一种监理形式。它主要用在施工条件比较复杂、工程质量难以保证的工序。例如，混凝土钻孔灌注桩工程中灌注混凝土工序，预应力筋张拉工序，混凝土的浇注及路面施工从摊铺、碾压到成型的整个过程等。

②部分旁站。这是指监理人员对某一施工工序用一定的时间在现场进行检查的一种监理形式。它主要用于关键、重要，但施工情况相对稳定的工序。例如，路基分层填筑和压实成型，各种路面混合料的拌和现场，构造物完工后的回填等。

（3）检查　现场监理人员应在每道施工工序结束后对其进行全环节的、及时的检查和认定，并现场监督承包人的试样抽取及施工记录。

2）测量

测量是监理人员对承包人的路线放样和有关几何指标进行检查和控制的重要手段。在工程开工之前，对承包人依据监理工程师提供的原始基准点、基准线、基准高程所进行的定线控制测量进行监督检查和认可；在各项工程的施工过程中，对控制工程的位置、高程、尺寸及其线形的准确性进行监督检查和认可；在各分项工程、分部工程、单位工程、工程段落或总体工程项目的中间交工和竣工验收时进行测量检查、汇总并提出各项工程的测量成果资料。

当发现承包人的放样测量不合格时，要督促其返工；对已完工程进行测量验收时，若发现不合格，一定要责令承包人整修；对通过整修仍达不到质量要求的工程，应坚决予以返工重建。

3)试验

对建设工程施工质量合格与否的判断,有许多是要通过试验结果才能作出结论的,试验是监理工程师进行质量监控的重要手段。对材料或商品构件应进行预先鉴定,即进行验证试验,以决定其是否可以用于工程,在材料或商品构件的采购、储存保管、施工进行中,均应按规定的批量和频率进行抽样验证试验,对不合格者不准用于工程,还应指令承包人运出场外;在各项工程开工前,承包人应在合同规定或合理的时间内,先行完成标准试验,如各种标准击实试验、集料的级配试验、混合料的配合比试验、结构的强度试验等,并将试验报告及试验材料提交监理工程师中心试验室审查批准。同时,试验监理工程师应派出试验监理人员参加承包人试验的全过程,并进行有效的现场监督检查。路基、路面及其他需预先通过试验方能正式进行施工的分项工程,应预先进行工艺试验,然后根据试验结果全面指导施工。进行工艺试验之前,监理工程师应要求承包人提出工艺试验的施工方案和实施细则并予以审批,尤其对工艺试验的机械组合、人员配额、材料、施工程序、预埋观测及操作方法等应有两组以上方案,以便通过试验作出选定。对承包人进行工艺试验的全过程,监理工程师应进行旁站监理,并做出详细记录,工艺试验结束后,由承包人提出试验报告,并经监理工程师审查批准。对各项已完工程的实际内在品质作出评定,进行验收试验。当承包人进行钻芯抽样试验时,监理工程师应派出试验监理人员,对钻芯抽样试验的频率、抽样方法和试验过程进行有效的监督,而对承包人按技术规范要求进行的加载试验或其他检测试验项目的试验方案、设备及方法,监理工程师应进行审批,对试验的实施进行现场检查、监督,并对试验结果进行评定。

4)监理工程师发布指令文件

监理工程师可通过发布指令性文件来对工程质量进行监控,如变更设计、补充技术标准和质量要求,以及一些通知、会议记录等,都可以监理指令性文件发布给承包人。对施工中存在的问题或质量事故苗头,亦可以监理指令性文件向承包人发布,提醒其加以注意和改进。对于重大质量事故,还可向承包人发出质量事故通知单,要求承包人迅速采取措施加以纠正和补救。由于质量事故通知单要存入竣工文件和档案中,会影响承包人的形象,因此,应随时提醒承包人重视企业自身的形象、重视施工质量,力求避免发生质量事故。

## ●第二节　质量管理的统计分析方法●

质量统计推断工作是运用质量统计方法在生产过程中或一批产品中,随机抽取样本,通过对样品进行检测和整理加工,从中获得样本质量数据信息,并以此为依据,以概率统计为理论基础,对总体的质量状况作出分析和判断。

质量数据中比较常用而有效的统计方法有频数分布直方图法、排列图法、因果分析图法、控制图法、分层法、相关图法和统计调查分析法等。限于篇幅,本节主要介绍频数分布直方图、控制图和相关图等方法。

### 一、频数分布直方图法

频数分布直方图即质量分布图,简称直方图,是把收集到的质量数据,按要求进行频数统计,然后在直角坐标系中将频数统计结果画成长方形(柱状)连接图。

### 1. 直方图的绘制

频数是指在重复试验中，随机事件出现的次数。频数的统计方法有两种：一是以单个数值进行统计，即某个数据重复出现的次数就是它的频数；二是按区间数值进行统计，即在已收集的数据中按照一定划分范围把整个数值分成若干区间，按每个区间内数值重复出现的次数作为这个区间的频数。在质量控制中，一般多采用第二种方法，也就是按区间进行频数统计。

下面结合实例说明绘制频数分布直方图的方法与步骤。

**【例 1-5-1】** 某沥青混凝土拌和过程中油石比的抽检结果列于表 1-5-2 中，试绘制频数分布直方图。

**油石比检测数据** 表 1-5-2

| 顺序 | 数据 | | | | | | | | | | 最大 | 最小 | 极差 |
|---|---|---|---|---|---|---|---|---|---|---|---|---|---|
| 1 | 6.12 | 6.35 | 5.84 | 5.84 | 5.95 | 6.14 | 6.05 | 6.03 | 5.81 | 5.86 | 6.35 | 5.81 | 0.54 |
| 2 | 5.78 | 6.25 | 5.94 | 5.80 | 5.90 | 5.86 | 5.99 | 6.16 | 6.18 | 5.79 | 5.25 | 5.78 | 0.44 |
| 3 | 5.67 | 5.64 | 5.88 | 5.71 | 5.82 | 5.94 | 5.91 | 5.84 | 5.68 | 5.91 | 5.94 | 5.64 | 0.30 |
| 4 | 6.03 | 6.00 | 5.95 | 5.96 | 5.88 | 5.74 | 6.06 | 5.81 | 5.76 | 5.82 | 6.06 | 5.74 | 0.32 |
| 5 | 5.89 | 5.88 | 5.64 | 6.00 | 6.12 | 6.07 | 6.25 | 5.74 | 6.16 | 5.66 | 6.25 | 5.64 | 0.61 |
| 6 | 5.58 | 5.73 | 5.81 | 5.57 | 5.93 | 5.96 | 6.04 | 6.09 | 6.01 | 6.04 | 6.09 | 5.57 | 0.52 |
| 7 | 6.11 | 5.82 | 6.26 | 5.54 | 6.26 | 6.01 | 5.98 | 5.85 | 6.06 | 6.01 | 6.26 | 5.54 | 0.72 |
| 8 | 5.86 | 5.88 | 5.97 | 5.99 | 5.84 | 6.03 | 5.91 | 5.95 | 5.82 | 5.88 | 5.99 | 5.82 | 0.17 |
| 9 | 5.85 | 6.43 | 5.92 | 5.89 | 5.90 | 5.94 | 6.00 | 6.20 | 6.14 | 6.07 | 6.43 | 5.85 | 0.58 |
| 10 | 6.08 | 5.86 | 5.96 | 5.53 | 6.24 | 6.19 | 6.21 | 6.32 | 6.05 | 5.97 | 6.32 | 5.53 | 0.79 |

**解**：1）收集数据

一般应不少于 50 ~ 100 个数据，本例为 100 个数据。

2）数据分析与整理

从收集的数据中找出最大值与最小值，并计算其极差。

本例中最大值：$X_{max} = 6.43$

最小值：$X_{min} = 5.53$

极差值：$R = X_{max} - X_{min} = 6.43 - 5.53 = 0.9$

3）确定组数与组距

通常先定组数，后定组距。组数用 $B$ 表示，应根据收集数据总数而定。当数据为 50 以下时，$B = 5 \sim 7$ 组；总数为 50 ~ 100 时，$B = 6 \sim 10$ 组；总数为 100 ~ 250 时，$B = 7 \sim 12$ 组；总数为 250 以上时，$B = 10 \sim 20$ 组。

组距用 $h$ 表示，其计算公式为：

$$h = R/B \tag{1-5-1}$$

本例中取组数 $B = 10$，则组距 $h = 0.9/10 = 0.09$

4）确定组界值

为避免数据恰好落在组界上，组界值要比原数据的精度高一位。

$$第一组的下界值 = X_{min} - \frac{h}{2}$$

$$第一组的上界值 = X_{min} + \frac{h}{2}$$

第一组的上界值就是第二组的下界值，第二组的下界值加上组距 $h$，即为第二组的上界值，依此类推。

本例中第一组界值为：

$$\left(5.53 - \frac{0.09}{2}\right) \sim \left(5.53 + \frac{0.09}{2}\right) = 5.485 \sim 5.575$$

5）统计频数

组界值确定后按组号统计频数、频率（相对频数）。

本例的统计结果列于表 1-5-3 中。

**频数分布统计表**　　表 1-5-3

| 序号 | 分组区间 | 频数 | 相对频数 | 序号 | 分组区间 | 频数 | 相对频数 |
|---|---|---|---|---|---|---|---|
| 1 | 5.485 ~ 5.575 | 3 | 0.03 | 7 | 6.025 ~ 6.115 | 14 | 0.14 |
| 2 | 5.575 ~ 5.665 | 4 | 0.04 | 8 | 6.115 ~ 6.205 | 9 | 0.09 |
| 3 | 5.665 ~ 5.755 | 6 | 0.06 | 9 | 6.205 ~ 6.295 | 6 | 0.06 |
| 4 | 5.755 ~ 5.845 | 14 | 0.14 | 10 | 6.295 ~ 6.385 | 2 | 0.02 |
| 5 | 5.845 ~ 5.935 | 21 | 0.21 | 11 | 6.385 ~ 6.475 | 1 | 0.01 |
| 6 | 5.935 ~ 6.025 | 20 | 0.20 | 12 | 合计 | 100 | 1.00 |

6）绘制直方图

以横坐标为质量特性，纵坐标为频数（或频率）作直方图，如图 1-5-1。

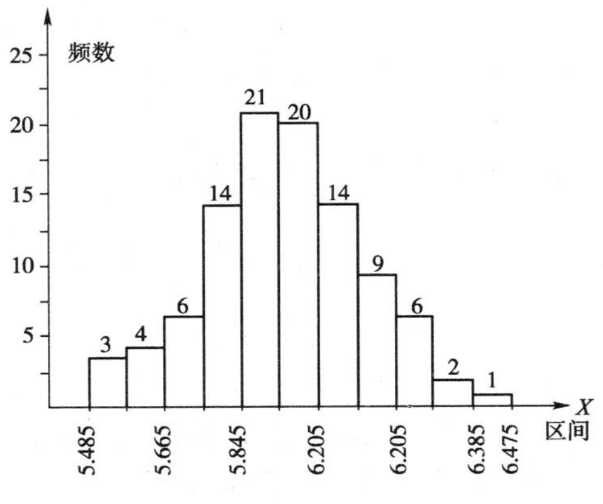


图 1-5-1　直方图

由图 1-5-1 可知，如果收集的检测数据越多，分组越细，直方图就转化为一条光滑的曲线。这条曲线就称为概率分布曲线。

**2. 直方图的应用**

作直方图的目的，是通过观察图的形状来判断质量是否稳定，质量分布状态是否正常，预测不合格率。直方图在质量控制中的用途，主要有估计可能出现的不合格率、考察工序能力、判断质量分布状态和判断施工能力。

1)估算可能出现的不合格率

质量评定标准,一般都有上下两个标准界限,上限为 $T_u$,下限为 $T_L$,故不合格率有超上限不合格率 $P_u$ 和超下限不合格率 $P_L$,总的不合格率则为:

$$P = P_u + P_L \tag{1-5-2}$$

为了计算 $P_u$ 与 $P_L$,引入相应的系数:

$$K_u = \frac{|T_u - \bar{x}|}{S};\qquad K_L = \frac{|T_L - \bar{x}|}{S} \tag{1-5-3}$$

据 $K_u$、$K_L$ 查《正态分布概率系数表》(表 1-5-4),即可确定相应的超上限不合格率 $P_u$ 和超下限不合格率 $P_L$。

**正态分布概率系数表** $\left(\int_{K_q}^{\infty}\frac{1}{\sqrt{2\pi}}e^{-\frac{x}{2}}dx = \beta\right)$ 表 1-5-4

| $K_q$ | 0.00 | 0.01 | 0.02 | 0.03 | 0.04 | 0.05 | 0.06 | 0.07 | 0.08 | 0.09 |
|---|---|---|---|---|---|---|---|---|---|---|
| 0.0 | 0.5000 | 0.4960 | 0.4920 | 0.4880 | 0.4840 | 0.4801 | 0.4761 | 0.4721 | 0.4681 | 0.4641 |
| 0.1 | 0.4602 | 0.4562 | 0.4522 | 0.4483 | 0.4443 | 0.4404 | 0.4364 | 0.4325 | 0.4286 | 0.4247 |
| 0.2 | 0.4207 | 0.4168 | 0.4129 | 0.4090 | 0.4052 | 0.4013 | 0.3974 | 0.3936 | 0.3897 | 0.3859 |
| 0.3 | 0.3821 | 0.3783 | 0.3745 | 0.3707 | 0.3669 | 0.3632 | 0.3594 | 0.3557 | 0.3520 | 0.3483 |
| 0.4 | 0.3446 | 0.3409 | 0.3372 | 0.3336 | 0.3300 | 0.3264 | 0.3228 | 0.3192 | 0.3156 | 0.3121 |
| 0.5 | 0.3085 | 0.3050 | 0.3015 | 0.2981 | 0.2946 | 0.2912 | 0.2877 | 0.2843 | 0.2810 | 0.2776 |
| 0.6 | 0.2743 | 0.2709 | 0.2676 | 0.2643 | 0.2611 | 0.2578 | 0.2546 | 0.2514 | 0.2483 | 0.2451 |
| 0.7 | 0.2420 | 0.2389 | 0.2358 | 0.2327 | 0.2296 | 0.2266 | 0.2236 | 0.2206 | 0.2177 | 0.2148 |
| 0.8 | 0.2119 | 0.2090 | 0.2061 | 0.2033 | 0.2005 | 0.1977 | 0.1949 | 0.1922 | 0.1894 | 0.1867 |
| 0.9 | 0.1841 | 0.1814 | 0.1788 | 0.1762 | 0.1736 | 0.1711 | 0.1685 | 0.1660 | 0.1635 | 0.1611 |
| 1.0 | 0.1587 | 0.1562 | 0.1539 | 0.1515 | 0.1492 | 0.1469 | 0.1446 | 0.1423 | 0.1401 | 0.1379 |
| 1.1 | 0.1357 | 0.1335 | 0.1314 | 0.1292 | 0.1271 | 0.1251 | 0.1230 | 0.1210 | 0.1190 | 0.1170 |
| 1.2 | 0.1151 | 0.1131 | 0.1112 | 0.1093 | 0.1075 | 0.1056 | 0.1038 | 0.1020 | 0.1003 | 0.0985 |
| 1.3 | 0.0968 | 0.0951 | 0.0934 | 0.0918 | 0.0901 | 0.0885 | 0.0869 | 0.0853 | 0.0838 | 0.0823 |
| 1.4 | 0.0808 | 0.0793 | 0.0778 | 0.0764 | 0.0749 | 0.0735 | 0.0721 | 0.0708 | 0.0694 | 0.0681 |
| 1.5 | 0.0668 | 0.0655 | 0.0643 | 0.0630 | 0.0618 | 0.0606 | 0.0594 | 0.0582 | 0.0571 | 0.0559 |
| 1.6 | 0.0548 | 0.0537 | 0.0526 | 0.0516 | 0.0505 | 0.0495 | 0.0485 | 0.0475 | 0.0465 | 0.0455 |
| 1.7 | 0.0446 | 0.0436 | 0.0427 | 0.0418 | 0.0409 | 0.0401 | 0.0392 | 0.0384 | 0.0375 | 0.0367 |
| 1.8 | 0.0359 | 0.0351 | 0.0344 | 0.0336 | 0.0329 | 0.0322 | 0.0314 | 0.0307 | 0.0301 | 0.0294 |
| 1.9 | 0.0287 | 0.0281 | 0.0274 | 0.0268 | 0.0262 | 0.0256 | 0.0250 | 0.0244 | 0.0239 | 0.0233 |
| 2.0 | 0.0228 | 0.0222 | 0.0217 | 0.0212 | 0.0207 | 0.0202 | 0.0197 | 0.0192 | 0.0188 | 0.0183 |
| 2.1 | 0.0179 | 0.0174 | 0.0170 | 0.0166 | 0.0162 | 0.0158 | 0.0154 | 0.0150 | 0.0146 | 0.0143 |
| 2.2 | 0.0319 | 0.0136 | 0.0132 | 0.0129 | 0.0125 | 0.0122 | 0.0119 | 0.0116 | 0.0113 | 0.0110 |
| 2.3 | 0.0107 | 0.0104 | 0.0102 | 0.00990 | 0.00964 | 0.00939 | 0.00914 | 0.00889 | 0.00866 | 0.00842 |
| 2.4 | 0.00820 | 0.00798 | 0.00776 | 0.00755 | 0.00734 | 0.00714 | 0.00695 | 0.00676 | 0.00657 | 0.00639 |
| 2.5 | 0.00621 | 0.00604 | 0.00587 | 0.00570 | 0.00554 | 0.00539 | 0.00523 | 0.00508 | 0.00494 | 0.00480 |
| 2.6 | 0.00466 | 0.00453 | 0.00440 | 0.00427 | 0.00415 | 0.00402 | 0.00391 | 0.00379 | 0.00368 | 0.00357 |
| 2.7 | 0.00347 | 0.00336 | 0.00326 | 0.00317 | 0.00307 | 0.00298 | 0.00289 | 0.00280 | 0.00272 | 0.00264 |

续上表

| $K_q$ | 0.00 | 0.01 | 0.02 | 0.03 | 0.04 | 0.05 | 0.06 | 0.07 | 0.08 | 0.09 |
|---|---|---|---|---|---|---|---|---|---|---|
| 2.8 | 0.00256 | 0.00248 | 0.00240 | 0.00233 | 0.00226 | 0.00219 | 0.00212 | 0.00205 | 0.00199 | 0.00193 |
| 2.9 | 0.00187 | 0.00181 | 0.00175 | 0.00169 | 0.00164 | 0.00159 | 0.00154 | 0.00149 | 0.00144 | 0.00139 |
| $K_q$ | 0.0 | 0.1 | 0.2 | 0.3 | 0.4 | 0.5 | 0.6 | 0.7 | 0.8 | 0.9 |
| 3 | 0.00135 | $0.0^3968$ | $0.0^3687$ | $0.0^3483$ | $0.0^3337$ | $0.0^3233$ | $0.0^3159$ | $0.0^3108$ | $0.0^3723$ | $0.0^3481$ |
| 4 | $0.0^4317$ | $0.0^4207$ | $0.0^4133$ | $0.0^5854$ | $0.0^5541$ | $0.0^5340$ | $0.0^5211$ | $0.0^5130$ | $0.0^6793$ | $0.0^6479$ |
| 5 | $0.0^6287$ | $0.0^6170$ | $0.0^7996$ | $0.0^7579$ | $0.0^7333$ | $0.0^7190$ | $0.0^7107$ | $0.0^8599$ | $0.0^8332$ | $0.0^8182$ |
| 6 | $0.0^9987$ | $0.0^9530$ | $0.0^9282$ | $0.0^9149$ | $0.0^{10}777$ | $0.0^{10}402$ | $0.0^{10}206$ | $0.0^{10}104$ | $0.0^{11}523$ | $0.0^{11}260$ |

注:①表中数字为$\beta$值;

②$0.0^3968$即为0.000968。

**【例1-5-2】** 在【例1-5-2】中已知油石比的质量标准为$T_u = 6.50\%$与$T_L = 5.50\%$,试计算可能出现的不合格率$P$。

**解**:经计算$\overline{X} = 5.946\%$、$S = 0.181\%$,则

$$K_u = \frac{|T_u - \overline{x}|}{S} = \frac{|6.50 - 5.946|}{0.181} = 3.06$$

$$K_L = \frac{|T_L - \overline{x}|}{S} = \frac{|5.50 - 5.946|}{0.181} = 2.46$$

查《正态分布概率系数表》(附表一),可知

$K_u = 3.06$时　　　　$P_u = 0.0011$

$K_L = 2.46$时　　　　$P_L = 0.00695$

故可能出现的不合格率为$P = P_u + P_L = 0.00805 = 0.805\%$

2)判断质量分布状态

当生产条件正常时,直方图应该是中间高,两侧低,左右接近对称的正常型图形,如图1-5-2a)所示。当出现非正常型图形时,就要进一步分析原因,并采取措施加以纠正。常见的非正常型图形有图1-5-2b)~图1-5-2f)五种类型。

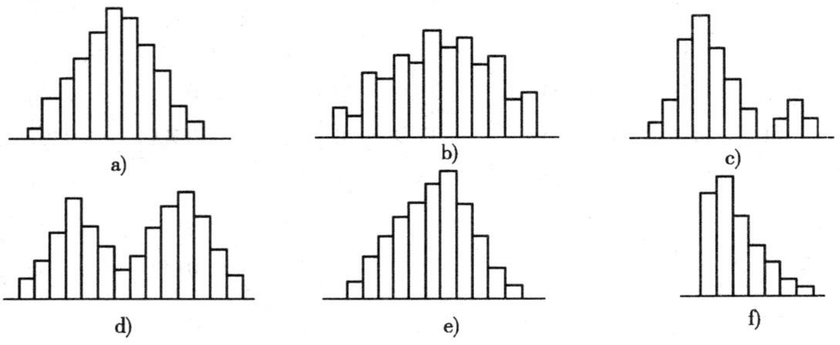


图1-5-2　常见的直方图图形

(1)折齿型　图形出现凹凸状,如图1-5-2b),这多是由于分组不当或组距确定不当所致。

(2)孤岛型　出现孤立的小直方图,如图1-5-2c),这是由于少量材料不合格,或短时间内工人操作不熟练所造成。

（3）双峰值　图形出现了两个峰顶，如图 1-5-2d），一般是由于两组生产条件不同的数据混淆在一起所造成的。

（4）缓坡型　图形向左或向右呈缓坡状，即平均值 $\overline{X}$ 过于偏左或偏右，如图 1-5-2e），这是由于工序施工过程中的上控制界限或下控制界限控制太严所造成的。

（5）绝壁型　直方图的分布中心偏向一侧，如图 1-5-2f），常是由操作者的主观因素所造成的，或是在工序检验中出现了人为干扰现象。这时应重新进行数据统计或重新按规定检验。

3）判断施工能力

将正常型直方图与质量标准进行比较，即可判断实际生产施工能力。如图 1-5-3 所示，$T$ 表示质量标准要求的界限，$B$ 代表实际质量特性值分布范围。比较结果一般有以下几种情况：

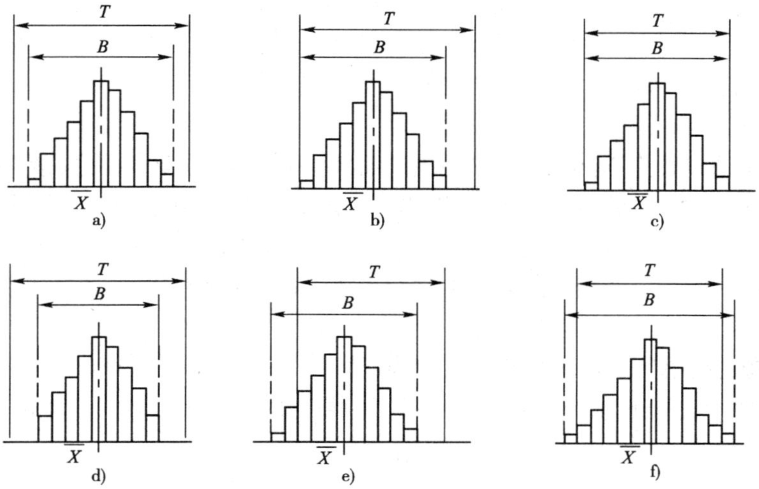


图 1-5-3　实际质量分布与质量标准的关系

（1）$B$ 在 $T$ 中间，两边各有一定余地，这是理想的控制状态，如图 1-5-3a）。

（2）$B$ 虽在 $T$ 之内，但偏向一侧，有可能出现超上限或超下限不合格品，要采取纠偏措施，如图 1-5-3b）。

（3）$B$ 与 $T$ 相重合，实际分布太宽，极易产生超上限与超下限的不合格品，要采取措施提高工序能力，如图 1-5-3c）。

（4）$B$ 过分小于 $T$，说明工序能力过大，不经济，如图 1-5-3d）。

（5）$B$ 过分偏离 $T$ 的中心，已经产生超上限或下限的不合格品，需要调整，如图 1-5-3e）。

（6）$B$ 大于 $T$，已经产生大量超上限与超下限的不合格品，说明工序能力不能满足技术要求，如图 1-5-3f）。

## 二、控制图法

直方图是质量控制的静态分析法，反映的是质量在某一段时间里的静止状态。然而工程都是在动态的生产施工过程中形成的，因此，在质量控制中单用静态分析法是不够的，还必须有动态分析法。采用这种方法，可随时了解生产过程中质量的变化情况，及时采取措施，使生产处于稳定状态。控制图法就是典型动态分析法。

控制图又称管理图，是于1924年美国贝尔研究所的休哈特博士首先提出的，目前已成为质量控制常用的统计分析工具。

**1. 质量波动原因**

工程质量总是具有波动性，质量数据总是具有差异性。影响工程质量波动的原因有很多，一般包括人(Man)、机具设备(Machine)、材料(Material)、工艺方法(Method)和环境(Environment)五方面的因素(简称4M1E)。这五个方面的原因又可归纳为两类，即偶然性原因和系统性原因。

偶然性原因是经常对产品质量起作用的因素，但其出现带有随机性质的特点，如原材料成分和性能发生微小变化，工人操作的微小变化，周围环境的微小变化等。这些因素在生产施工中大量存在，但对产品质量影响程度很小，而且不容易识别和消除，甚至消除这些因素在经济上也不合算，所以又称这类因素为不可避免的原因。由这类原因造成的质量波动是正常的波动，不需加以控制，即认为生产过程处于稳定状态。在此状态下，当有大量的质量特性值时，其分布服从正态分布规律。

系统性原因是对产品质量影响很大的异常性因素，如原材料质量规格的显著变化，工人不遵守操作规程，机械设备的调整不当，检测仪器的使用不合理，周围环境的显著变化等。这类原因一般比较容易识别，并且一经消除，其作用和影响不复存在，所以这类因素是可以避免的。质量控制就是要防止、发现、排除这些异常因素，保证生产过程在正常稳定状态下进行。

控制图法就是利用生产过程处于稳定状态下的产品质量特性值分布服从正态分布这一统一规律，来识别生产过程的异常因素，控制生产过程中由于系统性原因造成的质量波动，保证工序处于控制状态。

**2. 控制图的基本形式**

控制图是判断生产过程的质量状态和控制工序质量的一种有效的工具。控制图的基本形式如图1-5-4所示。

控制图一般有三条线：上面的一条线为控制上限，用符号 *UCL* 表示；中间的一条叫中心线，用符号 *CL* 表示；下面的一条叫控制下限，用符号 *LCL* 表示。中心线标志着质量特征值分布的中心位置，上下控制界限标志着质量特征值允许波动的范围。在生产过程中，按规定取样，测定其特性值，将其统计量作为一个点画在控制图上，然后连接各点成一条折线，即表示质量波动情况。

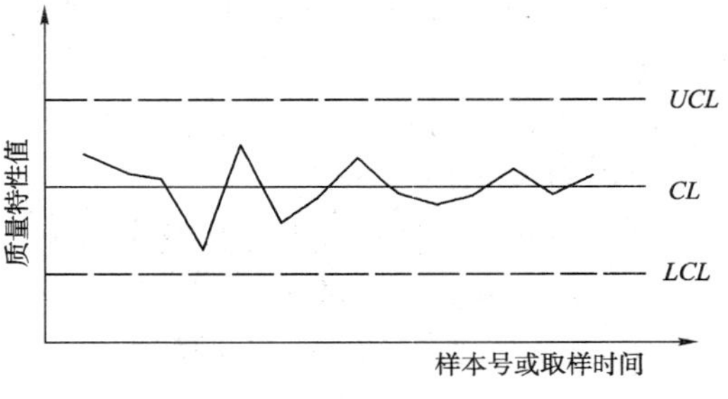


图1-5-4　控制图基本形式

控制图中的控制界限是根据数理统计学原理，采取“3倍标准偏差法”计算确定的。即将中心线定在被控制对象的平均值(包括单值、平均值、极差、中位数等的平均值)上面，以中心线为基准向上向下各量3倍标准偏差即为控制上限和控制下限。因为控制图是以正态分布为理论依据，所以采用3倍标准偏差法可以在最经济的条件下，实现工序控制，达到保证产品质量的目的。

根据种类和质量分布类型的不同，控制分布图可分为两大类 10 种类型，其中最常用的是 $\overline{X}$-$R$ 控制图。下面主要介绍 $\overline{X}$-$R$ 控制图。其控制界限计算公式如下：

$\overline{X}$ 控制图

$$CL=\overline{\overline{x}} \tag{1-5-4}$$

$$UCL=\overline{\overline{x}}+A_2\overline{R} \tag{1-5-5}$$

$$LCL=\overline{\overline{X}}-A_2\overline{R} \tag{1-5-6}$$

$R$ 控制图

$$CL=\overline{R} \tag{1-5-7}$$

$$UCL=D_4\overline{R} \tag{1-5-8}$$

$$LCL=D_3\overline{R} \tag{1-5-9}$$

式中：$A_2$、$D_3$、$D_4$ 表示由一组检测结果的试验次数决定的控制图用的系数，见表 1-5-5。

**控制图系数表** 表 1-5-5

| 样本数 $n$ | $\overline{X}$ 控制图 | $R$ 控制图 | |
|---|---|---|---|
| | $A_2$ | $D_4$ | $D_3$ |
| 2 | 1.88 | 3.27 | — |
| 3 | 1.02 | 2.70 | — |
| 4 | 0.73 | 2.28 | — |
| 5 | 0.58 | 2.11 | — |
| 6 | 0.48 | 2.00 | — |
| 7 | 0.42 | 1.92 | 0.08 |
| 8 | 0.37 | 1.86 | 0.14 |
| 9 | 0.34 | 1.82 | 0.18 |
| 10 | 0.31 | 1.78 | 0.22 |

**3. 控制图的绘制**

以 $\overline{X}$-$R$ 控制图为例来说明。这是将 $\overline{X}$ 控制图和 $R$ 控制图联用的一种形式，一般把 $\overline{X}$ 控制图放在 $R$ 图的上面，主要观察控制平均值和极差的变动。$\overline{X}$-$R$ 控制图的理论根据比较充分，检测生产过程不稳定的能力也强，因此是最常用的一组控制图。

**【例 1-5-3】** 表 1-5-5 是路面基层厚度检测结果。试绘制该路面基层厚度的 $\overline{X}$-$R$ 控制图。

**解**：(1)收集数据并整理。原则上要求收集 50 ~ 100 个以上数据，本例收集了实测数据 50 个。

(2)把数据按时间和分批的顺序排列、分组，本例中 $n=5$，$K=10$，如表 1-5-6。

**基层厚度检测结果与计算表** 表 1-5-6

| 日期 | 组号 | 实测偏差(cm) | | | | | $\Sigma x_i$ | 平均值 | 极差 |
|---|---|---|---|---|---|---|---|---|---|
| | | $x_1$ | $x_2$ | $x_3$ | $x_4$ | $x_5$ | | $\overline{x}_i$ | $R_i$ |
| 5/3 | 1 | 2 | -0.5 | -1 | -0.5 | 0.8 | 0.8 | 0.16 | 3.0 |
| 6/3 | 2 | 0 | 1.7 | -1 | 1 | -1 | 0.7 | 0.14 | 2.7 |

续上表

| 日 期 | 组 号 | 实 测 偏 差(cm) | | | | | $\Sigma x_i$ | 平均值 | 极 差 |
|---|---|---|---|---|---|---|---|---|---|
| | | $x_1$ | $x_2$ | $x_3$ | $x_4$ | $x_5$ | | $\bar{x}_i$ | $R_i$ |
| 7/3 | 3 | -1 | 1 | 1 | -0.5 | 1 | 1.5 | 0.30 | 2.0 |
| 8/3 | 4 | 1 | 1 | 0 | 0 | 0 | 0 | 0 | 2.0 |
| 9/3 | 5 | 1 | 1 | 0.5 | 1.5 | -1 | 3.0 | 0.60 | 2.5 |
| 10/3 | 6 | 1 | 2 | -1 | 0.5 | 2 | 4.5 | 0.90 | 3.0 |
| 11/3 | 7 | 2 | 0.5 | 2 | 1 | 0 | 5.5 | 1.10 | 2.0 |
| 12/3 | 8 | 2 | 2.5 | 0.5 | 1 | 1 | 7 | 1.40 | 2.0 |
| 13/3 | 9 | 2 | -1 | 1.5 | 1 | 1.5 | 5 | 1.00 | 3.0 |
| 14/3 | 10 | 0 | 0.5 | 0 | 0 | 1.5 | 1 | 0.20 | 2.0 |
| 合 计 | | | | | | | 29 | 5.8 | 24.2 |

(3)计算各组的平均值 $x_i$、极差 $R_i$,并列入表中。

(4)计算各组平均值的平均值、极差的平均值。

$$\bar{\bar{X}}=\frac{\bar{X}_1+\bar{X}_2+\cdots+\bar{X}_k}{K}=\frac{5.8}{10}=0.58$$

$$\bar{R}=\frac{R_1+R_2+\cdots+R_k}{K}=\frac{24.2}{10}=2.42$$

(5)计算控制界限。

$\bar{X}$ 控制图:

$$CL=\bar{\bar{X}}=0.58$$

$$UCL=\bar{\bar{X}}+A_2\bar{R}=0.58+0.58\times2.42=1.98$$

$$LCL=\bar{\bar{X}}-A_2\bar{R}=0.58-0.58\times2.42=-0.82$$

$R$ 控制图:

$$CL=\bar{R}=2.42$$

$$UCL=D_4\bar{R}=2.11\times2.42=5.11$$

$$LCL=D_3\bar{R}(n\leqslant6\text{ 不考虑})$$

式中:$A_2$、$D_3$、$D_4$ 都是由 $n=5$ 决定的系数(见表1-5-6)。

(6)建立坐标,画出控制图。

中心线用实线表示,控制界限用虚线表示,并将样本数据按抽样顺序描在图上。$\bar{X}$ 控制图用"·"表示,$R$ 控制图用"×"表示,出界限的点用"⊙"和"⊕"表示,见图1-5-5。

**4. 控制图的观察分析**

应用控制图的主要目的是分析判断生产过程是否处于稳定状态,发现并及时消除生产过程中的失调现象,预防不合格品的发生。

当控制图的点子满足以下两个条件:一是点子没有跳出控制界限;二是点子随机排列没有缺陷,就认为生产过程基本上处于控制状态,即生产正常。否则,就认为生产过程发生了异常变化,必须把引起这种变化的原因找出来,排除掉。点子在控制界限内排列的缺陷,包括以下几种情况:

(1)点子连续在中心线一侧出现7个以上,如图1-5-6a)。

(2)连续7个以上点子上升或下降,如图1-5-6b)。

(3)点子在中心线一侧多次出现,如连续11个点中至少有10个点在同一侧,如图1-5-6c);或连续14点中至少有12点、连续17点中至少有14点、连续20点中至少有16点出现在同一侧。

(4)点子接近控制界限,如连续3个点中至少有2点在中心线上或下2倍标准偏差横线以外出现,如图1-5-6d);或连续7点中至少有3点或连续10点中至少有4点在该横线外出现。

(5)点子出现周期性波动,如图1-5-6e)。

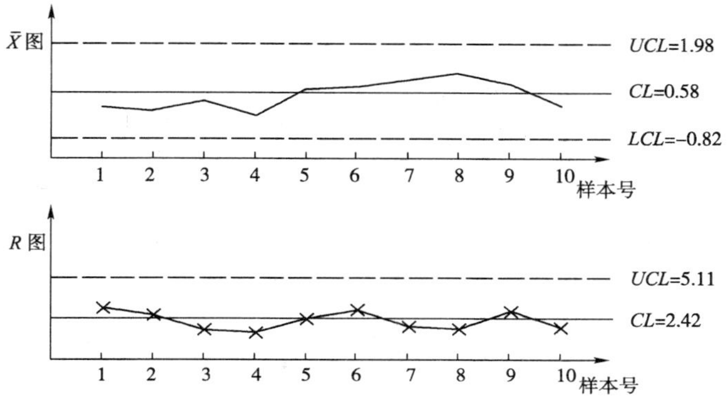


图1-5-5 $\bar{X}$-R控制图

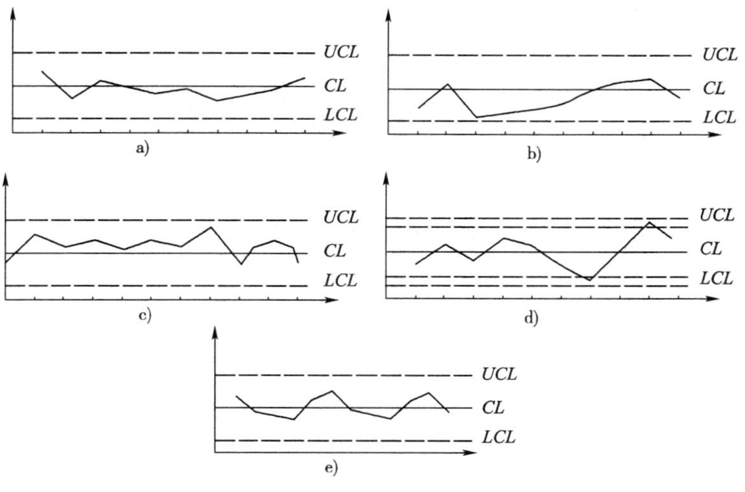


图1-5-6 控制图的异常现象

## 三、相关图法

相关图又称散布图。这种图可用来分析研究两种数据之间是否存在相关关系。把两种数据列出之后,在坐标纸上打点,就可得到一张相关图。从点子的散布情况可以判断两种数据之间的关系特性。在质量控制中借助相关图进行相关分析,可研究质量结果和原因之间的关系,进一步弄清影响质量特性的主要因素。

**1. 相关图的作图方法**

（1）数据收集　成对地收集两种特性的数据做成数据表，数据应在 30 组以上。

（2）设计坐标　在坐标纸上以原因作 $X$ 轴，结果（特性）作 $Y$ 轴，找出 $x$、$y$ 的最大值和最小值，以最大值与最小值的差定坐标长度，并定出适当的坐标刻度。

（3）数据打点入座　将集中整理后的数据依次相应用“·”标出纵横坐标交点，当两个同样数据的交点重合时用“⊙”表示。

（4）注说明　在图中适当位置写明数据个数、收集时间、工程部位名称、制图人和制图日期等。

**2. 相关图的观察分析**

相关图的几种基本类型如图 1-5-7 所示。

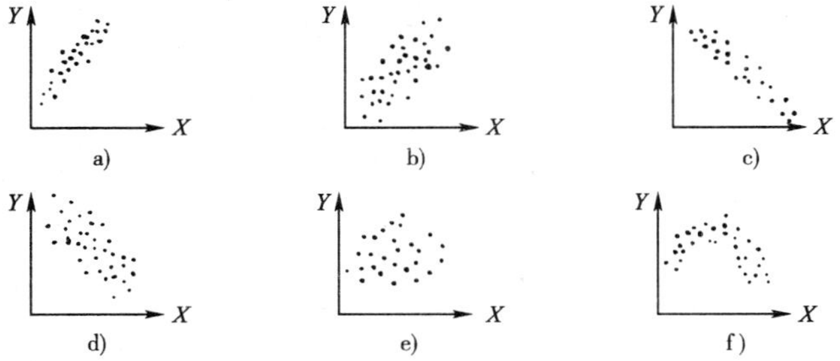


图 1-5-7　相关图的基本类型

在该图中，分别表示以下关系：

（1）正相关　$X$ 增加，$Y$ 也明显增加，如图 1-5-7a)。

（2）弱正相关　$X$ 增加，$Y$ 大体上也增加，但点的分布不像正相关那样呈直线状，如图 1-5-7b)。

（3）负相关　$X$ 增加，$Y$ 明显减小，如图 1-5-7c)。

（4）弱负相关　$X$ 增加，$Y$ 大体上减小，但点的分布不像负相关那样呈直线状，如图 1-5-7d)。

（5）不相关　$X$ 增减对 $Y$ 无影响，即 $X$ 与 $Y$ 没有关系，如图 1-5-7e)。

（6）非线性相关　点的分布呈曲线状，如图 1-5-7f)。

**3. 回归分析**

作出相关图后，即可根据回归分析揭示两个变量（因素）之间的相关关系，并可确定它们之间的定量表达式——回归方程。

在实际问题中，有时两个变量之间的关系是线性，而有时两个变量之间则存在非线性关系。因此，一般情况下，试验结果的数学表示包括三个方面的工作：

（1）确定回归方程的类型。

（2）确定回归方程中的回归系数。

（3）回归方程相关关系的判断。

由于篇幅限制，下面仅讨论线性回归分析。对于非线性问题，往往可以通过变量变换转化为线性回归问题进行处理。

一元线性回归是工程中常遇到的配直线的问题。通过试验，可以得到若干组的对应数据，根据这些数据画出相关图。当点大致分布在一条直线附近时，说明两变量之间存在线性关系，即可以用一条适当的直线来表示这两个变量的关系。此直线方程为：

$$Y = a + bX \tag{1-5-10}$$

式中：$X$——自变量；

$Y$——因变量；

$a$、$b$——回归系数。

平面上的直线很多，而 $a$、$b$ 值构成的最优直线必须使 $Y = a + bX$ 方程的函数值 $Y_i$ 与实际观察值 $y_i$ 之差为最小。理论分析和工程实践均表明，最小二乘法确定的回归方程偏差最小。

最小二乘法的基本原理为：当所有测量数据偏差的平方和最小时，所配的直线最优。根据这个条件可以求得：

$$b = L_{xy}/L_{xx} \tag{1-5-11}$$

$$a = \bar{y} - b\bar{x} \tag{1-5-12}$$

式中：

$$L_{xy} = \sum_{i=1}^{n}(x_i - \bar{x})(y_i - \bar{y}) = \sum_{i=1}^{n}x_i y_i - n\bar{x}\,\bar{y} \tag{1-5-13}$$

$$L_{xy} = \sum_{i=1}^{n}(x_i - \bar{x})^2 = \sum_{i=1}^{n}x_i^2 - n\bar{x}^2 \tag{1-5-14}$$

**【例 1-5-4】** 不同灰水比（$C/W$）的混凝土 28d 强度（$R_{28}$）试验结果如表 1-5-7 所示，试确定 $R_{28}$- $C/W$ 之间回归方程。

**解**：为计算方便，列表进行，有关计算列于表 1-5-7 中。

**$C/W$- $R_{28}$ 试验结果及回归方程** 表 1-5-7

| 序号 | $x(C/W)$ | $y(R_{28})$(MPa) | $x^2$ | $y^2$ | $xy$ |
|---|---|---|---|---|---|
| 1 | 1.25 | 14.3 | 1.5625 | 204.49 | 17.875 |
| 2 | 1.50 | 18.0 | 2.25 | 324.00 | 27.0 |
| 3 | 1.75 | 22.8 | 3.065 | 519.84 | 39.9 |
| 4 | 2.00 | 26 | 4.00 | 712.89 | 53.4 |
| 5 | 2.25 | 30.3 | 5.0625 | 918.09 | 68.175 |
| 6 | 2.50 | 34.1 | 6.25 | 1162.81 | 85.25 |
| Σ | 11.25 | 146.2 | 22.1875 | 3842.12 | 291.6 |
| $\bar{x} = 1.875$ | | $\bar{y} = 24.4$ | | | |
| $(\Sigma x)^2 = 126.5625$ | | $(\Sigma y)^2 = 21374.44$ | | $(\Sigma x)(\Sigma y) = 1644.75$ | |
| $L_{xx} = 1.09375$ | | $L_{xy} = 279.7133$ | | $L_{xy} = 17.475$ | |

根据式(1-5-11)、式(1-5-12)求得：

$$b = L_{xy}/L_{xx} = 15.98$$

$$a = \bar{y} - b\bar{x} = -5.56$$

则回归方程

$$Y = 15.98X - 5.56$$

或

$$R_{28} = 15.98(C/W) - 5.56$$

回归系数 $b$ 的物理意义为：灰水比（$C/W$）每增减 1，混凝土 28d 的抗压强度增减 15.98MPa。

任何两个变量 $x$、$y$ 的若干组试验数据，都可以按上述方法配置一条回归直线，假如两变量 $x$、$y$ 之间根本不存在线性关系，那么所建立的回归方程就毫无实际意义。因此，需要引入一个数量指标来衡量其相关程度，这个指标就是相关系数，用 $r$ 表示：

$$r=\frac{L_{xy}}{\sqrt{L_{xx}\cdot L_{yy}}} \tag{1-5-15}$$

式中：

$$L_{yy}=\sum_{i=1}^{n}(y_i-\bar{y})^2=\Sigma y_i^2-n\bar{y}^2 \tag{1-5-16}$$

相关系数 $r$ 是描述回归方程线性相关的密切程度的指标，其取值范围为 $-1\leqslant r\leqslant 1$。$r$ 的绝对值越接近于 1，$x$ 和 $y$ 之间的线性关系越好，当 $r=\pm1$ 时，$x$ 与 $y$ 之间符合直线函数关系，称为 $x$ 与 $y$ 完全相关，这时所有数据点均在一条直线上；如果 $r$ 趋近于 0，则 $x$ 与 $y$ 之间没有线性关系，这时 $x$ 与 $y$ 可能不相关，也可能是曲线相关。

对于一个具体问题，只有当相关系数 $r$ 的绝对值大于临界值 $r_a$ 时，才可用直线近似表示 $x$ 与 $y$ 之间的关系，也就是 $x$ 与 $y$ 之间存在线性相关关系，其中临界值 $r_a$ 与测量数据的个数 $n$ 和显著性水平 $\beta$ 有关。

**【例 1-5-5】** 试验结果同【例 1-5-4】，试检验 $R_{28}$-$C/W$ 的相关性（取显著性水平 $\beta=0.05$）。

**解**：相关系数 $r=L_{xy}/\sqrt{L_{xx}L_{yy}}=0.9991$

由试验次数 $n=6$，显著性水平 $\beta=0.05$，查表 1-5-8，得相关系数临界值 $r_{0.05}=0.811$。

故 $r>r_{0.05}$，说明混凝土 28d 的抗压强度 $R_{28}$ 与灰水比（$C/W$）是线性相关的，而且【例 1-5-4】中所确定的直线回归方程是有意义的。

**相关系数检验表（$\gamma_\beta$）** 表 1-5-8

| $n-2$ | 显著性水平 $\beta$ | | $n-2$ | 显著性水平 $\beta$ | | $n-2$ | 显著性水平 $\beta$ | |
|---|---|---|---|---|---|---|---|---|
| | 0.01 | 0.05 | | 0.01 | 0.05 | | 0.01 | 0.05 |
| 1 | 1.000 | 0.997 | 15 | 0.606 | 0.482 | 29 | 0.456 | 0.355 |
| 2 | 0.990 | 0.950 | 16 | 0.590 | 0.468 | 30 | 0.449 | 0.349 |
| 3 | 0.959 | 0.878 | 17 | 0.575 | 0.456 | 35 | 0.418 | 0.325 |
| 4 | 0.917 | 0.811 | 18 | 0.561 | 0.444 | 40 | 0.393 | 0.304 |
| 5 | 0.874 | 0.754 | 19 | 0.549 | 0.433 | 45 | 0.372 | 0.288 |
| 6 | 0.834 | 0.707 | 20 | 0.537 | 0.423 | 50 | 0.354 | 0.273 |
| 7 | 0.798 | 0.666 | 21 | 0.526 | 0.413 | 60 | 0.325 | 0.250 |
| 8 | 0.765 | 0.632 | 22 | 0.515 | 0.404 | 70 | 0.302 | 0.232 |
| 9 | 0.735 | 0.602 | 23 | 0.505 | 0.396 | 80 | 0.283 | 0.217 |
| 10 | 0.708 | 0.576 | 24 | 0.496 | 0.388 | 90 | 0.267 | 0.205 |
| 11 | 0.684 | 0.553 | 25 | 0.487 | 0.381 | 100 | 0.254 | 0.195 |
| 12 | 0.661 | 0.532 | 26 | 0.478 | 0.374 | 200 | 0.181 | 0.138 |
| 13 | 0.641 | 0.514 | 27 | 0.470 | 0.367 | 300 | 0.148 | 0.113 |
| 14 | 0.623 | 0.497 | 28 | 0.463 | 0.361 | 400 | 0.128 | 0.098 |

# ●第三节 施工阶段质量监理●

## 一、城市地下管道工程质量监理

城市道路地下管线比较多，有给水、排水、煤气、暖气、电信、电缆等，城市道路施工首先要进行的就是地下综合管线的施工，包括放样、开挖、平整基底、浇筑基础、防腐处理、排管布线、接口处理、闭水试验、回填压实等过程。

根据各种管线的施工工艺不同，监理工程师对其质量应采用不同的控制方法。

**1. 给水管线工程质量监理**

(1)管材应有出厂质量保证书、试验报告，镀锌管应取样送检。

(2)给水管道沟槽尺寸、高程应符合规范、设计要求。

(3)给水管道基础符合设计要求，除天然地基外，还有砂基础、混凝土基础、桩基础、石灰基础等，监理工程师依据设计图纸和规范要求，对各种基础应进行检查验收，基础材料、配合比、压实度、高程、中线准确位置、基础宽度等均需验收。

**2. 排水管渠工程质量监理**

排水管渠埋于地下，是隐蔽工程，因此必须采用密实不渗水的材质和管道接口，应具有防腐蚀、抗冲刷能力，并要求排水管渠内壁光滑平整，严格控制渠底高程和坡度。

监理工程师在排水管渠施工之前，应复查承包人开工前的准备工作，审核承包人提交的施工方案、技术措施，要求承包人提交砂浆、混凝土配合比，复查承包人放线位置。

施工过程中应检查混凝土、砂浆强度，取样复试；检查排水渠沟尺寸、高程；检查管材安装质量等。

1)排水管渠工程监理工作程序及依据

(1)排水管渠工程监理工作程序见图1-5-8。

(2)监理依据

①建设监理合同。

②施工承包合同。

③设计文件及施工图纸。

④国家和地方颁布的有关安全、消防、环保和文明施工等方面的规定。

⑤市政排水管道工程施工及验收规范(DBJ 08—220—96)。

⑥国家有关的规范、标准和规定。

⑦施工组织设计。

⑧市政工程质量保证资料。

⑨经建设单位认可的监理规划及监理实施细则。

⑩市政工程监理资料表汇编。

2)排水管渠质量监理要点

(1)测量放样质量监理应注意事项

①复核检测临时水准点闭合差和导线方位角闭合差是否在允许范围之内。

②检查管渠中线及附属构筑物位置与沟槽长度，检查坡度板设置位置和高程是否准确，是否与另一水准点闭合。

③检测管道中心线的控制点、中心桩、中心钉高程；标示与管线上下有冲突的构筑物位置。

④检查接入原有管道或河道接头高程；检查挖槽边线、堆土界限和交通、排水等措施。

⑤检查沟槽中埋设坡度板是否准确。

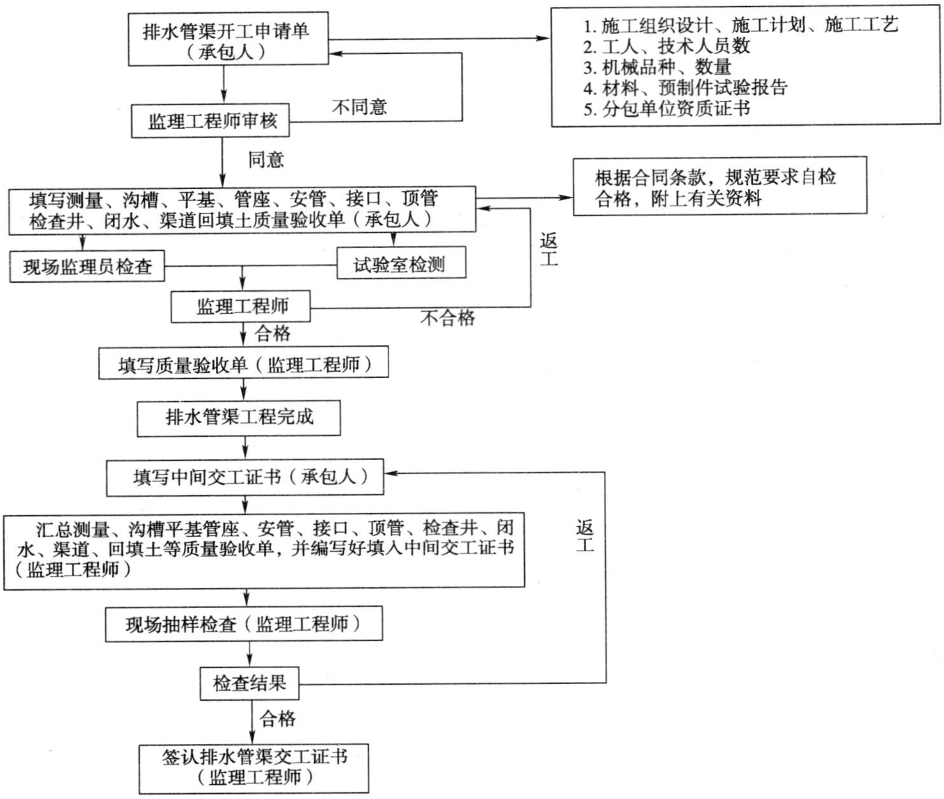


图 1-5-8　排水管渠工程质量监理流程

(2)排水管渠沟槽质量监理

①沟槽开挖前，应复核检查沟槽断面形式是否适用安全。

②施工过程中应检查中心线位置、沟槽宽度、高程，严防槽底土壤超挖或扰动破坏。

③机械挖槽时，应预留 20cm 的保护层，再用人工清理至底高程。

④当地下水位较高时，应采取降水措施，并在槽沟边加支撑，避免沟槽出现坍塌。

⑤由于出现超挖、槽底土被扰动、地质不均匀以及受冻、受雨水浸泡等因素，监理工程师应会同设计、业主、承包人共同商议处理方案，按规定及时办理变更手续。

⑥沟槽尺寸应符合设计要求，沟槽开挖完成后，承包单位应进行自检，并报监理工程师审核验收。

(3)排水管渠基础的质量监理

①管渠基础施工应有施工方案、操作规程、基础用材料配合比，对砂浆、混凝土应取样送检

复验，测抗压强度，承包单位在管渠基础开工之前，应将上述材料报监理工程师审核。监理工程师制订相应的监理细则与质量标准。

②管渠基础施工之前应认真检查沟槽质量，如果出现沟底超挖、槽底土扰动现象，严禁用土回填，此时，应用环刀法取土样，测地基承载力，对超挖部分应进行有效处理，做出设计变更。

③管渠基础混凝土强度应符合设计要求；监理工程师应旁站监理混凝土的浇注，监理承包人应振捣密实，避免出现蜂窝、麻面等问题。

④应控制管座中心位置、高程、宽度、厚度等相关数据，不符合设计要求的应纠正甚至返工。

**3. 排水管道安装质量监理**

对于排水管道安装承包人应做好充分的准备工作，对于下管方案、安全措施、质量标准等均应有完整的资料，并报监理工程师审核，批准后方可开工。

1）排水管道安装准备阶段质量监理

(1)审查承包人下管安全措施，下管必须注意安全第一、操作方便。依据下管（人工法、吊车法）方式的不同，操作熟练程度的不同，管材质量、长度的不同，施工环境的不同，确定安全施工技术方案。

(2)下管前应对沟槽进行检查，清理杂物，沟槽尺寸应符合设计要求，沟底土无松动现象，沟槽无水浸泡现象，槽帮无开裂、坍塌现象。

(3)检查水管材质、管长、壁厚、管子圆度是否符合要求，是否管身无裂缝、混凝土管无露筋、管口无残缺、混凝土无蜂窝及空洞现象。

(4)检查现场是否达到下管要求，起重机行走路线是否满足安全操作规程，绑套管的绳索是否满足要求。

2）排水管道安装阶段质量监理

(1)控制安装中心线位置，避免出现接口错接。

(2)安装坡度板控制管道高程。

(3)在平基或垫层上稳管，应用混凝土预制块或干净石子将两侧卡牢，防止移动，若在土基上稳管，应铺砂垫层。

(4)管道安装必须牢固，管底不得出现倒坡，管口安装间隙应均匀，不得有错口，管内不能有杂物。

(5)下管应平稳，避免碰撞，防止安全事故。

3）排水管道接口处理

排水管道接口应用砂浆抹带，其砂浆应有符合设计要求的抗压强度，施工前，承包人应交验配合比，监理工程师根据要求监督承包人按操作规程进行分层抹带接口施工。第一层抹在管缝中，厚度为带厚的1/3，应压实粘牢，表面划毛，初凝后抹第二层砂浆，压实、压光；抹管道接口表面应平整，不得有间断、裂缝、空鼓和脱落现象，接口缝隙严禁用杂物填充。

4）排水管道闭水试验

排水管道施工完毕，承包人应申报进行闭水试验，提交闭水试验方案，监理工程师根据闭水试验的准备工作，审批承包人闭水试验申请，并制订相应的监理细则和质量标准。

(1)根据闭水30min渗水量大小确定试验管段是否合格。

(2)闭水试验前,应检查试验管段灌水浸泡后有无渗漏。

(3)试验管段浸泡24h后进行闭水试验。

(4)闭水试验的水位应在试验管段上游管内顶以上2cm。

(5)对渗水量测定时间不少于30min,不同管径对渗水量的允许值不同,分别测定。

(6)渗水量合格应由监理工程师签字认可。

5)排水沟槽回填

排水沟槽回填土对于不同部位有不同要求,回填土既要保证管道安全,又要考虑上部承受荷载,回填后上部修路应安全通行。为此,沟槽回填分三个部分(胸腔、管顶以上500mm、管顶500mm以上)进行。

(1)要求承包人申报三个部分的(胸腔、管顶以上500mm、管顶500mm以上)回填土方案,对压实要求、最佳含水量、最大干密度和松铺厚度均应表述清楚。

(2)回填土的最佳含水量与相应的最大干密度是衡量回填土质量的依据,监理工程师应予以监测。

(3)回填松铺厚度控制,一般厚度为300mm,同时控制夯具和碾压遍数,要求质量达到规范要求。

(4)控制压实度,一般胸腔部分大于90%,管顶以上500mm部分大于85%,管顶500mm以上的部分根据上部路面等级、沟槽厚度不同,一般应在85%~98%之间。

(5)压实度检测用环刀法,回填土沿沟渠每两个井之间,每一层取3点为一组。

(6)沟槽回填完毕,承包人应向监理工程师申报验收。当试验资料、施工工艺、外观质量均合格,监理工程师签署中间交工证书。

## 二、路基工程质量监理

路基是城市道路结构层的重要组成部分,路基工程不仅线路长、工程量大,影响因素复杂,而且是路面的基础,没有稳固的路基就没有稳固的路面。因此,除其断面尺寸应符合要求外,路基还应具有足够的整体稳定性、足够的强度、足够的水温稳定性等。

**1.路基施工准备阶段施工测量的监理**

(1)施工准备阶段监理工程师应熟悉设计图纸和承包合同。合同承包人和勘察设计单位在现场交接水准点、高程控制桩,监理工程师检查承包人对水准点和高程的复测以及控制桩的确定,并要求承包人对控制桩进行有效保护,直到工程竣工验收。

(2)监理工程师应对设计单位或业主提供的交桩资料进行校核,确定定位线、水准点准确无误。

(3)监理工程师对承包单位测量放线资料应进行审核,发现错误及时纠正,合格给予书面认可。

(4)监理工程师应组织技术交底,在开工前承包人对设计施工图上的问题或不明白的地方应在交底时解决,避免开工后发现问题造成损失。

(5)检查路中心桩布置,位置准确、间距符合规范要求(直线段桩距15~20m,曲线段桩距10m)。

**2. 表土清理与压实的监理工作**

路基填方施工前，原地面表层的清理与压实的工序流程，以及质量监理工作项目如图 1-5-9 所示。

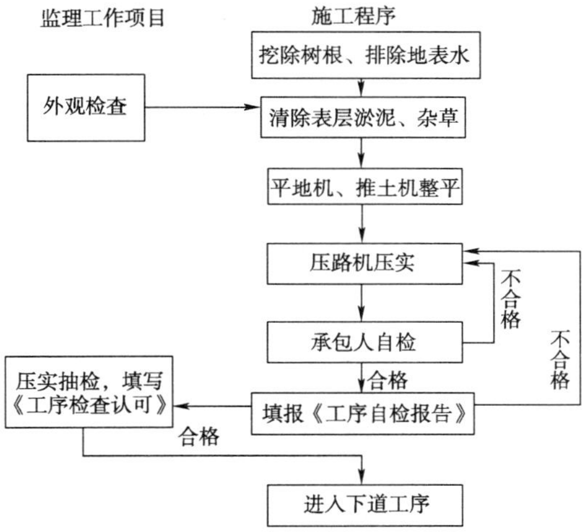


图 1-5-9 表土清理压实工序示意图

在路基施工范围内的树根或有树根的表层土必须挖出，且应掘至自然地面以下 50cm；对路堤填高小于 80cm 的路段，其挖掘深度应达到 100cm；挖方及高填方路段的表土、草皮，应挖除至自然地面以下 20cm；建筑物或其他障碍物的地下部分，应掘除到设计图或监理工程师指示的深度；对含有地表水、淤泥、杂草、垃圾、腐殖土等的路基地基，应进行排除清理；对膨胀土、污染土、软土地基，则要进行特殊处理。挖出的不带树根的表土，应搬运到由承包人提供且经监理工程师同意的贮料堆存放。

为使路基土方能均匀压实，无论是旧路基或新铺平的地面，均要进行碾压。城市主干道、高速公路、一级公路和二级公路路堤基底的压实度不小于 85%；当路堤填土高度小于路床厚度（80cm）时，基地的压实度不宜小于路床的压实度标准。铺填表面，应先使用平地机或推土机将原地面推平，平整度误差不应超过 5cm，再进行碾压，并达到压实度标准。对零填方路段及土质较差的路段，应将地面表土挖除一层（厚约 30cm），换土填筑后碾压，其压实度应达到 90%。

当原地面横坡较陡，为 1:5～1:2.5 时，应将原地面挖成宽度不小于 1m 的台阶形；当原地面横坡陡于 1:2.5 时，则应按特殊路基处理。

**3. 挖方路基施工与质量控制**

挖方路基施工的工序流程及监理工作内容如图 1-5-10。

挖方路基的质量监理应注意以下几个方面：

1）准备工作

核实挖方工程量及挖方调运线路图，做好堑顶截、排水设施，并视土质情况做好防渗工作。在整个施工过程中保持开挖面排水通畅。

2）开挖方式

（1）路堑短而浅，可采用全断面开挖法，从两端向中间掘进。路堑较深时，可采用分层台阶式开挖，上层在前，下层随后。

（2）路堑较长，可采用分段开挖法，即两端为纵向出土，路堑中部选择适宜地点挖穿堑壁，使路堑分为两段或数段，各段再纵向开挖，采用横向出土。

（3）拟设挡土墙的路堑，可考虑采用纵向分段挖法，以便同时分段修筑挡土墙。

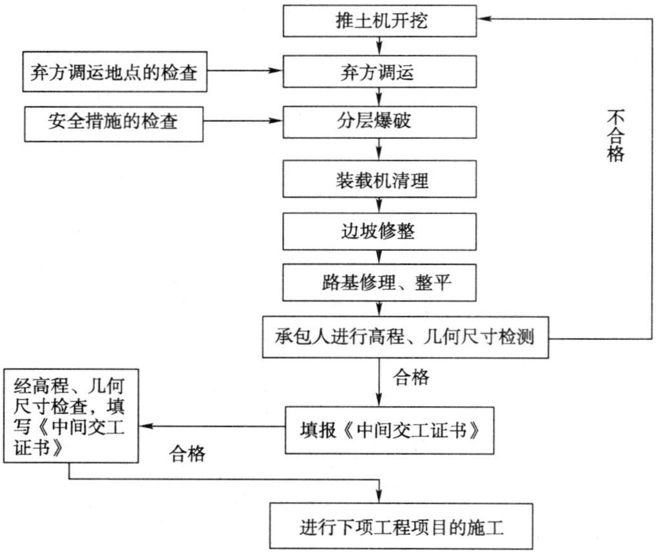


图 1-5-10　挖方路基施工工序及监理工作流程示意图

3）开挖规定

（1）开挖边坡面应平顺，不应有明显的凸出部分，岩石边坡不应有浮石、渣堆，出现坑穴凹槽应及时修补。

（2）所有道路上的边坡、边沟的断面尺寸、坡度大小均应符合要求。边沟底纵坡与路线纵坡应一致，并不小于0.3%。边坡坡度准确、平整、密实，特别是不应有翻松的材料。

（3）拟设防护工程的边坡，当防护工程不能紧跟开挖施工时，应留下一定厚度的保护层，待防护工程施工时再刷坡挖足。

（4）路堑开挖，如遇土质变化需修改施工方案及边坡坡度时，应及时报批。

（5）开挖中应尽量避免超挖，超挖数量不仅不计量支付，而且如果发生超挖，承包人应自费采用监理工程师批准的材料回填压实。

（6）路堑路床的表层下为有机土、难以晾晒与压实的土或 CBR 值较低的土壤不宜作路床用土时，均应清除后用质量符合规定的土换填。

4）弃方处理

（1）路基弃方包括：路堑开挖中挖出的未被利用的剩余材料，清理表土和清理场地的杂物和废料，以及不适合作路堤填料的材料。上述弃方应送到设计图纸指示或承包人提供的，并经监理工程师同意的地点堆放。

（2）承包人在弃土堆放时，应防止对周围的灌溉渠道和天然水流的污染和淤塞。任何因弃土而污染水源和淤塞水道所造成的损失，均应由承包人自行负责进行补救处理。

**4. 路堤填筑施工与质量控制**

填方铺筑压实工序的流程及监理工作内容见图 1-5-11 所示。

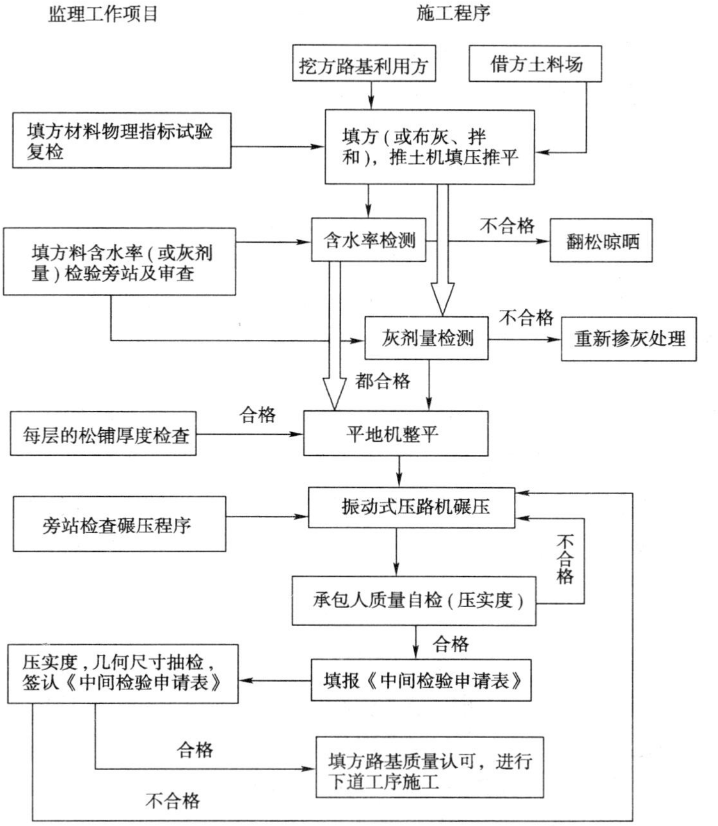


图 1-5-11 填方铺筑压实工序流程示意图

路基在进行填筑压实前,应对填方材料进行颗粒分析,进行塑限、液限、有机质含量及标准击实试验等试验,并将试验结果报监理工程师审批。另外,还应对用于填方的各种主要填料进行试验路段的铺筑压实试验。

承包人在路基填方开工前 28d,应遵照监理工程师指示,结合现场实际情况,选择面积为 $1000m^2$ 的试验场地进行试验路段的施工。试验路段施工时,监理工程师应加强旁站检查,并应记录压实设备的类型、型号及其最佳组合方式,填筑材料每层的松铺厚度,材料的含水率,填筑碾压工序,碾压遍数及碾压速度等。试验结果经监理工程师批准后,即成为一套标准的施工方法,可作为该种填料施工时的依据。

要控制好路基压实质量,首先应充分认识影响压实的各种因素,然后根据现场实际情况采取各种技术措施,充分发挥现场压实机械的工作效率,使所施工的路基达到压实标准的要求。为此,监理工程师在施工过程中进行质量监理时,应注意以下几点:

1)确定不同种类填土最大干密度和最佳含水率

用于填筑路基的沿线土石材料,其性质往往有较大变化。在路基填筑施工之前,必须对主要取土场采集代表性土样,进行土工试验,用规定方法求得各个土场土样的最大干密度和最佳含水率，以便指导路基土的压实施工。

2）检查控制填土含水率

含水率是影响压实效果的主要因素，填土含水率接近于最佳含水率时碾压，压实效果最好。试验表明，当采用12～15t光轮压路机碾压时，现场土含水率略小于最佳含水率，容易达到较高的压实度。天然土常接近最佳含水率，因此填土后应随即压实。天然土表层常比较干燥，宜在取土前一天在取土坑表层浇洒适当水量。填土含水率过大时，应将土摊开晾晒至需要的含水率时再碾压。

3）分层填筑，分层碾压

填料的松铺厚度是影响效果的重要因素之一，当填土厚度大时，其深部不能获得要求的密实度。因此，路堤填方的填料应分层平行摊铺，每层的松铺厚度可根据现场压实试验确定，一般情况下，最大松铺厚度不大于30cm，最小松铺厚度不得小于10cm。

4）全宽填筑，全宽碾压

以往的施工实践表明，填筑路基时，从基底开始在路基范围内分层向上填土和碾压，并从下至上予以充分的压实，特别注意边坡部分的压实，而每层填料的宽度，均应超出路堤的设计宽度约30～50cm，方能保证全深度范围的路基压实质量，若不注意全宽碾压，只碾压路基中部而不严格碾压边部路基，当路堤填筑到一定高度时，均出现程度不同的纵向裂缝，严重的还会使路面出现纵向裂缝。

5）加强测试检验及压实控制

填筑路基时，应分层碾压、分层检查压实度，并要求每一土层压实度达到要求后方能填筑上一层填土。只有分层控制填土的压实度，才能保证全深度范围的路基压实质量。

对路基压实质量的检验和评定，应参照相关规定和标准进行。按部颁《公路工程质量检验评定标准》（土建工程）（JTG F80/1—2004）中规定：路基压实度以1～3km长的路段为检验评定单元，检查频率为每2000$m^2$每压实层不少于4处，其压实度可按下式计算：

$$K=\overline{K}-S\cdot t_\alpha/\sqrt{n}\geqslant K_0 \tag{1-5-17}$$

式中：$\overline{K}$——检验评定段内各测点压实度的平均值；

$t_\alpha/\sqrt{n}$——分布表中随测点数和保证率（或直信度$\alpha$）而变化的系数，可查$t$分布表，高速、一级公路的保证率为95%，其他公路保证率为90%；

$S$——检测值的均方差；

$n$——检测点数；

$K_0$——压实度标准值。

当$K\geqslant K_0$，且单点压实度值$K_i$全部大于等于标准值减2个百分点时，评定段压实度合格，可得规定满分。

当$K\geqslant K_0$，且单点压实度值$K_i$全部大于等于规定极值（一般为标准值减5个百分点）时，对于测定值低于标准值减2个百分点的测点，按其占检查点数的百分率计算扣分值。

当$K<K_0$，或某一单点压实度$K_i$小于规定极值时，则评定段压实度不合格。

6）土质路床顶面压实完成后应进行弯沉检验

检验汽车的轮重（或轴重）及弯沉允许值按照设计规定执行。检验频率应为每一幅双车道每50m测4点,左、右两后轮下各一点。路床顶面的检测弯沉值在考虑季节影响之后应符合设计要求。

**5. 公路路基实测项目及标准**(表1-5-9)

按照《公路工程质量检验评定标准》(土建工程)(JTG F80/1—2004)公路路基实测项目及标准见表1-5-9。

**土方路基实测项目** 表1-5-9

| 项次 | 检查项目 | | | 规定值或允许偏差 | | | 检查方法和频率 | 权值 |
|---|---|---|---|---|---|---|---|---|
| | | | | 高速公路<br>一级公路 | 其他公路 | | | |
| | | | | | 二级公路 | 三、四级公路 | | |
| 1 | 压实度(%) | 零填及挖方(m) | 0~0.30 | — | — | 94 | 按附录B检查<br>密度法:每200m每压实层测4处。 | 3 |
| | | | 0~0.80 | ≥96 | ≥95 | — | | |
| | | 填方(m) | 0~0.80 | ≥96 | ≥95 | ≥94 | | |
| | | | 0.80~1.50 | ≥94 | ≥94 | ≥93 | | |
| | | | >1.50 | ≥93 | ≥92 | ≥90 | | |
| 2 | 弯沉(0.01mm) | | | 不大于设计要求值 | | | 按附录I检查 | 3 |
| 3 | 纵断高程(mm) | | | +10、-15 | +10、-20 | | 水准仪:每200m测4断面 | 2 |
| 4 | 中线偏位(mm) | | | 50 | 100 | | 经纬仪:每200测4点、弯道加HY、YH两点 | 2 |
| 5 | 宽度(mm) | | | 符合设计要求 | | | 米尺:每200m测4处 | 2 |
| 6 | 平整度(mm) | | | 15 | 20 | | 3m直尺:每200m测2处×10尺 | 2 |
| 7 | 横坡(%) | | | ±0.3 | ±0.5 | | 水准仪:每200m测4个断面 | 1 |
| 8 | 边坡 | | | 符合设计要求 | | | 尺量:每200m测4处 | 1 |

注:①压实度检查深度从路床顶面算起。

②采用核子仪检验压实度时应进行标定试验,以确认其可靠性。

③表列压实度以重型击实试验法为准,评定路段内的下置信界限不得小于规定标准,单个测定值不得小于极值(表列规定值减5个百分点)。小于表列2~5个百分点的测点,按其数量占总检查点的百分率计算扣分值。

④特殊干旱、特殊潮湿地区或过湿土,以及铺筑中、低级路面的三、四级公路路基,应按交通部颁发的路基设计、施工规范所规定的击实方法及压实度标准进行评定。

⑤表列检查频率为双车道公路每一检查段内的最低检查频率;当为多车道公路时,其检查频率必须按其车道数与车道之比,相应增加检查数量。

## 三、路面基层(底基层)施工质量监理

底基层和基层可分为粒料类和无机结合料稳定类。无机结合料稳定类基层又称半刚性基层,具有强度高,水稳定性、板体性好的特点。本节主要介绍无机结合料稳定类底基层、基层的施工质量监理。

**1. 基层(底基层)施工准备阶段质量监理**

基层(底基层)施工前,监理工程师应检查审核如下内容:

1)施工机械设备的检查

主要指拌和设备、摊铺设备、压实机械等施工机械设备的数量、型号,使用状况是否符合合同规定的要求,是否能满足正常施工的需要,以及施工质量是否能保证。

2)路用原材料的质量检验

主要是对承包人申报的材料试验报告进行审核和抽检。包括:天然级配料和自采料的物理力学指标之测定结果;外购材料的物理化学指标的测定结果;各类原材料的质量检查结果是

否符合规范要求。

3)混合料配合比设计试验报告的审核

检查原材料的试验结果及混合料的重型击实试验、承载比、抗压强度的试验结果。

4)保证拌和质量的检查

混合料拌和场位置、拌和设备及运输车辆是否能保证连续施工拌和的质量。

5)试验路段施工与总结报告的审核

正式开工前至少一个月,承包人应自费在监理工程师批准的地点试铺一段面积为 400 ~ 800$m^2$ 的试验路段。若经监理工程师检验合格,可作为主体工程的一部分。

承包人应给监理工程师提供用于试验路段的原材料和混合料的组成设计,以及备料、拌和、运输、摊铺、碾压、养生机械设备一览表和施工程序与工艺操作计划等详细书面说明,以便审批。

修筑试验路段的目的是:检验承包人在拌和、运输、摊铺、碾压、养生等工序中所计划投入使用的机械设备的可靠性;检验混合料的组成设计是否符合质量要求;检验各道工序的质量控制措施是否适当;提出用于大面积施工的材料配合比和松铺系数;确定每一作业段的合适长度和一次铺筑的合理厚度;提出标准的施工方法。

通过试验路段的修筑,需提交正式施工的技术参数有:

(1)用于正式施工的基层材料配合比。

(2)确定混合料的松铺系数。

(3)确定水泥稳定类材料施工允许延迟的时间。

(4)确定标准的施工方法。

(5)确定一次铺筑的合适厚度。

(6)确定每一作业段的合适长度。

6)签发《路面底基层和基层开工通知单》。

**2. 基层(底基层)施工阶段监理工作内容**

基层和底基层施工内容包括:几何尺寸的施工放样,混合料的拌和,摊铺碾压成型,初期养护,开放交通。监理工作要点如下:

1)拌和与运输

(1)水泥稳定混合料或二灰稳定混合料的拌和应用厂拌法。

(2)厂拌的设备及布置位置应在拌和以前提交监理工程师并取得批准。水泥、石灰、粉煤灰与集料应准确过秤,按质量比例掺配,并以质量比加水。拌和时加水时间及加水量应有记录,以提交监理工程师检验。

(3)当进行拌和操作时,稳定料加入方式应能保证自始至终均匀分布于被稳定材料中。

(4)当拌和厂离摊铺现场距离较远,混合料在运输中应加覆盖以防水分蒸发,并保证装载高度均匀以防离析。应控制好卸料速度、数量与摊铺厚度及宽度。拌和好的混合料要尽快摊铺。

2)摊铺现场的检查

检查松铺厚度、碾压方法、碾压遍数、高程、混合料的含水率等是否符合要求。

(1)摊铺必须采用监理工程师批准的机械进行,使混合料按要求的松铺厚度均匀地摊铺在要求的宽度上;摊铺时混合料的含水率宜高于最佳含水率1% ~2%,以补偿摊铺及碾压过程中的水分损失;当压实厚度超过20cm时,应分层摊铺,在下层压实后再摊铺上层。

(2)混合料经摊铺和整型后,应立即在全宽范围内进行碾压。直线段由两侧向中心碾压,超高段由内侧向外侧碾压。每道碾压应与上道碾压相重叠,使每层整个厚度和宽度完全均匀地压实到规定的密实度为止。压实后表面应平整无轮迹或隆起,且断面正确,路拱符合要求。

(3)碾压过程中,混合料的表面应始终保持潮湿。如发现水分蒸发得快,应及时补洒少量的水。

(4)严禁压路机在已完成的或正在碾压的路段上"掉头"和紧急制动,以保证结构层表面不受破坏。

(5)施工中,从加水拌和到碾压终了的延迟时间不应超过规定。

(6)无机结合料稳定类结构层,应按"宁高勿低"和"宁刮勿补"的原则施工,严禁用薄层贴补的办法进行找平。

3)质量检验

监理工程师应检查承包人是否按合同与规范要求项目、频度进行质量自检。无机结合料类基层、底基层的需测项目,包括含水率、级配、拌和均匀性、压实度、塑性指数、承载比、弯沉值。

4)养生检查

压实度检验合格后,督促施工单位转入养生阶段,要求基层表面始终保持湿润状态,养生期内,禁止料车在其上行驶。

无机结合料稳定类结构,应保湿养生,不应时干时湿。养生期不应少于7d。养生方法可视具体情况采用洒水,或采用沥青乳液等。养生期间应封闭交通。

施工过程中应注意:无机结合料稳定土结构层应在春末或夏季组织施工。施工期的最低气温应在5℃以上,并应在第1次重冰冻(-3~-5℃)到来之前一定时间之内完成(水泥稳定土为半个月至一个月,石灰稳定土为一个月至一个半月)。多雨地区,应避免在雨季进行石灰土结构的施工。

**3. 质量监理工作流程**

监理工程师的具体工作内容及流程见图1-5-12 。

## 四、沥青路面施工质量监理

沥青面层是位于路面基层上最重要的结构层,它直接承受车轮荷载和大气自然因素的作用,因此必须具备平整、坚实、耐久及抗车辙、抗裂、抗滑、抗水害等多方面的综合性能。沥青路面施工难度大,技术含量高,路面面层施工技术方案复杂,因而在面层施工中必须严格要求,层层把关,对施工工艺进一步优化,将沥青路面面层施工质量提高到新水平。

**1. 施工准备阶段监理工作内容**

1)施工监理准备

(1)组织监理人员全面熟悉设计文件、图纸和合同文件,并对现场进行复查。

(2)督促承包人建立完整的质量保证体系,并检查审批承包人主要人员的资格。

(3)审核设计图表资料、复测定线,并会同设计代表向承包人进行技术交底。

(4)审核承包人的施工组织设计。

2)审批原材料

对照技术规范的要求,对承包人报送的各类原材料进行复核试验,根据结果和实际考察情况进行审批。

考察包括料源实地考察、料场加工方式、材料运输方式、承包人贮料场堆放及覆盖处理方式,严禁不同料源、不同规格材料混放,导致混合使用。

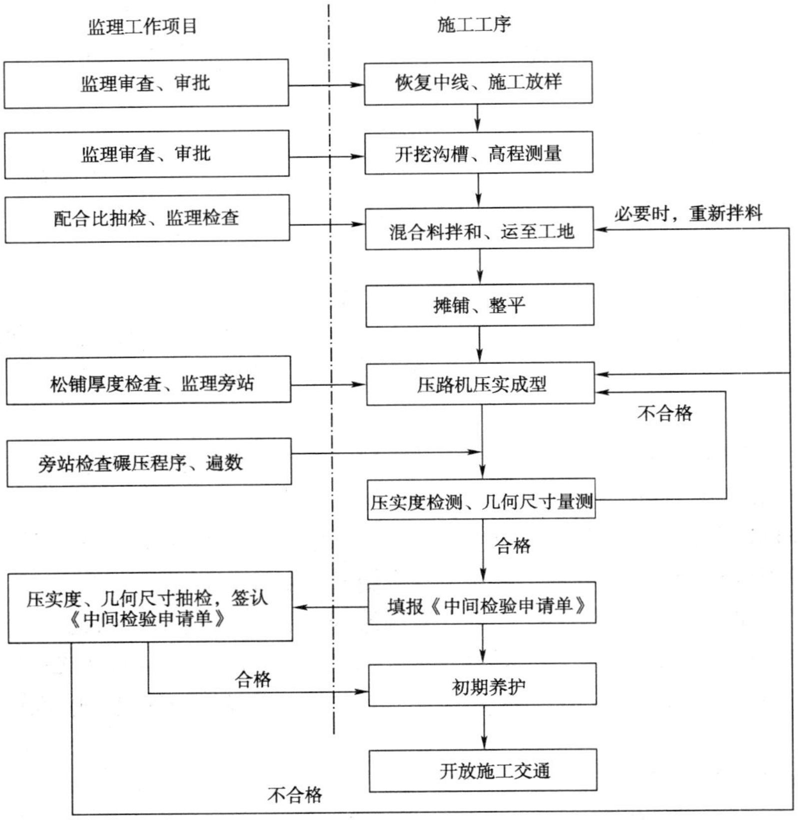


图 1-5-12　路面基层、底基层施工程序及监理工作项目

3)沥青混合料组成设计的审批

沥青混合料组成设计,即选择合格的材料,确定各种粒径矿料和沥青的配合比。承包人应向监理工程师提交沥青混合料组成设计报告,以便审批。为了获得满足规范标准、适应路用性能要求而且经济的沥青混合料,监理工程师应主要控制矿料配合比设计和沥青最佳用量,并通过试验进行验证。

4)施工机械、设备的检查

检查设计数量、使用性能、调试标定情况。承包人投入的施工机械设备的规格性能、数量、完好率和维修能力必须满足工程的计划工期、工程质量和连续施工作业的需要。

5)施工放样及基层检查

沥青路面开工前,承包人进行高程和平面控制测量放样,监理工程师对承包人自检报告进行复核、审批。

要求承包人对基层进行检查。基层表面应干燥、清洁和无任何松散的石料、灰尘和杂质。对粘在路面上和不能用扫帚清除的杂质,应用其他方法清除;被油料严重沾污的地方,应用有效的方法将油污清除;对某些表面凹洼,且深度大于铺筑沥青表面允许误差2倍的地方,须先填补沥青混凝土,并在主层铺筑前将其予以压实,且应达到现有表层的高程。

6)试验路段铺筑的检查

在主体工程开工前14d,承包人在监理工程师批准的地点,在严格的旁站监督下,铺筑一段100~200m的试验路段。

铺筑试验路段的目的是为了证实混合料的稳定性以及拌和、摊铺、压实设备的效率和施工方法、施工组织的适应性。沥青混合料摊铺、压实12h以后,应对其厚度、密实度、沥青含量及矿料级配及其他试验项目进行抽样试验,并且抽样试验频率应满足规范要求。

试验路段完成后,承包人应写出书面报告,报请监理工程师审批。经监理工程师批准的试验路段应成为比较的标准,正式工程应按此进行施工。如试验路段未能取得监理工程师的批准,承包人应破碎清除该试验路段,重新铺筑试验路段,并承担其费用。

**2.施工阶段质量监理**

1)沥青面层施工阶段监理工作内容

其具体内容,见图1-5-13。

2)沥青表面处治施工质量控制要点

(1)在新建或改建旧路的表层进行表面处治时,应将表面的泥沙及一切杂物清除干净,底层必须在坚实、稳定、平整、保持干燥的情况下才可施工。

(2)沥青材料的各项指标、质量规格及用量应符合有关规范,各层用量可根据施工气温、沥青标号、基层情况,在总用量不变的情况下作适当调整;沥青表处所采用的石料,其最大粒径可与处治层厚度相等,最大与最小粒径之比应小于2,符合要求规格的颗粒含量不得小于80%,石料的质量应符合设计要求和施工规范的规定。

(3)施工宜在干燥和较为炎热的季节进行,并宜在日最低气温低于15℃到来之前半个月进行;若在雨季施工,应随时注意天气预报,当雨天气温下降到5℃时应立即停止摊铺(除非监理工程师另有指示),且在气温未升到5℃以上之前,不得重新开始摊铺;下雨时,拌制摊铺应停止,雨后必须待矿料和基层晾干后方可继续施工;当气温下降到15℃以下时,要特别注意控制运输和碾压温度。

(4)沥青撒布应均匀,无露白,且不得污染其他构筑物;嵌缝料必须趁热撒铺,撒布均匀,不得有重叠现象,并应压实平整。

(5)各个工序必须紧密衔接,不得脱节,每天的施工路段必须当天完成。

(6)加强初期交通控制,重视初期养护。

3)沥青混凝土面层和沥青碎(砾)石面层施工质量控制要点

监理工程师应检查厂拌法沥青混合料和沥青碎石路面的施工中的沥青混合料的拌制、运输和现场铺筑三个阶段。

(1)沥青混合料的拌制质量控制　对间歇式或连续式两种沥青混合料的拌制设备,由于间歇式的拌制质量较好,工厂集中拌制沥青混合料多采用间歇式拌和设备进行拌和。在制备沥青混合料时，应严格控制各种矿料和沥青用量及其加热温度；拌和后的沥青混合料应均匀一致，无花白，无粗细料分离（离析）和结团成块现象；在整个拌制过程中，每日应做抽提试验（包括马歇尔稳定度试验），此外，主要还应检查各原材料称量设备及混合料的出料温度和油石比。

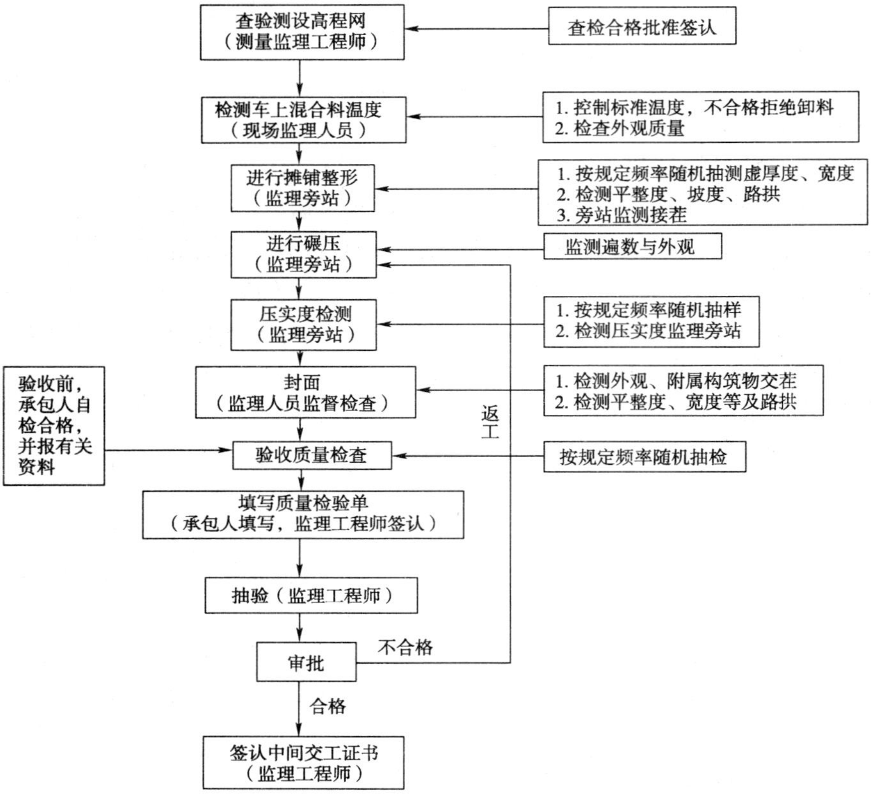


图 1-5-13　沥青混凝土面层质量监理程序

（2）控制施工接缝的质量　应严格控制施工单位的铺筑模式，并要求施工单位的路面纵、横向两种接缝都保持在最小数量。

纵向接缝应该是连续和平行的，缝边垂直并形成直线。两条摊铺带的相接处必须有一部分搭接，当采用冷接茬法施工时，其搭接宽度约为 3 ~ 5cm；采用热接茬法施工时，毗邻摊铺带的搭接宽度约为 2 ~ 5cm。与横坡变坡线的重合部分，应在 15cm 以内，与下层的接缝应至少错位 15cm，且位于通行车辆轮辙之外。

当由于工作中断，摊铺混合料的末端已经冷却，或者在第二天恢复工作时，就应做成一道与铺筑方向大致呈直角的横向接缝。横向接缝在相连的层次和相邻的行程间距应至少错开 1m。

（3）控制现场摊铺碾压的质量　检查施工单位混合料摊铺是否均匀，特别要掌握好松铺厚度，注意路面的平整度和路拱。松铺系数应根据混合料类型由试铺试压确定。摊铺过程中，随时检查摊铺厚度和路拱、横坡。

注意控制摊铺温度,沥青混合料的摊铺温度应通过试验确定,随沥青的标号、气温的不同进行调节。正常施工,摊铺温度不低于110～130℃,但不得超过165℃。

碾压要自路边压向路中,曲线段自内侧压向外侧。在纵坡段碾压,无论是上坡或下坡,均应让从动轮始终朝着摊铺方向。压实程序可按初压、复压、终压三道工序进行,初压的目的是整平和稳定混合料,并为复压创造有利条件。初压机械可采用6～8t双钢轮压路机或6～10t振动式压路机(关闭振动装置),在110～130℃料温下碾压两遍。复压紧接着初压进行,其目的是使混合料密实、稳定、成型。复压可采用10～12t三轮压路机或10t振动式压路机,在料温90～110℃时碾压4～6遍,无明显轮迹和稳定为止。最后进行终压,其目的是消除轮迹,形成平整的压实面。终压宜用6～8t振动式压路机(关闭振动装置)在料温70～90℃时进行,碾压2～4遍即可。

特别要掌握好混合料的摊铺与碾压温度以及碾压速度,出现推移、横向细纹时应及时纠正。初压后,应检查平整度、路拱,有严重缺陷时进行修整乃至返工。

(4)其他检查内容

①沥青混合料的分层压实厚度不得大于10cm。

②当高速公路、一级公路和城市快速路、主干路施工气温低于10℃,其他等级道路施工气温低于5℃时,不应摊铺热拌沥青混合料。当需要摊铺时,应采取以下措施:提高混合料拌和温度,使其符合低温施工温度要求;运料车必须采取覆盖等保温措施;应采用高密实度的摊铺机,熨平板应加热;摊铺后紧接着碾压,缩短碾压长度。

③雨季施工,运料车和工地应备有防雨设施,当遇雨或下层潮湿时,不得摊铺沥青混合料。对未经压实即遭雨淋的沥青混合料,应全部清除,更换新料。

4)施工过程中的质量检验项目

(1)沥青及各种矿料的质量检验项目,其内容见表1-5-10。

**沥青及各种矿料的质量检验** 表1-5-10

| | | |
|---|---|---|
| 沥青 | 施工前 | 按技术标准对沥青材料的各项指标进行试验 |
| 沥青 | 施工中 | 抽样检查针入度、软化点、延度 |
| 石料 | | 抗压强度、磨耗率、压碎率、级配组成、相对密度、含水率、吸水率、土及杂质含量与沥青黏结力、松方重度 |
| 砂及石屑 | | 相对密度、级配组成、含水率、含土量 |
| 矿粉 | | 相对密度、含水率、筛析试验 |

(2)施工过程中,应对沥青混凝土混合料的性能作随机抽样检查。检查项目包括:马歇尔稳定度、流值、空隙率、饱和率、沥青抽提试验(每个工作日)、抽提后的矿料级配组成等。

(3)沥青路面密实度,常钻取芯样检测。芯样直径$\phi$100～150mm,采用通层取芯,然后测其毛密度。毛密度与混合料马歇尔稳定度试拌平均密度之比,即为压实度(%);当用核子密度仪检测密实度时,应先与钻芯法做逐层对比试验,找出其中相关性后,方可单独使用。

(4)沥青混合料施工质量检查,可按表1-5-11进行。

### 3. 质量检验项目与评定

沥青混凝土面层和沥青碎石面层实测项目，应参照相关规范规定和标准进行检验。按照《公路工程质量检验评定标准》（土建工程）（JTG F80/1—2004），将实测项目列于表1-5-12 。

**沥青路面施工质量检查标准** 表1-5-11

| 检　查　项　目 | | | 允许偏差 | 检查点数 | 合格标准 |
|---|---|---|---|---|---|
| 沥青用量 | 沥青混凝土，沥青碎石 | 油石比 | 一般：±0.5%<br>高等级：±0.3% | 2～3 | 同单个测定值 |
| | 贯入式、表面处治 | 总用量（质量） | ±5% | | |
| 压实度（AC、AM） | | | 不小于95% | 2～3 | 同单个测定值 |
| 级配组成（AC、AM） | | | 规定级配范围以内 | 2～3 | 同单个测定值 |

**沥青混凝土面层和沥青碎石面层实测项目** 表1-5-12

| 项次 | 检查项目 | | 规定值或允许偏差 | | 检查方法和频率 | 权值 |
|---|---|---|---|---|---|---|
| | | | 高速公路、一级公路 | 其他公路 | | |
| 1 | 压实度（%） | | 试验室标准密度的96%（·98%）；<br>最大理论密度的92%（·94%）；<br>试验段密度的98%（·99%） | | 按规范附录B检查，每200m测1处 | 3 |
| 2 | 平整度 | $\sigma$(mm) | 1.2 | 2.5 | 平整度仪：全线每车道连续检测，按每100m计算$\sigma$、*IRI* | 2 |
| | | *IRI*(m/km) | 2.0 | 4.2 | | |
| | | 最大间隙$h$(mm) | — | 5 | 3m直尺：每200m测2处×10尺 | |
| 3 | 弯沉值（0.01mm） | | 符合设计要求 | | 按规范附录I检查 | 2 |
| 4 | 渗水系数 | | SMA路面200mL/min；其他沥青混凝土路面300mL/min | — | 渗水试验仪：每200m测1处 | 2 |
| 5 | 抗滑 | 摩擦系数 | 符合设计要求 | — | 摆式仪：每200m测1处；<br>横向力系数测定车：全线连续，按规范附录K检查 | 2 |
| | | 构造深度 | | | 铺砂法：每200m测1处 | |
| 6 | 厚度（mm） | 代表值 | 总厚度：设计值的-5%；<br>上面层：设计值的-10% | -8%$H$ | 按规范附录H检查，双车道每200m测1处 | 3 |
| | | 极值 | 总厚度：设计值的-10%；<br>上面层：设计值的-20% | -15%$H$ | | |
| 7 | 中线平面偏位（mm） | | 20 | 30 | 经纬仪：每200m测4点 | 1 |
| 8 | 纵段高程（mm） | | ±15 | ±20 | 水准仪：每200m测4断面 | 1 |
| 9 | 宽度（mm） | 有侧石 | ±20 | ±30 | 尺量：每200m测4断面 | 1 |
| | | 无侧石 | 不小于设计值 | | | |
| 10 | 横坡（%） | | ±0.3 | ±0.5 | 水准仪：每200m测4处 | 1 |

注：①表内压实度可选用其中的1个或2个标准评定，选用两个标准时，以合格率低的作为评定结果。带“·”号者是指SMA路面，其他为普通沥青混凝土路面。

②表列厚度仅规定负允许偏差，$H$为总厚度（mm）。

③表中$\sigma$为平整度仪测定的标准偏差；*IRI*为国际平整度指数；$h$为3m直尺与面层的最大间隙。

## 五、水泥混凝土路面质量监理

水泥混凝土路面具有刚度大、强度高,整体性、耐久性好的优点,但也有接缝多、对超载敏感、修补困难、噪声大等缺点。工程实践表明,水泥混凝土路面的使用性能在相当程度上取决于先进的施工机具和工艺管理水平,同时监理工程师对工艺的全过程进行严格的监理也是水泥混凝土路面施工质量的基本保证。

**1. 质量控制的基本要求**

1)对水泥混凝土面层的基本要求

由于水泥混凝土面层直接承受行车荷载的反复作用及受环境因素(温度和湿度)的影响,因此,要求混凝土板必须具有足够的强度和耐久性;同时,还应具有抗滑、耐磨、平整的表面,以确保行车的安全和舒适。因此,道路面层混凝土必须具有较建筑物或其他工程结构物的混凝土更高的使用品质,这些品质是:良好的工作性(流动性、可塑性、稳定性、易密性);强度(抗弯拉强度);耐久性;良好的表面功能(抗滑、耐磨、平整性);较低的弹性模量和温度膨胀系数。

2)对面层混凝土施工质量监控的基本要求

(1)混凝土路面用水泥,应采用强度高、干缩性小、抗磨性与耐久性好的水泥。对特重及重交通路面,应采用 52.5 号水泥;对一般交通,采用的水泥标号亦应高于 42.5 号。

(2)混凝土的粗细骨料应质坚、洁净,其级配应通过试验室试验确定,并采用最佳配合比。

(3)施工时,水泥用量要加强检查,混凝土的配合比和水灰比应准确,拌和要均匀,振捣应密实,尤其是边角处要加强振捣,接缝应平顺。

(4)为了保证混凝土表面有一定的粗糙度,应在抹面完成后进行纹理制作(拉毛)。纹理制作宜于混凝土表面无波纹水迹时进行,过早与过晚都会影响其制作质量;纹理制作的平均深度应控制在 1.2mm 内,其走向应与路面的前进方向垂直,且相邻板的纹理要相互衔接,横向邻板的纹理要沟通,以利排水。

(5)拌制混凝土的砂、石料、散装水泥必须过磅计量。

(6)混凝土铺筑后,必须按规定养生。

(7)混凝土面层高程应与其他构造物接应平顺,并使路面边缘不积水。如检查井井盖顶面高程应高于周边路面 1 ~3mm 等。

**2. 水泥混凝土路面施工准备阶段质量监理**

1)审批原材料

开工前承包人应在所选定的料场中,取有代表性的样品,按规定的试验方法对原材料进行自检试验。检查原材料是否满足施工技术规范的要求,并将试验结果和产品质量合格证书一并报监理工程师审查。监理工程师逐一审查,必要时进行抽检试验,认证合格后,予以批准使用。

2)审批混合料配合比

承包人在开工前,用经监理工程师批准使用的原材料进行混凝土配合比试验,以确定满足抗折或抗压强度要求的混合料的施工用配合比,报监理工程师审批。监理工程师对承包人报检的配合比,经审核并通过试拌认证合格后,批准承包人在工程施工中使用。

3)审查承包人主要机械设备的配置及调试情况

在开工前承包人应自行检查为本工程施工所配置的主要机械设备与配套设备的数量与运行质量，并将检查、调试结果报监理工程师审查。

监理工程师对选定的施工方法及配套的施工机械设备进行检查合格后，予以批准。对不能满足施工精度要求或功能不全的机具，应禁止使用。

4）模板、传力杆、拉杆制作质量检查

模板应具有足够的强度和刚度。模板的高度、每块模板顶面平整度、沿长度方向的顺直度以及传力杆、胀缝板、拉杆的制作质量逐一进行检查，符合规范要求的批准使用。

5）施工放样数据审核

模板安装之前，应复测、审核施工放样数据，确保准确无误。

6）试验板块的浇筑

对施工难度较大，缺乏施工经验的混凝土路面的施工，宜事先浇筑一块或几块试验板块。根据试验目的，采集施工数据，规范施工操作，核查机具、人员的组织安排情况，为正式开工做好准备。

7）批准开工

经监理工程师审核，施工准备工作就绪，确实具备开工条件，可批准开工。

**3. 水泥混凝土路面施工阶段质量监理**

1）基层质量检查与验收

基层经监理工程师检测验收，质量必须符合设计文件规定的标准要求。

2）基层清扫与处理

摊铺前，必须将基层表面清扫干净，污染严重的路段，应使用洒水车进行冲洗，应对基层上的沥青封层进行认真检查，若发现沥青封层已损坏，现场监理应及时通知施工单位补洒沥青。现场监理对基层清扫和封层油是否符合要求进行验收认可后，方可开始摊铺。

3）审批分段开工报告

施工单位应根据基层的交验情况于摊铺开始至少24h前向监理工程师递交面层分段开工申请，监理工程师收到该申请后应于24h内予以批复。

监理工程师在审批面层分段开工申请时，对滑模施工，应充分考虑滑模摊铺机械化程度高、摊铺速度快的特点，尽可能协调、组织路面工程的流水作业，即在沿施工线路和方向上，各作业单位及其路面各结构层的施工既相对独立又互相协调，施工过程有节奏且连续不断，使路面工程一段段连续地推进，一段段连续地完成，以充分发挥机械化施工的优势。

4）检查放样与基准线设置

复测施工单位的施工放样和基准线设置，以确保混凝土面层的设计厚度。

5）检测混合料原材料的质量

监理试验室应按规范规定的抽验批量对施工过程中所使用的粗集料、细集料、水泥、外加剂、养护剂等进行抽检。

6）检验传力杆、拉杆及构造物补强钢筋的制作和安放

检验传力杆、拉杆及构造物补强钢筋的制作和安放是否符合规范要求。

7）水泥混凝土搅拌站的控制

在开工前和施工过程中检查搅拌楼的电子秤是否定期进行标定；搅拌站施工过程应有现

场监理全过程旁站，并按规范规定预留弯拉强度试件。

8）检查水泥混凝土的运输

检查用于混凝土施工的运输车辆，车辆在运输前必须清洗干净，车厢不得变形，运输过程不得漏浆、漏料和污染路面，夏天、冬天、雨天应遮盖车厢。

9）随机抽检水泥混凝土施工配合比

对水泥混凝土的施工配合比进行随机抽检，以确保到达摊铺现场的混凝土的流动性、坍落度、触变性、弯拉强度等主要技术指标符合设计要求。

10）控制摊铺过程中的质量

（1）现场监理对路面施工应进行全过程跟踪旁站。

（2）按规定的频率在拌和站和施工现场抽取弯拉强度试块。

（3）现场监理在摊铺过程中应随时监督如下事项：

①对滑模摊铺而言，任何情况下停机超过60min，应设置工作缝。

②禁止用水车直接在水泥混凝土的混合料上洒水。

③对滑模摊铺，不得随意调整摊铺机的传感器和虚方控制板，摊铺速度、振捣棒振捣频率应控制在适当的范围内，并尽可能保持连续摊铺，不宜频繁停机。

④摊铺现场至少应准备能覆盖100m长摊铺路面的防水布或活动风雨篷。

（4）对滑模摊铺，下列情况下监理工程师应下令停机：

①摊铺机出现故障。

②摊铺现场的表面水分蒸发率已超过0.75kg/（$m^2$·h），而施工单位采取的防止水分蒸发的措施不能令监理工程师满意。

③相对湿度小于40%、风速大于6m/s。

④钢筋未运至摊铺现场或构造物钢筋网绑扎不合格而又无法在摊铺机摊铺到达时纠正。

⑤监理工程师认为应该停机的其他情况。

（5）主车道面板施工结束后，同侧辅车道面板施工间隔不应超过28d。

11）接缝施工

检查施工缝、缩缝、胀缝的设置位置是否严格按设计图纸或监理工程师批准的要求设置。

（1）横向施工缝　每天摊铺结束或出现异常情况时停止摊铺，且中断时间超过混凝土初凝时间的2/3时，应设置与路面中线垂直的横向施工缝，横向施工缝的位置宜与胀缝或缩缝相重合。横向施工缝应设置传力杆，部位应与缩缝吻合，并采用带有传力杆固定装置的模板作挡模。

（2）纵向施工缝　主车道与辅车道之间设置纵向施工缝，辅车道摊铺前应将预埋的拉杆扳直，并在主车道面板侧面拉杆以上部分涂沥青。

（3）横向缩缝　横向缩缝宜采用轨道式切割机切割，板块间距应符合设计要求。主车道和辅车道的横向缩缝必须成一条直线，不能错位。

（4）纵向缩缝　纵向缩缝与路面中线平行，且顺直、圆滑。缩缝的切割深度应符合规范要求，切割时不得出现啃边现象。

（5）胀缝　胀缝是混凝土路面的最薄弱环节，施工规范要求有切缝法及压缝法施工两种，而在施工中一般采用切缝法施工。由于路面是暴露工程，所有路面接缝均应顺直整齐，缝宽均匀等，尤其胀缝必须与路中心线垂直。现场监理应对胀缝施工全过程旁站，发现问题，及时纠正。

（6）填缝　混凝土路面所有接缝凹槽都应按图样规定进行填缝。填缝材料和填缝方法应经监理工程师批准，施工时缝槽应在混凝土养生期满后及时填缝，填缝前必须保持缝内干燥清洁，防止砂石等杂物掉入缝内，填缝前应经监理工程师检查。填缝料应与混凝土缝壁黏附紧密，其灌注深度宜为缝宽的2倍，当深度大于30~40mm时，可填入多孔柔性衬底材料，在夏季应使填缝料灌至与板面齐平，在冬季则应稍低于板面，在开放交通前，填缝料应有充分的时间硬结。

12）混凝土路面养生

一般情况下，混凝土板的养生宜采用喷洒养护剂的方法，也可采用覆盖土工毡、麻袋、草袋洒水湿养或盖塑料薄膜养生。不过，无论采用何法，均应满足规范要求和取得监理工程师的同意。现场监理应每天抽检养护剂的喷洒量及均匀性一次。一般养生天数宜为14~21d，不应少于14d。

13）交通管制与开放交通

每段水泥混凝土路面施工完毕后，现场监理应督促施工单位及时设置禁行标志和路障，在抗弯拉强度未达到设计要求之前，不得开放交通。特殊情况开放交通时，混凝土的强度应达到设计强度80%以上，且车辆荷载不得大于设计荷载。在开放交通之前，路面应清扫干净，所有接缝均应封好，并经现场监理认可同意。

14）特殊条件下的施工

气候条件是影响施工质量的重要因素之一。在施工前承包人应根据图样提供的当地气象资料及收集的月、旬、日天气预报资料，制订特殊气候的施工方案。混凝土路面施工中如遇下述条件之一者，必须停工：

①现场降雨。

②风力大于6级，风速在10.8m/s以上的强风天气。

③现场气温高于40℃或拌和物摊铺温度高于35℃。

④摊铺现场连续5昼夜平均气温低于5℃，夜间最低气温低于-3℃。

（1）雨天施工　当降雨影响路面施工质量时应停止施工。雨季施工时应准备足够的防雨篷或塑料薄膜，对被暴雨冲刷后路面平整度严重劣化的部位，应尽早铲除重铺。

（2）风天施工　在日照较强，空气干燥的多风季节或经常刮风的地区，为防止路面发生塑性收缩而产生开裂，应采取相应措施。

（3）高温天施工　当现场气温高于30℃时，应避开中午施工，若不能避开，应采取相应的降温技术措施。无论在什么情况和条件下，混凝土拌和物的温度不得超过35℃，夏季高温气候施工时，应随时加测气温以及水泥、拌和水、拌和物和路面温度，必要时加测混凝土水化热。

（4）低温天施工　低温天负温施工，当最低温度为-3℃以上，施工时应采用路面保温覆盖措施；最低气温为-10℃以上，应同时采用保温和加防冻剂的负温施工方法，搅拌机出料温度不得低于10℃，摊铺混凝土温度不得低于5℃，否则应采用热水拌和混凝土。低温天负温施工覆盖保温养生的最少天数不得少于28d。养生方式为先洒养生剂，加塑料薄膜保湿，再盖保温材料保温。

**4. 质量检验项目与评定**

根据《公路工程质量检验评定标准》(土建工程)(JTG F80/1—2004),水泥混凝土路面实测项目见表 1-5-13 。

**水泥混凝土面层实测项目**

表 1-5-13

| 项次 | 检查项目 | | 规定值或允许偏差 | | 检查方法和频率 | 权值 |
|---|---|---|---|---|---|---|
| | | | 高速公路 | 其他公路 | | |
| 1 | 弯拉强度(MPa) | | 在合格标准之内 | | 按规范附录 C 检查 | 3 |
| 2 | 板厚度(mm) | 代表值 | -5 | | 按规范附录 H 检查,每 200m 每车道 2 处 | 3 |
| | | 合格值 | -10 | | | |
| 3 | 平整度 | $\sigma$(mm) | 1.2 | 2.0 | 平整度仪:全线每车道连续检测,按每 100m 计算 $\sigma$、*IRI*;<br>3m 直尺:半幅车道板带,每 200m 测 2 处×10 尺 | 2 |
| | | *IRI*(m/km) | 2.0 | 3.2 | | |
| | | 最大间隙 $h$(mm) | — | 5.0 | | |
| 4 | 抗滑构造深度(mm) | | 一般路段不小于 0.7 且不大于 1.1;特殊路段不小于 0.8 且不大于 1.2 | 一般路段不小于 0.5 且不大于 1.0;特殊路段不小于 0.6 且不大于 1.1 | 砂铺法:每 200m 测 1 处 | 2 |
| 5 | 相邻板高差(mm) | | 2 | 3 | 抽量:每条胀缝 2 点;<br>每 200m 抽纵、横缝各 2 条,每条 2 点 | 2 |
| 6 | 纵、横缝顺直度(mm) | | 10 | | 纵缝 20m 拉线,每 200m 测 4 处;<br>横缝沿板宽拉线,每 200m 布置 4 条 | 1 |
| 7 | 中线平面偏位(mm) | | 20 | | 经纬仪:每 200m 测 4 点 | 1 |
| 8 | 路面宽度(mm) | | ±20 | | 抽量:每 200m 测 4 处 | 1 |
| 9 | 纵断高程(mm) | | ±10 | ±15 | 水准仪:每 200m 测 4 断面 | 1 |
| 10 | 横坡(%) | | ±0.15 | ±0.25 | 水准仪:每 200m 测 4 断面 | 1 |

注:表中 $\sigma$ 为平整度仪测定的标准偏差;*IRI* 为国际平整度指数;$h$ 为 3m 直尺与面层的最大间隙。

## ●第四节　工程质量事故分析及其处理●

### 一、工程质量事故的概念

工程质量事故是指由于勘测、设计、施工、监理、试验检测等责任过失而使工程在下述时限内遭受或产生不可弥补的本质缺陷,因构造物倒塌造成人身伤亡或财产损失以及需加固、补强、返工处理的事故。

**1. 市政工程质量事故的分类**

市政工程质量事故可分为质量问题、一般质量事故和重大质量事故。具体划分见表 1-5-14。

市政工程质量事故等级划分 表 1-5-14

| 质量事故问题 | 质量事故等级划分依据 |
|---|---|
| 一般质量问题 | 经济损失不足 5000 元 |
| 一般质量事故 | 造成重伤 2 人以下或直接经济损失在 10 万元以下、5000 元(含 5000 元)以上 |
| 重大质量事故 | 具备下列条件之一者为一级重大事故:<br>①死亡 30 人以上;<br>②直接经济损失 300 万元以上。<br>具备下列条件之一者为二级重大事故:<br>①死亡人数 10 人以上、29 人以下;<br>②直接经济损失 100 万元以上,不满 300 万元。<br>具备下列条件之一者为三级重大事故:<br>①死亡人数 3 人以上、9 人以下;<br>②直接经济损失 30 万元以上,不满 100 万元。<br>具备下列条件之一者为四级重大事故:<br>①死亡人数 2 人以上;<br>②直接经济损失 10 万元以上,不满 30 万元 |

**2. 公路工程质量事故分类**

公路工程质量事故分质量问题、一般质量事故及重大质量事故三类。

(1)质量问题　质量较差、造成直接经济损失(包括修复费用)在 20 万元以下。

(2)一般质量事故　质量低劣或达不到合格标准,需加固补强,直接经济损失(包括修复费用)在 20 万元至 300 万元之间的事故。

(3)重大质量事故　由于责任过失造成工程倒塌、报废和造成人身伤亡或者重大经济损失(损失在 300 万元以上)的事故。

## 二、工程质量问题和质量事故的成因

由于建筑工程工期较长,所用材料品种繁杂,在施工过程中,受社会环境和自然条件方面异常因素的影响,使产生的工程质量问题表现形式千差万别,类型多种多样。这使得引起工程质量问题的成因也错综复杂,往往一项质量问题由多种原因引起。

**1. 违背建设程序**

建设程序是工程项目建设过程及其客观规律的反映,不按建设程序办事,例如,未搞清地质情况就仓促开工;边设计、边施工;不经竣工验收就交付使用等常是导致工程质量问题的重要原因。

**2. 违反法规行为**

例如:无证设计;无证施工;越级设计;越级施工;工程招、投标中的不公平竞争;超常的底价中标;非法分包;转包、挂靠;擅自修改设计等行为。

**3. 地质勘察失真**

未认真进行地质勘察或勘探使钻孔深度、间距、范围不符合规定要求,地质勘察报告不详细、不准确、不能全面反映实际的地基情况等，从而使地下情况不清，或对基岩起伏、土层分布误判，或未查清地下软土层、墓穴、孔洞等，它们均会导致采用不恰当或错误的基础方案，造成地基不均匀沉降、失稳，使上部结构或墙体开裂、破坏，或引发建筑物倾斜、倒塌等质量事故。

**4. 设计差错**

主要是盲目套用图纸，采用不正确的结构方案，计算简图与实际受力情况不符，荷载取值过小，内力分析有误，沉降缝或变形缝设置不当，悬挑结构未进行抗倾覆验算，以及计算错误等。

**5. 施工与管理及监理不到位**

不按图纸施工或未经设计部门同意擅自修改设计；不按有关的施工规范和操作规程施工，浇筑混凝土时振捣不良，形成薄弱部位；施工组织管理紊乱，不熟悉图纸，盲目施工；施工方案考虑不周，施工顺序颠倒；图纸未经会审，仓促施工；技术交底不清，违章作业；疏于检查、验收等，均可能导致质量问题。施工前未经监理工程师审核施工技术方案和施工组织设计，或监理人员现场监管不严等都能导致质量事故。

**6. 使用不合格的原材料、制品及设备**

(1)建筑材料及制品不合格　如：钢筋物理力学性能不良会导致钢筋混凝土结构产生裂缝；水泥安定性不合格会造成混凝土爆裂；过火石灰使路基开裂等。此外，预制构件截面尺寸不足，支撑锚固长度不足，未可靠地建立预应力值，漏放或少放钢筋，板面开裂等均可能出现断裂、坍塌的现象。

(2)建筑设备不合格　如运输、吊装设备不合格，均可导致工程质量事故。

**7. 自然环境因素**

空气温度、湿度、暴雨、大风、洪水、水污染、日晒等均可能成为质量问题的诱因。

**8. 使用不当**

对建筑物或设施使用不当也易造成质量问题，如超载等。

## 三、工程质量问题和质量事故的处理

工程项目出现质量事故，其直接责任者一般是承包人，但由于监理工程师对工程项目的建设负有监控责任，所以，监理工程师对质量事故也应负失控的责任。在各项工程的施工过程中或其完工以后，若发现工程项目存在着技术规范所不允许的质量缺陷时，承包人应立即报告监理工程师，并分析产生的原因，提出处理意见。监理工程师在收到报告后，首先应详细调查该质量缺陷发生的基本情况，并根据其性质和严重程度，酌情按以下方式处理。

**1. 工程质量问题的现场处理方式**

(1)当因施工而引起的质量缺陷尚处在萌芽状态时，应及时加以制止，并要求承包人改变不正确的施工方法及操作工艺；若因材料、设备不合格，或不称职的施工人员所为，应要求承包人立即予以更换。

(2)当因施工而引起的质量缺陷已出现时，应立即向承包人发出暂停施工的指令(先口头再书面)，待承包人采取了能足以保证施工质量的有效措施，并对质量缺陷进行了正确的补救处理后，再书面通知其恢复施工。

(3)当质量缺陷发生在某道工序或单项工程完工以后，且对下道工序或分项工程的质量将产生影响时,监理工程师应对质量缺陷产生的原因及责任预先作出判定并确定了补救方案后,再进行质量缺陷的处理或下道工序或分项的施工;若施工质量缺陷在缺陷责任期内才发现,则监理工程师应及时指令承包人进行修补、加固或返工处理。对因施工原因而产生的质量缺陷进行修补与加固,其修补方案及方法应先由承包人提出,报经监理工程师批准后方可施行。对因设计原因而产生的质量缺陷,则应通过业主提出处理方案和方法,再由承包人进行修补。

(4)对已完工程的质量缺陷,若不危及工程安全,且又能满足设计和使用要求时,在征得业主同意后,可不进行加固或变更处理。倘若工程的质量缺陷确属承包人的责任,通过业主与承包人协商后,可降低对此项工程的支付费用。

**2. 工程质量事故的处理程序**

当某项工程在施工期间(包括缺陷责任期)出现了断层、裂缝、倾斜、倒塌、沉降、强度不足等技术规范所不允许的情况时,应视其为质量事故,并按以下程序处理:

(1)监理工程师应立即指令承包人暂停该项工程的施工,并对现场采取有效的安全措施。

(2)监理工程师应要求承包人尽快提交质量事故报告,并报告业主。在质量事故报告中,承包人应详细而真实地反映发生事故工程的名称、部位、产生原因、应急措施、处理方案、损失的费用等内容。

(3)监理工程师应立即组织有关人员到事故现场进行调查研究,并在审查、分析、诊断、测试或验算的基础上,对承包人报告中提出的处理方案予以审查、修正、批准,再指令承包人恢复该项工程的施工。当事故比较严重,在技术规范规定范围内无法解决时,监理工程师应组织专家进行专项调查研究,并提出处理方法。

(4)对承包人提出的有争议的质量事故,监理工程师应全面审查有关的施工记录、设计资料及水文地质现状等(必要时还应实际检验测试),对质量事故的责任予以判定,同时,在分清技术责任时,还应明确事故处理的费用数额,承担比例及其支付方式。

根据合同条件规定,经事故处理后的工程,当验收合格后,应予以计量支付,但只计量支付质量合格部分的费用,而对处理质量事故所发生的一切费用,则完全由承包人自己承担。

## 四、工程质量事故处理方案与处理结论

**1. 工程质量事故处理方案类型**

1)修补处理

这是最常用的一类处理方案。通常当工程的某个检验批、分项或分部的质量虽未达到规定的规范、标准或设计要求,存在一定的缺陷,但通过修补或更换器具、设备后还可达到要求的标准,又不影响使用功能和外观要求,在此情况下,可以进行修补处理。

属于修补处理这类具体方案很多,诸如封闭保护、复位纠偏、结构补强、表面处理等。某些事故造成的结构混凝土表面裂缝,可根据其受力情况,仅作表面封闭保护。某些混凝土结构表面的蜂窝、麻面,经调查分析,可进行剔凿、抹灰等表面处理,一般不会影响其使用和外观。

对较严重的质量问题,可能影响结构的安全性和使用功能,必须按一定的技术方案进行加固补强处理,这样往往会造成一些永久性缺陷,如改变结构外形尺寸,影响一些次要的使用功能等。

2)返工处理

当工程质量未达到规定的标准和要求,存在严重质量问题,对结构的使用和安全构成重大影响,且又无法通过修补处理的情况下,可对检验批、分项、分部甚至整个工程返工处理。例如,某防洪堤坝填筑压实后,其压实土的干密度未达到规定值,经核算将影响土体的稳定且不满足抗渗能力要求,可挖除不合格土,重新填筑,进行返工处理。又如,某公路桥梁工程预应力按规定张力系数为1.3,实际仅为0.8,属于严重质量缺陷,也无法修补,只有返工处理。对某些存在严重质量缺陷,且无法采用加固补强等修补处理或修补处理费用比原工程造价还高的工程,应进行整体拆除,全面返工。

3)不作处理

某些工程质量问题虽然不符合规定的要求和标准而构成质量事故,但视其严重情况,经过分析、论证、法定检测单位鉴定和设计等有关单位认可,对工程或结构使用及安全影响不大,也可不作专门处理。通常不用专门处理的情况有以下几种:

(1)不影响结构安全和正常使用。

(2)有些质量问题,经过后续工序可以弥补。

(3)经法定检测单位鉴定合格。

(4)出现的质量问题,经检测鉴定达不到设计要求,但经原设计单位核算,仍能满足结构安全和使用功能。

**2. 质量事故的处理结论**

监理工程师应根据设计要求、施工规范及质量检验评定标准等对工程质量事故的处理效果作出结论。对所有质量事故无论经过技术处理,通过检查鉴定验收还是不需专门处理的,均应有明确的书面结论。若对后续工程施工有特定要求,或对建筑物使用有一定限制条件,应在结论中提出。监理工程师所作的结论应该明确,不能含糊其辞。结论应包括:

(1)质量事故已经排除,可以继续施工;隐患已经消除,工程结构安全。

(2)经修补后,完全满足使用要求。

(3)基本满足使用要求,但附有限制条件。

(4)对耐久性及安全方面的影响的结论。

(5)对工程外观影响的结论。

(6)对短期内难以作出结论的,可提出进一步观测检验的意见。

对于处理后符合《建筑工程施工质量验收统一标准》的规定的,监理工程师应予以验收、确认,并应注明责任方主要承担的经济责任。对经加固补强或返工处理仍不能满足安全使用要求的分部工程、单位(子单位)工程,应拒绝验收。

## 复习思考题

1. 监理工程师质量监理的依据有哪些?

2. 工程质量控制的程序是什么?

3. 工程施工质量监理的方法有哪些?
4. 质量数据的统计方法有哪些?
5. 路基填方施工前表土清理与压实的监理工作要点有哪些?
6. 简述填方铺筑压实的质量控制要点。
7. 简述填方铺筑压实的工序流程。
8. 简述挖方路基施工的监理工作要点。
9. 水泥稳定土基层试验段要完成哪些内容?
10. 简述沥青混凝土实测项目。
11. 叙述路面基层(底基层)施工阶段的主要监理工作内容。
12. 叙述热拌沥青混合料路面施工质量监控要点。
13. 叙述水泥混凝土路面施工质量监控要点。
14. 工程质量问题和质量事故的成因是什么?
15. 简述工程质量问题和质量事故处理的程序。
16. 简述质量事故的处理方案及处理的结论。

# 第六章
# 安全监理

知识目标

1. 描述安全监理的责任和主要工作内容；
2. 描述在施工各阶段安全监理的主要工作内容。

自 2004 年 2 月 1 日起颁布《建设工程安全生产管理条例》(以下简称《条例》)以来，我国在建设领域中开始实行工程安全监理制度。根据《条例》规定，工程监理单位和监理工程师应当按照法律、法规和工程建设强制性标准实施监理，并对工程安全生产承担监理责任。这标志着我国建设工程安全生产管理进入法制化、规范化发展的新时期。

## ●第一节　概　　述●

### 一、市政工程安全监理的概念和目标

市政工程安全监理是指工程监理单位受建设单位(或业主)的委托，依据国家有关的法律、法规和工程建设强制性标准及合同文件，对建设工程安全生产实施的监督检查。它包含了建设工程在施工过程中进行监督安全生产的全部管理活动，即通过对生产要素的过程控制，对生产要素的不安全行为和不安全状态加以控制，达到消除和控制事故，实现安全监理的目标。安全监理的目标如下：

(1)杜绝重大伤亡、设备、管线、火灾和环境污染等事故。

(2)一般事故控制目标。

(3)安全标准化工地创建目标。

(4)文明施工创建目标。

(5)其他需要满足的总体目标。

### 二、市政工程安全监理的依据

市政工程安全监理的依据包括有关安全生产、劳动保护、环境保护、消防等的法律法规和标准规范，建设工程批准文件和设计文件、建设工程委托监理合同和有关的建设工程合同等。

**1. 有关安全生产、劳动保护等的法律法规和标准规范**

与市政工程安全生产、劳动保护等密切相关的法律法规有国家、部门和地方法律、法规、标

准规范等(见下表 1-6-1),以及有关的工程安全技术标准、规范、规程等。

**2. 建设工程批准文件**

建设工程批准文件包括批准的可行性研究报告、建设项目选址意见书、建设用地规划许可证、建设工程规划许可证、施工许可证以及初步设计文件、施工图设计文件等。

安全生产、劳动保护等有关法律、法规和标准规范　　表 1-6-1

| 标　　题 | 文　　号 | 颁布日期 |
|---|---|---|
| 中华人民共和国安全生产法 | 中华人民共和国主席令第 70 号 | 2002-06-29 |
| 中华人民共和国建筑法 | 中华人民共和国主席令第 91 号 | 1997-11-01 |
| 建设工程安全生产管理条例 | 中华人民共和国国务院令第 393 号 | 2003-11-24 |
| 生产安全事故报告和调查处理条例 | 中华人民共和国国务院令第 493 号 | 2007-04-09 |
| 国务院关于特大安全事故行政责任追究的规定 | 中华人民共和国国务院令第 302 号 | 2001-04-21 |
| 建设工程质量管理条例 | 中华人民共和国国务院令第 279 号 | 2000-01-30 |
| 中华人民共和国劳动法 | 中华人民共和国主席令第 28 号 | 1994-07-05 |
| 中华人民共和国环境保护法 | 中华人民共和国主席令第 22 号 | 1989-12-26 |
| 中华人民共和国合同法 | 中华人民共和国主席令第 15 号 | 1999-03-15 |
| 中华人民共和国消防法 | 中华人民共和国主席令(第四号) | 1998-04-29 |
| 建设施工安全检查标准 | 中华人民共和国建设部(JGJ 59—99) | 1999-03-30 |
| 建筑安全生产监督管理规定 | 中华人民共和国建设部令第 13 号 | 1991-07-09 |
| 建筑施工企业安全生产许可证管理规定 | 中华人民共和国建设部令第 128 号 | 2004-07-05 |
| 实施工程建设强制性标准监督规定 | 中华人民共和国建设部令第 81 号 | 2000-08-25 |
| 建设工程监理规范 | 中华人民共和国建设部 GB 50319—2000 | 2001-05-19 |
| 城市桥梁检测和养护维修管理办法 | JTJ 216—2000 | 2000 |
| 城市道路管理条例 | 中华人民共和国国务院令第 198 号 | 1996-06-04 |
| 公路工程施工监理规范 | JTG G10—2006 | 2006 |

**3. 委托监理合同和有关的建设工程合同**

工程监理单位应当根据两类合同进行安全监理。这两类合同包括:工程监理单位和建设单位签订的建设工程委托监理合同,建设单位与施工单位签订的有关建设工程合同。

## 三、工程监理单位的安全责任

工程监理单位应审查施工组织设计的安全技术措施或专项施工安全方案是否符合建设强制性标准,若发现存在安全事故隐患,应当要求施工单位整改或暂停施工并报告建设单位。施工单位拒不整改或拒不停工时,应当及时向有关行政主管部门报告。工程监理单位应当按照法律、法规和工程建设强制性标准实施监理,对建设工程安全生产承担监理责任。

## 四、工程安全监理工作内容

监理人员的安全管理工作是消除安全事故因素的外部力量。工程的安全事故与工程施工生产密切相关,为了真正能够预防工程安全事故,必须消除施工生产过程中的人的不安全行为和物的不安全状态。然而监理人员的管理活动属外部管理，是安全管理工作中的外部原因，外部原因必须通过施工单位这一内因方能发挥作用。监理人员的安全管理必须通过施工管理人员的贯彻才能成为有效的措施。

（1）工程开工前，监理工程师应审查施工单位编制的施工组织设计中的安全技术措施或专项施工方案是否符合强制性标准，审查合格后方可同意工程开工。审查重点有以下几点：

①安全管理和安全保证体系的组织机构，包括项目负责人、专职安全管理人员、特种作业人员配备的数量及安全资格培训持证上岗情况。

②施工单位是否在其内部各种管理制度的基础上，有针对性地建立了施工安全生产管理体系和运行机制，制订了安全管理规章制度、安全操作规程。

③施工单位的安全防护用具、机械设备、施工机具是否符合国家有关安全规定。

④是否制订了施工现场临时用电方案的安全技术措施和电气防火措施。

⑤施工场地布置是否符合有关安全要求。

⑥生产安全事故应急救援方案的制订情况，针对重点部位和重点环节制订的工程项目危险源监控措施和应急方案。

⑦施工人员安全教育计划、安全交底安排。

⑧安全技术措施费用的使用计划。

⑨监理工程师，特别是监理机构的负责人必须结合对施工单位的施工组织审查工作，重点审查其质量保证体系、安全生产保证体系的建立和实施计划，发出相应的修改完善的监理指令。同时应把对施工组织计划的审查意见以正式的文件形式向监理公司本部报告。

⑩监理公司的技术负责人和职能管理部门，应当将现场监理机构负责人书面报回的施工组织审查意见，作为考核监理机构和人员的工作水平及能力的重要依据，及时组织相关人员检查、反馈监理机构所上报的审查意见，适时组织学习交流，不断提高监理人员的安全管理水平。

（2）监理工程师应审查分包合同中是否明确了施工单位与分包单位各自在安全生产方面的责任。

（3）监理工程师在巡视过程中应监督施工单位按专项安全施工方案组织施工，若发现施工单位未按有关安全、法律、法规和工程强制性标准施工，违规作业时，应予制止。对危险性较大的工程作业等要定期巡视检查，如发现安全事故隐患，应立即书面指令施工单位整改；情况严重的应签发《工程暂停令》，要求施工单位暂停施工，并及时报告建设单位。施工单位拒不整改或者不停止施工的，监理工程师应及时向有关主管部门报告。

监理单位应核查施工单位提交的施工起重机械、整体提升脚手架、模板等自升式架设设施和安全设施等验收记录，并由安全监理人员签收备案。

（4）督促施工单位进行安全生产自查工作，落实施工生产安全技术措施，参加施工现场的安全生产检查。

（5）建立施工安全监理台账。监理机构应建立施工安全台账，由专人负责。监理人员每次巡视、检查工作时，对涉及施工安全的情况、发现的问题、监理的指令及施工单位处理的措施和结果应及时计入台账。总监理工程师和驻地监理工程师应定期检查施工安全监理台账记录情况。

工程竣工后，监理单位应将有关安全生产的技术文件、验收记录、监理规划、监理实施细则、监理月报、监理会议纪要及相关书面通知等按规定立卷归档。

## 五、建设工程安全监理的工作程序

(1)监理单位按照《建设工程监理规范》和相关行业监理规范要求，编制含有安全监理内容的监理规划和监理实施细则。

(2)在施工准备阶段，监理单位审查核验施工单位提交的有关技术文件及资料，并由项目总监在有关技术文件报审表上签署意见；审查未通过的，安全技术措施及专项施工方案不得实施。

(3)在施工阶段，监理单位应对施工现场安全生产情况进行巡视检查，对发现的各类安全事故隐患，应书面通知施工单位，并督促其立即整改；情况严重的，监理单位应及时下达工程暂停令，要求施工单位停工整改，并同时报告建设单位。安全事故隐患消除后，监理单位应检查整改结果，签署复查或复工意见。施工单位拒不整改或不停工整改的，监理单位应当及时向工程所在地建设主管部门或工程项目的行业主管部门报告，以电话形式报告的，应当有通话记录，并及时补充书面报告。检查、整改、复查、报告等情况应记载在监理日志、监理月报中。

监理单位应核查施工单位提交的施工起重机械、整体提升脚手架、模板等自升式架设设施和安全设施等验收记录，并由安全监理人员签收备案。

(4)工程竣工后，监理单位应将有关安全生产的技术文件、验收记录、监理规划、监理实施细则、监理月报、监理会议纪要及相关书面通知等按规定立卷归档。

## 六、安全监理工作原则

监理单位和监理工程师在实施安全监理、落实其安全责任过程中，必须坚持以下工作原则：

**1. 安全第一、预防为主、综合治理**

监理人员在工作中，要督促、帮助施工单位更新理念，强化安全意识和安全管理，把“安全”始终放在“第一”的位置，同时在审查施工方案或有关专项技术措施时，要突出“安全第一”的方针，不得因可能发生事故的概率小而去冒险。在巡视检查、旁站时也应注意发现隐患，并要求施工单位及时采取有效措施消除隐患，达到预防的目的。

**2. 以人为本**

以人为本抓好安全生产是构建和谐社会、促进国民经济节约发展、清洁发展、安全发展、可持续发展的具体体现和基本保证。安全生产为了人，目的在于保障人的生命和健康；安全生产又必须依靠人，人是安全生产实践的主体。一是坚持以人为本的原则，首先要尽最大努力保护全体施工操作人员的生命安全与身心健康，我国的所有的劳动安全法规均是以保护劳动者免受伤害为第一要务，其次才是保护财产安全；二是在安全生产中要特别注意发挥人的力量和作用来提高安全度；三是要注意消除人的不安全行为。

**3. 在“质量、进度、成本”控制中落实生产安全**

工程质量是监理工作永恒的主题，应该注意没有安全的项目根本没有质量可言，监理人员在进行方案审查、质量检查、工序验收等工作中，首先要注意安全状况，然后才是质量水平。

进度是监理工作的控制目标之一，进度的快慢与项目效益直接相关。但是只有解决了安全问题之后，质量才有保障，不返工才有进度。同时应该注意将安全费用纳入项目的成本之中，没有安全，便没有经济效益。

## ●第二节 工程前期安全监理工作●

工程前期主要是指招、投标阶段和施工准备阶段。在这阶段安全监理的主要工作包括以下内容。

### 一、招标阶段的安全监理

此阶段安全监理工作主要有：实施对施工单位的安全资质审查；协助双方拟订安全生产协议书的各项条款；并确保开工之前安全生产协议书的正式签约。具体工作内容如下：

**1. 审查施工（投标）单位的资质和安全生产许可证**

1）协助建设单位编制、核查招标文件中相关安全生产的条款

（1）根据工程性质、规模和施工工程特点，核查招标文件对投标单位资质和诚信记录的设定条件。

（2）招标文件中应该要求投标单位提供企业的安全生产许可证、三类人员（企业主要负责人、项目经理、专职安全管理员）安全资格证书。

（3）招标文件应结合本工程实际情况，单独列出相关安全、文明施工技术措施费用的清单子目，要求投标单位在投标文件中明确相应的报价，安全生产费用的报价一般不低于投标价的1%，且不得作为竞争性报价，并在招标文件中明确支付条件，使用要求和调整方式等内容。

（4）招标文件中应明确要求投标单位在编制投标文件中必须承诺安全生产目标、安全职责、安全管理工作内容及要求、现场配备专职安全管理人员的条件和数量、安全奖罚措施、安全管理网络、安全管理制度和操作规程要求、安全文明施工技术费用使用计划、安全技术措施等专用条款，并提供合同签订时需要的安全生产协议书的格式文本。

（5）招标文件中应明确要求投标单位在提供投标文件时，要在安全专用条款中明确承诺所配套的文件、计划、协议书和专职安全管理人员的名单，以及初步认定的危险性较大的分部、分项工程的施工方案和投入大（中）型设备，安全设施，特殊工种的清单。

（6）在招标文件中可要求投标单位提供相关的安全生产奖惩记录和行政主管部门评价记录，并作为评标加减分的依据。

2）协助建设单位对投标单位资格预审以及对投标文件符合性进行核查

（1）资格预审

①审查投标单位的资质证书（副本原件）、营业执照（副本原件）及诚信记录，资信等级是否符合招标文件要求。

②审查投标单位的安全生产许可证（副本原件）是否为有效证件，是否在有效期内（有效期为3年）。

（2）投标文件符合性的审查　根据招标文件的要求，对投标文件中的施工生产安全目标，从以下几个方面进行审查：

①安全生产管理机构。审查投标文件中安全生产管理机构的设置，要求针对工程项目建

立健全的工程安全和生产管理机构，并配专职安全管理人员，专职安全管理人员的数量、条件应满足招标文件的要求。

②安全生产管理网络。投标单位应依据工程项目，成立安全领导小组，合理配置现场专职安全管理人员，形成安全生产管理网络。

③安全生产规章制度和操作规程。投标文件应包含安全生产责任制、建立完善的安全生产保证体系，明确各项安全管理的制度和措施及与本项目相关的安全生产操作规程。

④大（中）型机械设备，安全设施和特殊工种清单。投标单位在投标文件中必须明确本项目所需要的大（中）型设备，安全设施和特种工种清单。重点审查提供适用于工程项目的主要施工设备型号、性能、数量。所有从事特殊工种作业人员的上岗证明材料。

⑤安全生产、文明施工的技术措施，安全费用的报价清单和使用计划。审查投标单位是否按照招标文件编制了关于安全文明施工的技术措施并提出合理的安全费用报价及使用计划。

⑥安全生产方面奖惩情况。投标单位必须在投标文件中，提供有关主管部门对企业安全生产方面的奖惩记录。

**2. 协助建设单位拟订工程施工安全生产协议书**

协助建设单位拟订工程施工安全生产协议时，应注意以下几方面：

1）建设单位的安全生产责任

（1）先保证对安全生产专项资金的投入。按照合同约定，及时向施工单位支付安全防护、文明施工措施费，并载明对施工单位落实安全防护、文明施工的奖罚措施。

（2）核查施工单位和指定分包单位的安全资质。

（3）应当向施工单位提供与施工现场相关的地下管线资料，并要求施工单位采取措施，加以保护。

（4）向施工单位提出安全生产要求和注意事项，及时向施工单位传达贯彻建设主管部门下达的有关安全生产的文件、指示，并掌握执行情况。

（5）检查、审核施工单位编制、督促施工单位落实施工组织设计和专项安全施工方案中的安全技术措施。

（6）督促施工单位在进入施工现场前，对施工人员进行安全教育。

（7）向施工单位提供施工机具、电器设施时，应符合安全生产管理规定，并办理书面租赁和验收手续，不得向无合法操作资格的单位提供设备、设施。

（8）建设单位有权不定期地对施工单位实施安全生产检查，并按合同约定条款对承（分）包单位实施奖罚，对事故隐患督促限期整改。

（9）按规定及时向建设主管部门报告事故，并根据主管部门的意见，组织或协助有关主管部门对事故进行调查和处理，督促施工单位向有关单位报告事故。

2）施工单位安全生产责任

（1）按规定主动接受建设单位的安全检查、审核。

（2）按照建设单位的安全生产规章制度和提出的要求，认真落实安全生产责任制、安全操作规程等，并将项目安全管理网络和安全管理人员的名单报建设单位备案。

（3）及时传达、贯彻建设主管部门和建设单位有关安全生产的文件、指示。

（4）根据合同要求，施工组织设计中的安全技术措施或专项安全施工方案应报监理单位审查(专项安全施工方案必要时应组织专家论证,并根据专家意见进行修订、完善)。根据审查批准后的施工组织设计中的安全技术措施和专项安全施工方案,落实相关工作。

(5)施工单位应当确保安全防护、文明施工措施费专款专用,在内务管理中要单独列出安全防护、文明施工措施费用清单,以备建设单位组织核查。

(6)进入施工现场前应对全体职工进行安全教育。

(7)定期(每月不少于两次)进行安全检查和每日安全巡查,并对重大危险源的部位进行监护。

(8)向建设单位借用机电设备、设施,必须办理租赁、验收的书面手续。

(9)按建设单位安全生产检查标准组织检查,接受建设单位根据合同约定的安全生产奖罚条例,对查出的隐患要及时整改。

(10)发生重大伤亡事故除及时向监理单位、建设单位报告外,还应按规定及时向有关主管部门报告。

## 二、施工准备阶段的安全监理工作

施工准备阶段的安全监理工作主要包括监理单位自身准备工作和对工程的监理工作两部分。

**1. 安全监理的工作准备**

1)组织监理人员开展安全教育,确定工作内容

(1)监理单位应根据工程规模和特点,派出能满足施工现场安全管理要求的相关监理人员进驻现场。由监理工程师及时建立安全监理的相关组织机构,在编制监理规划中确定安全监理方案,明确各级监理人员安全职责范围,与建设单位、施工单位建立正常的工作程序和联系渠道。

(2)监理工程师应组织项目监理人员熟悉设计文件和施工周边环境,熟悉掌握合同中的安全监理工作内容和要求,并按照监理规划中的安全监理方案和专项安全监理实施细则中的内容,对监理人员进行安全交底和进入工地现场的自身安全教育。

(3)监理人员应参加建设单位组织的设计交底会,了解设计对结构安全的技术要求和施工过程的安全注意事项。

(4)监理工程师编制的监理规划应包括安全监理方案,并根据工程特点和高危作业的施工,编制专项安全监理实施细则。

(5)建立和完善安全监理组织网络,确定各项安全监理管理工作内容,制订安全监理责任制及各级监理岗位安全职责,将安全监理责任分解到各监理岗位,纳入监理工作质量考核办法并进行定期检查考核。

2)编制安全监理方案及其实施细则

(1)编制安全监理方案　监理工程师在编制项目监理规划中,应将安全监理方案单独列为一个章节,且应具有对安全监理工作的指导性。安全监理方案的编制应根据法律、法规、委托合同中安全监理约定的要求,以及工程项目特点、施工现场的实际情况,明确项目监理机构的安全监理工作目标,确定安全监理工作制度、方法和措施,并根据施工情况的变化予以补充、修改和完善。

安全监理方案应包括以下主要内容：

①安全监理工作依据；

②安全监理工作目标；

③安全监理工作内容；

④项目监理机构安全监理岗位、人员及工作任务；

⑤安全监理工作制度；

⑥初步认定的危险性较大的分部、分项工程一览表；

⑦初步认定须经监理复核安全许可验收手续的大（中）型施工和安全设施一览表；

⑧初步确定须编制的专项安全监理实施细则一览表；

⑨初步选定的新材料、新技术、新工艺及特殊结构防止安全事故的监督控制措施；

⑩必要的安全防护用品。

（2）编制专项安全监理实施细则　对危险性较大的分部、分项工程，必须在施工开始前编制专项安全监理实施细则。安全监理实施细则由专业监理工程师编制，并经总监理工程师（或驻地监理工程师）批准。

编制专项安全监理实施细则的依据包括：

①已批准的包含安全监理方案的监理规划；

②相关的法规、工程建设强制性标准和设计文件；

③施工组织设计；

④其他规范性文件等。

专项安全监理实施细则应包括以下主要内容：

①危险性较大的分部、分项工程安全监理工作的特点和施工现场环境状况；

②安全监理人员的安排与分工；

③安全监理工作的方法及措施；

④针对性的安全监理检查、控制要点；

⑤相关过程的检查记录（表）和资料目录。

**2. 审查施工单位编制的安全技术措施或专项施工方案**

审查施工单位编制的施工组织设计中的安全技术措施和危险性较大的分部、分项工程安全专项施工方案是否符合工程建设强制性标准要求。审查的主要内容包括：

1）审查施工组织设计中的安全技术措施

施工安全技术措施是针对每项工程在施工过程中可能发生的事故隐患和可能发生安全问题的环节进行预测，从而在技术上和管理上采取措施，消除或控制施工过程中的危险因素，防范安全事故的发生。因此施工安全技术措施是工程安全生产的指令性文件，是施工现场管理和监理的重要依据。

施工安全技术措施主要包括：

（1）进入施工现场的安全规定。

（2）地面、深坑、隧道等施工作业的防护。

（3）水上、高处以及立体交叉施工作业的防护。

（4）施工用电安全技术措施。

(5)机械、机具使用过程中的安全防护以及夜间施工的安全防护。

(6)为确保安全,对采用新工艺、新材料、新技术制订的专项安全技术措施。

(7)预防自然灾害(台风、雷击、洪水、地震、高温、寒冻、泥石流等)的措施。

2)审核专项安全施工方案

根据《建设工程安全生产管理条例》的规定,施工单位应当在施工组织设计中编制安全技术措施和施工现场临时用电方案,对下列达到一定规模的危险性较大的分部、分项工程编制专项施工方案,并附安全验算结果,经施工单位技术负责人、总监理工程师签字后实施,由专职安全生产管理人员进行现场监督。

(1)基坑支护与降水工程。

(2)土方开挖工程。

(3)模板工程。

(4)起重吊装工程。

(5)脚手架工程。

(6)拆除、爆破工程。

(7)国务院建设行政主管部门或者其他有关部门规定的其他危险性较大的工程。

对上述所列工程中涉及深基坑、地下暗挖工程、高大模板工程的专项施工方案,施工单位还应当组织专家进行论证、审查。

**3. 审查施工单位安全生产管理体系**

(1)检查施工单位安全管理体系中的管理机构,总、分包现场项目经理和专职安全生产管理人员持证上岗、安全员数量配备情况。

(2)检查施工单位的安全生产责任制度、安全生产教育培训制度、安全生产规章制度和操作规程、消防安全责任制度、安全生产事故应急救援预案、安全施工技术交底制度以及设备的租赁、安装拆卸、运行维护保养、自检验收管理制度等是否健全和完善。

(3)检查施工现场各种安全标志和临时设施的设置。

(4)检查、督促施工单位与分包单位之间签订施工安全生产协议书。

(5)检查施工单位安全技术措施或文明施工措施费用的使用计划。

(6)督促施工单位制订安全事故应急救援方案、监控对重点部位和重点环节制订的工程项目危险源监控措施和应急救援方案的实施。

(7)对有关施工单位安全生产管理体系的检查项目,由项目监理机构在第一次工地会议上,书面向施工单位告知。

(8)明确本项目工程安全事故上报与处理程序,要求事故单位在第一时间内,按预定程序上报建设单位、所在地安全生产监督管理部门、建设主管部门、公安部门、工会等相关部门,不得隐瞒和拖延上报。

**4. 审查施工单位的安全设施、设备,特种作业人员进入现场的报验手续**

1)安全设施的审查

监理工程师在安全设施未进入工地前可按下列步骤进行监督:

(1)施工单位应提供当地或外购安全设施的产地、厂家以及出厂合格证书,供监理工程师审查。

(2)监理工程师可在施工初期,根据需要对这些厂家的生产工艺等进行调查了解。

(3)必要时可要求施工单位对安全设施取样试验,确保安全设施满足要求。

2)大、中型施工机械的审查

审查施工单位进场大、中型施工机械设备一览表及合格证,对施工单位报申进入施工现场的大、中型施工机械设备数量、型号、规格、生产能力、完好率进行审查。当发现施工单位的进场机械和报审表不一致时,要求施工单位更正。

3)特种作业人员的进场审查

审核施工单位申报的特种作业人员资格,包括垂直运输机械作业人员、安装拆卸作业人员、起重信号工、登高架设人员、爆破作业、电工、预应力张拉、水上作业、大(中)型机械操作员等特种人员的名册、岗位证书的相符性和有效性。

**5. 审查施工现场平面布置**

施工现场场地布置是工程施工过程中的重要组成部分。监理工程师在审查施工单位的施工组织设计时,必须从安全的角度审查施工现场平面图设计的合理性和符合性。

(1)施工现场的生活生产房屋、变电所、临时油库均应设在干燥地基上,并应符合防火、防洪、防风、防爆、防震的要求。

(2)施工现场要设置足够的消防设备。

(3)生产生活房屋应按规定保持必需的安全净距。一般情况下,活动板房不小于7m,铁皮房不小于5m,临时的锅炉房、发电机房、变电室、铁工房、厨房等与其房屋的间距不小于15m。

(4)易燃易爆的仓库、发电机房、变电所,应采取必要的安全防护措施,严禁用易燃材料修建。炸药库的设置应符合国家有关规定,工地的小型油库应远离生活区50m以外,并外设围栏。

(5)工地上较高的建(构)筑物、临时设施及重要库房,如炸药房、油库、发(变)电房、塔架、龙门吊架等,均应加设避雷装置。

(6)对环境有污染的设施和材料应设置在远离人员居住的空旷地点。污染严重的工程场所应配有防污染的设施。

(7)场内道路应保持畅通。载货车辆通过较多的道路,其弯道半径一般不小于15m,特殊情况不得小于10m。手推车道路和宽度不小于1.5m。急弯与陡坡地段应设置明显交通标志。与铁路交叉处应有专人照管,并设信号装置和落杆。靠近河流和陡壁处的道路,应设置护栏和明显的警告标志。场内行驶的有轨斗车、平车的轨道应平坦顺直,纵坡不得大于3%。车辆应装制动闸,线路终点应设置倒坡和车挡。

**6. 对施工单位事故应急救援预案的审查**

根据《中华人民共和国安全生产法》、《建设工程安全生产管理条例》、《中华人民共和国消防法》等法律法规的规定,监理工程师应督促施工单位在开工前根据各自项目施工现场和周边单位、社区的安全重大危险源类别、周边重要基础设施以及本项目工程特点、环境条件、人员素质、物质资源评估等情况编制相应的事故应急救援预案,并报监理工程师审查。监理工程师应对施工单位事故应急救援预案的针对性、可操作性以及完整性进行审查,提出整改意见,督促建立健全施工现场应急救援体系。

# •第三节 施工阶段安全监理工作•

在施工阶段,监理单位应对施工现场安全生产情况进行巡视检查,对发现的各类安全事故隐患,应书面通知施工单位,并督促其立即整改;情况严重的,监理单位应及时下达工程暂停令,要求施工单位停工整改,并同时报告建设单位。安全事故隐患消除后,监理单位应检查整改结果,签署复查或复工意见。施工单位拒不整改的,监理单位应当及时向工程所在地建设主管部门或工程项目的行业主管部门报告。

## 一、日常安全监理工作的形式和程序

**1. 日常安全监理的形式**

1)加强督促

安全监理工程师在施工过程中应监督施工单位按照国家有关法律法规、工程建设强制性标准和经审查同意的施工组织设计或专项施工方案组织施工,制止违规作业。督促施工单位定期进行安全生产自检工作,并将检查结果报送项目监理部。督促施工单位分阶段进行自评,并根据现场安全实际情况进行认真、公正的审查评价,填写有关报表,报送当地建设主管部门或其授权的建设工程安全监督管理机构备案。

2)巡视检查

监理工程师应对施工单位安全生产情况进行巡视检查,监督施工单位落实各项安全措施。发现有违规施工和存在安全事故隐患时,应要求施工单位整改;情况严重的,由总监理工程师下达工程暂停施工令,并报告建设单位;施工单位拒不整改或不停止施工的,应及时向当地政府有关部门书面报告。每日巡视检查时,若发现存在安全隐患,应及时签发《监理通知》,责成施工单位整改,并跟踪整改结果。

3)监理会议

在定期召开的监理会议上,将安全生产列入会议主要内容之一,评述现场安全生产现状和存在的问题,提出整改要求,制订预防措施。在《监理月报》中向建设单位汇报有关安全、文明施工情况。

**2. 日常安全监理实施程序**

1)口头通知

在日常现场巡视检查工作中,若发现存在违反强制性建设标准的现象或安全事故隐患时,应首先口头通知施工单位,要求立即采取措施整改(事后应及时采用书面通知予以确认)。

2)签发书面通知或指令

当口头通知发出后,施工单位未按其整改且无改正措施时,专业监理工程师或总工程师应及时向施工单位签发书面通知或指令。在签发书面通知或指令时,监理工程师应注意文件的时效性。

3)召开专题监理例会

当签发书面通知后,施工单位仍未采取措施整改时,监理工程师应当组织建设单位、施工单位及其他有关单位召开专题监理例会,对书面通知或指令中的内容,结合强制性建设标准加以强调。要求责任方说明原因，落实整改措施，明确计划整改完成时间，同时要求责任方明确在后序工作中对类似问题的预控措施，并形成例会纪要。

4）签发工程暂停令

在签发书面通知或指令以及召开专题例会后，施工单位仍未及时整改、或拒不整改，情节严重者应要求其暂时停止施工，并由总监理工程师签发“工程暂停令”，同时报告建设单位。“暂停”的部位视工程的情况，可以是整个工程暂停，也可以是局部工程暂停。当“工程暂停令”发出后执行效果不佳时，可进一步向建设单位提出加强与施工企业管理部门协调，要求参与执行。

5）向建设部门报告

若施工单位拒不整改或不停止施工时，总监理工程师应及时向有关建设主管部门以书面形式报告。

**3. 日常安全监理工作内容**

日常安全监理监督检查工作内容和检查要求见表1-6-2。

**日常安全监理监督检查工作内容和检查要求** 表1-6-2

| 项目 | 检查内容 | 检查方法或要求 | 结果 |
|---|---|---|---|
| 安全生产制度 | ①安全生产管理制度是否健全并认真执行 | 制度健全，切实可行，进行层层贯彻，各级主要领导人员和安全技术人员负责其主要条款的执行 | |
| | ②安全生产责任制是否落实 | 各级安全生产责任制落实到单位和部门，岗位安全生产责任制落实到人 | |
| | ③安全生产管理机构是否健全，人员配备是否得当 | 有领导、执行、监督机构，有群众性的安全网点活动，安全生产管理人员不缺员，没有被抽出做其他工作 | |
| | ④安全生产计划编制、执行情况 | 计划编制切实、可行、完整、及时，贯彻认真，执行有力 | |
| 安全教育 | ①新工人进行公司、工地和班组的三级安全教育培训 | 新工人必须进行公司、工地和班组的三级安全教育培训，教育培训的内容包括：安全生产方针、政策、法规、标准；安全技术知识、设备性能、安全制度、严禁事项；安全操作规程。未经教育培训或者教育培训考核不合格的人员，不得上岗作业 | |
| | ②特种作业人员 | 除进行一般安全教育外，还要经过本工种的安全技术培训，并获得证书后方可上岗 | |
| | ③三类人员即施工单位（承包、分包单位）的主要负责人、项目负责人、项目专职安全管理人员对安全生产教育培训制度的落实情况 | 有安排、有记录。安全生产教育培训考核不合格的人员，不得上岗 | |
| | ④采用新工艺、新技术、新设备施工和调换工作岗位时，对操作人员进行新技术、新岗位的安全教育 | 教育要及时、有记录、有考核 | |

续上表

| 项目 | 检 查 内 容 | 检查方法或要求 | 结果 |
| --- | --- | --- | --- |
| 安全技术 | ①施工安全技术交底 | ①对施工场所、作业环境，如高压线、地下管线、施工用电、现场防火和季节性特点等作明确交底；<br>②对多工种交叉作业时的安全技术及防范措施应作详细交底；<br>③对防止事故的“预防措施”和“劳动保护要求”作明确交底；<br>④分部、分项工程安全技术交底要有针对性 | |
| | ②应急救援人员和物资、器材的配备 | ①施工单位应急救援预案的人员做到组织并落实安全技术；<br>②必要的应急救援器材、设备配备齐全，符合要求；<br>③应坚持应急救援预案的定期演练 | |
| | ③专项安全施工方案和实施 | ①危险性较大的分部、分项工程必须按照批准的专项安全施工方案进行施工，在施工过程中需要对专项安全施工方案进行修改的，必须报原批准部门同意，不得擅自修改<br>②对危险性较大的分部、分项工程专项施工方案的实施进行重点监督检查 | |
| 安全检查 | ①安全检查制度是否坚持执行 | 按规定进行安全检查，有活动记录 | |
| | ②是否有违纪、违章现象 | ①发现违纪、违章，应及时纠正或进行处理；<br>②发现严重冒险作业和严重安全事故隐患的，应责令其暂时停工进行整改；<br>③向建设单位报告督促施工单位整改情况；<br>④向工程所在地政府有关主管部门报告施工单位拒不整改或不停止施工的情况 | |
| | ③安全隐患处理得如何 | 下达隐患整改通知单，要求施工单位整改事故隐患，并复查整改结果情况 | |

## 二、巡视检查

监理工程师应每天对施工过程中的危险性较大工程作业情况进行巡视检查，发现未按施工方案施工或违规作业行为应及时制止，巡视检查的重点包括以下几个方面。

**1. 高处作业**

(1)从事登高作业的人员，必须经过专业技术培训及专业考试合格，持证上岗，并定期进行体格检查。经医生诊断，凡患高血压、心脏病、贫血病、癫痫病以及其他不适合高空作业的人员，不得从事高空作业。

(2)对高处作业的安全技术设施，发现有缺陷和隐患时，必须及时解决；危及人身安全时，必须停止作业。

(3)雨天和雪天进行高空作业时，必须采取可靠的防滑、防寒和防冻措施。凡水、冰、霜、雪均应及时清除。对有高处作业的高耸建筑物，应事前设置避雷设施。遇有6级以上的强风、浓雾等恶劣气候，不得进行露天攀登与悬空高处作业。暴风雪及台风暴雨后，应对高处作业安全设施逐一加以检查，发现有松动、变形、损坏或脱落等现象，应立即修理完善。

(4)防护棚搭设与拆除时，应设立警戒区，并派专人监护，严禁上下同时拆除。

(5)高处作业所用材料堆放应平稳，工具应随手放进工具袋(套)内，上下传递物件禁止抛掷。

(6)在没有安全防护设施时，禁止在屋架的上弦、支撑、桁条、挑架或未固定的构件上行走或作业。高空作业与地面的联系，应采用通信装置，并设有专人负责。

(7)乘人的外用电梯、吊笼，应有可靠的安全装置，禁止利用起重臂和绳索攀登，禁止随同运料的吊篮、吊装物上下。

**2. 机电设备使用必须满足的要求**

(1)已建立机电设备操作手册和操作规程。

(2)机电设备运行状态应完好，并有可靠有效的安全防护装置。

(3)机电设备定人操作，操作人员经培训、考核合格。

(4)机电设备定期保养并记录。

(5)操作人员严格按照操作手册和操作规程进行操作。

(6)特种机械设备(如电梯、塔吊、架桥机、龙门吊等)进场后使用前必须经过有资质的单位鉴定，并出具鉴定证书。

**3. 场内车辆驾驶**

(1)未经专业、职业培训部门培训合格的持证人员、不熟悉车辆性能者，禁止驾驶车辆。

(2)车辆制动器、喇叭、转向系统、灯光等影响安全的部件必须良好。

(3)严禁翻斗车、自卸车车厢乘人；严禁人、货混装；车辆载货严禁超载、超高、超宽；捆扎必须牢固可靠。

(4)车辆进出施工现场、在场内掉头、倒车，在狭窄场地内行驶时，必须设专人指挥。

(5)现场行车，进出场要减速，并做到“四慢”，即：道路情况不明要慢；行走路线不良、照明度差时要慢；起步、交会车、倒车、停车要慢；在狭路、桥梁弯路、坡路、岔道、行人密集处及出入大门要慢。

(6)临近机动车道的作业区和脚手架等设施，以及道路中的障碍应设安全标志和防护设施，夜间应设警示灯和足够的照明。

(7)装卸车作业时，若车辆停放在坡道上，应采取有效措施防止车辆滑坡。

(8)在场内机动车道行走的人员，不应并排结队行走，有碍交通。

(9)机动车不得牵引无制动装置的车辆；牵引物体时，物体上下不得有人，人员不得进入正在牵引的物和车之间；在坡道上牵引时，车和被牵引下方不得有人作业、停留或用过。

**4. 气割、电焊作业**

(1)所有焊接工具及防护用品应完好无损，安全有效。

(2)要正确使用焊接设备，焊具及防护用品，高空作业应佩带安全带，并应佩戴安全帽。

(3)现场周围有易燃、易爆物品时应及时清理或采取防护措施。

(4)必须在禁火区进行明火作业时，应严格执行“动用明火”审批制度，办妥“动火证”手续。施工现场严格执行动火制度。

**5. 起重作业**

(1)起重指挥、起重机驾驶员必须持证上岗。指挥人员作业时应执行规定的指挥信号;起重机驾驶员应熟悉起重机技术性能。

(2)起重机各限位保险应齐全,各机构的工作应正常,制动器应灵敏可靠。

(3)起重机作业所需的用具、设备应可靠完好,钢丝绳无断丝、露芯、扭结、变形等异常情形。

(4)起重指挥、起重机驾驶员、起重工等操作人员应严格执行起重作业安全操作规程,正确佩戴防护用品。

(5)在垂直运输、不同层面吊装时应设二级指挥人员,指挥作业应站在能够照顾全部作业面的地点。

(6)在吊装区域内严禁站人。

(7)根据起重物件、设备的质量、体积、形状,采用适当的搬运方法,按规范要求,正确使用好各种起重工具。

(8)起重机回转范围 50cm 内无障碍物。

(9)吊起满载荷重物时,应先吊起离地面 20 ~ 50cm,检查起重机的稳定性、制动器的可靠性和绑扎的牢固性等,确认可靠后,方能继续起吊。

(10)起重臂最大仰角不得超过制造厂规定。

(11)吊起重物时,应严格注意起吊重物的升降,不使起重吊钩到达顶点。

(12)起重机必须置于坚硬平整的地面上,起吊时的一切动作要以缓慢速度进行,严禁同时进行两个动作。

(13)工作完毕后起重臂停在约 45°处,离开作业时,停在坚硬可靠的地基上,发动机熄火关闭电门,操纵杆推进空挡位置,制动器处于制动状态。

(14)如遇重大构件必须使用两台起重机同时起吊时,构件的质量不得超过两台起重机所允许起重量总和的 3/4,每台起重机分担的负荷不得超过该机允许负荷的 80%。在起吊时必须对两台起重机进行统一指挥。在整个吊装过程中,两台起重机的吊钩滑车组都应基本保持垂直状态。

**6. 钢筋加工、绑扎作业**

(1)断料、配料、弯料等工作应在地面进行,不准在高空操作。

(2)搬运钢筋注意避免与附近的架空线和临时电线发生碰撞。

(3)现场高处绑扎作业时,必须搭设符合规定的施工脚手架并配备其他安全设施。

(4)冷拉钢筋时,当钢筋拉直时人员必须离开,禁止横跨或碰触钢筋。

(5)切断机在剪切钢筋时,刀口要与钢筋垂直。切断机不准切断短于 30cm 的钢筋。

(6)人工断料,敲锤与持钢筋者应立成斜角。

(7)现场绑扎悬空大梁钢筋时,不得站在模板上操作。

(8)绑扎独立柱头钢筋时,不准站在钢箍筋上绑扎,也不准将木料、管子、钢模板穿在钢箍筋内作为立人板支撑。

(9)起吊钢筋骨架,下方禁止站人,必须待骨架降到距模板 1m 以下才准靠近,就位支撑好方可摘钩。

(10)起吊钢筋时,规格、尺寸必须统一,不准一点吊,吊点必须扎紧。

(11)切割机电源线需接漏电开关,切割机后方不准堆放易燃物品。

(12)钢筋头应及时清理,成品堆放要整齐,工作台要稳固,钢筋工作棚照明灯必须加网罩保护。

(13)高空作业时,不得将钢筋集中堆在模板和手架板上,也不准把工具、钢箍、短钢筋随意放在脚手架上。

(14)在雷雨时必须停止露天操作,预防雷击。

(15)不得在钢筋骨架上行走,禁止从柱子上的钢筋上下。

**7. 混凝土浇筑**

(1)使用平板振动器或振捣棒的作业人员,要穿胶鞋、戴绝缘手套;振捣设备用电应通过三级配电箱,并装有漏电保护器,电源线不得有破皮漏电;夜间施工时,照明要良好。

(2)混凝土工使用推车向料斗倒料时,要有挡车措施。

(3)浇筑高度在2m以上,应搭设操作平台,浇筑混凝土时,不准直接站在溜槽上或站在模板及支撑上操作;操作人员必须戴好安全带,并扣好保险钩。

(4)串搭车道板时,两头需搁置平稳,并用钉子固定,在车道板下面每隔1.5m须加横楞、顶撑;高空串搭,必须装有防护栏杆。

(5)车道板单车行走不小于1.4m宽,双车来回不小于2.8m宽,在运料时前后应保持一定车距,不准奔走、抢道或超车。

(6)用塔吊、料斗浇捣混凝土时,指挥扶斗人员与塔吊驾驶员应密切配合。

(7)使用振动机前应进行安全检查。振动机移动时,不能硬拉电线,更不能在钢筋和其他锐利物上拖拉。

(8)井架吊篮起吊或放下时必须关好井架双重安全门,人员头、手不准伸入井架内,待吊篮停稳,方能进入吊篮内工作。

(9)无可靠安全防护时,作业人员必须系好安全带并挂好保险钩,或架设安全网。

**8. 张拉作业**

(1)张拉人员必须严格遵守各项技术操作程序。

(2)张拉机具、千斤顶等机具使用前必须经有资质的单位鉴定和标定,压力表、持压阀、油管等部件的接头必须牢固。

(3)张拉开始时,必须保持楔槽的清洁卫生,不得有油腻、杂物。

(4)张拉时非工作人员不得进入工作区。压力表指针在一定压力时,禁止拧动油泵和千斤顶每个受力螺丝或撬动千斤顶。

(5)千斤顶与油泵在稳压时,工作人员必须在安全的位置。

(6)退楔时所有人员必须远离千斤顶,禁止对着楔块退出和在钢丝绳的斜度位置站立。

(7)拆除千斤顶时,必须先取出千斤顶两侧的楔块。

(8)悬空张拉,必须先搭设工作平台,工作平台上应有栏杆、保险绳等安全设施。

(9)应搭设满足操作人员和张拉设备荷载牢固可靠的脚手架,并搭设防雨棚。

(10)预应力张拉区域应设明显的安全标志,非操作人员禁止进入。

(11)张拉钢索的两端必须设置挡板,挡板应距离所张拉钢索端部1.5~2m,且应高出最上一组张拉钢索 0.5m，其宽度应距张拉钢索两外侧各 1m 以上。

**9. 脚手架搭设与拆除作业**

从事脚手架搭设和拆除的人员，必须是经过按现行国家标准《特种作业人员安全技术培训考核管理规则(GB 5036—85)考核合格的专业架子工，经体检合格，方可持证上岗，并配备必须的个人安全防护用品。

(1)脚手架或模板支架必须与邻近高压架空线路保持安全距离，特殊情况下不能保持安全距离时，应搭设外电防护隔离设施；若遇无法保持安全距离又无法建立外电防护设施的情况，必须在外电线路停电后方可进行搭设。

(2)脚手架的基础应根据脚手架及模板支架的搭设高度、承载要求、土质情况及现行国家标准《建筑地基基础工程施工质量规范》(GB 50202—2002)，按专项施工方案的要求，进行加固处理和验收，场地内不得有积水。

(3)对脚手架及模板支架所使用的材料，应进行检查验收，不合格的产品不得使用。脚手钢管应采用现行国家标准《直接电焊钢管》(GB/T 13793—1992)或《低压流体输送用焊接钢管》(GB/T 3091—2001)中规定的 3 号普通钢管，其质量应符合现行国家《碳素钢结构》(GB/T 700—2006)中 Q235—A 级钢的规定，宜采用直径 48mm × 3.5mm 的钢管。新扣件应有生产许可证、法定检测单位的测试报告和产品质量合格证，并按现行国家标准《钢管脚手架扣件》(GB 15831—2006)的规定进行抽样检测。

(4)脚手架及模板支架基础验收合格后，应按专项施工方案的要求进行放线定位。

(5)脚手架和模板支架在搭设和拆除时，应设立作业警戒区，并派专人进行监控，并严禁非操作人员入内。

(6)脚手架和模板支架在搭设过程中，应进行分步验收，全部验收合格，挂牌后方可投入使用。

(7)在脚手架和模板支架的使用期间，严禁拆除主接点处纵、横向水平杆及纵、横向扫地杆、连墙件。

(8)在脚手架及模板支架上进行电、气焊作业时，必须有防火措施并设专人监护。

(9)脚手架作业层上的施工荷载应符合设计要求，不得超载；不得将模板支架、缆风绳、泵送混凝土和砂浆的输送管等固定在脚手架上。

(10)脚手架及模板支架应按先行行业标准《施工现场临时用电安全技术防范》(JGJ 46—2005)采取接地防雷措施。

(11)不得在脚手架、模板支架基础及临近处进行挖掘作业。

(12)当有六级以上的大风和雾、雨、雪天气时应停止脚手架搭设和拆除作业，雨、雪后上架作业应有防滑措施，并应扫除积雪。

(13)支架施工前，应进行详细的结构计算，满足支架承重的要求，确保支架结构安全，并报监理工程师。

**10. 大模板堆放、安装、拆除作业**

(1)平模存放时应满足地区条件要求的自稳角，两块大模板应采取面板对面板的存放方法，长期存放模板，应将模板连成整体。大模板存放在高处，必须有可靠的防倾倒措施，不得沿外墙围边放置，并垂直于外墙存放。

(2)没有支撑或自稳角不足的大模板,要存放在专用的堆放架上,或者平堆放,不得靠在其他模板或物件上。

(3)模板起吊前,应检查吊装用绳索、卡具及每块模板上的吊环是否完整可靠,并应先拆除一切临时支撑,经检查无误后方可起吊。模板起吊前、应将吊车的位置调整适当,做到稳起。

(4)筒模可用拖车整体运输,也可拆成平模用拖车水平叠放运输。平模叠放时,垫木必须上下对齐,绑扎牢固,用拖车运输,车上严禁坐人。

(5)在大模板拆装区域周围,应设置围栏,并挂明显的标志牌,禁止非作业人员入内。组装平模时,应及时用卡具或花篮螺丝将相邻的模板连接好。

(6)现浇结构安装模板时,必须将悬挑担固定,位置调整准确后,方可摘钩,外模安装后,要立即穿好销杆,紧固螺栓。安装外模板的操作人员必须系好安全带。

(7)在模板组装或拆除时,指挥、拆除和挂钩人员必须站在安全可靠的地方操作,严禁人员随模板起吊。

(8)大模板必须有操作平台、上下梯道、走道和防护栏杆等附属设施。

(9)拆模起吊前,应拆除穿枪销杆。拆除外墙模板时,应先挂好吊钩,紧绳索,在拆除销杆吊钩时应使模板垂直,不得斜吊。摘钩时手不离钩,待吊钩吊起超过头部方可松手。吊钩超过障碍物以上的允许高度,才能行车或转臂。模板就位和拆除时,必须设置缆风绳。

(10)在大风情况下,不得做高空运输。

(11)模板安装就位后,要采取防止触电的保护措施,要设专人将大模板串联起来,并同避雷网接通。

**11. 电器安装、维修作业**

(1)操作人员经体检合格,持证上岗,非电工一律不准安装、维修电器设备。

(2)电器安装、维修应严格遵守《施工现场临时用电安全技术规范》(JGJ 46—2005)的规定。

(3)操作人员应正确使用个人劳动防护用品和操作工具。

(4)在低压系统电器设备和线路上检修工作,应停电作业。必须带电操作时,应有两名电工配合,严格执行监护制度,并作好安全防护绝缘措施。

(5)在带电线路上工作要选好工作位置,保持人体对地绝缘。断开导线时应先断相线,后断零线;接导线时应先将线头试搭,然后先接零线,后接相线。

(6)停电检修工作,必须在验明确实无电以后,同时在开关、铡刀的操作手柄后插头上挂上“禁止合闸,有人工作”的安全标示牌,必要时加锁,方能进行操作。在未验明无电时一律按带电操作要求作业。

(7)在高处作业时,严禁向下抛物,应采用绳子上下传递物品,地面有人监护。

(8)在高压电器设备和线路上操作,必须持有高压电工操作证书,并严格执行工作票制度和倒闸操作安全规程。

(9)在布置临时电源时,电线均应架空,过道处需用钢管保护或按规定埋设。

(10)电箱内电器原件应完整,专用漏电保护开关的设置,应符合有关标准的规定,一只漏电开关控制一只插座。

(11)所有移动用电设备都应有专用电开关保护,电线无破损,插头插座完整。

(12)电器设备所用保险丝的额定电流应与其负荷容量相适应。

**12. 拆除作业**

作业人员应熟悉被拆除建筑物(或建筑物)的竣工图纸、建筑物的结构情况、水电及设备管道情况,熟悉周围环境、场地、道路、水电设备管路、危房等情况。拆除作业安全检查要点如下:

(1)工程负责人要根据施工组织设计和安全技术措施、安全操作规程对参加作业的人员进行详细的书面交底。

(2)在拆除工程施工前,应将电线、瓦斯、煤气管道、上下水管道、供热设备管道等干线,以及通建筑物的支线切断或迁移。

(3)从事拆除工作的作业人员,应站在专门搭设的脚手架上或其他稳固的结构部分上操作。

(4)拆除区周围应设立围栏,挂警告牌,并派专人监护,严禁无关人员逗留。

(5)拆除建筑物应采用自上而下的顺序进行,禁止数层同时拆除,当拆除某一部分的时候,应防止其他部分的倒塌。

(6)拆除过程中,现场照明不得使用被拆除建筑物中的配电线,应另外设置配电线路。

(7)拆除建筑物的栏杆、楼梯和楼板等,应该和整体进度相配合。

(8)在拆除建筑物时,楼板或构筑物上不准有人聚集或堆放材料。

(9)高处进行拆除工程,要设置散碎废料溜放槽。拆下较大或沉重的材料要用起重机械吊运,禁止向下抛扔。拆卸下来的各种材料要及时清理,分别堆放在指定位置。

(10)拆除石棉瓦及轻型结构屋面工程时,严禁施工人员直接踩踏在石棉瓦及轻型板上作业,必须使用移动板梯,板梯上部固定,防止高处坠落。

**13. 施工机械作业**

施工单位应建立各种施工机械设备安全操作规程,施工机械操作人员应持证上岗操作。监理工程师应对操作人员遵守操作规程的情况进行检查,并对特定施工条件下,施工机械设备的安全作业情况进行检查。

## 三、核查现场机械和安全设施的验收手续,并签署意见

监理工程师应对施工现场使用的施工机械和设施的采购、租赁,起重机械的现场安装和拆卸,起重机械的检测与验收等情况进行检查验收。监理单位核查施工单位提交的有关施工机械、安全设施等的验收记录,并由项目总监在验收记录上签署意见。

**1. 施工机械、机具的采购和租赁**

(1)施工单位采购、租赁的安全防护用具、机械设备、施工机具及配件,应当具有生产(制造)许可证、产品合格证,并在进入施工现场前由使用单位或承租单位、出售单位或出租单位、安装单位等共同进行验收查验,验收合格的方可使用。验收合格后30d内,应向当地建设主管部门登记。对于尚无相关国家标准或行业标准的设备和设施,应当保障其质量和安全性能。

(2)施工现场的机械设备、施工机具及配件必须由专人管理,定期进行检查、维修和保养,建立相应的资料和档案,并按照国家有关规定及时报废。

(3)为建设工程提供机械设备和配件的单位,应当按照安全施工的要求配备齐全有效的

保险以及限位的安全设施和装置。

(4)出租单位应当对出租的机械设备和施工机具及配件的安全性能进行检测,在签定租赁协议时,应当出具检测合格证明。

(5)禁止出租检测不合格的机械设备和施工机具及配件。

**2. 起重机械和设施的现场安装和拆卸**

(1)在施工现场安装、拆卸施工起重机械和整体提升式脚手架、滑模、爬模、架桥机等自行式架设设施,必须由具有相应资质的单位承担。

(2)安装和拆卸施工起重机械和整体提升式脚手架、滑模、爬模、架桥机等自行式架设设施,应当编制拆装方案、制订安全施工措施,并由专业技术人员现场监督。

(3)施工起重机械和整体提升式脚手架、滑模、爬模、架桥机等自行式架设设施安装完毕后,安装单位应当自检,出具自检合格证明,并向施工单位进行安全使用说明,办理验收手续并签字。

**3. 起重机械和设施的检测与验收**

(1)施工起重机械和整体提升式脚手架、滑模、爬模、架桥机等自行式架设设施的使用达到国家规定的检验检测期限的,必须经具有专业资质的检验检测机构检测。经检测不合格的不得继续使用。

(2)检验检测机构对检测合格的施工起重机械和整体提升式脚手架、滑模、爬模、架桥机等自行式架设设施,应当出具安全合格证明文件,并对检测结果负责。

(3)施工单位在使用施工起重机械和整体提升式脚手架、滑模、爬模、架桥机等自行式架设设施前,应当组织有关单位进行验收,也可以委托具有相应资质的检验检测机构进行验收;使用承租的机械设备和施工机具及配件的,由施工总承包单位、分包单位、出租单位和安装单位共同进行验收。验收合格的方可使用。对于尚无相关国家标准或行业标准的设备和设施,应当保障其质量和安全性能。

(4)《特种设备安全监察条例》规定的施工起重机械,在验收前应当经有相应资质的检验检测机构监督检验合格。

(5)施工单位应当自施工起重机械和整体提升式脚手架、滑模、爬模、架桥机等自行式架设设施验收合格之日起30d内向建设主管部门备案或其他有关部门登记。登记标志应当置于或附着于该设备的显著位置。

**4. 施工机械使用的安全监督**

施工机械应当按照施工总平面布置图规定的位置和线路设置,不得任意侵占场内道路。施工机械进厂,必须经过安全检查,经检查合格的方能使用。施工机械操作人员必须建立机组责任制,并依照有关规定持证上岗,禁止无证人员操作。

## 四、检查现场防护设施等是否符合规范要求,并签认所发生的费用

**1. 检查施工现场安全防护用品的提供及使用情况**

(1)施工单位应当向作业人员免费提供符合国家规定的安全防护用具和安全防护服装,并书面告之危险岗位的操作规程和违章操作的危害。

(2)作业人员应当遵守安全施工的强制性标准、规章制度和操作规程,严格按照《使用说

明书》正确使用安全防护用具。

(3)应建立健全保护用品的购买、验收、保管、发放、使用、更换、报废的管理制度和使用档案。

**2. 检查安全标志**

施工单位应当在施工现场出入口或者沿线各交叉口、施工起重机械、拌和厂、临时用电设施、爆破物及有害危险气体和液体存放处以及孔洞口、隧道口、基坑边沿、脚手架、码头边沿、桥梁边沿等危险部位，设置明显的安全警示标志或者必要的安全防护设施。

**3. 安全防护设施**

1)高处作业防护

(1)高处作业的安全防护设施及其所需的料具，应列入施工组织设计。

(2)雨天和雪天进行高处作业时，必须采取可靠的防滑、防冻措施。

(3)防护棚搭设与拆除时，应设立警戒区，并派专人监护。

(4)乘人的外用电梯、吊笼应有可靠的安全装置。

2)临边作业防护

(1)基坑周遍，尚未安装栏杆或拦板的结构平台、料台、挑平台周边的，都必须设置防护栏杆。

(2)井架与施工用电梯、架桥机等施工机械、脚手架与建筑物通道的两边及端头，必须设防护栏杆。地面通道上部应装设安全防护棚；双笼井架通道中间，应予分隔封闭。

(3)各种垂直运输接料平台，除两侧设防护栏杆外，平台口还应设置安全门或活动防护栏杆。

3)洞口作业防护

(1)进入洞口作业以及因工程和工序需要，在人与物有坠落危险或危及人身安全的其他洞口进行高处作业时，应设置防护设施。

(2)钢管桩、钻孔桩等桩孔上口，杯形、条形基础上口，未填土的沟槽，以及人孔、天窗、地板等处，均应按洞口防护设置稳固的盖件。

(3)施工现场通道的各类洞口与坑槽等处，除设置防护设施与安全标志外，夜间还应设红灯警示。

(4)洞口应根据具体情况采取防护栏杆、盖件、张挂安全网与装门等防护措施。洞(孔)口短边小于25cm但大于2.5cm时，必须用坚实的盖板盖没，盖板应能防止挪动移位；边长为25～50cm的洞口、安装预制构件的洞口以及临时形成的洞口，可用竹、木等作盖板，盖住洞口。盖板需能保持四周搁置均衡，并有固定其位置的措施。边长为50～150cm洞口必须设置为扣件接钢管而形成的网格，并在其上满铺竹篱笆或脚手板，或采用贯穿于混凝土内钢筋构成的防护网，钢筋网格间距不得大于20cm；边长在150cm以上的洞口，四周设防护栏杆，洞口下设安全平网。

(5)位于车辆行使道旁的洞口、深沟与管道坑、槽，所加的盖板应能承受不小于当地额定车辆的后轮有效承载力2倍的荷载。

(6)临近的有人与物坠落危险性的其他竖向洞口、孔，均应予以盖没或加以防护，并有固定位置的措施。

4)攀登作业防护

(1)攀登的用具,结构构造必须牢固可靠,供人上下的踏板其使用荷载不得大于1 100N;当梯面上有特殊作业,重力超过上述荷载时,应按实际情况加以验算。

(2)梯脚底部应坚实,不得垫高使用;梯子的上端应有固定措施;立梯的工作角度以75°±5°为宜,踏板间距以30cm为宜,不得有缺档。

(3)梯子若需接长使用,必须有可靠的连接措施,且接头不得超过一处,连接后梯子的强度,不应低于单梯梯子的强度。

(4)固定式直爬梯应采用金属材料制成。梯宽不应大于50cm,支撑应采用不小于∠70mm×6 mm的角钢,埋设件焊接必须牢固。梯子顶端的踏板应与攀登的顶面齐平,并加设1~1.5m高的扶手。使用直爬梯进行攀登作业时,攀登高度以5m为宜。超过5m时,应加设护笼,超过8m时,必须设置梯间平台。

(5)架梁作业若需在梁面或盖梁上行走时,其一侧的临时护栏可采用钢索,当改用扶手绳时,绳的自然下垂度不应大于$L/20$,并应控制在10cm以内。当无法安装防护设施时,应在作业面上合适的位置全长设置提供作业人员挂安全带保险钩的钢索。

5)悬空作业防护

悬空作业处应有牢靠的立足处,并必须视具体情况配置防护栏网、栏杆或其他安全防护设施。

(1)构件吊装、安装和拆卸　钢结构构件的吊装和拆卸,应搭设进行临时固定、电焊、高强度螺栓连接等工序的登高和作业的安全设施,随构件同时上吊就位。高空吊装预应力结构构件等大型构件前,也应搭设悬空作业中所需的安全防护设施。

(2)箱梁、盖梁等模板支撑和拆卸　支设高度在3m以上的立柱模板,四周应设斜撑,并应设置操作平台。支设悬挑形式模板时,应有稳固的立足点。支设临空构筑物模板时,应搭设支架或脚手架。模板上有预留孔时,应在安装后将孔封堵。混凝土板上拆模后形成的临时洞孔、临边,应设置规范的防护设施。拆模高处作业,应配置登高用具或搭设脚手架。

绑扎钢筋和安装钢筋骨架时,必须搭设脚手架和登高设施;绑扎立柱钢筋时,不得站在钢筋骨架上或攀登骨架上下;绑扎圈梁、挑梁、挑檐、外墙等钢筋时应同步搭设脚手架,并张挂安全网;悬空大梁钢筋的绑扎,必须在满铺的脚手架上操作。

6)移动式操作平台防护

(1)操作平台应由专业人员按现行的规范进行设计,计算及图纸应编入施工组织设计。操作平台面积不应超过10m$^2$,高度不应超过5m,并应进行稳定验算及采取措施改变立柱的长细比。

(2)轮式移动式操作平台,轮子与平台的接合处应牢固可靠,立柱底端距地面不得超过80mm。

(3)操作平台可用$\phi$48mm×3.5mm钢管以扣件连接,或采用门架式或承插式钢管脚手架部件,按产品使用要求进行组装。平台次梁的间距不应大于40mm,台面满铺≥5cm厚的木板。

(4)操作平台的四周必须按临边作业要求设置防护栏杆,并应布置登高梯。

7)交叉作业防护

(1)对于上方施工可能坠落物件或处于起重机臂杆回转范围之内的通道,在其受影响的范围内,必须搭设顶部能防止穿透的双层防护通道。

(2)各工种进行上下交叉作业时不得在同一垂直方向上操作;下层作业的位置,必须处于依上层高度确定的可能坠落范围半径之外;不符合以上条件时,应设置安全防护层。

(3)钢模板部件拆除后,临时堆放处离临边不应小于1m,堆放高度不超过1m;“四口五临边”等边缘处,严禁堆放任何物件。

(4)结构施工自二层起,凡人员进出的通道口(包括井架、施工用电梯的进出通道口),均应搭设安全防护棚;高度超过24m的层次上的交叉作业,应设双层防护。

8)特殊季节、气候条件的施工防护

施工单位应当根据不同施工阶段和周围环境及季节、气候的变化,在施工现场采取相应的安全施工措施。施工现场暂时停止施工的,施工单位应当做好现场防护。

(1)暴雨台风前后,要检查工地临时设施、脚手架、机电设备、临时用电线路,发现倾斜、变形、下沉、漏雨、漏电等现象,应及时修复和加固;有严重危险的应立即排除。

(2)易燃、易爆仓库和灯塔、打桩机等机械,应设避雷装置;对机电设备的电气开关,要有防雨防潮措施。

(3)现场道路应加强维护,斜道和脚手板应有防滑措施。

(4)夏季作业应调整作息时间,从事高温工作的场所,应加强通风和防暑降温措施。

(5)冬季施工使用煤炭取暖,应符合防火要求;应指定专人负责管理,并采取防止一氧化碳中毒的措施。

9)专项防护

施工单位对因建设工程施工可能造成损害的毗邻建筑物、构筑物和地下管线等,应当采取专项防护措施。

**4. 临时用电防护**

1)临时用电安全距离的控制

(1)在建筑工程(含脚手架具)的外侧边缘与外电架空线路的边缘之间必须保持安全操作距离。最小安全操作距离应不小于表1-6-3所列数值(注:上、下脚手架的斜道严禁搭设在有外电线路的一侧)。

表1-6-3

| 外电线电压 | 1kV以下 | 1~10kV | 35~110kV | 154~220kV | 330~500kV |
|---|---|---|---|---|---|
| 最小安全操作距离(m) | 4 | 6 | 8 | 10 | 15 |

(2)施工现场的机动车道与外电架空线路交叉时,架空线路的最低点与路面的垂直距离应不小于表1-6-4所列数值。

表1-6-4

| 外电线路电压 | 1kV以下 | 1~10kV | 35kV |
|---|---|---|---|
| 最小垂直距离(m) | 6 | 7 | 7 |

(3)旋转臂架式起重机的任何部位或者被吊物边缘与10kV以下的架空线路边线最小水平距离不得小于2m。

(4)电缆穿越建筑物、构筑物、道路、易受机械损伤的场所及引出地面从2m高度至地下0.2m处,必须加设防护套管。

(5)电缆线路与其附近热力管道的平行间距不得小于2m,交叉间距不得小于1m。

(6)橡皮电缆线在架空敷设时,应沿墙壁或电杆设置,并用绝缘子固定,严禁使用金属裸线绑扎,固定点间距应保证橡皮电缆能承受自重所带来的荷重。电缆间距大于10m时,必须采用铅丝或钢丝绳吊绑,以减轻电缆自重,最大弧垂距地面不应小于2.5m。

(7)施工现场配电箱的设置,总配电箱应设置在变压器附近,分配电箱与开关箱的距离不应大于30m,开关箱与设备的水平距离不应大于3m。

(8)室内配电线必须采用绝缘导线,采用瓷瓶、瓷(塑料)夹等敷设,距地面高度不得小于2.5m。

2)安全保护装置的设置

(1)在施工现场专用的中性点直接接地的电力线路中必须采用TN/S接零保护系统。电力设备的金属外壳必须与专用保护零线连接,专用保护零线应由工作接地线、配电室的零线或第一级的漏电保护器电源侧的零线引出。

(2)当施工现场与外电线路共用同一供电系统时,电气设备应根据当地的要求做保护接零或保护接地。不得一部分设备做保护接零,另一部分设备做保护接地。

(3)只容许做保护接地的系统中,因条件限制接地有困难时,应设置操作和维修电器装置的绝缘台,并必须使操作人员不致偶然触及外物。

(4)每台用电设备应配置专用的开关箱,实行"一机一闸一触保"制,严禁用同一个开关电器直接控制两台及两台以上用电设备(含插座)。

(5)开关箱中必须设置漏电保护器,其额定漏电动作电流应不大于30mA。施工现场分配电箱上安装的漏电保护开关的漏电动作电流应为50mA,额定动作时间应小于0.1s。

(6)进入开关箱的电源线,严禁用插销连接。

(7)地面上应有埋设电缆的标志,并应有专人负责管理,不得将物料堆放在电缆埋设的上方。

**5.安全施工措施费用的使用**

监理工程师应依据国家有关法律、法规、规章的规定,及通过审核后的施工组织设计中的施工安全技术措施,对列入建设工程概算的安全作业环境及安全施工措施所需费用使用情况进行审核签认。列入建设工程概算的安全作业环境及安全施工措施所需费用,应当用于施工安全防护用具及设施的采购和更新、安全施工措施的落实、安全生产条件的改善,不得挪作他用。

列入建设工程概算的安全作业环境及安全施工措施费用应主要用于以下几个方面:

(1)安全设施建设。如防火工程、通风工程、安全防护设施等。

(2)增设安全设备、器材、装备、仪器、仪表等以及对这些安全设备进行日常维护的费用。

(3)按国家标准为职工配备劳动保护用品。

(4)职工的安全生产教育和培训。

(5)其他预防事故发生的安全技术措施费用,如用于制订及落实施工安全事故应急救援预案等。

## ·第四节 交工验收阶段安全监理工作·

安全监理工程师在交工验收阶段的主要工作内容包括:

(1)协助建设单位落实工程建设项目"三同时"的规定。建设项目"三同时"是指生产性基本建设项目中的劳动安全卫生设施必须符合国家规定的标准,必须与主体工程同时设计、同时施工、同时投入生产和使用,以确保建设项目竣工投产后,符合国家规定的劳动安全卫生标准,保障劳动者在生产过程中的安全与健康。

(2)审查安全设施等是否按设计要求与主体工程同时建成交付使用。

(3)承担交工验收至竣工验收阶段质量缺陷和问题修复的施工作业安全管理责任。

### 一、道路工程交工阶段的安全管理

**1. 路面修复安全作业**

(1)凡在道路上进行修复作业的人员必须穿着带有反光标志的橘红色工作装(套装),管理人员必须穿着带有反光标志的橘红色背心。

(2)道路路面修复作业必须按作业控制区交通控制标准设置相关的渠化装置和标志,并指派专人负责维持交通。

(3)在修复作业时,修复作业人员不得将任何物体置于控制区以外。

(4)在高路堤路肩、陡边坡等路段修复作业时,应采取防滑坠落措施,并注意防止危岩、浮石滚落。

(5)坑槽修补应当天完成,若不能完成须布置修复作业控制区。

(6)当夜间进行修复作业时,应设置照明设施。照明必须满足作业要求,并覆盖整个工作区域。

(7)当进行修复作业时,应顺着交通流向设置安全设施。当作业完成后,应逆着交通流方向撤除为修复作业而设置的有关安全设施,恢复正常交通。

**2. 桥梁修复安全作业**

(1)道路桥梁、涵洞、隧道现场要专门设置修复作业时的交通标志。桥面应按作业控制区布置要求设置相关的渠化装置和标志,并设专人负责维持交通。

(2)桥梁修复作业时,应首先要了解架设在桥面上下的各种管线,并应注意保护公用设施(煤气、水管、电缆、架空线等),必要时应与有关单位联系,取得配合。

(3)在桥梁栏杆外进行作业时,须设置悬挂式吊篮等防护设施,作业人员须系安全带。

(4)桥墩、桥台修复时,应在上、下游航道两端设置安全设施,夜间须设置警示信号。必要时与有关单位取得联系,相互配合。

**3. 隧道修复安全作业**

(1)在修复明洞和半山洞前,应及时清除山体边坡或洞顶危石。

(2)在隧道内进行登高堵漏作业或修复照明设施时,登高设施的周围应设醒目的安全设施。

(3)对隧道衬砌局部坍塌进行修复作业时,应采取措施保证人员安全。

(4)当实测的隧道内一氧化碳浓度或烟尘浓度高于规定的容许浓度时,作业人员应及时撤离,并开启通风设备进行通风。

(5)隧道内不准存放易燃易爆物品,严禁明火作业或取暖。

(6)作业宜选择在交通量较小时段进行。在进行作业前,应做好以下工作:

①检测隧道内 CO、烟雾等有害气体的浓度及能见度是否会影响施工安全;

②检测隧道结构状况是否会影响作业安全,如有危险,应先处理后作业;

③检查施工道信号灯是否准确、明显,施工标志设置是否规范;

④对养护机械、台架应进行全面的安全检查,并应在机械上设置明显的反光标志,在台架周围设置防眩灯,以反映作业现场的轮廓。

(7)在隧道内进行作业时,应遵守以下规定:

①修复作业控制区经划定后不得随意变更;

②作业人员不得在工作区外活动或将任何施工机具、材料置于工作区以外;

③施工路段内的照明应满足要求。

(8)电力设施等有特别要求的维护,应按有关部门的安全操作规程执行。

(9)隧道内发生交通事故时,应通知并配合交通安全管理部门到现场处理交通事故。

(10)事故发生后,应尽快清理现场,排除路障,恢复隧道正常行车,并登记相关损失,应认真分析事故原因,恢复或改善隧道的防灾能力。

**4. 雨季安全作业**

(1)现场道路应加强维护,斜道和脚手板应有防滑措施。

(2)暴雨台风前后,应检查工地临时设施、脚手架、机电设备、临时线路,发现倾斜、变形、下沉、漏电、漏雨等现象,应及时修理加固。

(3)在雨季修复作业时,作业现场应及时排除积水,人行道的上下坡应挖步梯或铺砂,脚手板、斜道板、跳板上应采取防滑措施。加强对排架、脚手架和土方工程的检查,防止倾斜和坍塌。

(4)在雨季施工时,处于洪水可能淹没地带的机械设备、材料等应做好防范措施,施工人员要提前做好安全撤离的准备工作。

(5)长时间在雨季中作业的工程,应根据条件搭设雨棚。作业中遇有暴风雨应停止施工。

**5. 雾天修复安全作业**

(1)雾天不宜进行修复作业。

(2)雾天需要进行抢修时,宜会同有关部门,封闭交通进行作业,所有安全设施上均须设置黄色施工警告灯号。

**6. 道路检测安全作业**

(1)严禁在能见度差(如夜晚、大雾天)的条件下进行作业。

(2)道路检测车在高速公路、一级公路进行道路性能检测时,凡行进速度低于 50km/h 时,均应按临时定点或移动修复作业控制区布置,或应在检测设备尾部安装发光可变标志牌。

## 复习思考题

1. 什么是安全监理？在建设工程施工中安全监理应承担哪些法律责任？
2. 安全监理的主要工作内容有哪些？
3. 简述安全监理的依据和原则。
4. 施工准备阶段安全监理的工作有哪些主要工作内容？
5. 安全监理工程师对高处作业检查的重点有哪些？
6. 桥梁修复安全作业有哪些要求？
7. 交工验收阶段安全监理工程师有哪些主要工作？

# 第七章 施工环境保护监理

**知识目标**

1. 解释施工环境保护监理的基本概念；
2. 描述在施工各阶段环境保护监理的主要工作内容和监理要点。

长期以来，我国在建设项目环境保护管理工作中，比较重视工程前期的环境影响评价工作和工程的竣工环境保护验收工作，对工程施工期所带来的生态环境的破坏、水土流失、景观影响及环境污染等问题，管理上相对薄弱。为了有效地控制工程施工阶段的生态环境影响和环境污染，从20世纪90年代开始，我国相继在一些生态环境影响突出的国家重点工程开展了施工期工程环境监理试点，包括黄河小浪底工程、三峡工程、新建铁路青藏线、西气东输管道工程、上海国际航运中心洋山深水港区一期工程、四川岷江紫坪铺水利枢纽工程等。根据国内试点工作的经验，在工程建设中各行业相继开始实施施工环保监理工作，将其作为工程监理的重要组成部分，纳入工程监理管理体系。

工程施工环境保护监理是针对施工过程环境保护的全方位、全过程的监理。与现行的施工监理相比，施工环境保护监理还是一个新事物，是对施工监理制度一个重要的充实，但由于工作内容不仅仅限于工程本身，还涉及到环保技术，因此具有其特殊性和相对独立性。

## 第一节 概 述

### 一、施工环境保护监理的概念

环境保护监理是指具有相应资质的监理企业，接受建设单位的委托，承担其建设项目的环境管理工作，代表建设单位对承建单位的建设行为对环境的影响情况进行检查，并对污染防治和生态保护的情况进行检查，确保各项环保措施落到实处。

环境保护监理是工程监理的重要组成部分，但由于工作内容不仅仅限于工程本身，还涉及环保技术，因此具有特殊性和相对独立性。

### 二、施工环境保护监理的任务

环境保护监理的主要任务一方面是根据《中华人民共和国环境保护法》及相关法律、法规，对工程建设过程中污染环境、破坏生态的行为进行监督管理；另一方面对建设项目配套的环保工程进行施工监理，确保"三同时"的实施。

环境保护监理包括两部分内容：一是监理建设项目的主体工程的施工过程应符合环保要求，如噪声、废气、污水等污染物排放应达标，减少水土流失和生态环境破坏，也称为"环保达标监理"；二是对保护营运和施工期的环境而建设的配套环境保护设施进行监理，也称为"环保工程监理"，包括对水处理设施、声屏障、绿化工程、自然保护区、水源保护区以及风景名胜保护区等进行的监理。

## 三、施工环境保护监理的依据

**1. 国家有关的法律、法规**

《宪法》中就已明确了每个公民的环保义务，如第九条第二款"保护自然资源的合理利用，保护珍贵的动物和植物，禁止任何组织或者个人用任何手段侵占或者破坏自然资源。"又如第二十六条"保护和改善生活环境和生态环境，防止污染和其他公害。"其他还有《中华人民共和国环境保护法》、《中华人民共和国大气污染防治法》、《中华人民共和国野生动物保护法》、《中华人民共和国水土保持法》、《中华人民共和国文物保护法》、《中华人民共和国水污染防治法》、《中华人民共和国环境噪声污染防治法》、《中华人民共和国环境影响评价法》等。

**2. 国家有关的条例、办法、规定**

如《建设项目环境保护管理条例》，《关于加强自然资源开发建设项目的生态环境管理的通知》，《关于涉及自然保护区的开发建设项目环境管理工作有关问题的通知》，《关于开展交通工程环境监理工作的通知》等。

**3. 地方性法规、文件**

根据国家规定，可以立法的地方人民代表大会及其常务委员会可以颁布地方性环境保护法规。迄今为止已有十几个省、市、自治区颁布了地方环境保护法规，这些法规同样是施工环境保护监理的依据。

**4. 国家标准**

国家强制执行的环保标准很多，与公路施工有关的标准主要有：

(1)环境噪声标准，如《城市区域环境噪声标准》、《建筑施工场界噪声限值》、《工业企业场界噪声标准》等。

(2)环境空气质量标准，如《大气污染物综合排放标准》、《锅炉大气污染物排放标准》等。

(3)水质标准，如《地表水环境质量标准》、《农田灌溉水质标准》、《渔业水质标准》、《污水综合排放标准》等。

(4)振动标准，如《城市区域环境振动标准》等。

**5. 项目的环境影响评价和水土保持报告书及批复**

建设项目的环境评价和水土保持报告及其批复，是施工环境保护监理工作最重要的依据之一，其中针对施工期提出的环境保护重点区域、污染防治措施、水土保持措施，是施工环境保护监理工作关注的重点，也是必须达到的底线。

**6. 项目的环境行动计划**(贷款项目均有此文件)

利用世界银行或亚洲开发银行贷款修建的公路项目，均有此类文件，这也是施工过程环境保护监理工作的依据之一。

**7. 工程设计文件**

公路建设的设计阶段,往往已经考虑到了一些重大的环境保护问题,并在设计文件中有所反映,例如水土保持措施、绿化等,都可以作为环境保护监理工作的依据。

**8. 监理合同、施工合同以及有关补充协议**

建设单位委托开展施工过程环境保护监理的合同,以及有关的补充协议,都明确规定了环境保护监理单位的权利、责任和义务,是监理单位开展工作的直接依据。作为工程环保措施具体执行者的施工单位,责任和义务在《公路工程国内招标文件范本(2003 年版)》中有明确的表述,如"102.11 环境保护"条款,以及"第 700 章绿化及环境保护"中都有详细的规定。

**9. 施工过程中的会议纪要、文件**

在施工过程中根据实际情况形成的有关环保问题的会议纪要、相关文件,可以作为环境保护监理的依据。

## 四、环境保护监理应遵循的原则

作为施工监理的一部分,从事工程环境保护监理活动同样应当遵循"严格监理、热情服务、秉公办事、一丝不苟"的监理原则,坚持守法、诚信、公正、科学的准则。确立环境保护监理是"第三方"的原则,应当将施工环境保护监理和建设单位的环境保护管理、政府部门的环境监督执法严格区分开来,为公路施工的环保工作提供技术服务。

## 五、环境保护监理人员的素质要求

施工环境保护监理是一门新兴的交叉学科,具体从事环境保护监理工作的监理人员,不仅要有一定的环境保护和工程技术方面的专业技术能力,能够对工程建设进行监督管理,提出合理的意见,而且要有一定的组织协调能力,在工程与环保有联系和交叉时,起到协调作用,帮助工程建设有关各方共同完成建设过程的环保任务。监理人员应该具有环保、工程、管理三方面的知识结构,以及能够适应工作要求的业务素质和能力。对一些特别敏感复杂的工程,也可以配备专业的环保监理人员,以满足特定专业的需要。

## 六、施工环境保护监理的工作程序

施工环境保护监理工作程序见图 1-7-1。

## 七、施工各阶段环境保护监理的工作内容

环境保护监理人员对施工活动中的环境保护工作按照施工进程实施动态管理。工程环境监理的工作方式以日常巡视为主,辅以必要的环境监测,以便及时调整环保监控力度。环保工程监理从合同、计量到支付等都与其他工程的监理相似,工作方式主要以工程监理的方式进行。

施工期的环境保护监理,应体现出事前控制和主动控制的要求,结合公路施工的特点,注重监理实效。施工环境保护监理工作应包括以下内容:

**1. 施工准备阶段环境保护监理的主要工作**

(1)参加技术交底,熟悉合同文件及该项目《环境影响报告书》,明确各自职责。掌握沿线重要的环境保护对象,了解建设过程的具体环保目标,对敏感的保护目标作出标识。

(2)审查施工单位提交的施工组织设计和开工报告,对施工方案中的环境保护目标和环保措施提出审查意见。

(3)审查施工单位环保管理体系与制度是否落实,环保的技术措施是否有效并符合有关法规。

(4)核查其项目经理、技术负责人、工地试验室负责人的资格以及到场的专职或兼职安全、环保和质保人员的岗位职责是否完善、明确。

(5)对该阶段具体的施工行为进行监理。例如生活服务区、临时施工道路的周围环境、临时材料堆放场、拌和厂和预制场等潜在的环境影响和应当采取的主要防治措施。

(6)参加第一次工地会议,提出环保监理目标和环保监理措施及要求。

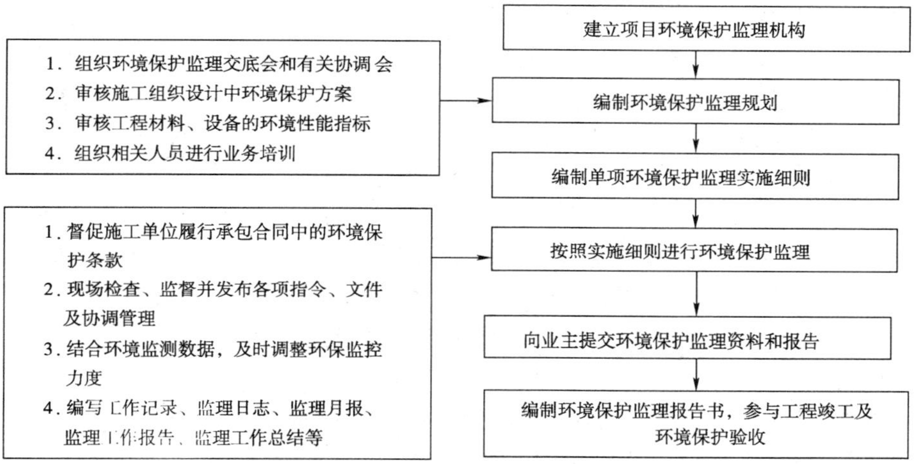


图 1-7-1 施工环境保护监理工作程序图

**2. 施工阶段环境保护监理的主要工作内容**

(1)审查施工单位编制的分部、分项工程施工方案中的环保措施是否可行。

(2)对施工现场、施工作业进行巡视或旁站监理,检查环境保护措施的落实情况。应检查的主要内容有:

①施工单位是否严格执行了"施工人员环保教育"。

②是否按照环评报告书的要求合理布设施工营地位置。

③桥梁水下作业施工的时间是否选择在枯水期或平水期。

④路基施工中是否先铺过水涵管,再筑路基。

⑤施工废水、渣土、生活污水、垃圾的处置是否合理。

⑥有无砍伐野生植物或捕猎野生动物的事件。

⑦是否按照环评要求尽量避免夜间施工,特别是打桩等高噪声、强震动作业施工。对固定强噪声施工机械是否采取围挡柔性减噪网或其他减噪措施。

⑧是否按照设计在拟定的取土场取土,取土完工后是否对取土场采取了有效的排水防护措施和植被恢复措施。

⑨机械设备的各类废油料及润滑油是否全部分类回收并存储,揩擦油污的固体废弃物是否集中填埋。

⑩建材堆场设置的环境是否合理及运输建筑材料的车辆是否加盖篷布以减少洒落。

(3)监测各项环境指标,出具检测报告或成果。

(4)向施工单位发出环境保护工作指令,并检查指令执行情况。

(5)编写环境监理月报。

(6)参加工地例会。

(7)建立、保管环境保护监理档案。

(8)处理或协助主管部门和建设单位处理突发环保事件。

**3. 交工及保质期环境保护监理的主要工作内容**

(1)参加交工检查,确认现场清理工作、临时用地的恢复工作是否达到环保要求。

(2)检查施工单位的环保资料是否达到要求。

(3)评估环保任务或环保目标的完成情况,对尚存的主要环境问题提出继续检测或处理方案和建议。

(4)完成质保期的环境保护监理工作。

## 八、施工环境保护监理的工作方式

监理工程师一般应常驻工地,对施工活动的环保工作进行动态管理。工作方式以巡视为主,根据施工区污染分布情况,监理工程师定期进行巡视。对特别关心的节点可以进行旁站监理。

施工中发现文物,监理工程师应发出监理指令要求施工单位保护现场,立即报告当地文物保护部门,并及时报告建设单位。

监理工程师应督促施工单位及时办理采伐许可证,所涉及的分项工程在办理采伐许可证后方可批准开工。在施工中监理工程师应检查施工单位是否按照采伐许可证规定的面积、株数、树种进行采伐。

监理工程师应依据建设单位在施工前与监测单位签订的施工期环境监测合同,督促监测单位或建设单位按时进行环境监测,并根据监测单位提交的环境监测报告指导对施工单位环保工作的监理。

如发现施工中出现以下情况,应当立即发出监理指令要求施工单位整改。情况严重的,签发《工程暂停令》要求施工单位暂时停工,并及时报告建设单位。

(1)由于施工产生的粉尘、噪声、震动、废水、废料等对施工现场周围生活居住区造成污染和危害。

(2)施工单位有毁林采石、采砂、采土以及其他毁林行为。

(3)施工单位在临时使用的土地上修建永久性建筑物。

(4)施工单位在荒漠、半荒漠和严重退化、沙化、盐碱化、石漠化、水土流失的草原以及生态脆弱区的草原上采挖植物和从事破坏草原植被的其他活动。

(5)施工单位在河道内弃置、堆放阻碍行洪的物体,修建构筑物和从事破坏河道的其他活动。

(6)施工单位未按规定进行弃方的。

## 九、环境污染和生态破坏事故处理程序

当工程施工过程中出现重大污染事故时,按如下程序处理:

（1）施工单位在发生事故后，除在规定的时间口头报告监理工程师外，应尽快提出关于事故初步调查结果的书面报告，报告应初步反映该工程名称、部位、污染事故原因、应急环保措施等。

（2）立即汇报建设单位，及时向当地汇报，同时书面通知施工单位暂停该工程的施工，并根据环保主管部门有关意见，采取有效的环保措施。

（3）监理工程师和施工单位对污染事故继续深入调查，并和有关方面商讨后，提出事故处理的初步方案后报建设单位，交环保主管部门研究处理。

（4）督促施工单位做好善后工作。

### 十、环境保护监理工作文件的构成

**1. 环境保护监理规划**

环境保护监理规划是环境保护监理单位接受业务委托之后，根据合同，结合工程的实际情况，广泛收集工程信息和资料的情况下制订的，用来指导项目环境保护监理机构全面开展环境保护监理工作的指导性文件。环境保护监理规划应明确环境保护监理工作范围、内容、方式和目标。一般应包含以下内容：

（1）工程项目概况。

（2）实行环境保护监理的依据。

（3）环境保护监理的范围。

（4）工作内容、工作目标和工作方法。

（5）监理单位组织机构、人员安排、岗位职责。

（6）人员、设施或设备的进场、出场计划。

（7）环境保护监理程序和工作要点。

**2. 施工环境保护监理实施细则**

环境保护监理实施细则是在环境保护监理规划的基础上，由项目环境保护监理机构的专业环境保护监理工程师针对建设工程单项工程编制的可操作性文件。

**3. 施工环境保护监理总结报告**

施工环境保护监理工作完成后，监理单位应及时进行施工环境保护监理工作总结，向建设单位提交施工环境保护监理工作总结，主要内容包括：委托监理合同履行情况概述，环境保护监理任务或环保监理目标完成情况评价，尚存的主要环境问题及建议继续监测或处理的方案。

## 第二节　施工准备阶段的环境保护监理

### 一、施工准备阶段的环境保护要点

**1. 施工临时用地对环境的影响**

施工临时用地规划、布置应充分考虑环保要求，全面规划、合理布局、统筹安排建设用地，按照“安全、环保、合理、适用”的原则规划施工便道、便桥、码头、取土场、弃土场、生活区、水池、油库、炸药库等建设用地。避免因选址不慎,造成对环境的人为干扰。

1)对生态敏感点的影响

因选址不慎,造成对生态敏感点的人为干扰。这些生态敏感点包括:特别生态系统、特别生境和珍稀濒危动植物等;公园、绿地、风景名胜区等城市生态环境、水源地、水源林的城市或区域生命支持系统;基本农田、高产粮田、特产地、城市菜篮子工程、果木园、种子基地等生存资源;湿地、河口、海湾、红树林、滩涂、水生物产卵地、繁殖场等;各种自然的和人文遗迹等自然与文化保护目标;具有潜在旅游价值或科学美学价值的自然景观;脆弱生态系统或各种自然灾害防治区域或目标等。

为避免因选址不当造成的生态影响,基本上应采取避让的措施。通过实地踏勘,避开各种生态敏感点,对于工程施工区域附近可能存在的生态敏感点,应加强管理,防止产生人为干扰。

2)对土地利用的影响

道路施工临时用地一般多设置在地势较平坦的地域,这些地域通常涉及耕地、园地、林地、牧草地或临近这些用地,另外,还有可能临近水域或居民点。

应采取的措施:当施工区域临近城镇或农村的居民点时,应尽可能租用当地的民居;若无现成的房屋可以租用,应尽可能避开农、林等生产用地。对临时借地范围要有明确的边界,以便控制对临时借地外围土地的不合理占用。若对农、林等生产用地的占用无法避免,则在施工结束后,必须恢复原有的土地利用功能。对于施工营地边界可能出现的土质开挖面,应有临时防护设施。在气候恶劣地区,应有防止土壤侵蚀的工程防护措施,以防止土壤的自然侵蚀。

3)对人类的影响

施工产生的扬尘、噪声、振动等对村镇、学校和人们的交通产生一定的影响,应予以重视。

4)对生物的影响

施工强光照射、噪声会干扰植被和动物的生活规律,严重时会导致植物的死亡以及动物生理紊乱而影响其种群繁衍。扬尘可能使果木庄稼蒙尘,花不受粉,穗不结实,农业减产。河道开挖引起水体混浊,破坏两栖动物生境,破坏湿生植物群落。桩基工程产生的漏油及泥浆影响水体水质,噪声和振动干扰水生物,影响洄游鱼类正常洄游。因此,应在光照强度和照射角度上尽量考虑避免对动植物的影响;对于植物的砍伐,应在林业部门的指导下进行,并严格按照设计要求控制砍伐数量和面积;对不可避免的河道及河岸开挖工程,应明确并严格控制开挖界限,不得任意扩大开挖范围,将受影响的两栖动物生境控制在最小的范围。

5)对土壤的影响

地表清理及土方工程将对沿线植被和动物栖息地造成永久的破坏;表层土壤的剥离容易造成土壤结构的破坏和肥力的下降。

地表清理及土方工程造成的生态破坏基本上无法避免,但影响范围是可以控制的。在施工前应明确清理及开挖对象和范围,不应仅考虑方便施工而任意破坏施工区域外围的植被。对古树名木等有保存价值的植物,应事先联系当地林业部门,采取移栽等异地保护的方法加以保护。地表清理物应有专门的场地用以处置,不得随意丢弃。对剥离的表层土,即可用于其他地面的土地改良,也可用于沿线受破坏土地的恢复,在表土再利用之前,应有专门的场地堆置保存,并设置相应的防御和排水设施。

**2. 生活服务区对环境的潜在影响**(表 1-7-1)

生产服务区对环境的潜在影响　　表 1-7-1

| 项目 | 序号 | 活动内容 | 潜　在　影　响 |
|---|---|---|---|
| 食堂 | 1 | 油锅、炉灶、油灶 | ①漏油;②能源消耗;③产生油烟 |
| | 2 | 油烟机 | ①油烟排放;②噪声 |
| | 3 | 废弃物污水 | ①污水;②废物;③能源消耗 |
| | 4 | 冰箱 | 产生有害气体 |
| 办公室 | 1 | 空调 | 产生有害气体 |
| | 2 | 电脑、手机使用 | 产生辐射 |
| | 3 | 复印机、打印机 | ①产生有害气体;②噪声;③废物回收 |
| | 4 | 生活用水、用电 | 能源消耗 |
| | 5 | 纸张使用及废弃 | ①资源消耗;②废物回收 |
| 宿舍 | 1 | 生活垃圾 | ①资源消耗;②废物处置;③有害气体 |
| | 2 | 生活用水 | ①资源消耗;②污水 |
| | 3 | 厕所 | ①水污染;②土壤污染 |
| 停车场 | 1 | 车辆 | ①资源消耗;②有害气体;③污水;④噪声 |
| 供电设施 | 1 | 发电机 | ①噪声;②资源消耗;③油料污染 |

选址确定后,制订降低生活服务区对环境造成的影响的主要措施。

(1)修建临时性污水处理设施　为汇集与处理由临时驻地的住房、办公室、其他建筑物和流动性设施排放的污水,需在合适的地点修建容量适当的临时污水处理池,建有化粪池或其他能满足要求的系统,并予以管理、维修直至合同终止。

生活服务区污水和洗车污水,不得排入《地面水环境质量标准》(G 3838—88)中所规定的I、II 类水域。排入其他水域时,必须符合相应的水质标准,不符合时要进行水质处理,如油污水应进行隔油处理。机械和车辆最好由附近专门清洗点或修理点进行清洗和维修。

(2)妥善处理生活垃圾　生活垃圾应分类堆放,在各个生活区设置垃圾箱和垃圾临时堆放点,定期将生活垃圾转运到附近的填埋场进行卫生填埋,电池必须有相关单位回收处理。

生活垃圾堆放点应选择 30m 范围内无生活用水和鱼用水体的废弃沟凹或废弃干塘。堆放点应无直通沟道与邻地相通。不得向垃圾点内排放生活污水。如施工人员集中,生活垃圾需增加处理设施和加强管理,人员较多时可增设垃圾桶。

(3)施工噪声应当符合国家规定的环境噪声施工场界排放标准(GB 12523—90)　生活服务区在整个施工期都存在,因此在不同阶段执行相应的标准。服务区对环境影响最大的噪声源是备用的柴油发电机,应放置在室内,加强门窗隔声,并在进风口、出风口安装消声器。生活服务区应离开居民点 200m 以外。

(5)厨房应设置排风系统　如果厨房附近有居民,应采取如下措施:较大的通风管道安装消声器或采取管道阻尼减振;管道穿墙(或支撑)处应采取避振喉(或避振吊钩);加装油烟净化器净化油烟,并以高于周围建筑物的高度排放;油烟净化器应安装在室内。

**3. 临时施工道路对环境的潜在影响**

临时施工道路对周围环境的潜在影响主要是对土地利用的影响和水地流失及扬尘等污染,例如临时施工道路的开辟和修筑以及运输车辆的行动会破坏地表植被,包括耕地、用地、林地以及牧草地等。主要防治措施有:

(1)严格规划临时施工道路的路线走向,以减少植被破坏为首要原则,尽量利用现有道路,若无现成道路可利用,则应严格控制施工道路修筑边界。施工结束后,必须恢复临时占用土地原有的土地利用功能。

(2)对于临时道路边界上可能出现的土质裸露边坡,应有临时防护设施;在条件允许的地区,宜采用生态防护措施,可在施工道路修建的同时进行复绿;在气候条件恶劣地区,应有防止土壤侵蚀的工程防护措施,以防止土壤的自然侵蚀。

(3)施工单位向周围生活环境排放废气、尘土,应当符合国家规定的环境空气质量标准(GB 3095—96)。

(4)施工便道应保持平整,设立施工道路养护、维修专职人员,及时洒水进行清洁,保持运行状态良好,减少扬尘污染。

(5)施工单位向周围生活环境排放噪声应当符合国家规定的环境噪声施工场界排放标准(GB 12523—90)。该阶段施工场界噪声的限值为昼间75dB,夜间55dB。夜间在居民区附近禁止施工便道的作业,必要时应报当地环保部门批准,并公告居民,才能夜间作业。

**4. 临时材料堆放场对环境的潜在影响**

临时材料堆放场对环境的潜在影响是对土地利用的影响,为符合材料的堆置要求,料场的选址多位于地势较平坦的地域,通常涉及耕地、园地、林地、牧草地或临近这些用地。此外,物料的散失和飘散污染也会影响环境。主要措施有:

(1)对临时借地范围要有明确的边界,以便控制对临时借地外围土地的不合理占用。若对农、林等生产用地的占用无法避免,则在施工结束后,必须恢复原有的土地利用功能。

(2)材料仓库和临时材料堆放场应防止物料散漏污染。仓库四周应有疏水沟系,防止雨水浸湿和水流引起物料流失。

(3)沥青、油料、化学物品等不堆放在民用水井及河流湖泊附近,并采取措施,防止雨水冲刷进入水体。

(4)水泥和混凝土运输应采用密封罐车。采用敞篷车运输时,应将车上物料用篷布遮盖严密。

**5. 拌和厂和预制场对环境的潜在影响**(表1-7-2)

**拌和厂和预制场对环境的潜在影响** 表1-7-2

| 序号 | 活动内容 | 潜在影响 |
|---|---|---|
| 1 | 拌和厂 | ①扬尘;②废水;③噪声;④固体废弃物 |
| 2 | 预制场 | ①废水;②噪声;③固体废弃物 |

施工中采取的主要防治措施如下:

(1)稳定土拌和站、水泥混凝土拌和站、沥青混凝土拌和站等以及砂石场、轧石场等不得设在饮用水源地保护区内。

(2)拌和站距离学校、医院、疗养院、城乡居民区和有特殊要求的地区不宜小于300m,减少拌和站对环境敏感点的粉尘和噪声污染。

(3)拌和厂和预制场地向周围生活环境排放噪声应当符合国家规定的环境噪声施工场界排放标准(GB 12523—90)。该阶段施工场界噪声限值为昼间70dB,夜间55dB。不能达标时,夜间应停止作业。

(4)大型拌和站(预制场)应配有除尘装置;砂石料场应及时洒水;砂石装卸时应尽量降低落差。施工人员应配有防尘用具,以保护工人健康。小型临时拌和厂地应距离敏感点大于100m,并应尽量避开下风向有人群的时段。

(5)砂石料冲洗废水其悬浮物含量大,需建沉降池,悬浮物进行沉淀后排放。部分废水澄清后可用于建筑工地洒水防尘。

(6)混凝土养护可以直接用薄膜或塑料溶剂喷刷在混凝土表面,待溶液挥发后,与混凝土表面结合成一层塑料薄膜,使混凝土与空气隔离。

## 二、施工准备阶段环境保护监理要点

市政工程施工环境保护应贯彻"预防为主、防治结合、综合治理"的原则,树立"原始的就是最美的,不破坏就是最好的保护,力求施工中最小程度的破坏、施工后最大程度的恢复"的环保理念,在施工准备阶段,监理工程师应做好以下准备工作:

(1)熟悉工程资料,掌握工程整体情况。环境保护监理工程师应当掌握项目环境影响评价和水土保持方案提出的环保要求和措施,熟悉环评和水保批复的内容,对照工程设计文件、土质以及现场环境,对施工期的环保情况形成一个整体的概念,并对敏感的保护目标作出标识。

(2)编制施工环境保护监理规划。

(3)根据施工环境保护监理规划,编制各单位工程的环境保护监理实施细则。

(4)根据工程情况,配置必需的环境监测设备和仪器。

(5)建立环保工作网络,要求施工单位建立环保管理体系。

(6)审查施工单位编制的《施工组织设计》,对不符合工程环保要求的内容提出改正要求,对遗漏的环节和内容要求增补。

(7)审查取(弃)土场、采石场的选址,并进行必要的实地踏勘。

(8)审查施工单位的临时用地方案,所用便道、便桥、便隧,必须经监理工程师同意后才能使用。

(9)参加第一次工地会议,对施工单位进行环保监理交底。

(10)对现场试验室放射源的处置,监理工程师应全过程旁站监理,保证放射源得到妥善处置。

(11)施工场地和便道附近有敏感保护对象时,应对施工车辆作限速行驶的规定,并对执行情况进行巡检。

(12)对营地、办公室、试验室、材料堆场、拌和厂、预制场以及取(弃)土场的环保措施执行情况和设施运行情况进行巡检。

# 第三节 施工阶段环境保护监理

## 一、路基工程

### 1. 路基工程环保要点

路基施工应做好临时排水,并与永久性排水系统结合,避免积水。施工产生的噪声、振动、扬尘等应减小到最低限度。各工序环保要点如下：

1)地表清理及结构物拆除

地表清理及结构物拆除对环境的潜在影响见表1-7-3。

地表清理及结构物拆除对环境的潜在影响　　表1-7-3

| 序号 | 活动内容 | 潜在影响 |
|---|---|---|
| 1 | 清除草丛、树木等植被 | ①生态破坏；②水土流失 |
| 2 | 清淤 | 水土流失 |
| 3 | 结构物拆除 | ①扬尘污染；②噪声污染；③损害景观 |
| 4 | 场地内积水 | ①水污染；②传播病媒 |
| 5 | 废弃物未及时处理 | ①废弃物流失；②传播病媒 |

开挖施工中表层土保护是一个重点环境保护问题，表层土流失除引起水土流失外，也可能引发一系列生态平衡失调，如植被丢失、景观破坏等。地表清理将对沿线植被及动物栖息地造成永久性的破坏；此外，表层土壤的剥离容易造成土壤结构的破坏和肥力的下降。其环保要点如下：

(1)在施工前要明确清理对象和范围，不应仅考虑方便施工而任意破坏沿线两侧的植被。对于古树名木等有保存价值的植物，要事先联系当地林业部门，采取移植等异地保护的方法加以保护。清理物中树木、农作物、杂草，除部分可作为肥料外，应尽快运至经审批的水土保持方案所确定的弃渣场，不得随意丢弃。对于挖出的表土，应在施工区域选择地形平坦的地点集中堆置，可用于将来沿线绿化和地表的恢复，堆置期间应有防雨设施覆盖，以防雨水冲刷和水土流失，并设置相应的排水系统。不用于本地恢复的，应直接覆盖至可供耕作的其他地面。

(2)路基用地范围内的旧桥、旧路面以及其他障碍物的拆除，若周围30m范围内有居民点的，在拆除时，宜整体大部件吊装移除，减少粉尘排放，并且在拆除前应对被拆体充分洒水，保持湿润。拆除的废弃物应及时清运，以防造成二次污染。

2)路基开挖

路基开挖对环境的潜在影响见表1-7-4。

路基开挖潜在环境影响　　表1-7-4

| 序号 | 活动内容 | 潜在影响 |
|---|---|---|
| 1 | 土石方开挖 | ①生态破坏；②水土流失；③资源消耗 |
| 2 | 挖掘机、装载机等 | ①噪声；②漏油；③扬尘；④排出有害气体 |
| 3 | 土石方运输 | ①沿路洒落；②随意丢弃 |
| 4 | 运输车辆 | ①噪声；②尾气；③扬尘 |

路基开挖对沿线植被及动物栖息地将造成永久性的破坏；此外，土壤的剥离与开挖容易造成土壤结构的破坏和肥力的下降。弃渣问题在此也会比较突出，弃渣场若选址不合理，有可能导致河道淤塞而阻碍行洪、滑坡、地基下陷，以及损毁耕地、园地、林地、牧草地等土地。施工中环保要点如下：

(1)施工前要明确开挖范围，不应仅考虑方便施工而任意破坏施工范围之外的植被和土壤。

(2)开挖回填时应做好临时排水系统,雨季来临前将开挖回填、弃方的边坡处理完毕。

(3)在雨水地面径流汇集处开挖路基时,应设置沉淀池,以降低雨水流经使泥沙下沉,防止水土流失。待路基建成、排水管铺设完毕后,推平沉淀池。

(4)在雨水充沛地区,及时设置排水沟及截水沟,避免边坡崩塌、滑坡产生。

(5)根据环评报告书的结论对弃渣场进行认定,明确弃渣场的范围。弃渣应在指定范围内严格按照设计技术要求进行堆置,并采取防护措施,避免其流入水体。

(6)施工单位向周围生活环境排放废气、尘土,应当符合国家规定的环境空气质量标准(GB 3095—96)。

(7)该阶段施工场界噪声限值为昼间75dB,夜间55dB,在学校、幼儿园、医院、疗养院、敬老院、居住区等敏感点附近,夜间停止作业,如确需连续作业的,应报环保部门批准,并公告居民。

(8)尽可能以挖掘代替爆破,以多点少药代替大量炸药爆破,采用延时爆破技术等手段降低噪声和振动。夜间禁止开山爆破,敏感点及文物保护单位附近禁止开山放炮,确需放炮作业的,应加以阻挡,防护,以防碎石冲击,并减小振动对建筑物的影响。

3)路基填筑

路基填筑对环境的潜在影响见表1-7-5。

**路基填筑对环境的潜在影响** 表1-7-5

| 序号 | 活动内容 | 潜在影响 |
|---|---|---|
| 1 | 土石方运输 | ①沿路洒落;②随意丢弃 |
| 2 | 运输车辆 | ①噪声;②尾气;③扬尘 |
| 3 | 压路机、夯实机械等 | ①噪声;②漏油;③有害气体 |
| 4 | 履带式设备行驶 | 对道路场地破坏 |
| 5 | 施工设备、车辆等维修保养 | ①机油洒弃;②零配件丢弃;③包装物丢弃 |
| 6 | 粉喷桩施工 | ①粉尘污染;②噪声 |
| 7 | 塑料排水板桩等施工 | ①噪声;②边料丢弃 |
| 8 | 土工格栅等铺设 | 边料丢弃 |

施工中环保要点如下:

(1)路基施工时,应保持通行道路湿度,避免过往车辆引起的扬尘污染周边环境。应严防施工机械跑油、滴油和漏油,以避免环境污染。运料车辆应加盖篷布,按照指定路线行驶,在已建成通行的道路上行驶时,应保持原有道路整洁畅通。

(2)施工单位向周围生活环境排放废气、尘土,应当符合国家规定的环境空气质量标准(GB 3095—96)。

(3)施工单位向周围生活环境排放噪声应当符合国家规定的环境噪声施工场界排放标准(GB 12523—90)。该阶段施工场界噪声限值为昼间75dB,夜间55dB,在学校、幼儿园、医院、疗养院、敬老院、居住区等敏感点附近,夜间停止作业,确需连续作业的,应报环保部门批准,并公告居民。

(4)运输路线经过住宅、学校等敏感地区时,注意调整作业时间,避免交通噪声干扰人民生活。

(5)雨季施工时,应及时掌握气象预报资料,以便按降雨时间和特点实施雨前填铺的松土压实等防护措施,减少水土流失。

(6)对成形施工路段适时洒水,减轻扬尘污染。

**2. 路基工程环境保护监理要点**

(1)在路基开工之前,监理工程师应审批施工单位编制的施工方案,对其环保措施提出审查意见。对特殊区域的路基工程,监理工程师应及时提醒施工单位注意可能出现的环保问题。

(2)监理工程师应根据工程情况,确定本阶段环保监理的巡视、旁站计划,对施工单位环保措施的执行效果进行检查。

(3)挖除地表土,并将表土搬运到经监理工程师同意的贮料堆。

(4)地表清理遇到古树、古木或珍稀植物,采取移植异地保护措施时,监理工程师应审查其移植方案,并对移植全过程旁站监理。

(5)监理工程师应严格控制路基开挖在用地范围内分段进行,同时配合挡土墙、边坡防护的修筑。

(6)弃土渣的堆放地点应事先经监理工程师同意。监理工程师应督促施工单位在堆放地点预先采取排水和挡土措施 ,防止水土流失或对水源和灌溉渠道造成污染和淤塞。

(7)对施工过程中不符合环保要求的行为,监理工程师可以发出监理指令,责令其整改。

(8)施工过程中监理工程师应关注扬尘、噪声、废水处理及石油类等环境监测指标,必要时可根据需要进行现场监测。

## 二、路 面 工 程

**1. 路面工程施工环境保护要点**

1)路面基层施工环保要点

路面基层施工对环境潜在的影响见表 1-7-6。

**路面基层施工对环境的潜在影响** 表 1-7-6

| 序号 | 活动内容 | 潜在影响 |
|---|---|---|
| 1 | 拌和厂的场地平整 | ①植被破坏;②水土流失 |
| 2 | 拌和厂的搬运、安装 | ①扬尘;②噪声 |
| 3 | 拌和楼运行 | ①噪声 ;②水泥、沥青等泄漏污染土壤;③清洗拌锅、皮带等废水排放;④有害气体 |
| 4 | 混合料运输 | 沿路撒落 |
| 5 | 场地碎石、砂堆放 | 扬尘 |
| 6 | 石灰、矿粉 | ①石灰矿粉撒落污染空气;②土壤污染 |
| 7 | 破碎机、振动筛等 | ①噪声;②扬尘;③振动 |
| 8 | 各类运输车辆 | ①噪声;②扬尘;③有害气体;④漏油 |
| 9 | 路面摊铺、压实设备运行 | ①噪声;②有害气体;③漏油;④扬尘 |
| 10 | 夜间拌和厂强光直照 | 强光 |

路面基层施工环保要点如下：

(1)混合料拌和与运输

①稳定土拌和应采用厂拌法(有关拌和厂要求见相关章节)。拌和厂应配备临时污水汇集设施,对拌和厂清洁砂石料的污水应汇集处理后回用,不得直接排出施工场以外的地方。拌和厂所产生的废水,应处置后排放,不得直接排放入鱼塘、河流和农田。

②装载机和运输车辆的装卸料、运输产生的扬尘,可在现场设置喷水装置洒水,增加洒水频率来控制无组织排放的扬尘,使扬尘减至最低限度。石灰、粉煤灰等路用粉状材料运输和堆放应有遮盖。散装水泥出料口应有维护措施减少扬尘。混合料车应有封闭型卡车进行装载运输,并严格按照指定路线行驶。

③运输车经过住宅区、学校等敏感区时,注意调整作业时间,避免交通噪声干扰人民生活。

(2)初期养护　基层应采用覆盖物进行覆盖养护,减少水分蒸发。养护时应控制水量,避免溢出。养护结束后,覆盖物应定点堆存,在运输和存放过程中,应注意对周边植被和土壤的保护,在存放点应有防雨和排水设施。

(3)噪声控制　施工单位向周围生活环境排放噪声应当符合国家规定的环境噪声施工场界排放标准(GB 12523—90)。该阶段施工场界噪声限值为昼间70dB,夜间55dB。

2)沥青路面施工环保要点

沥青路面施工对环境的潜在影响见表1-7-7。

**沥青路面施工对环境的潜在影响**　　表1-7-7

| 序号 | 活动内容 | 潜在影响 |
|---|---|---|
| 1 | 沥青拌和楼场地平整 | ①植被破坏;②水土流失 |
| 2 | 沥青拌和楼搬运、安装、维修 | ①扬尘 ;②噪声 |
| 3 | 沥青拌和楼运行 | ①噪声;②烘干筒热辐射;③废尘、回收粉的排出污染环境;④沥青挥发、泄漏有害气体;⑤油料燃烧排出有害气体;⑥排尘不净污染环境 |
| 4 | 场地碎石、黄沙等堆放 | 扬尘 |
| 5 | 石灰、矿粉 | ①石灰、矿粉洒落污染空气;②土壤污染 |
| 6 | 沥青废料 | 液体废弃物 |
| 7 | 沥青混合料运输 | 沿路撒落 |
| 8 | 破碎机、振动筛等 | ①噪声;②扬尘 |
| 9 | 各类运输车辆 | ①噪声;②扬尘;③有害气体;④漏油 |
| 10 | 夜间拌和厂强光直照 | 强光 |
| 11 | 路面摊铺、压实设备运行 | ①噪声;②有害气体;③漏油;④振动 |

施工中环保要点如下：

(1)施工单位向周围生活环境排放废气、有害气体、尘土等,应当符合国家规定的环境空气质量标准(GB 3095—96)。

(2)石灰、粉煤灰等路用粉状材料运输和堆放应有遮盖,其混合料集中拌和,减轻对空气、农田的污染。

(3)该阶段施工场界噪声限值为昼间70dB,夜间55dB。

(4)沥青混凝土拌和厂不得设在饮用水源地保护区内。沥青拌和站距离学校、幼儿园、医院、疗养院、敬老院、城乡居民区和有特殊要求的地区不宜小于300m,并应设在当地主导风向下风向一侧。沥青拌和楼应配备除尘器以及沥青烟气处理装置,设备污染物排放应符合《沥青工业污染物排放标准》(GB 4916—85)中的一级标准的规定(沥青烟尘≤150mg/m$^3$)。沥青混凝土的采购合同中应明确对供货单位的环保要求。

(5)沥青混合料摊铺和碾压时,应确保设备完好,噪声应控制在建筑施工场界噪声限制标准内。摊铺作业时会产生沥青烟等有害有毒气体,施工单位必须为作业人员提供有效的劳动保护用品,以保证施工人员的健康。

(6)沥青洒布时,应确保设备完好,事先周密计划,尽可能缩短时间,减少对周围人群和施工人员的健康影响。位于沥青洒布处置区周边的土壤表面或沥青可能溅到的植物,应铺设临时覆盖物加以保护或遮挡。

(7)施工过程中所产生的废弃料,应及时收集并运送到弃渣场,不得随意抛弃。

**2. 路面施工环保监理要点**

(1)在路面工程开工前,监理工程师应审批施工方案的环保措施,尤其是对沥青拌和厂址方案的审批。要求沥青拌和厂布置远离人群活动的地点,并配置除尘设备。

(2)监理工程师根据工程情况,确定本阶段环保监理的巡视、旁站计划,对施工单位环保措施的执行情况进行检查。

(3)监理工程师应规定沥青拌和料废料的处置方法,并随时对执行情况进行巡查。

(4)监理工程师应特别注意沥青烟气的污染防治,在靠近水源施工时,还应注意水源的保护问题。施工中应重点对沥青洒布过程进行旁站检查,防止沥青污染。

(5)对施工过程中不符合环保要求的行为,监理工程师可以发出监理指令,责令其整改。

## 三、桥涵工程

**1. 桥涵工程施工环保要点**

桥涵工程施工对环境的潜在影响见表1-7-8。

桥涵工程对环境的潜在影响　　表1-7-8

| 序号 | 活动内容 | 潜在影响 |
|---|---|---|
| 1 | 基坑开挖 | ①生态破坏;②污水排放、淤泥堆积、围堰作业等污染环境 |
| 2 | 钻孔机和打桩机作业 | ①噪声;②漏油;③钻孔作业时排放污水;④桩基对河床的破坏;⑤泥浆外泄对土壤和河道水质污染 |
| 3 | 打桩机械维修保养和进出场运输 | ①打桩机械维修保养时机油、废油洒漏和废配件丢弃;②进出场运输时有机油泄漏和泥尘、粉尘洒落 |
| 4 | 水泥混凝土 | ①水泥浆搅拌和输送噪声;②水泥倾倒、拆袋有扬尘污染;③混凝土插入振捣机振捣噪声;④商品混凝土运输、泵送噪声;⑤振捣棒维修滴油、配件丢弃;⑥浇注时混凝土落于河道污染河水 |

续上表

| 序号 | 活动内容 | 潜在影响 |
| --- | --- | --- |
| 5 | 场地碎石、黄砂堆放 | 扬尘 |
| 6 | 钢筋作业 | ①装卸搬运噪声、扬尘;②锈蚀产生锈水;③钢筋焊接产生废气和废渣;④焊接产生电火花、电弧光;⑤钢筋切断机、弯曲机使用产生机械噪声;⑥零星废钢筋等的废弃 |
| 7 | 机械设备 | ①漏油污染;②废配件丢弃 |
| 8 | 各类运输车辆 | ①噪声;②扬尘;③有害气体;④漏油 |
| 9 | 钢模钢管 | ①装卸噪声、扬尘、防锈漆振落;②搬运噪声; ③钢模施工噪声、扬尘;④支模架搭拆噪声、声尘;⑤钢模、钢管扣件遇水腐蚀产生锈水;⑥零星扣件散落 |
| 10 | 钻孔平台搭设 | 使用后的处置 |
| 11 | 工程船舶 | ①船舶生活废物处置、水土污染;②抛、起锚的噪声;③主辅机运行时的噪声、有害气体;④油料泄漏污染水源 |

施工中环保要点如下:

(1)施工单位向周围生活环境排放噪声应当符合国家规定的环境噪声施工场界排放标准(GB 12523—90)。桥梁打桩噪声的场界限值为昼间85dB,夜间禁止打桩。

(2)施工期污水不得排入《地面水环境质量标准》G 3838—88 中所规定的Ⅰ、Ⅱ类水域。排入其他水域时,必须符合相应的水质标准,不符合时要进行水质处理。

(3)对桥梁施工机械、船只严格进行检查,防止油料泄漏。严禁将废油、施工垃圾等随意抛入水体。

(4)水泥混凝土拌和站不得设在饮用水源地保护区内。施工过程中搅拌站的排水、混凝土养护水等含有害物质的废水不得排入地表水Ⅰ~Ⅲ类水源地保护区。

(5)水泥混凝土的搅拌、振捣、运输、摊铺等作业中防粉尘、防噪声(振动)措施可采用商品混凝土,密罐车运输;场界设置临时隔声维护;作业时间避开下风向100m内人群密集的地段等措施。

(6)桥梁施工中的工程用水需经沉淀池沉淀后方可排放,工程弃方不能随意丢弃于河流中或岸边;涵洞出口流速较大时,必须在进出口进行加固,防止冲刷。

(7)对于不可避免的河道及河岸开挖工程,要明确并严格控制开挖界限,不得任意扩大开挖范围,将受影响的两栖动物生境控制在最小范围。

**2. 桥涵工程施工环保监理要点**

(1)在桥涵工程开工前,监理工程师应审批施工方案的环保措施。要求施工单位对基础开挖、围堰、钻孔桩施工过程,采取周密的水环境保护措施。

(2)监理工程师根据工程情况,确定本阶段环保监理的巡视、旁站计划,对施工单位环保措施的执行情况进行检查。

(3)基坑开挖的弃土堆放地点应事先经监理工程师同意。监理工程师应督促施工单位在堆放地点预先采取排水和挡土措施。

(4)监理工程师应经常巡视检查钻孔桩泥浆处理效果，对发生泄漏或任意排放的，应当场责令其改正，并旁站监督整改过程。

(5)需要围堰施工的，应事先取得当地水利部门的许可，手续完备并经监理工程师审查后才可施工。在进行水产养殖的河道进行围堰时，监理工程师应要求施工单位根据上下游的污染情况，提出合理的围堰方案，以免影响养殖，造成纠纷。

(6)对施工过程中不符合环保要求的行为，监理工程师可以发出监理指令，责令其整改。

(7)监理工程师在本阶段应注意水环境质量的色度、SS、石油类等监测指标，避免施工对水体造成影响，必要时可进行现场检测。

## 四、隧道工程

### 1. 隧道工程环保要点

隧道工程施工对环境的潜在影响见表1-7-9。

隧道工程对环境的潜在影响　　表1-7-9

| 序号 | 活动内容 | 潜在影响 |
|---|---|---|
| 1 | 隧道开挖 | ①噪声；②扬尘；③生态破坏；④废弃物处置；⑤有害气体；⑥弃渣 |
| 2 | 废渣料装卸、运输 | 同路基工程 |
| 3 | 隧道支护、衬砌 | ①噪声；②有害气体 |
| 4 | 防水、排水 | 同排水工程 |
| 5 | 路基路面 | 同路面工程 |

施工中环保要点如下：

(1)严格控制隧道口开挖和隧道施工的影响范围，不应仅考虑方便施工而任意破坏施工场地以外的植被。

(2)隧道施工时应注意保护隧道口的自然植被，施工后清理废弃物，尽量减少人为活动的痕迹，尽早恢复自然景观。洞口结构形式及附属设施应与当地景致协调。隧道施工坑道内氧气含量和有害气体浓度应符合国家卫生标准。坑道内气温不宜高于28℃。噪声不宜大于90dB。

(3)隧道建设中所需的石材，在选择料场时应远离隧道，采取集中料场取料，切忌随意布置小料场，对山坡及其植被肆意破坏，既影响环境面貌，也容易产生坍方滑坡。若采用商品石料，应在采购合同中提出对临时料场的环保要求。

(4)洞渣的堆置场地，应根据环评报告书的结论进行认定，明确弃渣场的范围。弃渣须在指定范围内严格按照设计技术要求进行堆置，并采取防护措施，避免其流入水体。对优质石渣可加以利用，如防护用的片石、路面集料和混凝土集料可分类堆放，以便充分利用。有条件时也可利用荒沟，在其中筑坝填入废渣，变荒沟成良田，增加耕地。

(5)施工期污水不得排入《地面水环境质量标准》(G 3838—88)中所规定的Ⅰ、Ⅱ类水域。排入其他水域时，必须符合相应的水质标准，不符合时要进行水质处理。

(6)隧道内应设置足够的通风设施，供风量应保证每人供应新鲜空气不小于$3m^3/min$。施工人员应配防护用具，以降低作业粉尘和有害气体对人体的影响。

**2. 隧道工程施工环境保护监理要点**

(1)在隧道工程开工前,监理工程师应审批施工方案的环保措施,特别注意对当地生态环境的保护,落实好珍稀物种保护、弃渣和废水处理以及施工现场劳动防护等措施。

(2)对洞口临时堆方弃渣或就近设置轧石场的方案,应要求施工单位同时提出环保措施和环境恢复方案。

(3)对爆破方案的审查,监理工程师应明确提出防止噪声和扬尘的要求。在距离居住区较近的地区施工时,还应要求施工单位注意防止振动造成的影响。

(4)监理工程师根据工程情况,确定本阶段环保监理的巡视、旁站计划,对施工单位环保措施的执行情况进行检查。

(5)施工区如果发现国家保护的珍稀物种,监理工程师应全过程参与物种保护,做好过程的监督。

(6)对施工过程中不符合环保要求的行为,监理工程师可以发出监理指令,责令其整改。

(7)监理工程师在本阶段应关注扬尘、SS、噪声环境等监测指标,必要时可进行现场检测。

## 五、其 他 工 程

**1. 排水工程施工环保要点**

排水工程施工对环境的潜在影响见表 1-7-10。

**排水工程对环境的潜在影响** 表 1-7-10

| 序号 | 活 动 内 容 | 潜 在 影 响 |
|---|---|---|
| 1 | 挖掘机、装载机等 | ①噪声;②漏油;③扬尘;④有害气体 |
| 2 | 土石方运输 | ①沿路洒落;②随意丢弃 |
| 3 | 运输车辆 | ①噪声;②尾气;③扬尘 |
| 4 | 夯实机械 | ①噪声;②漏油;③有害气体 |
| 5 | 砂浆拌和机搅拌 | ①噪声;②砂浆外漏 |
| 6 | 砂浆喷射机 | ①噪声;②砂浆泄漏 |
| 7 | 清洗砂浆设备污水 | 水污染 |

施工中环保要点如下:

(1)及时沟通排水系统,为邻近的土地所有者提供灌溉与排水用的临时管道。临时排水设施与永久排水设施相结合时,应有合适的泄水断面和纵坡,临时用作排水渠道时,应适当加大泄水面积,并采取加固措施,使水流畅通不产生冲刷和淤塞。污水不得排入农田和污染自然水源,不得引起冲刷和淤塞。

(2)施工过程中,应当采取措施,控制扬尘、噪声、振动、废水、固体废弃物等污染,防止或者减轻施工对水源、植被、景观等自然环境的破坏,改善、恢复施工场地周围的环境。

(3)在路基和排水工程施工期间,应为邻近的土地所有者提供灌溉与排水用的临时管道。

(4)将弃土、弃渣于指定地点堆放,并采取防护措施,避免其流入水体。

(5)该阶段施工场界噪声限值为昼间 70dB,夜间 55dB。

**2. 挡土墙、防护及其他砌石工程**

砌石工程施工对环境的潜在影响见表 1-7-11。

施工中环保要点如下：

(1)地基承载力小于设计要求时,应及时与设计单位联系,确定开挖底线。

(2)基础埋置深度应根据设计要求和现场情况确定基底高程,应符合相应设计规范和施工规范的要求。

(3)施工过程中应采取措施,控制扬尘、噪声、振动、废水、固体废弃物等污染,防止或者减轻施工对水源、植被、景观等自然环境的破坏,改善、恢复施工场地周围的环境。

(4)将弃土、弃渣于指定地点堆放,并采取防护措施,避免其流入水体。

(5)该阶段施工场界噪声限值为昼间70dB,夜间55dB。

**砌石工程施工对环境的潜在影响** 表1-7-11

| 序号 | 活动内容 | 潜在影响 |
|---|---|---|
| 1 | 挖掘机、装载机等 | ①噪声;②漏油;③扬尘;④有害气体 |
| 2 | 土石方运输 | ①沿路洒落;②随意丢弃 |
| 3 | 运输车辆 | ①噪声;②尾气;③扬尘 |
| 4 | 夯实机械 | ①噪声;②漏油;③有害气体 |
| 5 | 砂浆拌和机搅拌 | ①噪声;②砂浆外漏 |
| 6 | 砂浆喷射机 | ①噪声;②砂浆泄漏 |
| 7 | 清洗砂浆设备污水 | 水污染 |
| 8 | 地基承载力和基础埋置深度 | ①冲刷;②墙体稳定 |

**3. 交通安全设施**

安全设施工程施工对环境的潜在影响见表1-7-12。

**安全设施工程施工对环境的潜在影响** 表1-7-12

| 序号 | 活动内容 | 潜在影响 |
|---|---|---|
| 1 | 拌和厂 | ①扬尘;②废水;③噪声 |
| 2 | 预制场 | ①废水;②噪声 |
| 3 | 基础工程 | ①噪声;②扬尘;③废弃物处置;④有害气体 |
| 4 | 焊接 | ①有害气体;②废弃物处置;③光辐射 |
| 5 | 油漆和表面处理 | ①有害气体;②废弃物处置 |

(1)拌和厂、预制场、基础工程的防治措施同前。

(2)焊接的废弃物如电焊渣、废弃的焊材,应收集处理。

(3)油漆应妥善存放和使用,避免滴漏影响水体和土壤。油漆包装物应统一收集处理,不随意抛弃。

(4)外购材料应提供生产厂商的环保达标的证明材料。

**4. 其他工程环保监理要点**

(1)在各单位工程开工之前,监理工程师应审批施工方案的环保措施,确定环保措施满足工程要求。

(2)监理工程师应根据工程情况,确定本阶段环保监理的巡视、旁站计划,对施工单位环保措施的执行效果进行复核。

(3)监理工程师应对取、弃土场的环保措施执行情况进行巡查,特别注意取、弃土场的排水、挡土措施。在对取、弃土场的生态恢复阶段,监理工程师应根据工程实际情况,有重点地旁站监理。

(4)在特殊生态保护地区,监理工程师应禁止施工单位将废料弃置在野地。

(5)对施工过程中不符合环保要求的行为,监理工程师可以发出监理指令,责令其整改。

(6)监理工程师可以根据需要进行现场环境监测,复核环保措施的成效。

## ●第四节 交(竣)工及缺陷责任期环境保护监理●

工程施工环境保护监理在交工及缺陷责任期主要有两方面的工作内容,即环保达标监理和环保工程监理两方面。对于环保工程监理,其工作内容和方法与施工监理相同。以下主要介绍环境保护监理工程师在这一时期环保达标监理的工作内容。

### 一、交工环保初步验收

为了保证竣工环保验收能够顺利进行,在工程交工时应组织环境保护的初步验收,指出环保遗留的问题并制订改进措施和计划,以免施工单位撤出后无法落实。初步验收可以由建设单位组织,监理单位、施工单位和设计单位参加。必要时邀请环保和水利主管部门参加。

**1. 环境保护初步验收的程序与内容**

(1)工程完工并且编制完成环保资料后,施工单位向监理工程师提交初步验收申请。

(2)监理工程师审查初步验收申请。

(3)监理工程师会同建设单位,组织施工单位、设计单位对现场和相关资料进行检查。

①对工程区环境质量状况进行预检,主要通过感官和利用环境监测单位检测的资料与数据进行检查,必要时进行实地检测。

②现场监督检查施工单位对遗留环境问题进行处理。主要检查内容有:取(弃)土场整治、临时设施拆除,如临时用房、沉淀池、化粪池等的拆除;便道、便桥及预制(拌和)场地平整;生活及建筑垃圾等的处置;边坡整治、绿化等生态恢复和补偿情况。

(4)建设单位组织召开环保初验会议,监理工程师主持,对施工单位执行环境保护合同条款与落实各项环境保护措施的情况与效果进行综合评估,审查环保遗留整改措施和计划,讨论决定是否通过初验。会后由监理工程师向建设单位提出工程环境保护初验报告。

**2. 环保资料**

施工单位在交工前应整理好关于施工期环保的资料,一般应包括以下内容:

(1)工程资料。包括施工内容、施工工艺、大型船舶机械设备、施工平面图、施工周期、施工人数及污染物排放等工程基本情况。

(2)环保制度与措施。包括生活区、施工现场及船舶机械设备等环保管理措施与制度。

(3)环保自查记录、整改措施及环保月报。

(4)与监理单位往来文件。包括环保监理备忘录、环保监理检验报告表、环保事故报告表、环保监理业务联系及回复单等。

(5)环境恢复措施。主要包括:

①临时设施处置计划。主要内容有建筑物、构筑物(包括沉淀池、化粪池等)的处置计划。

②生态恢复及补偿措施。主要包括取(弃)土场的整治,便道、便桥及预制(拌和)场地、生活及建筑垃圾的处置,边坡整治、绿化等生态恢复和补偿措施。

## 二、质保期的环保监理工作内容

(1)监理工程师定期检查施工单位对环保遗留问题整改计划的事实,并根据工程具体情况,建议施工单位对整改计划进行调整。

(2)监理工程师检查已实施的环保达标工程和环保工程,对交工验收后发生的环保问题或工程质量缺陷及时进行调查和记录,并指示施工单位进行环境恢复或工程修复。

(3)监理工程师督促施工单位按合同及有关规定完成环保施工资料。

## 三、竣工环保验收

在工程竣工环保验收时,环保监理工程师应协助建设单位做好以下工作:

(1)整理施工环境保护监理竣工资料。环保监理竣工资料主要内容有:

①施工环境保护监理规划;

②施工环境保护监理实施细则;

③与建设单位、施工单位、设计单位等往来的环保监理文件;

④监理通知单及回复单;

⑤因环保问题签发的停(复)工通知单;

⑥与环境保护有关的会议记录和纪要;

⑦施工环境保护监理月报。

(2)编制工程环境保护监理总结报告。

(3)提出工程通车前所需的环保部门的各种批件,并予以协助办理。

(4)收集保存竣工验收时环保主管部门所需的资料。

(5)完成竣工验收小组交办的工作。

## 复习思考题

1. 建设工程施工环保监理主要有哪些内容?

2. 环保达标监理和环保工程监理有什么区别?

3. 环保监理有哪些工作制度?

4. 施工准备阶段环保监理应做好哪些工作?

5. 简述路基开挖施工中应注意的环保问题。

6. 交工及缺陷责任期环保监理的主要任务是什么?

7. 结合现有在建工程,列举环境潜在影响内容及防治措施。

# 第二篇

# 市政工程质量检测

# 第一章 市政工程质量评定方法

**知识目标**

1. 解释市政工程质量标准的概念；
2. 描述市政工程质量评定的依据；
3. 描述市政工程质量检验评定方法和市政工程质量等级评定方法。

**能力目标**

进行市政工程质量等级评定中各分项、分部和单位工程评分的计算。

工程质量评定，是对已完成的工程按照质量检验评定标准的规定，进行抽样检验，根据抽样检验结果，依据工程检验评定标准的规定，确定其质量等级。

市政工程质量评定分为市政工程质量检验评定和市政工程质量等级验评两部分内容。市政工程质量检验评定是指施工过程中施工单位、监理单位对完工的每道工序进行的质量评价；市政工程质量等级评定则是在按照市政工程质量检验评定标准进行评定后，由建设单位或质量监督部门对完工的工程所进行的质量等级核定。两者的检查方法、评定依据和使用表式均不相同。

本章主要对市政工程质量评定的依据、市政工程质量评定以及市政工程质量等级评定的方法和规定进行描述。

## ● 第一节　市政工程质量评定的依据 ●

### 一、市政工程质量评定的依据

市政工程质量评定依据归纳起来主要有设计文件、质量检验评定标准和质量等级评定管理法规（规范）性文件。

**1. 设计文件**

设计文件包括由符合工程相应资质的勘察、设计单位提交的且按规定送交具有相应资格的施工图审查机构审查批准的市政工程项目的施工设计图、变更设计图，参建各方共同签认的与设计有关的工程洽商记录等技术文件和资料。

**2. 质量检验评定标准**

市政工程质量评定所使用的质量检验评定标准主要包括以下几种常用的国家、行业标准：

(1)《城镇道路工程施工与质量验收规范》(CJJ 1—2008)。

(2)《市政桥梁工程质量检验评定标准》(CJJ 02—90)。

(3)《市政排水管渠工程质量检验评定标准》(CJJ 03—90)。

(4)《市政供热管网工程质量检验评定标准》(CJJ 38—90)。

(5)《市政工程质量检验评定标准》(城市防洪工程)(CJJ 39—91)。

(6)《混凝土强度检验评定标准》(GBJ 107—87)。

(7)《钢结构工程质量检验评定规范》(GB 50221—95)。

(8)其他与市政基础设施工程竣工质量评定有关的质量检验评定标准和规范。

**3. 质量等级评定管理法规(规范)性文件**

质量管理法规(规范)性文件主要是指各级政府的市政工程(建设行政)主管部门制定并颁布的与市政工程质量检验评定有关的建设法规(规范)性文件,常用的主要有:

(1)《市政工程质量等级评定规定》(建城[1992]68 号)。

(2)《市政工程质量等级评定补充规定》[(95)建城市字第 1 号]。

(3)《市政基础设施工程施工技术文件管理规定》(建城[2002]221 号)。

(4)其他与市政工程质量检验与质量验收有关的建设行政法规、部门规章、地方性法规、地方性规章和规范性文件。

### 二、执行市政工程质量标准时应注意的问题

(1)质量标准的时效　同一部国家标准、行业标准或者地方标准,都有其颁布执行的起始时间,因而应按期颁布施行的起始时间,按由近及远的优先顺序采用。即同一质量标准,以最新颁布施行的标准为优先采用的对象。

(2)质量标准的适用、调整范围　在同类的工程建设质量标准中,若同时有国家标准、行业标准、地方标准和企业标准时,则按照国家标准、行业标准、地方标准、企业标准的优先顺序采用。即凡有国家标准规定的市政工程建设质量活动和行为,必须执行国家标准;对没有国家标准但有行业标准规定的,必须执行行业标准;对没有国家标准和行业标准规定但有地方标准的,应执行地方标准;对没有国家标准、行业标准和地方标准的,按企业标准执行,但企业标准只限于企业内部使用,不得用于对外质量验收、质量监督的依据。对于企业内部管理而言,即使有国家标准、行业标准或者地方标准规定的,也可以执行企业标准,但这不是用于市政工程质量检查、等级评定、验收、结算等涉及企业外部的建设活动。

(3)同一级别质量标准的采用　在同一时期,同一级别的质量标准(如行业标准或地方标准)中,应优先采用本行业的对口专业质量标准。由于质量标准制定的时间有先有后,本行业的质量标准对市政工程管理中某些方面的规定在制定标准时未被纳入,而相近专业同级别的质量标准对这些方面作了合理的规定时,可以参照采用,但必须在合同条件中明确规定;当市政工程同级别的质量标准对这些方面作出了明确规定后,必须执行市政工程质量标准的有关规定。

## 第二节　市政工程质量评定方法

### 一、市政工程质量评定

市政工程质量评定分为“合格”和“优良”;按照“工序”、“部位”及“单位工程”三级进行。

其评定标准的主要依据为合格率。

$$合格率=\frac{同一检查项目中合格点(组)数}{同一检查项目中的应检点(组)数}\times 100\%$$

**1. 工序**

合格:符合下列要求者,应评为“合格”。

(1)主要检查项目(在项目栏列有△者)的合格率应达到100%。

(2)非主要检查项目的合格率均应达到70%,且不符合本标准要求的点,其最大偏差应在允许偏差的1.5倍之内。在特殊情况下如最大偏差超过允许偏差1.5倍,但不影响下道工序施工、工程结构和使用功能,仍可评为合格。

优良:符合下列要求者应评为“优良”。

(1)符合合格标准的条件。

(2)全部检查项目合格率的平均值,应达到85%。

**2. 部位**

合格:所有工序合格,则该部位应评为“合格”。

优良:在评定为合格的基础上,全部工序检查项目合格率的平均值达到85%,则该部位应评为“优良”(在评定部位时,模板工序不参加评定)。

**3. 单位工程**

合格:所有部位的工序均为合格,则该单位工程应评为“合格”。

优良:在评定合格的基础上,全部部位(工序)检验项目合格率的平均值达到85%,则该单位工程应评定为“优良”。

**4. 工序质量不符合标准的处理**

工序的质量如不符合质量检验评定标准的规定,应及时进行处理。返工重做的工程,应重新评定其质量等级。加固补强后改变结构外形或造成永久缺陷(但不影响使用效果)的工程,一律不得评为优良。

## 二、分项、分部工程的划分

**1. 市政工程的工序、部位、单位工程的划分**

市政工程的工序、部位、单位工程按以下要求进行划分:

1)工序

(1)道路工程　路基、基层、面层、附属构筑物等。

(2)桥梁工程　土石方、模板、钢筋、预应力筋、水泥混凝土、桩基、沉井基础、钢结构、构件安装、砌体、装饰、其他工程等。

(3)排水管渠工程　沟槽、平基、管座、安管、接口、顶管、检查井、闭水、回填、渠道、泵站沉井、模板、钢筋、现场浇筑水泥混凝土结构、砖砌结构、构件安装、水电设备安装、铸铁管安装等。

2)部位

(1)道路工程　市政道路工程不宜划分部位,但也可按长度划分为若干个部位。

(2)桥梁工程　按主要部位划分为基础、下部构造、上部构造、桥面及附属工程等4部分。

(3)排水管渠工程　市政排水管渠工程不宜划分部位,但也可按长度划分为若干个部位。

3)单位工程

(1)市政道路工程和排水管渠工程　市政道路工程和排水管渠工程中的独立核算项目，应是一个单位工程。采用分期单独核算的同一市政道路工程和排水管渠工程，应是若干个单位工程。

一般情况下，按施工单位的施工段落划分道路和排水管渠的单位工程，即一个施工单位的施工段落，作为一个单位工程。当施工单位的施工段落内，既有道路工程，又有排水工程时，划分成道路、雨水、污水等若干个单位工程。

(2)市政桥梁工程　市政桥梁工程中的独立核算项目，应是一个单位工程。

一般情况下，一座桥梁为一个单位工程。当桥梁规模较大时，可按施工单位各自的施工部位划分成若干项单位工程。如果是立交桥时，先划分成主桥、匝道两部分，再按主桥、匝道内各施工单位各自的施工部分划分成若干项单位工程。

**2. 公路工程分项、分部工程的划分**

根据《公路工程质量检验评定标准》(土建工程)(JTG F80/1—2004)的规定，根据建设任务、施工管理和质量检验的需要，在施工准备阶段按标准将建设项目依次分为单位、分部和分项工程(表2-1-1)。

**一般建设项目的工程划分**　　表2-1-1

| 单位工程 | 分部工程 | 分项工程 |
|---|---|---|
| 路基工程(每10km或每标段) | 路基土石方工程*(1～3km路段) | 土方路基*，石方路基，软土地基*，土工合成材料处治层*等 |
| | 排水工程(1～3km路段) | 管节预制，管道基础及管节安装*。土沟，盲沟，跌水，急流槽，排水泵站等 |
| | 小桥及符合小桥标准的通道*，人行天桥，渡槽(每座) | 基础及下部构造*，上部构造预制、安装或浇筑，桥面栏杆，人行道等 |
| | 涵洞、通道(1～3km路段) | 基础及下部构造*，主要构造预制、安装，填土，总体等 |
| | 砌筑防护工程(1～3km路段) | 墙背土墙*，墙背填土抗滑桩，锥护坡，导流工程石笼防护等 |
| | 大型挡土墙*，组合式挡土墙*(每处) | 基础*，墙身*，构件预制*，构件安装。筋带，锚杆、总体等 |
| 路面工程(每10 km或每标段) | 路面工程(1～3km路段) | 底基层，基层，面层，联结层，路缘石，人行道，路肩，路面边缘排水系统等 |
| 桥梁工程(特大、大中桥) | 基础及下部构造*(每桥或每墩、台) | 扩大基础，桩基、地下连续墙。承台，沉井，桩的制作，挡块，台背填土等 |
| | 上部构造预制和安装* | 主要构件预制，其他构件预制，钢筋加工安装 |
| | 上部构造现场浇筑* | 钢筋加工及安装，预应力筋的加工和张拉，主要构件浇筑。钢筋混凝土拱等 |
| | 总体，桥面系和附属工程 | 桥梁总体，钢筋加工安装，桥面防水；桥面铺装，护栏，人行道铺设等 |
| | 防护工程 | 护坡，护岸，导流工程，石笼防护，砌石工程等 |
| | 引导工程 | 路基，路面，挡土墙，小桥，涵洞，护栏等 |

注：表内带＊号的为主要工程，评分时给以2分的权值，不带＊为一般工程，权值为1。

## • 第三节 市政工程质量等级评定方法 •

根据《市政工程质量等级评定规定》(建城[1992]68 号)和《市政工程质量等级评定补充规定》[(95)建城市字第 1 号],市政工程质量等级的评定是按照市政工程质量检验评定标准进行评定后,由市政工程质量监督部门进行核定市政工程的质量等级。此评定方法适用于新建、改建、扩建的市政道路 、桥梁、排水工程。大中修市政工程可参照适用。

### 一、市政工程质量等级评定标准

市政工程质量等级评定,分为“合格”与“优良”两个等级。其规定如下:

**1. 合格**

(1)外观项目的评分应达 70 分以上。

(2)实测项目:主要检查项目(在项目栏列有△者)的合格率为 100%,非主要检查项目合格率应达 70 分。

(3)质量保证资料评分应达 70 分以上。

(4)工程综合评分应达 70 分以上。

**2. 优良**

(1)外观项目的评分应达 85 分以上。

(2)实测项目:在合格的基础上,全部检查项目(包括主要检查项目和非主要检查项目)的平均合格率应达 85 分以上。

(3)质量保证资料评分应达 85 分以上。

(4)工程综合评分应达 85 分以上。

### 二、市政工程质量评分办法

市政工程质量等级评定工作一般按“先内业后外业”,即按质量保证资料、外观项目、实测项目的顺序进行,然后在此基础上进行综合评定。外观项目、实测项目、质量保证资料的验评均采用《市政工程质量等级评定规定》、《市政工程质量等级评定补充规定》的统一表式。

**1. 外观质量评定**

外观质量评定,一般应当根据工程性质和规模成立外观评定小组。外观评定小组不得少于 3 人,外观质量评定小组一般参照以下规定组成:

施工单位对工程竣工质量自评的,由该工程项目技术负责人、专职质量检查员以及其他有关专业人员组成。

监理单位对工程竣工质量进行评估的,由该工程项目的总监理工程师(总监理工程师代表)、专业监理工程师组成。

建设单位组织验收小组对工程竣工质量进行核定的,由该项目的建设单位负责人、项目总监理工程师(或委托总监理工程师代表)和专业监理工程师、项目技术负责人、专职质量检查员以及其他有关专业人员组成。

1)外观质量的检查方法和内容

外观质量的检查，应当采取全数量检查的方法，既应当对该单位工程的所有项目（部位）的所有内容都进行检查。

按照《市政工程质量等级评定补充规定》中的外观质量要求对以下内容进行检查：

(1)道路工程　包括面层、侧缘石、人行道、检查井与收水井等四项。

(2)排水工程　包括排管、检查井、回填土、护坡挡墙等四项。

(3)桥梁工程　包括下部结构、上部结构、桥面系、地袱、防撞墩、栏杆、人行道、锥坡、台阶、侧墙与护坡等五项。

(4)给水工程　包括管道、附件、阀门井、回填土等四项。

2)外观质量要求与评定方法

(1)外观质量应满足《市政工程质量等级评定补充规定》附表（表 2-1-2 ~ 表 2-1-4）中的外观质量要求。

(2)外观质量的评分，应先按优良、合格、不合格三个档次予以评定，其对应得分为：优良：85 ~100 分；合格：70 ~84.9 分；不合格：<70 分。

外观项目得分的计算：

外观评分 = 各单项评分的平均值

外观质量具有否决权。工程中凡存在严重外观质量问题但不影响正常使用的，即使是局部问题，工程最高只能评为合格。不合格工程应当整改，在不影响安全，不影响使用和寿命的情况下，也可视为可以使用的工程。

**2. 实测实量评定**

在外观质量评定合格后，才能进行实测项目的评定，并采取随机抽样或全数检查方式进行实测项目检查。

(1)实测项目内容及允许偏差按相应行业质量评定规定标准。市政道路、桥梁以及排水等工程，按照《市政工程质量等级评定补充规定》规定的实测实量评分表中的实测项目、允许偏差及实测频率等进行实测并计算各个实测项目的合格率（表 2-1-5、表 2-1-6）。

(2)实测项目的抽查应按照以下规定频率进行：

道路工程：不少于总长度或总面积的 1/10，且不少于 200m（或 3000$m^2$）。

桥梁工程：不少于全孔数的 1/3，且不少于 3 孔，不足 3 孔者全查。

给水、排水工程和城市供热管网工程：不少于总数的 1/10，且不少于 5 个井（室）段，不足 5 个井（室）段者全查。

其他市政工程：参照上述要求，一般不宜少于总工程量的 1/10。

(3)实测项目按下式计算得分：

道路工程得分 = 车行道部分平均合格率 ×0.7 + 人行道和侧石等各项附属工程平均合格率 ×0.3

桥梁工程、排水管道工程、城市供热管网工程得分 = 各项合格率的平均值

当建设单位或质量监督部门抽查的合格率与施工单位验评的合格率误差在 5% 以内时，应承认施工单位的验评结果，否则以建设单位或质量监督部门的抽查结果为准。

**3. 质量保证资料的评定**

根据《市政工程质量等级评定规定》，市政工程质量保证资料检查的内容及评分标准见表

2-1-7 所示。

**4. 市政工程质量综合评分**

在外观项目、实测项目、质量保证资料检验评定的基础上，按照综合评分核定市政工程质量等级。市政工程质量综合得分：

（1）道路工程、桥梁工程：

综合得分 = 外观项目得分 ×0.3 + 实测项目得分 ×0.4 + 质量保证资料得分 ×0.3

（2）排水管渠及其他市政工程：

综合得分 = 外观项目得分 ×0.25 + 实测项目得分 ×0.35 + 质量保证资料得分 ×0.4

**市政道路工程外观评分表**

表 2-1-2(甲)

<table>
<tr><td>工程名称</td><td colspan="2"></td><td>工程地点</td><td>施工单位</td><td></td><td>施工负责人</td><td></td></tr>
<tr><td>检查项目</td><td colspan="2">外观要求</td><td>存在问题</td><td>应得分</td><td>实得分</td><td>加权系数</td><td>评分</td></tr>
<tr><td rowspan="4">沥青混凝土面层</td><td colspan="2">①面层平整、坚实、无脱落、掉渣、裂缝、推挤、烂边、粗细料集中等现象</td><td></td><td>50</td><td></td><td rowspan="4">0.4</td><td rowspan="4"></td></tr>
<tr><td colspan="2">②10t 以上压路机碾压无明显轮迹</td><td></td><td>10</td><td></td></tr>
<tr><td colspan="2">③接茬应紧密、平顺，烫缝不应枯焦</td><td></td><td>20</td><td></td></tr>
<tr><td colspan="2">④面层与路缘石及其他构筑物应接顺，不得有积水现象</td><td></td><td>20</td><td></td></tr>
<tr><td rowspan="2">侧缘石</td><td colspan="2">①侧石、缘石必须稳固，线直弯顺，无折角，顶面应平整无错牙，侧石钩缝严密，缘石不得阻水</td><td></td><td>70</td><td></td><td rowspan="2">0.2</td><td rowspan="2"></td></tr>
<tr><td colspan="2">②侧石背后填土必须密实</td><td></td><td>30</td><td></td></tr>
<tr><td rowspan="2">人行道</td><td colspan="2">①铺砌必须平整稳定，灌缝应饱满，不得有翘动现象</td><td></td><td>60</td><td></td><td rowspan="2">0.2</td><td rowspan="2"></td></tr>
<tr><td colspan="2">②人行道面层应与其他构筑物接顺，不得有积水现象</td><td></td><td>40</td><td></td></tr>
<tr><td rowspan="4">检查井与收水井</td><td colspan="2">①路面与井接顺，无跳车现象</td><td></td><td>25</td><td></td><td rowspan="4">0.2</td><td rowspan="4"></td></tr>
<tr><td colspan="2">②收水井内壁抹面平整，不得起壳，裂缝</td><td></td><td>25</td><td></td></tr>
<tr><td colspan="2">③井内无垃圾杂物，井圈及支管回填满足路面要求</td><td></td><td>25</td><td></td></tr>
<tr><td colspan="2">④框盖完整无损，安装平稳、位置正确</td><td></td><td>25</td><td></td></tr>
</table>

检查人： 年 月 日

**市政道路工程外观评分表**

表 2-1-2(乙)

| 工程名称 | | 工程地点 | | 施工单位 | | 施工负责人 | |
|---|---|---|---|---|---|---|---|
| 检查项目 | 外观要求 | | 存在问题 | 应得分 | 实得分 | 加权系数 | 评分 |
| 水泥混凝土面层 | ①板面边角应平整,不得有大于0.3mm裂缝,不得有石子外露、浮浆、脱皮、印痕、积水等现象 | | | 60 | | 0.4 | |
| | ②伸缩缝必须垂直,缝内无杂物,伸缩缝全部贯通 | | | 20 | | | |
| | ③切缝线直弯顺,无夹缝,无漏灌缝 | | | 20 | | | |
| 侧缘石 | ①侧石、缘石必须稳固,线直弯顺,无折角,顶面应平整无错牙,侧石钩缝严密,缘石不得阻水 | | | 70 | | 0.2 | |
| | ②侧石背后填土必须密实 | | | 30 | | | |
| 人行道 | ①铺砌必须平整稳定,灌缝应饱满,不得有翘动现象 | | | 60 | | 0.2 | |
| | ②人行道面层应与其他构造物接顺,不得有积水现象 | | | 40 | | | |
| 检查井与收水井 | ①路面与井接顺,无跳车现象 | | | 25 | | 0.2 | |
| | ②收水井内壁抹面平整,不得起壳,裂缝 | | | 25 | | | |
| | ③井内无垃圾杂物,井圈及支管回填满足路面要求 | | | 25 | | | |
| | ④框盖完整无损,安装平稳、位置正确 | | | 25 | | | |

检查人:　　　　　　　　　　　　　　　　　　　　　　　　　　年　　月　　日

注:①如有护坡、挡墙、倒虹、涵洞等可根据行标增加项目,人行道和检查井与收水井的加权系数同改为0.15,增加项目为0.10。

②根据存在问题多少和产生程度,在应得分中酌情扣分。

**市政桥梁工程外观评分表**　　表2-1-3(甲)

<table>
<tr><td>工程名称</td><td colspan="2">　　工程地点</td><td>施工单位</td><td></td><td colspan="2">施工负责人</td></tr>
<tr><td>检查项目</td><td>外观要求</td><td>存在问题</td><td>应得分</td><td>实得分</td><td>加权系数</td><td>评分</td></tr>
<tr><td rowspan="3">下部结构</td><td>①混凝土无缺边、掉角、露筋、蜂麻、孔洞。线角挺拔,线形顺直,无凹凸,美观,接缝平顺</td><td></td><td>70</td><td></td><td rowspan="3">0.2</td><td rowspan="3"></td></tr>
<tr><td>②沉降缝贯通、垂直、位置准确、边角整齐</td><td></td><td>15</td><td></td></tr>
<tr><td>③支座位置准确、平稳、接触严密</td><td></td><td>15</td><td></td></tr>
<tr><td rowspan="4">上部结构</td><td>①梁板拱杆件直顺、一致,混凝土施工缝平顺,无蜂麻、露筋、缺边掉角、允许范围外的裂缝,接缝平顺</td><td></td><td>70</td><td></td><td rowspan="4">0.2</td><td rowspan="2"></td></tr>
<tr><td>②各部位平行、垂直、对称关系准确无异常</td><td></td><td>15</td><td></td></tr>
<tr><td>③安装准确,梁、拱肋底高程一致,间距无异常</td><td></td><td>15</td><td></td><td rowspan="2"></td></tr>
<tr><td>④地道无渗漏,装修无空鼓、脱落、裂缝、掉渣,颜色一致、美观,台阶步距一致,无缺边掉角。钢结构焊接缝饱满直顺,无变形,颜色一致,防腐无遗漏。构件无变形</td><td></td><td></td><td></td></tr>
<tr><td rowspan="2">桥面系</td><td>①铺装坚实、平整,无裂缝、离析,有足够粗糙度,沥青混凝土不应有松散、油包现象</td><td></td><td>60</td><td></td><td rowspan="2">0.3</td><td rowspan="2"></td></tr>
<tr><td>②伸缩缝安装牢固、直顺,不扭曲,缝宽符合要求,与保护带接顺,伸缩有效</td><td></td><td>40</td><td></td></tr>
</table>

检查人:　　　　　　　　　　　　　　　　　　　年　　月　　日

**市政桥梁工程外观评分表**

表 2-1-3(乙)

| 工程名称 | | 工程地点 | | 施工单位 | | 施工负责人 | |
|---|---|---|---|---|---|---|---|
| 检查项目 | 外观要求 | | 存在问题 | 应得分 | 实得分 | 加权系数 | 评分 |
| 栏杆、人行道、地袱、防撞墩 | ①安装牢固,线条直顺,无歪斜扭面 | | | 40 | | 0.2 | |
| | ②各部位接缝平直、无错台,灌缝砂浆饱满,伸缩缝处断开 | | | 30 | | | |
| | ③构件无破损、蜂麻、颜色一致,安装直顺,钢构件防腐无遗漏,美观 | | | 30 | | | |
| 侧墙、护坡、锥坡、台阶 | ①线形直顺、平整,外形正确 | | | 50 | | 0.1 | |
| | ②砌筑表面平顺,无凹凸、下沉,缝均匀、饱满、美观 | | | 50 | | | |
| | ③台阶步距均匀,无缺边掉角 | | | | | | |

检查人:　　　　　　　　　　　　　　　　　　　　　　年　月　日

注:①上部构造如是钢结构或是地道桥,外观要求中④代①。

②侧墙、锥坡、护坡、台阶中,有台阶者,①、②、③小项应得分为40、40、20。

③依据存在问题多少和严重程度参照外观要求和应得分,酌情扣分。

④无锥坡、台阶、侧墙、护坡时,地袱、防撞墩、栏杆、人行道项目加权系数为0.30。

**市政排水工程外观评分表**

表 2-1-4

| 工程名称 | | 工程地点 | | 施工单位 | | 施工负责人 | |
|---|---|---|---|---|---|---|---|
| 填土认证 | (分层压实、含水率、密度情况) | | | | | 认证单位 | |
| 闭水认证 | | | | | | 认证单位 | |
| 检查项目 | 外观要求 | 存在问题 | | 应得分 | 实得分 | 加权系数 | 评分 |
| 检查井 | ①井壁垂直,抹面压光无空鼓、裂缝 | | | 70 | | 0.3 | |
| | ②流槽平顺,无倒流水,踏步牢固,位置正确,无垃圾 | | | 10 | | | |
| | ③井框、井盖完整无损,配套严密,安装平稳,位置正确,高度符合规定 | | | 20 | | | |
| 排管 | ①管道平稳、直顺,无倒流水,缝宽均匀 | | | 50 | | 0.3 | |
| | ②接口平直,止水装置准确,抹带密实、饱满,无裂缝、空鼓,不漏水 | | | 30 | | | |
| | ③构件质量符合要求 | | | 20 | | | |
| 回填土 | ①分层填土,井边压实到位,填土到位,不带水回填 | | | 50 | | 0.2 | |
| | ②管道顶、井周围无下沉迹象 | | | 50 | | | |
| 护坡、挡墙 | ①砌体材质合格,错缝砌筑,灰缝饱满密实,无裂缝、空鼓、脱落 | | | 60 | | 0.2 | |
| | ②沉降缝垂直、贯通,预埋件、泄水孔、反滤层、防水设施正确 | | | 40 | | | |

检查人:　　　　　　　　　　　　　　　　　　　　　　年　月　日

## 市政道路工程实测实量评分表

表 2-1-5(甲)

| 工程名称 | | 认证项目 | | 应检点 | 合格点 | 合格率 | 认证单位 |
|---|---|---|---|---|---|---|---|
| 工程地点 | | 面层压实度 | | | | | |
| 施工单位 | | 面层厚度 | | | | | |
| 施工负责人 | | 弯沉 | | | | | |

| 序号 | 实测项目 | 允许偏差(mm) | 实测频率 | | | 各实测点偏差(mm) | | | | | | | | | | | | | | | | 应检点数 | 合格点数 | 合格率(%) |
|---|---|---|---|---|---|---|---|---|---|---|---|---|---|---|---|---|---|---|---|---|---|---|---|---|
| | | | 范围 | 点数 | | 1 | 2 | 3 | 4 | 5 | 6 | 7 | 8 | 9 | 10 | 11 | 12 | 13 | 14 | 15 | 16 | | | |
| 1 | 厚度 | +20,-5 | 每工程 | 3 | | | | | | | | | | | | | | | | | | | | |
| 2 | 平整度 | 5 | 20m | 路宽 <9 | 1 | | | | | | | | | | | | | | | | | | | |
| | | | | 路宽 9~15 | 2 | | | | | | | | | | | | | | | | | | | |
| | | | | 路宽 >15 | 3 | | | | | | | | | | | | | | | | | | | |
| 3 | 宽度 | -20 | 40m | 1 | | | | | | | | | | | | | | | | | | | | |
| 4 | 中线高程 | ±20 | 20m | 1 | | | | | | | | | | | | | | | | | | | | |
| 5 | 横坡 | ±10 且≯0.3% | 20m | 路宽 <9 | 2 | | | | | | | | | | | | | | | | | | | |
| | | | | 路宽 9~15 | 4 | | | | | | | | | | | | | | | | | | | |
| | | | | 路宽 >15 | 6 | | | | | | | | | | | | | | | | | | | |
| 6 | 井框 | 5 | 每座 | 1 | | | | | | | | | | | | | | | | | | | | |

检查人: 年 月 日

## 市政道路工程实测实量评分表

表 2-1-5(乙)

| 工程名称 | | 工程地点 | | 施工单位 | | 施工负责人 | |
|---|---|---|---|---|---|---|---|

| 序号 | 实测项目 | | 允许偏差(mm) | 实测频率 | | 各实测点偏差(mm) | | | | | | | | | | | | | | | | 应检点数 | 合格点数 | 合格率(%) |
|---|---|---|---|---|---|---|---|---|---|---|---|---|---|---|---|---|---|---|---|---|---|---|---|---|
| | | | | 范围 | 点数 | 1 | 2 | 3 | 4 | 5 | 6 | 7 | 8 | 9 | 10 | 11 | 12 | 13 | 14 | 15 | 16 | | | |
| 1 | 侧缘石 | 直顺度 | 10 | 100m | 1 | | | | | | | | | | | | | | | | | | | |
| 2 | 侧缘石 | 相邻块高差 | 3 | 20m | 1 | | | | | | | | | | | | | | | | | | | |
| 3 | 侧缘石 | 缝宽 | ±3 | 20m | 1 | | | | | | | | | | | | | | | | | | | |
| 4 | 侧缘石 | 侧石顶高程 | ±10 | 20m | 1 | | | | | | | | | | | | | | | | | | | |
| 5 | 人行道 | 平整度 | 5 | 20m | 1 | | | | | | | | | | | | | | | | | | | |
| 6 | 人行道 | 相邻块高差 | 3 | 20m | 1 | | | | | | | | | | | | | | | | | | | |
| 7 | 人行道 | 横坡 | ±0.3% | 20m | 1 | | | | | | | | | | | | | | | | | | | |
| 8 | 人行道 | 纵缝直顺度 | 10 | 40m | 1 | | | | | | | | | | | | | | | | | | | |
| 9 | 人行道 | 横缝直顺度 | 10 | 20m | 1 | | | | | | | | | | | | | | | | | | | |
| 10 | 人行道 | 井框与路面高差 | 5 | 每座 | 1 | | | | | | | | | | | | | | | | | | | |

检查人: 年 月 日

## 市政排水工程实测实量评分表

表 2-1-6

| 工程名称 | | 工程地点 | | | 施工单位 | | | 施工负责人 | | |
|---|---|---|---|---|---|---|---|---|---|---|
| 认证项目 | 应检点 | 合格点 | 合格率 | 认证单位 | 认证项目 | | 应检点 | 合格点 | 合格率 | 认证单位 |
| 管内底高程 | | | | | 填土压实度 | 胸膛 | | | | |
| | | | | | | 路槽 0 ~ 80cm | | | | |
| | | | | | | 路槽 80 ~ 150cm | | | | |
| | | | | | | 路槽 > 150cm | | | | |

| 序号 | 实测项目 | | | 允许偏差（mm） | 实测频率 | | 各实测点偏差（mm） | | | | | | | | | | | | | | | | 应检点数 | 合格点数 | 合格率（%） |
|---|---|---|---|---|---|---|---|---|---|---|---|---|---|---|---|---|---|---|---|---|---|---|---|---|---|
| | | | | | 范围 | 点数 | 1 | 2 | 3 | 4 | 5 | 6 | 7 | 8 | 9 | 10 | 11 | 12 | 13 | 14 | 15 | 16 | | | |
| 排管 | 邻管错口 | $D \leqslant 1\,000mm$ | | 3 | 两井间 | 3 | | | | | | | | | | | | | | | | | | | |
| | | $D > 1\,000mm$ | | 5 | 两井间 | 3 | | | | | | | | | | | | | | | | | | | |
| 检查井 | 井身尺寸 | 长度 | | ±20 | 每座 | 2 | | | | | | | | | | | | | | | | | | | |
| | | 直径 | | ±20 | 每座 | 2 | | | | | | | | | | | | | | | | | | | |
| 高程 | 井盖 | 非路面 | | ±20 | 每座 | 1 | | | | | | | | | | | | | | | | | | | |
| | 井底 | $D \leqslant 1\,000mm$ | | ±10 | 每座 | 1 | | | | | | | | | | | | | | | | | | | |
| | | $D > 1\,000mm$ | | ±15 | 每座 | 1 | | | | | | | | | | | | | | | | | | | |

检查人：　　　　　　　　　　　　　　　　　　　年　　月　　日

**市政工程质量保证资料评分表**

表 2-1-7

| 工程名称 | | 主要工作量（万元） | | 施工单位 | | 开竣工日期 | |
|---|---|---|---|---|---|---|---|

| 序号 | 检查内容 | 检查重点 | 检查情况 | 标准分 | 实得分 |
|---|---|---|---|---|---|
| 1 | 主体结构技术质量试验资料 | ①道路各层密度（压实度）试验；②回填土压实度；③混凝土强度；④预应力张拉；⑤桩基质量要求齐全（含动载试验，无破损试验）；⑥沥青混凝土含油量试验 | | 22 | |
| 2 | 原材料试验，各种预制构件质量资料，合格证明 | ①水泥、钢材、砂、石、砖、石灰、石灰土中的土、沥青等原材料试验资料；②计量设备校核资料；③各种预制件合格证书及试验资料；④主要外购件合格证 | | 22 | |
| 3 | 工程总体质量综合试验资料 | ①污水管道闭水试验，污水厂水满池试验；②道路弯沉试验；③桥梁静、动载试验等；④压力管道压力试验 | | 12 | |
| 4 | 隐蔽工程验收单 | 凡下道工序覆盖部分的重要项目都需要隐验手续 | | 12 | |
| 5 | 工程质量评定单 | 分项、分部、单位（群体）工程质量评定资料 | | 12 | |
| 6 | 质量事故处理 | 报告、处理、结案及时，有市质监站认可 | | −(0~6) | |
| 7 | 施工组织设计，技术交底 | 有质量目标、措施、落实情况，环保、文明施工、安全、节约及专项方案设计，审批完备，设计交底、施工交底齐备，配比通知单、施工记录 | | 6 | |
| 8 | 洽商记录，竣工图 | 洽商、纪要、变更资料齐全，有编号，手续完备，竣工图清晰完整，与实际相符 | | 10 | |
| 9 | 测量复核记录 | 控制点、基准线、水准点、复核记录，有放必复 | | 4 | |
| 10 | 合计 | | | 100 | |

检查人： 年 月 日

## 复习思考题

1. 市政工程质量评定的依据是什么？
2. 如何进行市政工程质量评定？
3. 市政工程质量等级的评分值如何计算？

# 第二章

# 路基路面现场质量检测

**知识目标**

1. 描述路基与路面现场检测项目的意义与技术要求；
2. 描述路基路面现场检测的各种方法与适用范围；
3. 描述对路基路面结构层检测指标的计算与质量评定。

**能力目标**

1. 进行压实度、回弹弯沉值、平整度、路面抗滑性能、渗水性能及水泥混凝土路面强度等检测的试验操作；
2. 进行各项检测指标的计算。

路基路面现场质量检测是实施对市政道路工程质量控制和管理的必要手段，是保证道路工程施工质量的关键之一。本章根据目前我国路基路面现场检测技术的现状，主要介绍压实度、平整度、回弹弯沉、回弹模量、结构层厚度、水泥混凝土劈裂强度、抗滑性、路面渗水性等方面质量技术指标的检测方法与测试新技术。

检测引用的标准为《公路路基路面现场测试规程》(JTJ 059—95)、《公路工程质量检验评定标准》(土建工程)(JTG F80/1—2004)、《公路沥青路面设计规范》(JTG D50—2006)、《城镇道路工程施工与质量验收规范》(CJJ 1—2008)、《混凝土强度检验评定标准》(GBJ 107—87)、《混凝土质量控制标准》(GB 50164—92)等。

## ● 第一节　压实度检测 ●

### 一、概　　述

路基和路面结构层施工时，需采用机械进行认真的压实，以提高路基土和路面材料的强度，增加其稳定性，减少其在行车作用下可能产生的变形。通过压实提高路基路面的质量，是保证路基路面达到应有使用期的重要技术措施之一。

表征现场压实后的密实状况的指标称为压实度，压实度越高，密实度越大，材料整体稳定性能越好。因此，压实度是路基路面施工现场压实质量检测的重要指标。在公路工程质量评定标准中也把压实度作为评定路基路面施工质量的关键指标。

对于路基土、路面半刚性基层及粒料类柔性基层，压实度是指工地实际达到的干密度与室内标准击实试验得到的最大干密度的比值；对于沥青路面和沥青稳定基层，压实度是指现场实际达到的密度与室内标准密度的比值，用公式表示为：

$$K = \frac{\rho_d}{\rho_m} \times 100\% \tag{2-2-1}$$

式中：$K$——压实度，%；

$\rho_d$——工地实测密实度，$g/cm^3$；

$\rho_m$——试验室得到的标准密实度，$g/cm^3$。

关于 $K$ 值指标，在有关规范中都有明确的要求，表 2-2-1 为"市政道路工程质量检验评定标准"中的指标要求，表 2-2-2 为"公路工程质量检验评定标准"中的指标要求。

**市政道路各结构层压实度规定值汇总表** 表 2-2-1

| 序号 | 结构层次 | | | 压实度 K 规定值(%) 快速路、主干道 | 压实度 K 规定值(%) 其他道路 | 检查频率 范围 | 检查频率 点数 | 检测方法 |
|---|---|---|---|---|---|---|---|---|
| 1 | 土基 | 零填及路堑上路床(0~30cm) | | ≥95 | ≥93(≥90) | $1000m^2$ | 每层3点 | 环刀法、灌水法或灌砂法 |
| | | 填方 | 0~80cm | ≥95 | ≥93(≥90) | | | |
| | | | >80~50cm | ≥93 | ≥90 | | | |
| | | | >150cm | ≥90 | ≥90(≥87) | | | |
| 2 | 底基层 | 石灰稳定土、石灰粉煤灰稳定砂砾(碎石、钢渣) | | ≥95 | ≥93 | $1000m^2$ | 每压实层1点 | 环刀法、灌水法或灌砂法 |
| | | 水泥稳定土类 | | ≥95 | ≥93 | | | |
| | | 级配碎石 | | ≥95 | | | | |
| 3 | 基层 | 水泥稳定土类 | | ≥97 | ≥95 | | | |
| | | 石灰稳定土、石灰粉煤灰稳定砂砾(碎石，钢渣) | | ≥97 | ≥95 | | | |
| | | 级配碎石 | | ≥97 | | | | |
| | | 沥青碎石 | | ≥95 | | $1000m^2$ | 1点 | 马歇尔法 |
| | | 沥青贯入式 | | ≥95 | | $1000m^2$ | 1点 | 灌水法、灌砂法、蜡封法 |
| 4 | 面层 | 沥青混合料 | | ≥96 | ≥95 | $1000m^2$ | 1点 | 马歇尔击实密度，试验室标准密度 |

**公路工程路基路面各结构层压实度规定值汇总表** 表 2-2-2

| 序号 | 结构层次 | | | 压实度 K 规定值(%) 高速、一级公路 | 压实度 K 规定值(%) 其他公路 二级公路 | 压实度 K 规定值(%) 其他公路 三、四级公路 | 检查方法和频率 |
|---|---|---|---|---|---|---|---|
| 1 | 土基 | 零填及挖方 | 0~30cm | — | — | ≥94 | 每200m每压实层测4处 |
| | | | 0~80cm | ≥96 | ≥95 | — | |
| | | 填方 | 0~80cm | ≥96 | ≥95 | ≥94 | |
| | | | 80~150cm | ≥94 | ≥94 | ≥93 | |
| | | | >150cm | ≥93 | ≥92 | ≥90 | |

续上表

<table>
<tr><th rowspan="3">序号</th><th rowspan="3" colspan="2">结 构 层 次</th><th colspan="3">压实度 K 规定值(%)</th><th rowspan="3">检查方法和频率</th></tr>
<tr><th rowspan="2">高速、一级公路</th><th colspan="2">其他公路</th></tr>
<tr><th>二级公路</th><th>三、四级公路</th></tr>
<tr><td rowspan="4">2</td><td rowspan="4">底基层</td><td>水泥土、石灰土</td><td>95(极值 91)</td><td colspan="2">93(极值 89)</td><td rowspan="5">每 200m 每车道 2 处</td></tr>
<tr><td>水泥(二灰)稳定粒料</td><td>96(极值 92)</td><td colspan="2">95(极值 91)</td></tr>
<tr><td>二灰土</td><td>95(极值 91)</td><td colspan="2">93(极值 89)</td></tr>
<tr><td>级配碎(砾)石</td><td>96(极值 92)</td><td colspan="2">96(极值 92)</td></tr>
<tr><td rowspan="4">3</td><td rowspan="4">基层</td><td>水泥土、石灰土</td><td>—</td><td colspan="2">95(极值 91)</td></tr>
<tr><td>水泥(二灰)稳定粒料</td><td>98(极值 94)</td><td colspan="2">97(极值 93)</td><td rowspan="3">每 200m 每车道 2 处</td></tr>
<tr><td>二灰土</td><td></td><td colspan="2">95(极值 91)</td></tr>
<tr><td>级配碎(砾)石</td><td>98(极值 94)</td><td colspan="2">98(极值 94)</td></tr>
<tr><td>4</td><td>面层</td><td>沥青混凝土</td><td colspan="3">试验室标准密度的 K 规定值:96<br>最大理论密度的 K 规定值:92<br>试验路段密度的 K 规定值:98</td><td>每 200m 测 1 处</td></tr>
</table>

## 二、检测压实度的方法

由于压实度等于结构层现场压实密度与室内标准密度的比值,因此,压实度的测定主要包括室内标准密度(最大干密度)的测定和现场压实层密度的试验。

**1. 标准密度(最大干密度)的确定**

由于路基路面使用的材料类型不同,标准密度(最大干密度)的室内确定的试验方法也有所不同。表 2-2-3 列出了路基路面使用不同材料确定室内标准密度的试验方法和适用范围。标准密度是衡量现场压实度的尺度,要求具有足够精度。对于均质土壤和材料,由于平行试验误差,一组试验求得的标准值难以反映试样的实际情况,因此,标准密度一般应做平行试验,以平均最大干密度作为标准密度值;对于均质性差的路基土和路面结构层材料,应根据实际情况增补标准密度试验,求得相应的标准值。

**标准密度的确定方法及适用范围** 表 2-2-3

| 试 验 方 法 | 适 用 范 围 |
|---|---|
| 击实法 | 适用于含有土的、含水率对其有影响的、粒径不大于 40mm 的基层(或底基层)材料及路基土填料的标准密度,即最大干密度的确定 |
| 振动台法或表面振实仪法 | 适用于无黏聚性的,粒径大于 40mm 的砂石材料 |
| 固体体积率法 | 适用于级配碎(砾)石和填隙碎石基层或底基层 |
| 马歇尔试验法 | 适用于粒径不大于 25mm 的细粒式和中粒式沥青混凝土和沥青碎石混合料的标准密度的确定 |
| 试验路法 | 适用于粒径大于 25mm 的粗粒式沥青混凝土和沥青碎石混合料的标准密度的确定 |

**2. 现场密度检测方法**

现场密实度常用检测方法及适用范围见表2-2-4。

**现场密实度常用检测方法及适用范围比较**　　表2-2-4

| 试验方法 | 适用范围 |
|---|---|
| 灌砂法 | 适用于在现场测定基层(或底基层)、砂石路面及路基土各种材料压实层的密度和压实度。也适用于沥青表面处治、沥青贯入式面层的密度和压实度检测,但不适用于填石路堤等有大孔洞或大孔隙材料的压实度检测 |
| 环刀法 | 适用于细粒土及无机结合料稳定细粒土的密度测试。但对无机结合料稳定细粒土,其龄期不宜超过2d,且适用于施工过程中的压实度检测 |
| 核子法 | 适用于现场用核子仪以散射法或直接透射法测定路基或路面材料的密度和含水率,并计算施工压实度。适用于施工质量的现场快速评定,不宜用作仲裁试验或评定验收试验 |
| 钻芯法 | 适用于检验从压实的沥青路面上钻取的沥青混合料芯样试件的密实度,以评定沥青面层的施工压实度,同时适用于龄期较长的无机结合料稳定类基层和底基层的密度检测 |

1)环刀法

(1)适用范围　本方法适用于现场测定细粒土及无机结合料稳定细粒土密度。但是对无机混合料稳定细粒土,其龄期不宜超过2d。且宜于施工过程中的压实度检验。

(2)仪具与材料

①人工或电动取土器。

②环刀:内径6~8cm,高2~3cm,壁厚1.5~2mm。

③天平:感量0.1g。

④其他:修土刀、钢丝锯、凡士林等。

(3)试验方法与步骤

①用人工取土器测定黏性土及无机结合料稳定细粒土密度的步骤:

a. 擦净环刀,称取环刀质量$m_2$,准确至0.1g。

b. 在试验地点,将面积约30cm×30cm的地面清扫干净。并将压实层铲去表面浮动及不平整的部分,达一定深度,使环刀垂直打下后,能达到要求的取土深度,但不得将下层扰动。

c. 将定向筒齿钉固定于铲平的地面上,顺次将环刀、环盖放入筒内与地面垂直。

d. 将导杆保持垂直状态,用取土器落锤将环刀打入压实层中,至环盖顶面与定向筒上口齐平为止。

e. 去掉击实锤和定向筒,用镐将环刀及试样挖出。

f. 轻轻取下环盖,用修土刀从边至中削去环刀两端余土,用直尺检测直到修平为止。

g. 擦净环刀外壁,用天平称取环刀及试样合计质量$m_1$,准确至0.1g。

h. 从环刀中取出具有代表性的试样,测定其含水率$w$。

②用人工取土器测定砂土或砂层密度时的步骤:

a. 如为湿润的砂土,试验时不需使用击实锤和定向筒。在铲平的地面上,细心挖出一个直径较环刀外径略大的砂土柱,将环刀刃口向下,平置于砂土柱上,用两手平稳地将环刀垂直压下,直至砂土柱突出环刀上端约2cm为止。

b. 削掉环刀口上多余砂土，并用直尺刮平。

c. 在环刀上口盖一块平滑的木板，一手按住木板，另一手用小铁锹将试样从环刀底部切断，然后将装满试样的环刀反过来，削去环刀刃口上部多余的砂土，并用直尺刮平。

d. 擦净环刀外壁，称环刀与试样合计质量 $m_1$，准确至 0.1g。

e. 从环刀中取具有代表性的试样测定其含水率。

f. 干燥的砂土不能挖成砂土柱时，可直接将环刀压入或打入土中。

③用电动取土器测定无机结合料稳定细粒土和硬塑土密度的步骤：

a. 装上所需规格的取芯头，在施工现场取芯前，选择一块平整的路段，将四只车轮打起，四根定位销钉采用人工加压的方法，压入路基土层中，松开锁紧手柄，旋动升降手轮，使取芯头刚好与土层接触，锁紧手柄。

b. 将蓄电池与调速器接通，调速器的输出端接入取芯机电源插口，指示灯亮，显示电已通；启动开关，电动机工作，带动取芯机构转动。根据土层含水率调节转速，操作升降手柄，上提取芯机构，停机，移开机器，由于取芯头圆筒外表有几条螺旋状突起，切下的土屑排在筒外螺纹上旋抛出地表。因此，至取芯套筒在切削好的土芯立柱上，摇动即可取出样品。

c. 取出样品，立即按取芯加套筒长度用修土刀或钢丝锯修平两端，制成所需规格土芯，如拟进行其他试验项目，需装入铝盒，送试验室外备用。

d. 用天平称量土芯加套筒质量 $m_1$，从土芯中心部分取试样测其含水率。

e. 本试验进行两次平行测定，其平行差值不得大于 0.03g/cm³，求其算术平均值。

(4)计算　按下列各式分别计算试样的湿密度和干密度：

$$\rho = \frac{4(m_1 - m_2)}{\pi \cdot d^2 \cdot h} \tag{2-2-2}$$

$$\rho_d = \frac{\rho}{1 + 1.01w} \tag{2-2-3}$$

式中：$\rho$——试样的湿密度，g/cm³；

$\rho_d$——试样的干密度，g/cm³；

$m_1$——环刀或取芯套筒与试样合计质量，g；

$m_2$——环刀或取芯套筒质量，g；

$d$——环刀或取芯套筒直径（定期校正），cm；

$h$——环刀或取芯套筒高度（定期校正），cm；

$w$——试样的含水率，%。

2)灌砂法

(1)适用条件　灌砂法是施工过程中最常用的试验方法。该方法适用于现场测定基层（或底基层）、砂石路面及路基上的各种材料压实层的密度和压实度，也适用于沥青表面处治、沥青贯入式路面层的密度和压实度检测，但不适用于填隙路堤等有大空洞或大孔隙材料的压实度检测。用这种方法检测时需携带较多的量砂，而且称量次数较多，因此测试速度慢。

用灌砂法测定密度和压实度时，应符合下列规定：

①当集料的最大粒径小于 15mm、测定层厚度不超过 150mm 时，宜采用直径为 100mm 的小型灌砂筒测试。

②当集料的粒径等于或大于 15mm,但不大于 40mm,测定层厚度超过 150mm,但不超过 200mm 时,应选用直径为 150mm 的大型灌砂筒测试 。

(2)仪具与材料

①灌砂筒:有大小两种,根据需要采用。型式和主要尺寸见图 2-2-1 和表 2-2-5。当尺寸与表中不一致,但不影响使用时,也可以使用。储砂筒筒底中心有一个圆孔,下部装一倒置的圆锥形漏斗,漏斗上端开口,直径与储砂筒的圆孔相同。漏斗焊接在一块铁板上,铁板中心有一圆孔与漏斗上开口相接。在储砂筒底与漏斗顶端铁板之间设有开关,开关为一薄铁板,一端与筒底及漏斗铁板铰接在一起,另一端伸出筒身外。开关铁板上也有一个相同直径的圆孔。

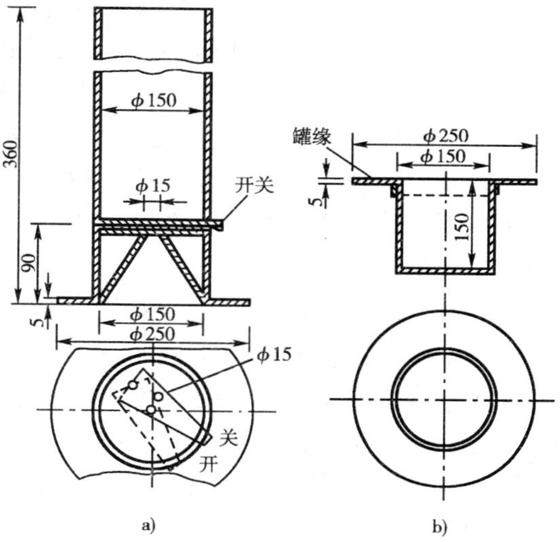


图 2-2-1 灌砂筒和标定罐(尺寸单位:mm)

②金属标定罐:用薄铁板制作,上端周围有一罐缘。

③基板:用薄铁板制作的金属方盘,盘的中心有一圆孔。

④玻璃板:边长为 500 ~ 600mm 的方形板。

⑤试样盘:小筒挖出的试样可用铝盒存放,大筒挖出的试样可用 300mm × 500mm × 40mm 的搪瓷盘存放。

**灌砂筒尺寸** 表 2-2-5

| 结构 | | 小型灌砂筒 | 大型灌砂筒 |
|---|---|---|---|
| 储砂筒 | 直径(mm) | 100 | 150 |
| | 容积($cm^3$) | 2 120 | 4 000 |
| 流砂孔 | 直径(mm) | 10 | 15 |
| 金属标定罐 | 内径(mm) | 100 | 150 |
| | 外径(mm) | 150 | 200 |
| 金属方盘基板 | 边长(mm) | 350 | 400 |
| | 深(mm) | 40 | 50 |
| | 中孔直径(mm) | 100 | 150 |

⑥天平或台秤:称量 10 ~ 15kg,感量不大于 1g。用于含水率测定的天平精度,对于细粒土、中粒土、粗粒土宜分别为 0.01g、0.1g、1.0g。

⑦含水率测定器具:如铝盒、烘箱。

⑧量砂:粒径 0.30 ~ 0.60mm 及 0.25 ~ 0.50mm 洁净干燥的均匀砂,约 20 ~ 40kg,使用前须洗净烘干,并放置足够长的时间,以使其与空气的湿度一致。

⑨盛砂的容器:塑料桶等。

⑩打洞及从洞中取料的合适工具:如凿子、铁锤、长把勺、带把小簸箕、毛刷等。

(3)试验方法与步骤

①确定灌砂筒下部锥体内砂的质量,其步骤如下:

a. 在灌砂筒筒口高度上,向灌砂筒内装砂至距筒顶15mm左右为止。称取装入筒内砂的质量 $m_1$,准确至1g。每次标定及而后的试验都应维持这个质量不变。

b. 将开关打开,让砂自由流出,并使流出的砂的体积与工地所挖试洞的体积相当(或等于标定灌的体积),然后关上开关,称灌砂筒内剩余砂的质量 $m_5$,准确至1g。

c. 不晃动储砂筒的砂,轻轻地将灌砂筒移至玻璃板上,将开关打开,让砂流出,直到储砂筒内砂不再下流时,将开关关上,并细心地取走灌砂筒。

d. 收集并称量留在玻璃上的砂或称量筒内的砂,准确至1g 。玻璃板上的砂就是填满灌砂筒下部锥体的砂。

e. 重复上述测量,至少3次,取其平均值 $m_2$,准确至1g 。

②标定量砂的密度 $\rho_s$($g/cm^3$)。其步骤如下:

a. 用水确定标定罐的容积 $V$,准确至1mL。

b. 在储砂筒中装入质量为 $m_1$ 的砂,并将灌砂筒放在标定罐上,将开关打开,让砂流出。在整个流砂过程中,不要碰动灌砂筒,直到储砂筒的砂不再下流时,将开关关闭。取下灌砂筒,称取筒内余砂的质量 $m_3$,准确至1g 。

c. 重复上述测量三次,取其平均值。

d. 用下式计算填满标定罐所需砂的质量 $m_a$:

$$m_a = m_1 - m_2 - m_3 \tag{2-2-4}$$

式中:$m_1$——灌砂流入标定罐前,筒内砂的质量,g;

$m_2$——灌砂筒下部锥体内砂的平均质量,g;

$m_3$——灌砂流入标定罐后,筒内剩余砂的质量,g。

e. 用下式计算砂的单位重 $\rho_s$($g/cm^3$):

$$\rho_s = \frac{m_a}{V} \tag{2-2-5}$$

式中:$\rho_s$——量砂的单位质量,$g/cm^3$;

$V$——标定罐的体积,$cm^3$。

③试验步骤:

a. 在试验地点,选取一块平坦表面,并将其清扫干净,其面积不得小于基板面积。

b. 将基板放在平坦表面上。当表面的粗糙度较大时,则将盛有量砂 $m_5$ 的灌砂筒放在基板中间的圆孔上。将灌砂筒的开关打开,让砂流入基板的中孔内,直到储砂筒内的砂不再下流时关闭开关。取下灌砂筒,并称量筒内砂的质量 $m_6$,准确至1g 。

c. 取走基板,并将留在试验地点的量砂收回,重新将表面清扫干净。

d. 将基板放在清扫干净的表面上(尽量放在原处),沿基板中孔凿洞(洞的直径与灌砂筒一致)。凿洞过程中,应注意不使凿出的材料丢失,并随时将凿出的材料取出装入已知质量的塑料袋内,以防水分蒸发。试洞的深度应等于碾压层厚度,但不得有下层材料混入。最后将洞内的全部凿松材料取出。对土基或基层,为防止试样盘内材料水分蒸发,可分几次称取材料质量，全部取出材料总质量为 $m_t$，准确至1g。

e. 从挖出的全部材料中取出代表性的样品，放在铝盒内或洁净的搪瓷盘中，测定其含水率（$w$，以百分率计）。样品的数量如下：用小灌砂筒测定时，对于细粒土，不少于100g；对于各种中粒土，不少于500 g。用大灌砂筒时，对于细粒土，不少于200g；对于各种中粒土，不少于1 000g；对于粗粒土或水泥、石灰、粉煤灰等无机结合料稳定材料，宜将取出的全部材料烘干，且不少于2 000g，称其质量，准确至1g。当为沥青表面处治或沥青贯入式结构类材料时，则省去测定含水率步骤。

f. 将基板安放在试坑上，将灌砂筒安放在基板中间（储砂筒内放满砂到要求质量 $m_1$），使灌砂筒的下口对准基板的中孔及试洞，打开灌砂筒的开关，让砂流入试洞内。在此期间，应注意勿碰动灌砂筒。直到储砂筒内的砂不再下流时，关闭开关。仔细取走灌砂筒，并称量筒内剩余砂的质量 $m_4$，准确至1g。

g. 如清扫干净的平坦表面的粗糙度不大，则可省去b和c的操作。在试洞挖好后，将灌砂筒直接对准放在试坑上，中间不需要放基板。打开筒的开关，让砂流入试洞内。在此期间，应注意勿碰动灌砂筒。直到储砂筒内的砂不再下流时，关闭开关。仔细取走灌砂筒，并称量筒内余砂的质量 $m'_4$，准确至1g。

h. 仔细取出试筒内的量砂，以备下次试验时再用。若量砂的湿度已发生变化或量砂中混有杂质，则应重新烘干、过筛，并放置一段时间，使其与空气的湿度达到平衡后再用。

（4）计算

①用下式计算填满试洞所需砂的质量 $m_b$：

灌砂时，试洞上放有基板的情况：

$$m_b = m_1 - m_4 - (m_5 - m_6) \tag{2-2-6}$$

灌砂时，试洞上不放基板的情况：

$$m_b = m_1 - m'_4 - m_2 \tag{2-2-7}$$

上两式中：$m_b$——填满试坑的砂的质量，g；

$m_1$——灌砂入试洞前筒内砂的质量，g；

$m_2$——灌砂筒下部圆锥体内砂的质量，g；

$m_4$、$m'_4$——灌砂入试洞后，筒内剩余砂的质量，g；

$(m_5 - m_6)$——灌砂筒下部圆锥体内及基板和粗糙表面间砂的合计质量，g。

②用下式计算试坑材料的湿密度 $\rho$（$g/cm^3$）：

$$\rho = \frac{m_t}{m_b} \times \rho_s \tag{2-2-8}$$

式中：$m_t$——试洞中取出的全部土样的质量，g；

$m_b$——填满试洞所需的砂的质量，g；

$\rho_s$——量砂的密度，$g/cm^3$。

③用下式计算土的干密度 $\rho_d$（$g/cm^3$）：

$$\rho_d = \frac{\rho}{1 + 0.01w} \tag{2-2-9}$$

式中：$\rho_d$——试样的干密度，$g/cm^3$；

$w$——试坑材料的含水率,%。

当试坑材料组成与击实试验的材料有较大差异时,可用试坑材料做标准击实,以求取实际的最大干密度。

(5)操作注意事项

①灌砂筒内的量砂在重复使用时一定要注意晾干,处理一致,否则影响量砂的松方密度。

②每次更换量砂,必须重测其松方密度,漏斗中砂的数量也应每次重新做。一次量砂宜事先准备较多数量。切勿到试验时临时找砂,又不做试验,仅使用以前的数据。

③地表面处理要平,只要表面突出一点(即使1mm),使整个表面高出一薄层,其体积便计算到试坑中了,这就影响试验结果。因此本方法一般宜采用放上基板先测定一次表面粗糙消耗的量砂,按式(2-2-6)计算填坑的砂量。只有在非常光滑的情况下方可省去此步骤操作。

④在挖坑时试坑周壁应笔直,避免出现上大下小或上小下大的情形,且不得使凿出的试件丢失,以免检测密度偏大或偏小(应尽可能使试洞下部的尺寸与上部的尺寸相同,否则会影响试验的结果。在挖洞的过程中,应注意勿使洞壁松动,或过分挤压洞壁)。如试洞中有较大孔隙,量砂可能进入孔隙时,则应按试洞外形、松弛地放入一层柔软的纱布,然后再进行灌砂的工作。

3)钻芯法

(1)适用条件与范围　钻芯法适用于检验从压实的沥青路面上钻取的芯样试件的密度,以评定沥青面层的施工压实度。

(2)检测器具与材料　路面钻芯机、天平、溢流槽、吊篮、石蜡、卡尺、毛刷、取样袋、小勺、电风扇等。

(3)方法与步骤

①钻取芯样:按现行《公路路基路面现场测试规程》(JTJ 059—95)“路面钻孔及切割取样方法”钻取路面芯样,芯样直径不宜小于100mm。当一次钻孔取得的芯样包含有不同层位的沥青混合料时,应根据结构组合情况用切割机将芯样沿各层结合面锯开分层进行测定。

②测定试件密度:

a.将钻取的试件在水中用毛刷轻轻刷净黏附的粉尘。如试件边角有浮松颗粒,应仔细清除。

b.将试件晾干或用电风扇吹干不少于24h,直至恒重。

c.测定沥青混合料试件的毛体积密度。当试件吸水率小于2%时,用水中重法或表干法测定(包括密级配、抗滑表层和SMA沥青玛碲脂碎石混合料);当试件吸水率>2%时,用蜡封法测定;对于不能用表干法和蜡封法测定的大孔隙透水性开级配的沥青混合料(OGFC),用体积法测定。

(4)计算

①对于未封蜡的试件,(水中重法)按下式计算其表观密度:

$$\rho=\frac{m}{m-m_1}\gamma_w \tag{2-2-10}$$

②(表干法)按下式计算其密度:

$$\rho=\frac{m}{m_f-m_1}\gamma_w \tag{2-2-11}$$

③对于封蜡后的试件(蜡封法),其毛体积密度按下式计算:

$$\rho = \frac{m}{m_2 - m_3 - \dfrac{m_2 - m}{\gamma_p}}\gamma_w \qquad (2\text{-}2\text{-}12)$$

上两式中:$m$——路面试件在空气中的质量,g;

$m_1$——未封蜡路面试件在水中的质量,g;

$m_f$——试件的表干质量,g;

$m_2$——封蜡后的试件在空气中的质量,g;

$m_3$——封蜡后的试件在水中的质量,g;

$\gamma_p$——蜡的密度,g/cm$^3$;

$\gamma_w$——水的密度($\approx$1g/cm$^3$)。

(5)试验过程中注意事项

①电子天平校准后进行称量。

②钻取试件应将黏附层刮干净,进行称量。

③在称试件在水中的质量时,水面不晃动、数据稳定时再读取读数。

④测定试件的表干质量时,将试件在25℃的水中泡3~5min称水中重,取出后用湿毛巾擦干表面称表干质量。

⑤蜡封法将试件冷冻后再封蜡,防止蜡进入试件内部。

4)核子密度仪法

(1)适用条件和范围　本方法适用于现场用核子密度仪以散射法或直接透射法测定路基或路面材料的密度和含水率,并计算施工压实度。这种方法的特点是测量速度快,需要人员少。但它的缺点是,放射线对人体有害,另外需要打洞的仪器,在打洞过程中使洞壁附近的结构遭到破坏,影响测定的准确度。所以,只用于施工质量的现场快速评定,不宜用作仲裁试验或评定验收的依据。

(2)检测器具与材料

①核子密度仪(图2-2-2),符合国家规定的关于健康保护和安全使用标准,密度的测定范围为1.12~2.73g/cm$^3$,测定误差不大于+0.03g/cm$^3$。含水率测量范围为0~0.64/cm$^3$,测定误差不大于±0.015g/cm$^3$。它主要包括下列部件:

a.射线源:双层密封的同位素放射源,如铯—137,钴—60或镭—226等。

b.中子源:如镅(241)—铍等。

c.探测器。γ射线探测器,如G—M计算管,氦—3,闪烁晶体或热中子测探器等。

d.读数显示设备。如液晶显示器,脉冲计数器,数率表或直接读数表。

图2-2-2　核子密度仪

e.标准板。提供检验仪器操作和散射计数参考标准用。

f. 安全防护设备。符合国家规定要求的设备。

g. 刮平板。钻杆、接线等。

②细砂:0.15 ~0.3mm。

③天平或台秤。

④其他:毛刷等。

(3)核子密度仪工作原理　仪器内部有一个含铯—137 的放射源,可以产生 γ 射线,用来测量密度;还有一个含镅—241 或铍的放射源,可以产生中子,用来测量含水率。另外,还有一套 γ 射线探测器和中子探测器。

①密度测量的原理是:γ 射线进入被测材料后会发生散射和吸收,散射和吸收后的 γ 射线能量将减少,方向会改变。若物质的密度越小,空隙越多,γ 射线被吸收和散射的就越多。于是通过测量接收回来的 γ 射线的数量,即可判断被测物质的密度。

②含水率测量的原理是:由镅—241 产生的快中子进入被测材料中,与料层内物质发生碰撞散射,减速、扩散,使快中子最后变成慢中子,慢中子可被探测器探测。由快中子变成慢中子的作用过程主要是由物质中的含氢量决定,而氢主要在水中。若被测材料中含水率大,产生的慢中子数就多,反之就少。因此探测慢中子数的多少即可反映其含水率的大小。

(4)试验方法与步骤　本方法用于测定沥青混合料面层的压实度时,在表面用散射法测定,所测定沥青面层的厚度应不大于根据仪器性能决定的最大厚度。用于测定土基或基层材料的压实密度及含水率时,打洞后用直接透射法测定,测定层的厚度不宜大于 20cm。

①准备工作。每天使用前按下列步骤用标准板测定仪器的标准值:

a. 接通电源,按照仪器说明书建议的预热时间,预热测定仪。

b. 在测定前,检查仪器性能是否正常。在标准板上取 3 ~4 个读数的平均值建立原始标准值,并与使用说明书提供的标准值核对,如标准读数超过仪器使用说明书规定的限界时,应重复此行标准的测量;若第二次标准技术仍超过规定的限界时,需视作故障进行仪器检查。

在进行沥青混合料压实层密度测定前,应用核子仪对钻孔取样的试件进行标定;测定其他材料密度时,宜用挖坑灌砂法的结果进行标定。标定步骤如下:

a. 选择压实的路表面,按要求的测定步骤用核子仪测定密度,读数;

b. 在测定的同一位置用钻机钻孔法或挖坑法取样,量测厚度,按规定的标准方法测定材料的密度;

c. 对同一种路面厚度及材料类型,在使用前至少测定 15 处,求取两种不同方法测定的密度的相关关系,其相关系数应不小于 0.9。

测试位置的选择:

a. 按照随机取样的方法确定测试位置,但与距路面边缘或其他物体的最小距离不得小于 30cm,核子仪距离其他的射线源不得少于 10m;

b. 当用散射法测定时,应用细砂填平测试位置路表凸凹不平的空隙,使路表面平整,能与仪器紧密接触。

c. 当用直接透射法测定时,路面上用钻杆打孔,孔深略深于要求的测定深度,孔应竖直圆滑并稍大于射线源探头。

按照规定的时间，预热仪器。

②检测步骤

a. 如用散射法测定时，将仪器平稳放置于测试位置上。

b. 如用直接透射法测定时，将放射源棒放下，插入已预先打好的孔内。

c. 打开仪器，测试员退出仪器 2m 以外，按照选定的测定时间进行测量，到达测定时间后，读取显示的各项数值，并迅速关机。

各种型号的仪器在具体操作步骤上有所不同，可按照说明书进行。

(5)计算

计算土的干密度 $\rho_d$（$g/cm^3$）：

$$\rho_d = \frac{\rho}{1 + 0.01w} \tag{2-2-13}$$

式中：$\rho_d$——试样的干密度，$g/cm^3$；

$w$——含水率，%。

(6)注意事项及使用安全

①检测时注意事项：

a. 土质变化大，被测结构层厚度、材料有变化时应重新进行灌砂法与核子密度仪的校正标定。

b. 在进行核子密度仪标定时，灌砂法挖的试坑深度要标准。

c. 在抽检压实度时要注意最大干密度的变化情况，正确确定最大干密度，使抽检的压实度能够正确指导施工。

d. 利用核子仪抽检底基层、基层压实度时，抽检时的施工现场情况（如水泥凝结时间为几小时到 1d）要与用灌砂法标定时的施工现场情况基本相同。

②使用安全注意事项：

a. 仪器使用前一定要预热 10～15min，否则测量不准。

b. 仪器测量时，8m 内不得有放射源，仪器周围 2m 内不要有障碍物或站人。

c. 使用后要关掉电源，以免损坏仪器。

d. 仪器不用时，应将手柄置于安全位置，仪器应装入专用仪器箱内。仪器应放在干燥处存放仪器时，不易放在有人工作的室内，离住房尽量远些。

e. 仪器由专人保管，专人使用。对不符合核防护规定的人员，不宜从事此项工作。

## 三、压实度的评定

进行测试路段的压实度质量评定时，公路工程的路基、路面以 1～3km 作为评定单元，市政工程以 300～500m 为一个评定路段。每一评定路段的测点数及计算评定方法应按照相应的施工验收规范或质量评定标准的规定进行。

**1. 压实度评定要点**

(1)控制置信下限，保证总体施工水平。

(2)规定单点极限值不小于给定值，防止局部隐患。

(3)规定扣分界限以区分质量优劣。

计算检测路段内压实度 $K$ 的代表值：

$$K=\overline{K}-S\cdot t_{\alpha}/\sqrt{n}\geqslant K_0 \quad (2\text{-}2\text{-}14)$$

式中：$\overline{K}$——检验评定段内各测点压实度的平均值；

$t_{\alpha}$——$t$ 分布中随测点数的保证率（或置信度 $\alpha$）而变的系数，见规范附表；

$S$——测点值的标准差；

$n$——检测点数；

$K_0$——压实度标准值。

高速公路、一级公路：基层、底基层保证率为 99%；路基、路面层为 95%。其他公路：基层、底基层为 95%；路基、路面面层为 90%。

**2. 压实度评分方法**

1）路基、基层、底基层

（1）$K\geqslant K_0$，且单点压实度 $K_i$ 全部大于等于规定值时减 2 个百分点。评定路段压实度合格率为 100%。

（2）$K\geqslant K_0$，且单点压实度 $K_i$ 全部大于等于规定极值时，按测定值低于规定值减 2 个百分点的测点数计算合格率。

（3）当 $K<K_0$ 或某一单点值小于规定极值时，该评定路段压实度为不合格，相应分项工程评为不合格。

（4）路堤施工段落短时，分层压实度要每一点符合要求，且实际样本数不小于 6 个。

2）沥青面层

（1）$K\geqslant K_0$，且全部测点 $K_i$ 全部大于等于规定值减 1 个百分点时，评定路段压实度合格率为 100%。

（2）$K\geqslant K_0$，按测定值不低于规定值减 1 个百分点的测点数计算合格率。

（3）当 $K<K_0$ 时，该评定路段压实度为不合格，相应分项工程评为不合格。

**【例 2-2-1】** 某新建公路路基施工中，对其中的一段压实质量进行检查，压实度检测结果如表 2-2-6 所示，压实度标准为 95%。请按保证率为 95% 计算该路段的压实度的代表值并进行质量评定。

**压实度检测结果** 表 2-2-6

| 序号 | 1 | 2 | 3 | 4 | 5 | 6 | 7 | 8 | 9 | 10 |
|---|---|---|---|---|---|---|---|---|---|---|
| 压实度（%） | 96.4 | 95.4 | 93.5 | 97.3 | 96.3 | 95.8 | 95.9 | 96.7 | 95.3 | 95.6 |
| 序号 | 11 | 12 | 13 | 14 | 15 | 16 | 17 | 18 | 19 | 20 |
| 压实度（%） | 97.6 | 95.8 | 96.8 | 95.7 | 96.1 | 96.3 | 95.1 | 95.5 | 97.0 | 95.3 |

**解**：经计算：$\overline{K}=95.97\%$，$S=0.91$，$t_{\alpha}\sqrt{n}=0.387$

$$K=\overline{K}-S\cdot t_{\alpha}\sqrt{n}=95.62\geqslant K_0$$

且单点检验都符合要求，所以该路段评为合格。

# ·第二节 回弹弯沉检测方法·

## 一、概 述

国内外普遍采用回弹弯沉值来表征路基路面的承载能力。回弹弯沉值越大,承载能力越小,反之越大。回弹弯沉值不仅用于新建路面结构的设计和施工控制与验收,也用于旧路补强设计。

弯沉是指在规定的标准车作用下,路基或路面表面轮隙位置处产生的总垂直变形(或总弯沉)。弯沉的大小称为弯沉值,以0.01mm为单位。通常所说的回弹弯沉值是指标准后轴双轮组轮隙处的最大回弹弯沉值。

设计弯沉值是指根据设计年限内一个车道上预测通过的累计当量轴次、公路等级、面层和基层类型而确定的路面弯沉设计值。

竣工验收弯沉值是检验路面是否达到设计要求的指标之一。当路面厚度计算以设计弯沉值为控制指标时,则验收弯沉值应小于或等于设计弯沉值;当路面厚度以层底拉应力为控制指标时,应根据拉应力计算所得的结构厚度,重新计算路面弯沉值,该弯沉值即为竣工验收弯沉值。

弯沉值的测试方法较多,目前应用最多的是贝克曼梁法,它操作简便,应用广泛,在我国已作为路面设计及检测的标准方法和基本参数。但是这种测试方法测定的弯沉基本上是静态弯沉,与汽车荷载实际情况有所不同,且测试速度很慢,故各国都对快速连续或动态测定弯沉进行了研究,现在用得比较普遍的有法国洛克鲁瓦式自动弯沉仪,丹麦等国发明并几经改进形成的落锤式弯沉仪(FWD)以及美国的振动式弯沉仪(Dynaflect)等。这些仪器在我国均有引进,并已用于现场检测。现将几种方法各自的特点作简单比较,见表2-2-7。本节将详细介绍这几种测试方法。

**几种弯沉测试方法的比较** 表2-2-7

| 方 法 | 特 点 |
|---|---|
| 贝克曼梁法 | 传统方法,速度慢,静态测试,比较成熟,目前属于标准方法 |
| 自动弯沉仪法 | 利用贝克曼梁原理快速连续测试,属于静态测试范畴,但测定的是总弯沉,因此使用时应进行标定换算 |
| 落锤式弯沉仪法 | 利用重锤自由落下的瞬间产生的冲击荷载测定弯沉,属于动态弯沉,并能反算路面的回弹模量,快速连续,使用时应进行标定换算 |

## 二、弯沉值的检测方法

### 1. 贝克曼梁弯沉测定方法

1)试验目的和适用范围

(1)本方法适用于测定各类路基、路面的回弹弯沉,用以评定其整体承载能力,可供路面结构设计使用。

(2)本方法测定的路基、柔性路面的回弹弯沉值可供交工和竣工验收使用。

(3)本方法测定的路面回弹弯沉可为公路养护管理部门制订养路、修路计划提供依据。

(4)沥青路面的弯沉以标准温度20℃时为准,在其他温度(超过20℃ ±2℃范围)测试时,对厚度大于5cm的沥青路面,弯沉值应予以温度修正。

2)仪具与材料

(1)测试车　双轴、后轴双侧4轮的载重车,其标准轴荷载、轮胎尺寸、轮胎间隙及轮胎气压等主要参数应符合表2-2-8的要求。测试车可根据需要按公路等级选择,高速公路、一级及二级公路应采用后轴100kN的BZZ—100;其他等级公路也可采用后轴60kN的BZZ—60。

**测定弯沉用的标准轴参数**　　表2-2-8

| 标准轴载等级 | BZZ—100 | BZZ—60 |
|---|---|---|
| 后轴标准轴载 $P$(kN) | 100 ±1 | 60 ±1 |
| 一侧双轮荷载(kN) | 50 ±0.5 | 30 ±0.5 |
| 轮胎充气压力(MPa) | 0.70 ±0.05 | 0.50 ±0.05 |
| 单轮传压面当量圆直径(cm) | 21.30 ±0.5 | 19.50 ±0.5 |
| 轮隙宽度 | 应满足能自由插入弯沉仪测头的测试要求 | |

(2)路面弯沉仪　如图2-2-3所示,由贝克曼梁、百分表及表架组成,贝克曼梁由铝合金制成,上有水准泡,其前臂(接触路面)与后臂(装百分表)长度比为2∶1。弯沉仪长度有两种:一种长3.6m,前后臂分别为2.4m和1.2m;另一种加长的弯沉仪长5.4m,前后臂分别为3.6m和1.8m。当在半刚性基层沥青路面或水泥混凝土路面上测定时,宜采用长度为5.4m的贝克曼梁弯沉仪,并采用BZZ—100标准车。弯沉值采用百分表量得,也可用自动记录装置进行测量。

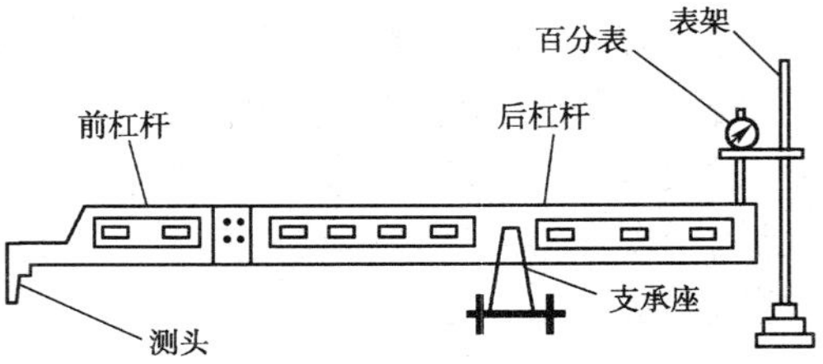

图2-2-3　路面弯沉仪的构造

(3)接触式路面温度计　端部为平头,分度不大于1℃。

(4)其他　皮尺、口哨、白油漆或粉笔、指挥旗等。

3)试验方法与步骤

(1)准备工作

①检查并保持测定用标准车的车况及制动性能良好,轮胎内胎符合规定充气压力。

②向汽车车槽中装载(铁块或集料),并用地中衡称量后轴总质量,符合要求的轴重规定,汽车行驶及测定过程中,轴重不得变化。

③测定轮胎接地面积:在平整光滑的硬质路面上用千斤顶将汽车后轴顶起,在轮胎下方铺一张新的复写纸,轻轻落下千斤顶,即在方格纸印上轮胎印痕,用求积仪或数方格的方法测算轮胎接地面积,准确至0.1$cm^2$。

④检查弯沉仪百分表测量灵敏情况。

⑤当在沥青路面上测定时,用路表温度计测定试验时气温及路表温度(一天中气温不断变化,应随时测定),并通过气象台了解前5d的平均气温(日最高气温与最低气温的平均值)。

⑥记录沥青路面修建或改建时材料、结构、厚度、施工及养护等情况。

(2)测试步骤

①在测试路段布置测点,其距离随测试需要而定。测点应在路面行车道的轮迹带上,并用

白漆或粉笔画上标记。

②将试验车后轮轮隙对准测点后约 3 ~ 5cm 处的位置上。

③将弯沉仪测头插入汽车后轮之间的缝隙处。与汽车行驶方向一致,梁臂不得碰到轮胎,弯沉仪测头置于测点上(轮隙中心前方 3 ~ 5cm 处),并安装百分表于弯沉仪的测定杆上,百分表调零,用手指轻轻叩打弯沉仪,检查百分表是否稳定回零。

弯沉仪可以是单侧测定,也可以是双侧同时测定。

④测定者吹哨发令指挥汽车缓缓前进,百分表随路面变形的增加而持续向前转动。当表针转动到最大值时,迅速读取初读数 $L_1$。汽车仍在继续前进,表针反向回转,待汽车驶出弯沉影响半径( 约 3m 以上)后,吹口哨或挥动指挥旗,汽车停止。待表针回转稳定后 读取终读数 $L_2$。汽车前进的速度宜为 5km/h 左右。

4)弯沉仪的支点变形修正

(1)当采用长度为 3.6m 弯沉仪测定半刚性基层沥青路面、水泥混凝土路面等进行测定时,有可能引起弯沉仪支座处变形,因此测定时应检验支点有无变形。此时应用另一台检验用的弯沉仪安装在测定用的弯沉仪的后方,其测点架于测定用弯沉仪的支点旁。当汽车开出时,同时测定两台弯沉仪的弯沉读数,并进行支点变形修正。如检验用弯沉仪百分表有读数,即应该记录并进行支点变形修正。当在同一结构层上测定时,可在不同位置测定 5 次,求其平均值,以后每次测定时以此作为修正值。支点变形修正的原理如图 2-2-4 所示。

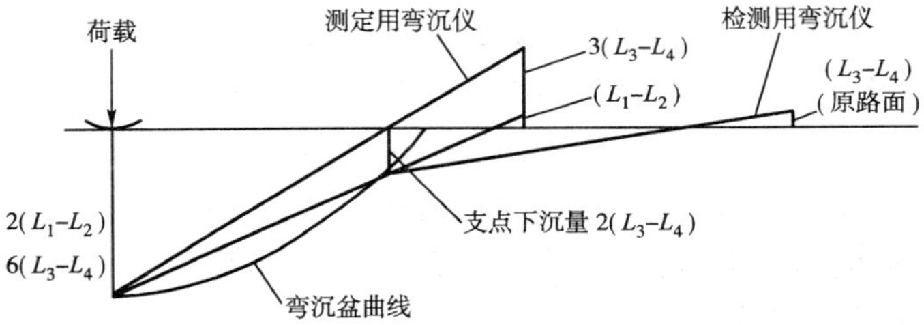


图 2-2-4 弯沉仪支点变形修正原理

(2)当采用长 5.4m 的弯沉仪测定时,可不进行支点修正。

5)结果计算及温度修正

(1)测点的回弹弯沉值按下式计算:

$$L_T = (L_1 - L_2) \times 2 \tag{2-2-15}$$

式中:$L_T$——在路面温度为 $T$ 时的回弹弯沉值,0.01mm;

$L_1$——车轮胎中心临近弯沉仪测头时百分表的最大读数即初读数,0.01mm;

$L_2$——汽车驶出弯沉影响半径后百分表的最大读数即终读数,0.01mm。

(2)进行弯沉支点修正时,路面测点的回弹弯沉值按下式计算:

$$L_T = (L_1 - L_2) \times 2 + (L_3 - L_4) \times 6 \tag{2-2-16}$$

式中:$L_1$——车轮中心临近弯沉仪测头时百分表的最大读数即初读数,0.01mm;

$L_2$——车轮驶出弯沉影响半径后百分表的最大读数即终读数,0.01mm;

$L_3$——车轮中心临近弯沉仪测头时检测用弯沉仪的最大读数,0.01mm;

$L_4$——汽车驶出弯沉影响半径后检验用弯沉仪的终读数,0.01mm。

(3)沥青面层厚度大于5cm 且路面温度超过20℃ ±2℃范围时,回弹弯沉值应进行温度修正,温度修正有两种计算方法。

①查图法:

a. 测定时的沥青层平均温度按下式计算:

$$T = (T_{25} + T_m + T_e)/3 \tag{2-2-17}$$

式中:$T$——测定时沥青层平均温度,℃;

$T_{25}$——根据 $T_0$ 由图 2-2-5 决定的路表下 25mm 处的温度,℃;

$T_m$——根据 $T_0$ 由图 2-2-5 决定的沥青中间深度的温度,℃;

$T_e$——根据 $T_0$ 由图 2-2-5 决定的沥青层底面处的温度,℃。

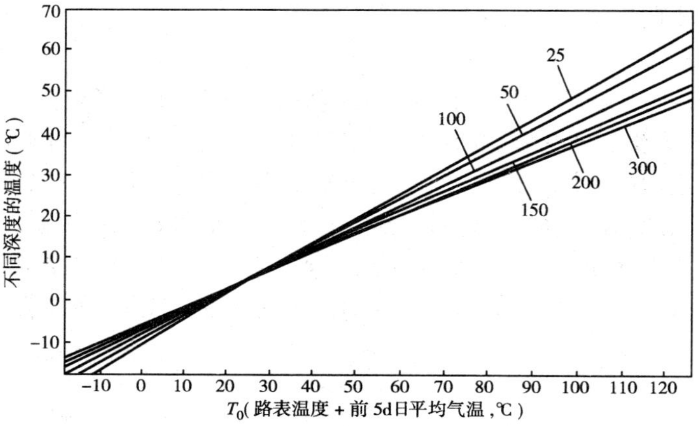


图 2-2-5　沥青层平均温度的决定

注:线上的数字表示路表下的不同深度(mm)

图 2-2-5 中 $T_0$ 为测定时路表温度与测定前 5d 日平均气温的平均值之和(℃),日平均气温为日最高气温与最低气温的平均值。

b. 采用不同基层的沥青路面弯沉值的温度修正系数 $K$,根据沥青平均温度 $T$ 及沥青层厚度,分别由图 2-2-6 及图 2-2-7 求取。

c. 沥青路面回弹弯沉按下式计算:

$$L_{20} = L_T \times K \tag{2-2-18}$$

式中:$K$——温度修正系数;

$L_{20}$——换算为 20℃的沥青路面回弹弯沉值,0.01mm;

$L_T$——测定时沥青面层内平均温度为 $T$ 时的回弹弯沉值,0.01mm。

②经验计算法:

a. 测定时的沥青平均温度 $T$ 按下式计算:

$$T = a + bT_0 \tag{2-2-19}$$

式中:$T$——测定时沥青层平均温度,℃;

$a$——系数,$a = -2.65 + 0.52h$;

$b$——系数,$b = 0.62 - 0.008h$;

$T_0$——测定时路表温度与前 5h 平均气温之和,℃;

$h$——沥青面层厚度,cm。

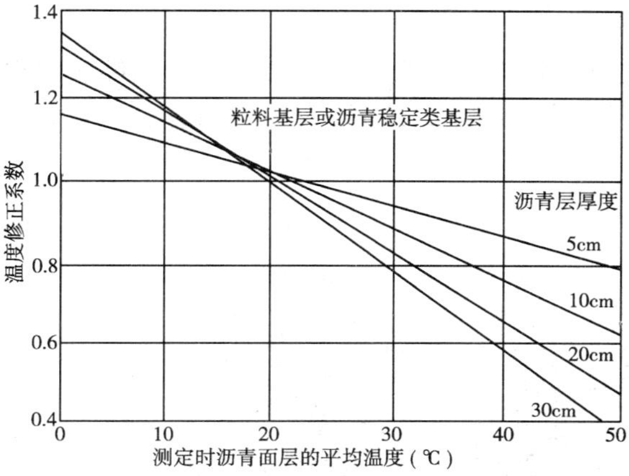


图 2-2-6　路面弯沉温度修正系数曲线(适用于粒料基层及沥青稳定基层)

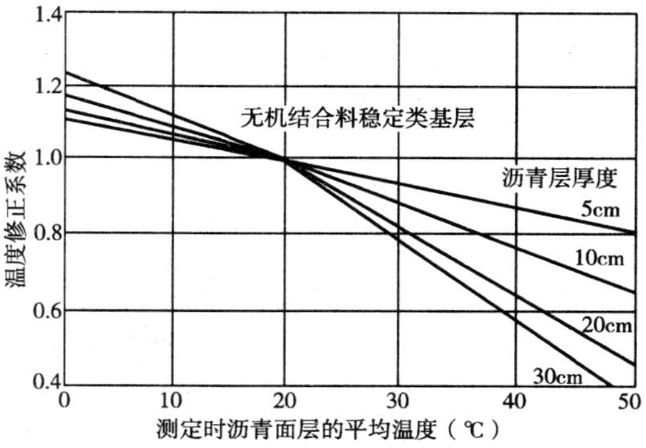


图 2-2-7　路面弯沉温度修正系数曲线(适用于无机结合料稳定的半刚性基层)

b. 沥青路面弯沉的温度修正系数 $K$ 按下式计算:

当 $T \geqslant 20$℃时:

$$K = e^{\left(\frac{1}{T}+\frac{1}{20}\right)h} \tag{2-2-20}$$

当 $T < 20$℃时:

$$K = e^{0.002h}(20 - T) \tag{2-2-21}$$

c. 沥青路面回弹弯沉按式(2-2-18)计算。

**【例 2-2-2】**　某新建高速公路竣工后,在不利季节测得某段路面的弯沉值如表 2-2-9 所示,路面设计弯沉值为 40,试判断路段的弯沉值是否符合要求? 保证率系数 $Z_a = 2.0$。

**弯沉值检测结果**(单位:0.01mm)　　表 2-2-9

| 序号 | 1 | 2 | 3 | 4 | 5 | 6 | 7 | 8 | 9 | 10 | 11 |
|---|---|---|---|---|---|---|---|---|---|---|---|
| $L_i$ | 30 | 29 | 31 | 28 | 27 | 26 | 33 | 32 | 30 | 30 | 31 |
| 序号 | 12 | 13 | 14 | 15 | 16 | 17 | 18 | 19 | 20 | 21 | 22 |
| $L_i$ | 29 | 27 | 26 | 32 | 31 | 33 | 31 | 30 | 29 | 28 | 28 |

**解:**

$$\bar{L} = 29.6$$

$$S = 2.09$$

$$L_r = \bar{L} + Z_a \cdot S = 29.6 + 2 \times 2.09 = 33.8(0.01\text{mm})$$

因为代表值小于设计值,所以该路段弯沉值满足要求。

## 三、自动弯沉仪测定方法

### 1. 目的和适用范围

本方法适用于自动弯沉仪在标准条件下每隔一定距离连续测试路面的总弯沉,及测定路段的总弯沉值的平均值。也适用于尚无坑洞等严重破坏的道路验收检查及旧路面强度的评价指标,可为路面养护管理系统提供数据,经过与贝克曼梁测定值进行回弹弯沉换算后,也可用于路面结构设计。

**2. 仪器设备**

洛克鲁瓦型自动弯沉仪测定车,由测试汽车、测量机构、数据采集处理系统三部分组成。测量机构如图2-2-8所示,它安装在测试车底盘下面,测臂夹在后轴轮隙中间,汽车运行时测量机构提起,离开路面。

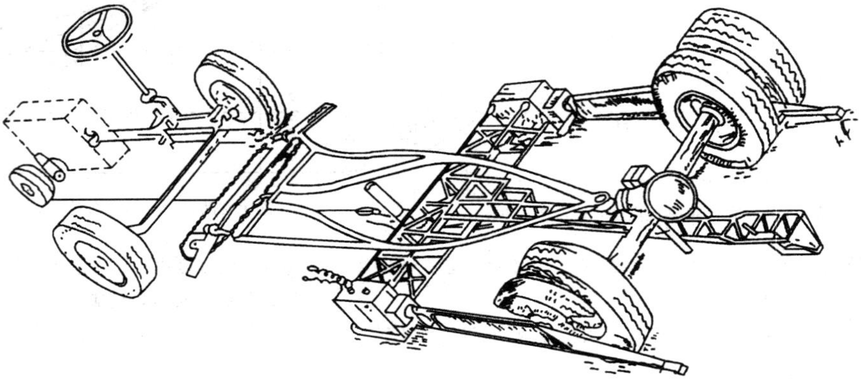

图2-2-8 自动弯沉仪测量设备

自动弯沉仪测定车的主要技术参数如下:

| | |
|---|---|
| 测试车轴距: | 6.75m; |
| 测臂长度: | 1.75~2.40m; |
| 后轴荷载: | 100kN; |
| 测定轮对路面的压强: | 0.7MPa; |
| 最小测试步距: | 4~10m; |
| 测试精度: | 0.01mm; |
| 测试速度: | 1.5~4.0km/h。 |

**3. 方法与步骤**

(1)将自动弯沉仪测定车开到被测路段的测定车道(一般为行车道)上,测点应在路面行车道的轮迹带上。

(2)汽车到达测试地点第一测点位置后,按下列步骤放下测量设备:

①关闭汽车发动机;

②松开离合器转盘;

③放下测量头,测量头位于测定梁(后轴)前方的一定距离上;

④放下后支点,勾好把手;

⑤放下测量架,销好把手;

⑥放下导向机构;

⑦插上仪器与汽车的连接销杆或开动液压转向同步系统;

⑧检查钢丝绳一定要在离合器的槽内;

⑨启动汽车发动机，在操作键盘上按动离合器开关，竖测量设备于最前端。

(3)开始测试时，汽车以一定速度行进，测量头连续检测汽车后轴左右轮隙下产生的路面瞬间弯沉。通过测定梁支点的位移传感器将位移换为电信号，并传送到数据记录器，待汽车后轮通过测量头后，显示器上显示弯沉盆或弯沉峰值，打印机输出弯沉峰值及测定距离。当第一点测定完毕后，车辆前面的牵引装置以两倍于汽车行进速度的速度把测量设备拉到测定轮前方，汽车继续行进，到达下一测点时，开始测定第二点。周而复始地向前测定，汽车在整个测试过程中应保持在规定的速度范围内稳定行驶，标准的行车速度应为3.0~3.5km/h。在标准速度下的测试步距不应大于10m。

(4)数据采集

①显示器显示出弯沉盆或弯沉峰值。测定过程中按相应的功能键，显示器屏幕即可显示每一测点的总弯沉盆。当测定一段距离后，再按此键，将显示路段总弯沉均匀程度的弯沉峰值柱状图。

②打印机输出。在测定车测定工作时，应打印出测点位置和左右轮弯沉峰值。

(5)测定结束后，汽车停止前进，按下列步骤收起测量设备：

①先提起导向设备；

②提起测量架设备；

③提起后支点；

④最后挂起测头。

**4. 数据处理**

(1)测定结果应按计算区间输出计算结果。计算区间长度要根据公路等级和测试要求确定，标准的计算区间为100m。

(2)在测定时，随着打印机输出的同时，应将数据用文件方式同时记录在磁带或硬盘上，长期保存。通过计算机输出计算结果，包括每个计算区间的平均总弯沉值、标准差、代表总弯沉值。其中代表总弯沉值按 $L_r = \overline{L} + Z_a S$ 计算。如已进行过自动弯沉仪总弯沉与贝克曼梁回弹弯沉对比试验，则可据此计算出相应的回弹弯沉值。

(3)计算一个评定路段的平均值、标准差、变异系数、代表总弯沉值，示例如表2-2-10所示。

**按计划区间列出的总弯沉测定示例表** 表2-2-10

| 记录号 | 路线号 | 公里桩 | 百米桩 | 平均总弯沉值(0.01mm) | 标准差(0.01mm) | 代表总弯沉值(0.01mm) |
|---|---|---|---|---|---|---|
| 1 | 100 | 135 | 100 | 41 | 19.256 | 79 |
| 2 | 100 | 135 | 200 | 45 | 9.916 | 65 |
| 3 | 100 | 135 | 300 | 55 | 18.442 | 92 |
| 4 | 100 | 135 | 400 | 57 | 12.739 | 82 |
| 5 | 100 | 135 | 500 | 42 | 9.096 | 60 |

注：本表计算区间为100m，代表总弯沉按平均总弯沉加2倍标准差计算。

**5. 自动弯沉仪与贝克曼梁弯沉对比试验步骤**

(1)针对不同地区选择某种路面结构的代表性路段，进行两种测定方法的对比试验，以便将自动弯沉仪测定的总弯沉换算成贝克曼梁测定的回弹弯沉值。测定路段长度为 300 ~ 500m，并应使测定的弯沉值有一定的变化幅度。

(2)对比试验步骤

①采用同一辆自动弯沉仪测定车，使测定车型、荷载大小和轮胎作用面积完全相同；

②用油漆标记对比路段起点位置及每一测点的位置；

③用自动弯沉仪按规定方法进行测定，同时仔细用油漆标出每一测点位置；

④在每一标记位置用贝克曼梁定点测定回弹弯沉，测点范围准确至 $10cm^2$ 以内；

⑤逐点对应计算两者的相关关系，得出回归方程式

$$L_B = a + bL_A$$

式中：$L_B$、$L_A$ 分别为贝克曼梁和自动弯沉仪测定的弯沉值。相关系数不得小于 0.90。

由于不同的路面结构和材料、路基状况、温度、水文条件、路面使用状况不同，对比关系也有所不同，为了提高数据的准确性，应分别按不同情况做此项对比试验。

**6. 检测报告内容**

(1)按一个计算区间列出总弯沉测定表及弯沉峰值柱状图。

(2)每一个评定路段的全部测点总弯沉的平均值、标准差、变异系数及代表弯沉。

(3)如与贝克曼梁弯沉仪进行了对比试验，应列出相关关系式、相关系数及换算的回弹弯沉。

## 四、落锤式弯沉仪测定方法

利用贝克曼梁方法测出的回弹弯沉是静态弯沉，自动弯沉仪检测弯沉时，因为汽车行驶速度很慢，所测得的弯沉也接近静态弯沉。为了模拟汽车快速行驶的实际情况，目前不少国家开发了动态弯沉的测试设备。落锤式弯沉仪(FWD)就是其中的一种。

**1. 目的与适用范围**

本方法适用于在标准质量的重锤落下一定高度发生的冲击荷载的作用下，测定路基或路面表面所产生的瞬时变形，即测定在动态荷载作用下产生的动态弯沉及弯沉盆，由此反算路基路面各层材料的动态弹性模量，作为设计参数使用。所测结果也可用于评定道路承载能力、调查水泥混凝土路面接缝的传力效果和探查路面板下的空洞等。

**2. 仪器设备**

落锤式弯沉仪，简称 FWD，由荷载发生装置、弯沉检测装置、运算控制系统与车辆牵引系统等组成。其结构示意如图 2-2-9 所示。

(1)荷载发生装置　重锤的质量及落高根据使用目的与道路等级选择，荷载由传感器测定，如无特殊需要，重锤的质量为 200kg ± 10kg，可采用产生 50kN ± 2.5kN 的冲击荷载。承载板为十字对称分开成 4 部分且底部固定有橡胶片的承载板。承载板的直径为 300mm。

(2)弯沉检测装置　由一组高精度位移传感器组成，如图 2-2-10 所示。传感器可为差动变压器式位移计(LVDT)。自中心开始，承载板沿道路纵向设置，隔开一定距离布设一组传感器，传感总数可为 5 ~ 7 个，根据需要及设备性能决定。

(3)运算及控制装置　能在冲击荷载作用的瞬间内，记录冲击荷载及各个传感器所在位置测点的动态变形。

(4)牵引装置 牵引 FWD 并安装有运算及控制装置的车辆。

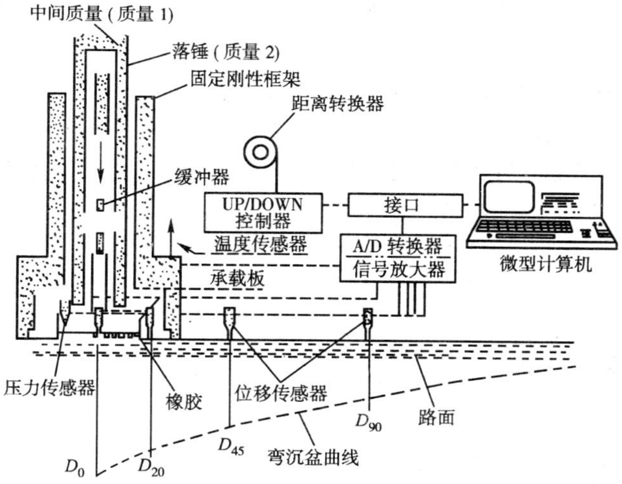


图 2-2-9 落锤式弯沉仪测量系统示意图

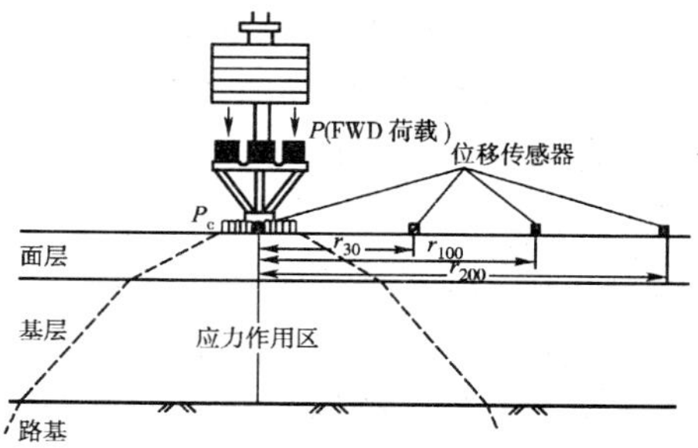


图 2-2-10 落锤式弯沉仪传感器布置及应力作用范围示例

**3. 评定道路承载能力的测定方法与步骤**

1)准备工作

(1)调整重锤的质量及落高,使重锤的质量及产生的冲击荷载符合前述仪器的要求。

(2)在测试路段的路基或路面各层表面布置测点,其位置或距离随测试需要而定。当在路面表面测定时,测点宜布置在行车道的轮迹带上。测试时,还可利用距离传感器定位。

(3)检查 FWD 的车况及使用性能,用手动操作检查,各项标准符合仪器规定要求。

(4)将 FWD 牵引至测定地点,并将仪器打开,进入工作状态。牵引 FWD 行驶的速度不宜超过 50km/h。

(5)对位移传感器按仪器使用说明书进行标定,使之达到规定精度要求。

2)测定方法

(1)承载板中心位置对准测点,承载板自动落下,放下弯沉装置的各个传感器。

(2)启动落锤装置,落锤瞬间自由落下,冲击力作用于承载板上,又立即自动提升至原来位置固定。同时,各个传感器检测出结构层表面变形,记录系统将位移信号输入计算机,并得到路面总弯沉峰值,同时得到弯沉盆。每一测点重复测定应不少于 3 次,除去第一个测定值,取以后几次测定值的平均值作为计算依据。

(3)提起传感器及承载板,牵引车向前移动至下一个测点,重复上述步骤进行测定。

**4. 落锤式弯沉仪与贝克曼梁弯沉仪对比试验步骤**

1)路段选择

选择结构类型完全相同的路段,针对不同地区选择某种路面结构的代表性路段,进行两种测定方法的对比试验,以便将落锤式弯沉仪测定的动弯沉换算成贝克曼梁测定的回弹弯沉值。选择的对比路段长度 300 ~ 500m,弯沉值应有一定的变化幅度。

2)对比试验步骤

(1)采用与实际使用相同且符合要求的落锤式弯沉仪及贝克曼梁弯沉仪测定车。落锤式弯沉仪的冲击荷载应与贝克曼梁弯沉仪测定车的后轴双轮荷载相同。

(2)用油漆标记对比路段起点位置。

(3)布置测点位置,用贝克曼梁定点测定回弹弯沉,测定车开走后,用粉笔以测点为圆心,在周围画一个半径为15cm的圆,标明测点位置。

(4)将落锤式弯沉仪的承载板对准圆圈,位置偏差不超过30mm,按前述方法进行测定。两种仪器对同一点弯沉测试的时间间隔不应超过10min。

(5)逐点对应计算两者的相关关系。

通过对比试验得出回归方程式:

$$L_B = a + bL_{FWD} \tag{2-2-22}$$

式中:$L_B$、$L_{FWD}$——分别为落锤式弯沉仪及贝克曼梁测定的弯沉值;

$a$、$b$——为回归系数。

回归方程式相关系数应不小于0.90。

由于不同路面结构的材料、路基状况、温度、水文条件、路面使用状况不同,对比关系也有所不同,为了提高数据的准确性,应分别按不同情况做此项对比试验。

**5. 水泥混凝土路面板调查的方法与步骤**

(1)在测试路段的水泥混凝土路面板表面布置测点,当为调查水泥混凝土路面的接缝的传力效果时,测点布置在接缝的一侧,位移传感器分开在接缝两边布置。当为探查路面板下的空洞时,测点布置位置随测试需要而定,应在不同位置测定。

(2)按前述方法进行测定。

**6. 数据处理**

(1)按桩号记录各测点的弯沉及弯沉盆数据,计算一个评定路段平均值、标准差、变异系数。

(2)当为调查水泥混凝土路面接缝的传力效果时,利用分开在接缝两边布置的位移传感器测定值的差异及弯沉盆的形状,进行判断。

(3)当为探查路面板下的空洞时,利用在不同位置测定的测值差异及弯沉盆的形状进行判断。

**7. 检测报告内容**

(1)各测点的最大弯沉值及弯沉盆测定数据。

(2)每一个评定路段全部测点弯沉的平均值、标准差、变异系数及代表弯沉。

(3)如与贝克曼梁弯沉仪进行了对比试验,尚应列出相关关系式、相关系数和换算的回弹弯沉。

## 五、弯沉值的评定方法

公路工程中路基、柔性基层、沥青路面弯沉值的评定应符合下列要求:

(1)弯沉值用贝壳曼梁或自动弯沉仪测量。每一双车道评定路段(不超过1km)检查80~100个点,多车道公路必须按车道数与双车道之比,相应增加测点。

(2)按下式计算每一个评定路段的代表弯沉:

$$L_r = \overline{L} + Z_a S \tag{2-2-23}$$

式中：$L_r$——一个评定路段的代表弯沉，0.01mm；

$\overline{L}$——一个评定路段内经各项修正后的各测点弯沉的平均值，0.01mm；

$S$——一个评定路段内经各项修正后全部测点弯沉的标准差，0.01mm；

$Z_a$——与保证率有关的系数，见表2-2-11。

**保证率系数 $Z_a$ 的取值** 表2-2-11

| 层 位 | $Z_a$ | |
|---|---|---|
| | 高速公路、一级公路 | 二、三级公路 |
| 沥青面层 | 1.645 | 1.5 |
| 路基、柔性基层 | 2.0 | 1.645 |

(3)当路基和柔性基层、底基层的弯沉代表值不符合要求时，可将超出 $\overline{L}\pm(2\sim3)S$ 的弯沉特异值舍弃，重新计算平均值和标准值。对舍弃的弯沉值大于 $\overline{L}\pm(2\sim3)S$ 的点，应找出其周围界限，进行局部处理。

用两台弯沉仪同时进行左右轮弯沉值测定时，应按两个独立测点计，不能采用左右两点的平均值。

(4)弯沉代表值大于设计要求的弯沉值时相应分项工程为不合格。

(5)测定时的路表温度对沥青面层的弯沉有明显影响，应进行温度修正。当沥青层厚度小于或等于50mm时，或路表温度在20℃±2℃范围内时，可不进行温度修正。

若在非不利季节测定时，应考虑季节影响系数。

## ●第三节 土基和路面材料现场回弹模量测定●

### 一、概 述

回弹模量是评价路基土和各种路面材料强度的重要指标，也是路面设计必不可少的参数之一。通常所说的回弹模量是指路基、路面及筑路材料在荷载作用下产生的应力与其相应的回弹应变的比值。它可以反映土基和路面材料在荷载作用下变形的性质。在一定车轮荷载作用下，回弹模量越大，说明路基或路面材料的变形越小，即刚度越大。反之，刚度越小。

我国现有规范已给出了不同的自然区划和土质的回弹模量的推荐值。但是由于土基回弹模量的改变将会影响路面设计的厚度，所以有条件时最好直接测定。随着施工质量的提高，回弹模量值的检验将会作为控制施工质量的一个重要指标。

目前我国常用的测定回弹模量的方法主要有承载板法、贝克曼梁法和间接测定法（如长杆贯入仪法和CBR法）。本节主要介绍用承载板法和贝克曼梁法进行现场回弹模量的测试方法。

### 二、测定回弹模量的方法

**1. 承载板法**

1)适用条件与范围

本方法适用于在现场通过承载板对土基逐级加载、卸载的方法，测出每级荷载下相应的土基回弹变形值，经过计算求得土基回弹模量值。本方法测定的土基回弹模量可作为路面设计参数使用。

路基土和含土路面材料的回弹模量与其含水率和密实度有关。因此，测定最好在不利季节进行（不利季节：南方为雨季，北方为春融季节）。如在非不利季节进行测定，则应人工创造不利条件，使土或路面材料的含水率接近不利季节的含水率。

不含土的级配碎石和填隙碎石可在施工完成后或开放交通后三个月进行测定；水泥稳定土应在龄期一个月时，以及重冰冻地区的第二年不利季节进行测定；石灰稳定土以及石灰稳定工业废渣应在龄期一个月、三个月以及冰冻地区的第二年不利季节进行。

2）仪器设备

（1）载有铁块或集料等重物、后轴重不小于60kN的载重汽车一辆，作为加载设备。在汽车大梁的后轴之后约80cm处，附设加劲小梁一根作为反力架。汽车轮胎充气压力为0.50MPa。

（2）现场测试装置，如图2-2-11所示，由千斤顶、测力计（测力环或压力表）及球座组成。

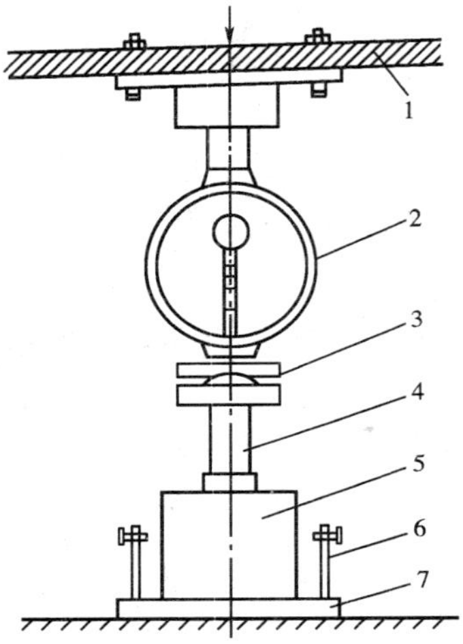

图2-2-11　承载板试验现场测验装置示意图

1-加劲横梁；2-测力计；3-钢板球座；4-钢圆筒；5-加载千斤顶；6-立柱及支座；7-承载板

（3）刚性承载板一块，板厚20mm，直径30cm，直径两端设有立柱和可以调整高度的支座以供安放弯沉仪测头。承载板安放在土基表面上。

（4）路面弯沉仪两台，由贝壳曼梁、百分表及其支架组成。

（5）80～100kN液压千斤顶一台，装有经过标定的压力表或测力环，其容量不小于土基强度，测定精度不小于测力计量程的1/100。

（6）秒表。

（7）水平尺。

（8）其他：细砂、毛刷、垂球、镐、铲、铁锹等。

3）准备工作

（1）根据需要选取有代表性的测点，测点应位于水平的路基上，土质均匀，不含杂质。

（2）仔细平整土基表面，用干燥洁净的细砂填平土基凹处，砂子不可覆盖全部土基表面，避免形成一层。

（3）安置承载板，并用水平尺进行校正，使承载板处于水平状态。

（4）将试验车置于测点上，在加劲小梁中部悬挂垂球测试，使之恰好对准承载板中心，然后收起垂球。

（5）在承载板上安放千斤顶，上面衬垫钢圆筒、钢板，并将球座置于顶部与加劲横梁接触。如用测力环时，应将测力环置于千斤顶与横梁之间，千斤顶和衬垫物必须保持垂直，以免加压时千斤顶倾倒发生事故并影响测试数据的准确性。

（6）安放弯沉仪，将两台弯沉仪的测头分别置于承载板立柱的支座上，百分表对零或其他合适的初始位置上。

4)测试步骤

(1)用千斤顶开始加载,注视测力环或压力表,至预压0.05MPa,稳压1min,使承载板与土基紧密接触,同时检查百分表的工作情况是否正常,然后放松千斤顶油门卸载,稳压1min后,将指针对零或记录初始读数。

(2)测定土基的压力—变形曲线。用千斤顶加载,采用逐级加载卸载法,用测力环或压力表控制加载量,荷载小于0.1MPa时,每级增加0.02MPa,以后每级增加0.04MPa左右。为了使加载和计算方便,加载数值可适当调整为整数。每次加载至预定荷载($P$)后,稳定1min,立即读记两台弯沉仪百分表数值,然后轻轻放开千斤顶油门卸载至0,待卸载稳定1min后,再次读数,每次卸载后百分表不再对零。当两台弯沉仪百分表读数之差小于平均值的30%时,取平均值。如超过30%,则应重测。当回弹变形值超过1mm时,即可停止加载。

(3)各级荷载的回弹变形和总变形,按以下方法计算:

回弹变形($L$)=(加载后读数平均值-卸载后读数平均值)×弯沉仪杠杆比

总变形($L'$)=(加载后读数平均值-加载初始前读数平均值)×弯沉仪杠杆比

(4)测定总影响量$\alpha$。最后一次加载循环结束后,取走千斤顶,重新读取百分表初读数,然后将汽车开出10m以外,读取终读数,两只百分表的初、终读数之差的平均值即为总影响量$\alpha$。

(5)在试验点下取样,测定材料含水率。取样数量如下:

最大粒径不大于5mm,试验数量约120g;

最大粒径不大于25mm,试验数量约250g;

最大粒径不大于40mm,试验数量约500g;

(6)在紧靠试验点旁边的适当位置,用灌砂法或环刀法等测定土基的密度。

5)计算

(1)各级压力的回弹变形值加上该级的影响量后,则为计算回弹变形值。表2-2-12是以轴重60kN的标准车为测试车的各级荷载影响量的计算值。当使用其他类型测试车时,各级压力下的影响量按式(2-2-24)计算。

$$a_i = \frac{(T_1 + T_2)\pi D^2 P_i}{4T_i Q} \cdot a \tag{2-2-24}$$

式中:$T_1$——测试车前后轴距,m;

$T_2$——加劲小梁距后轴距离,m;

$D$——承载板直径,m;

$Q$——测试车后轴重,N;

$P_i$——该级承载板压力,Pa;

$a$——总影响量,0.01mm;

$a_i$——该级压力的分级影响量,0.01mm。

**各级荷载影响量**(后轴60kN) 表2-2-12

| 承载板上单位压力(MPa) | 0.05 | 0.10 | 0.15 | 0.20 | 0.30 | 0.40 | 0.50 |
|---|---|---|---|---|---|---|---|
| 影响量 | 0.06$a$ | 0.12$a$ | 0.18$a$ | 0.24$a$ | 0.36$a$ | 0.48$a$ | 0.60$a$ |

(2)将各级计算回弹变形值点绘于标准计算纸上,排除显著偏离的异常点并绘出顺滑的

$P \sim L$曲线，如曲线起始部分出现反弯，应按图 2-2-12 所示修正原点 $O$，$O'$则是修正后的原点。

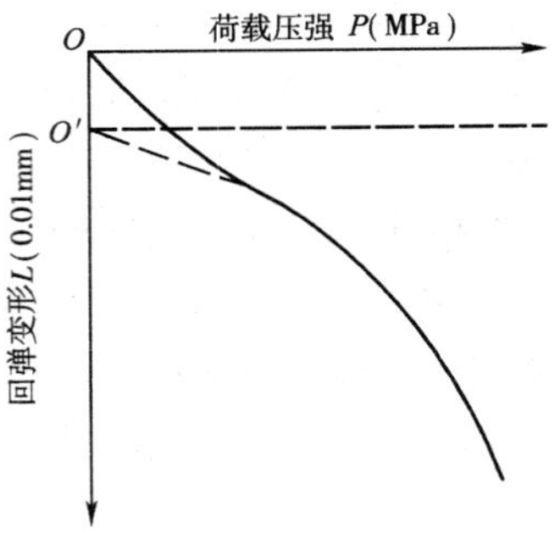


图 2-2-12　修正原点示意图

（3）计算相应于各级荷载下的土基回弹模量值 $E_i$：

$$E_i = \frac{\pi D}{4} \cdot \frac{P_i}{L_i}(1 - \mu_0^2) \tag{2-2-25}$$

式中：$E_i$——相应于各级荷载下的土基回弹模量，MPa；

$D$——承载板直径 30cm；

$L_i$——相应于单位压力 $P_i$ 时的回弹形变，cm；

$\mu_0$——泊松比，根据部颁设计规范取用；

$P_i$——承载板压力，MPa。

（4）取结束试验前的各回弹变形值按线形回归方法由式（2-2-26）计算土基回弹模量值 $E_0$：

$$E_0 = \frac{\pi D}{4} \cdot \frac{\sum P_i}{\sum L_i}(1 - \mu_0^2) \tag{2-2-26}$$

式中符号同上。

**2. 贝克曼梁测定路面材料回弹模量的方法**

1）试验目的和适用范围

本方法适用于在土基、厚度不小于 1m 的粒料整层表面，用弯沉仪测试各点的回弹弯沉值，通过计算求得该材料的回弹模量值；也适用于在旧路表面测定路基路面的综合回弹模量。

2）仪器设备

（1）接长杆：直径 16mm，长 500mm。

（2）其他所需仪器（如标准车、路面弯沉仪、路表温度计及其他仪具）与测定弯沉值相同。

3）试验前准备工作

（1）选择洁净的路基路面表面作为测点，在测点处做好标记并编号。

（2）无机结合料粒料基层的整层试验段（试槽）应符合下列要求：

①整层试槽可修筑在行车带范围内或路肩及其他合适处，也可在室内修筑，但均应适于汽车测定弯沉。

②试槽应选择在干燥或中湿路段处，不得铺筑在软土基上。

③试槽面积不小于 3m × 2m，厚度不小于 1m。铺筑时，先挖 3m × 2m × 1m（长 × 宽 × 深）的坑，然后用欲测定的同一种路面材料按有关施工规范规定的压实层厚度分层铺筑并压实，直至顶面，使其达到要求的压实度标准。同时应严格控制材料组成，配比均匀一致，符合施工质量要求。

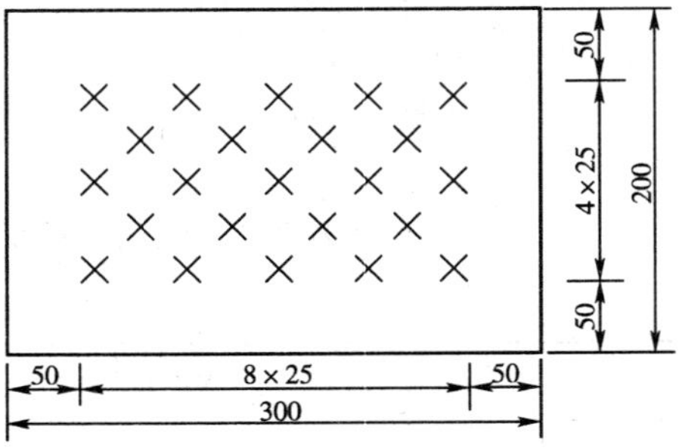


图 2-2-13　试槽表面的测点布置（尺寸单位：mm）

④试槽表面的测点间距可按图 2-2-13 布置在中间 2m × 1m 的范围内，可测定 23 点。

4）测试步骤

按上述方法选测适当的标准车，实测各测点处

的路面回弹弯沉值 $L_i$。如在旧沥青面层上测定时，应读取温度，并按规定的方法进行测定弯沉值的温度修正，得到标准温度20℃时的弯沉值。

5）计算回弹模量

（1）计算全部测定值的算术平均值 $\bar{L}$，单次测量的均方差 $S$ 和自然误差 $\gamma_0$。

$$\bar{L} = \frac{\sum L_i}{N} \tag{2-2-27}$$

$$S = \frac{\sqrt{\sum (L_i - \bar{L})^2}}{N-1} \tag{2-2-28}$$

$$\gamma_0 = 0.675 \times S \tag{2-2-29}$$

式中：$\bar{L}$——回弹弯沉的平均值，0.01mm；

$S$——回弹弯沉测定值的标准差，0.01mm；

$\gamma_0$——回弹弯沉测定值的自然误差，0.01mm；

$L_i$——各测点的回弹弯沉值，0.01mm；

$N$——测点总数。

（2）计算各测点的测定值与算术平均值的偏差值 $d_i = L_i - \bar{L}$，并计算较大的偏差与自然误差之比 $d_i/\gamma_0$。当某个测点观测值的 $d_i/\gamma_0$ 值大于表2-2-13中的 $d/r$ 极限值时，则应舍弃该测点。然后重复计算。

**相应于不同观测次数的 $d/r$ 极限值**　　表2-2-13

| $n$ | 5 | 10 | 15 | 20 | 50 |
|---|---|---|---|---|---|
| $d/r$ | 2.5 | 2.9 | 3.2 | 3.3 | 3.8 |

（3）计算代表弯沉值：

$$L_0 = \bar{L} + S \tag{2-2-30}$$

式中：$L_0$——计算代表弯沉值；

$\bar{L}$——舍弃不合要求的测点后所余各测点弯沉的算术平均值；

$S$——舍弃不合要求的测点后所余各测点弯沉的标准差。

（4）计算土基、整层材料的回弹模量（$E_1$）或旧路的综合回弹模量。

$$E_1 = \frac{2p\delta}{L_0} \cdot (1 - \mu^2)\alpha \tag{2-2-31}$$

式中：$E_1$——计算的土基、整层材料的回弹模量或旧路的综合回弹模量，Mg；

$p,\delta$——分别为均匀荷载（MPa）和双圆荷载的半径，cm；

$L_0$——计算代表弯沉值，cm；

$\mu$——泊松比，土基取0.35，沥青材料取0.25；

$\alpha$——弯沉系数，取0.712。

6）检测报告的内容。

检测报告的内容应包括弯沉测定表、计算代表弯沉、采用的泊松比及计算得到的材料回弹模量 $E_1$ 等,对沥青路面应报告测试的路面温度。记录格式同承载板法类似。

# •第四节　路面平整度检测•

## 一、概　　述

路面平整度是指以规定的标准量规,间断地或连续地测定路表面的凹凸情况,即不平程度的指标。它是评价路面施工质量与服务水平的重要指标之一。

路面的平整度与路面各结构层次的平整状况有着一定的联系,各层次的平整效果将累积反映到路表面上。由于路表面直接与车轮接触,不平整的路表面会增大行车阻力,并使车辆产生附加的振动作用。这种振动作用会造成行车颠簸,影响行车的速度和安全、驾驶的平稳和乘客的舒适。同时,振动作用还会对路面施加冲击力。从而加剧路面和汽车机件的损坏和轮胎的磨损,并增加油料的消耗。而且,不平整的路面会积滞雨水,加速路面的破坏。因此,平整度的检测与评定是道路施工与养护的一个非常重要的指标。

常用的平整度检测设备分为断面类法和反应类法两大类。断面类法是通过检测路表面凹凸情况来评价路面的平整度,一般有直尺类法、连续式平整度仪法和精密水准测量法;反应类法是通过测定由于路面凹凸不平引起车辆颠簸的情况,即通过驾驶员和乘客直接感受来反映路面的平整度,它实际上是一个舒适性指标。常用的有车载式颠簸累积仪法。现已有更新型的自动化测试设备,如纵断面分析仪、路面平整度数据采集系统测定车和激光平整度仪等。

目前我国常用的几种路面平整度测试方法的特点及技术指标的比较见表 2-2-14。国际上通用国际平整度指数 *IRI* 来衡量路面行驶舒适性或路面行驶质量,我国也引入了这项指标。通过标定试验可得出 *IRI* 与标准差 $\sigma$、单向累计值 *VBI* 之间的关系。

**平整度测试方法比较**　　表 2-2-14

| 方　法 | 特　点 | 技术指标 |
|---|---|---|
| 3m 直尺法 | 设备简单,结果直观,间断测试,工作效率低,反映凹凸程度 | 最大间隙 $h$(mm) |
| 连续式平整度仪法 | 设备较复杂,连续测试,工作效率高,反映凹凸程度 | 标准差 $\sigma$(mm) |
| 颠簸累积仪 | 设备复杂,工作效率高,连续测试,反映舒适程度 | 单向累计值 *VBI*(cm/km) |

考虑到目前国内公路使用的实际状况及公路施工技术水平和条件,在我国公路工程施工技术规范和质量评定与验收标准中提出了路基和路面各结构层的平整度指标、检测方法和频率,见表 2-2-15,市政工程路基和路面各结构层的平整度检验标准见表 2-2-16。

本节主要介绍 3m 直尺、连续式平整度仪和颠簸累计仪等几种常用的平整度检测方法。

## 二、平整度检测方法

### 1. 3m 直尺检测方法

3m 直尺测定法有单尺测定最大间隙和等距离(1.5m)连续测定两种,前者常用于施工时质量控制和检查验收,单尺测定时要计算出测定段的合格率;等距离连续测试也可用于施工质量检查验收,但要算出标准差,用标准差来表示平整度的好坏。

**公路路基路面各结构层平整度要求** 表 2-2-15

| 结构层 | | 规定值或允许偏差 | | | 检测方法和频率 |
|---|---|---|---|---|---|
| | | 高速公路、一级公路 | 其他公路 | | |
| | | | 二级公路 | 三、四级公路 | |
| 土方路基 | $h$(mm) | 15 | 20 | | 3m 直尺:每 200m 测 2 处 × 10 尺 |
| 石方路基 | $h$(mm) | 20 | 30 | | |
| 水泥混凝土面层 | $\sigma$(mm) | 1.2 | 2.0 | | 平整度仪:全线每车道连续检测,每 100m 计算 $\sigma$、$IRI$ |
| | $IRI$(m/km) | 2.0 | 3.2 | | |
| | $h$(mm) | — | 5 | | 3m 直尺:半幅车道板带每 200m 测 2 处 × 10 尺 |
| 沥青混凝土(碎石)面层 | $\sigma$(mm) | 1.2 | 2.5 | | 平整度仪:全线每车道连续检测,每 100m 计算 $\sigma$、$IRI$ |
| | $IRI$(m/km) | 2.0 | 4.2 | | |
| | $h$(mm) | — | 5 | | 3m 直尺:半幅车道板带每 200m 测 2 处 × 10 尺 |
| 路面基层 | $h$(mm) | 8 | 12 | | 3m 直尺:每 200m 测 2 处 × 10 尺 |
| 路面底基层 | $h$(mm) | 12 | 15 | | 3m 直尺:每 200m 测 2 处 × 10 尺 |

**市政道路各结构层平整度要求** 表 2-2-16

| 结构层 | | | 允许偏差 | | 检测频率 | | | | 检测方法 |
|---|---|---|---|---|---|---|---|---|---|
| | | | | | 范围(mm) | 点数 | | | |
| 路基 | 土方路床 | $h$(mm) | ≤15 | | 20 | 路宽(m) | <9 | 1 | 3m 直尺和塞尺连续量两尺,取较大值 |
| | 石方路床 | $h$(mm) | ≤20 | | | | 9~15 | 2 | |
| | | | | | | | >15 | 3 | |
| 底基层 | 石灰稳定类、级配砂砾 | $h$(mm) | ≤15 | | 20 | 路宽(m) | <9 | 1 | |
| | | | | | | | 9~15 | 2 | |
| | | | | | | | >15 | 3 | |
| 基层 | 石灰稳定类、级配砂砾、沥青碎石 | $h$(mm) | ≤10 | | 20 | 路宽(m) | <9 | 1 | |
| | | | | | | | 9~15 | 2 | |
| | | | | | | | >15 | 3 | |
| 面层 | 沥青混合料 | 标准差 $\sigma$ | 快速路、主干路 | ≤1.5 | 100 | 路宽(m) | <9 | 1 | 用测平仪检测。测平仪为全线每车道连续检测 100m 计算标准差 $\sigma$;无测平仪时可采用 3m 直尺检测 |
| | | | 次干路、支路 | ≤2.4 | | | 9~15 | 2 | |
| | | | | | | | >15 | 3 | |
| | | 最大间隙 | 次干路、支路 | ≤5 | 20 | 路宽(m) | <9 | 1 | 3m 直尺和塞尺连续量两尺,取较大值 |
| | | | | | | | 9~15 | 2 | |
| | | | | | | | >15 | 3 | |
| | 水泥混凝土 | 标准差 $\sigma$ | 快速路、主干路 | ≤1.2 | 100 | 1 点 | | | 用测平仪检测。 |
| | | | 次干路、支路 | ≤2 | | | | | |
| | | 最大间隙 | 快速路、主干路 | ≤3 | 20 | 1 点 | | | 3m 直尺和塞尺连续量两尺,取较大值 |
| | | | 次干路、支路 | ≤5 | | | | | |

1）目的和适用范围

用 3m 直尺测定距离路表面的最大间隙表示路基路面的平整度，以 mm 计。它适用于测定压实成型的路面各层表面的平整度，以此评定路面的施工质量及使用质量。它也可用于路基顶面成型后的施工平整度检测。

2）检测器具与材料

（1）3m 直尺：硬木或铝合金钢制，底面平直，长 3m。

（2）楔形塞尺：木或金属制的三角形塞尺，有手柄。塞尺的长度与高度之比不小于 10，宽度不大于 15mm，边部有高度标记，刻度精度不小于 0.2mm。

（3）其他：皮尺或钢尺、粉笔等。

3）方法与步骤

（1）准备工作

①按有关规范规定选择测试路段。

②在测试路段路面上选择测试地点。当为施工过程中质量检测需要时，测试地点根据需要确定，可以单杆检测；当为路基路面工程质量检查验收或进行路况评定需要时，应连续测量 10 尺。除特殊需要外，应以行车道一侧车轮轮迹（距车道标线 80～100cm）作为连续测定的标准位置。对旧路已形成车辙的路面，应取车辙中间位置为测定位置，用粉笔在路面上做好标记。

③清扫路面测定位置处的污物。

（2）测试步骤

①在施工过程中检测时，按根据需要确定的方向，将 3m 直尺摆在测试地点的路面上。

②目测 3m 直尺底面与路面的间隙情况，确定间隙为最大的位置。

③用有高度标线的塞尺塞进间隙处，量记其最大间隙的高度（mm），准确到 0.2mm。

④施工结束后检测时，按《公路工程质量检验评定标准》（土建工程）（JTG F80—2004）的规定，每 1 处连续检测 10 尺，按上述步骤测记 10 个最大间隙。

4）计算

单杆检测路面的平整度计算，以 3m 直尺与路面的最大间隙为测定结果。连续测定 10 尺时，判断每个测定值是否合格，根据要求计算合格百分率，并计算 10 个最大间隙。

5）报告

单杆检测的结果应随时记录测试位置及检测结果。连续测定 10 尺时，应报告平均值、不合格尺数、合格率。

**2. 连续式平整度仪检测方法**

连续式平整度仪是近年来我国测定路面平整度的新型仪器，它的主要优点是可沿路面连续测量。它一般采用先进的微机处理技术，可自动计算、自动打印，自动显示路面平整度的标准差、正负超差等各项技术指标，并绘出路面平整度偏差曲线。

1）目的和适用范围

用连续式平整度仪量测路面不平整度的标准差，以表示路面的平整度，以 mm 计。连续式平整度仪法适用于测定新路表面的平整度，评定路面的施工质量和使用质量，但不适用于在已有较多坑槽、破损严重的路面上测定。

2）检测仪具

（1）连续式平整度仪（八轮仪）：构造如图2-2-14所示。除特殊情况外，其标准长度为3m，其质量应符合仪器标准的要求。中间为一个3m长的机架，机架可缩短或折叠，前后备有4个行走轮，前后两组轮的轴间距离为3m。机架中间有一个能起落的测定轮。机架上装有蓄电池电源及可拆卸的检测箱，检测箱可采用显示、记录、打印或绘图等方式输出测试结果。测定轮上装有位移传感器、距离传感器等检测器，自动采集位移数据时，测定间距为10cm，每一计算区间的长度为100m，输出一次结果。当为人工检测、无自动采集数据及计算功能时，应能记录测试曲线。机架头装有一牵引钩及手位柄，可用人力或汽车牵引。

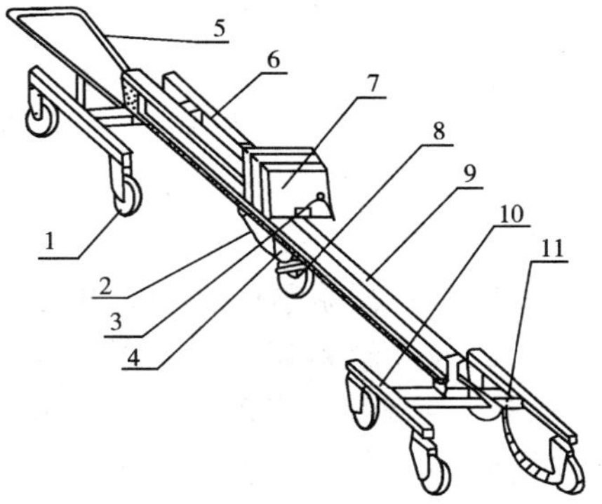

图2-2-14　连续式平整度仪构造图

1-脚轮；2-拉簧；3-离合器；4-测量架；5-牵引架；6-前架；7-记录计；8-测定轮；9-纵梁；10-后架；11-软轴

（2）牵引车：小面包车或其他小型牵引车。

（3）皮尺或测绳。

3）测试步骤

（1）准备工作

①选择测试路段。

②当为施工过程中质量检测需要时，测试地点根据需要决定；当路面工程质量检查验收或进行路况评定需要时，通常以行车道一侧车轮轮迹带作为连续测定的标准位置。对旧路已形成车辙的路面，取一侧车辙中间位置为测定位置。当以内侧轮迹带（或外侧轮迹带）作为测定位置时，测定位置距车道标线80～100cm。

③清扫路面测定位置处的杂物。

④检查仪器检测箱各部分是否完好、灵敏，并将各连接线接妥，安装记录设备。

（2）测试步骤

①将连续式平整度测定仪置于测试路段路面起点上。

②在牵引汽车的后部，将平整度仪的挂钩挂上后，放下测定轮，启动检测器及记录仪，随即启动汽车，沿道路纵向行驶，横向位置保持稳定，并检查平整度检测仪表上测定数字显示、打印、记录的情况。如遇检测设备中某项仪表发生故障，即须停止检测。牵引平整度仪的速度应保持匀速，速度宜为5km/h，最大不得超过12km/h。

在测试路段较短时，亦可用人力拖拉平整度仪测定路面的平整度，但拖拉时应保持匀速前进。

4）计算

（1）连续式平整度测定仪测定后，按每10cm间距采集的位移值自动计算每100m计算区间的平整度标准差（mm），还可以记录测试长度（m）、曲线振幅大于某一定值（如3mm、5mm、8mm、10mm等）的次数、曲线振幅的单向（凸起或凹下）累计值及以3m机架为基准的中点路面偏差曲线图，计算打印。当为人工计算时，在记录曲线上任意设一基准线，每隔一定距离（宜为1.5m）读取曲线偏离基准线的偏离位移值$d_i$。

（2）每一计算区间的路面平整度以该区间测定结果的标准差表示，按式（2-2-31）计算：

$$\sigma_i = \sqrt{\frac{\sum(\bar{d} - d_i)^2}{n-1}} \tag{2-2-32}$$

式中：$\sigma_i$——各计算区间的平整度计算值，mm；

$d_i$——以 100m 为一个计算区间，每隔一定距离（自动采集间距为 10cm，人工采集间距为 1.5m）采集的路面凹凸偏差位移值，mm；

$\bar{d}$——采集的路面凹凸偏差位移值的平均值，mm；

$n$——计算区间用于计算标准差的测试数据个数。

（3）计算一个评定路段内各区间平整度标准差的平均值、标准差、变异系数及合格率。

（4）试验应列表报告每一个评定路段内各测定区间的平整度标准差、各评定路段平整度的平均值、标准差、变异系数。

**3. 车载式颠簸累积仪检测方法**

车载式颠簸累积仪的工作原理是测试车以一定的速度（以 32km/h 为宜，一般不超过 40km/h），在路面上行驶，由于路面凹凸不平，引起汽车的激振，通过机械传感器可测量后轴同车厢之间的单向位移累积值 *VBI*。*VBI* 越大，说明路面平整度越差，舒适性也越差。

1）目的和适用范围

用车载式颠簸累积仪测量车辆在路面上通行时后轴与车厢之间的单向位移累积值 *VBI*，以此表示路面的平整度，以 cm/km 计。本方法适用于测定新路面表面的平整度，评定路面的施工质量和使用期的舒适性。但不适用于在已有较多坑槽、破损严重的路面上测定。

2）检测器具

（1）车载式颠簸累积仪：由机械传感器、数据处理器及微型打印机组成，传感器固定安装在测试车的底板上，如图 2-2-15 所示。仪器主要技术性能指标如下：

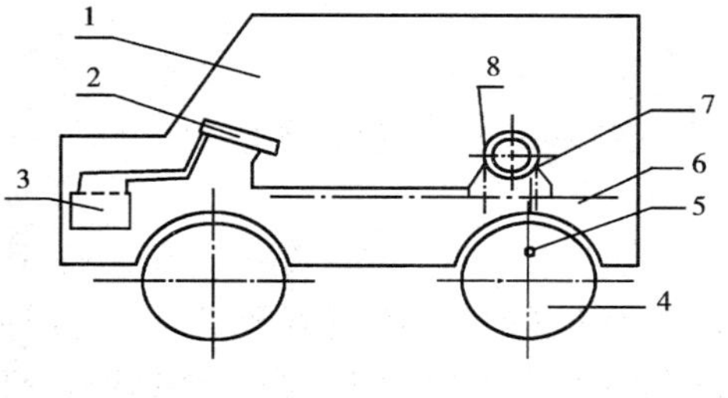


图 2-2-15　车载式颠簸累积仪安装示意图

1-测试车；2-数据处理器；3-蓄电池；4-后桥；5-挂钩；6-底板；7-钢丝绳；8-颠簸累积仪传感器

①测试速度：可在 30 ~ 50km/h 范围内选定；

②最小读数：1cm；

③最大测试幅值：±30cm；

④最大显示值：9 999cm；

⑤系统最高反应频率：5kHz；

⑥使用环境温度：0 ~ 50℃；

⑦使用环境相对湿度：<85%；

⑧稳定性：连续开机 8h 漂移 < ±1cm；

⑨使用电源：12V（直流电），1A；

⑩测试路段计算长度选择：100m、200m、300m、400m、500m、600m、700m、800m、900m、1km 等 10 种，试验时选择其中之一种；

⑪数据显示及输出：可显示数据及打印输出测试路段计算长度内的单向位移颠簸累积值。

（2）测试车：旅行车、越野车或小轿车。

3）准备工作

（1）仪器安装

①车载式颠簸累积仪的机械传感器应对准测试车的后桥差速器上方，用螺栓固定在车厢底板上，如图 2-2-15 所示。

②在机械传感器的定量位移轮线槽引出钢丝绳下方的车辆底板上，打一个直径约 2.5cm 的孔洞，将仪器的钢丝绳穿过此孔洞同后桥差速器盒连接，钢丝绳不能与孔洞边缘摩擦或接触。

③将后桥差速器盒盖螺钉卸下，加装一个用铁丝 $\phi$3mm 或 2mm 厚钢板做成的小挂钩再装

回拧紧，以备挂测量钢丝绳之用。

④机械传感器在挂钢丝绳之前，定量位移轮应预先按箭头方向沿其中轴旋转 2 ~3 圈，使内部发条具有一定的紧度，钢丝绳则绕线槽 2 ~3 圈后引出，穿过车厢底板所打的 $\phi$2.5cm 的孔洞至差速器新装的挂钩上挂住，钢丝绳应张紧，这时仪器即处于测量准备状态。在不测量时应松开挂钩，收回钢丝绳置于车厢内。

⑤数据处理器及打印机安置于车上任何便于操作的位置或座位上。

(2)仪器检查及准备

①检查装载车，轮胎气压应符合所用测试汽车的规定值；轮胎应清洁，不得黏附有沥青块等杂物；车上人员及载重应与仪器标定时相符；汽车底盘悬挂没有松动或异常响声。

②要求挂好的钢丝绳在线槽上应没有重叠，张力良好。

③连接电源，用 12V 直流电源供电，也可使用汽车蓄电池，加装一插头接于汽车点烟器插座处供电。电源线红色为正级，白色为负极，电源极性不得接错。

④接妥机械传感器、打印机及数据处理器的连接线插头。

⑤打开打印机边上的电源开关，试验开关置于空白处。

⑥设定测试路段计算区间的长度，标准的计算区间长为 100m，根据要求也可为 200m、500m 或 1 000m。

4)检测步骤

(1)汽车停在测试起点前约 300 ~500m 处，打开数据处理器的电源，打印机打出“VBI”等字头，在数码管上显示“P”字样，表示仪器已准备好。

(2)在键盘上输入测试年、月、日，然后按“D”键，打印机打出测试日期。

(3)在键盘上输入测试路段编码后按“C”路段编码即被打出，如“C0102”。

(4)在键盘上输入测试起点公里桩号及百米桩号，然后按“A”键，起点桩号即被打出，如“A:0048—100km”。“F”键为改错键，当输入数据出错时，按“F”键后可重新输入正确的数字。

(5)发动汽车向被测路段驶去，逐渐加速，保证在到达测试起点前稳定在选定的测试速度范围内，但必须与标定时的速度相同，然后控制测试速度的误差不超过 ±3km/h。除特殊要求外，标准的测试速度为 32km/h。

(6)当到达测试起点时，按下开始测量键“B”，仪器即开始自动累积被测路面的单向颠簸值。

(7)当到达预定测试路段终点时，按所选的测试路段计算区间长度相对应的数字键(例如数字键“1”代表长度为 100m、“2”为 200m、“5”为 500m、“0”为 1 000m 等)，将测试路段的颠簸累积值换算成以公里(km)计的颠簸累积值打印出来，单位为 cm/km。

(8)连续测试。以每段长度 100m 为例，到达第一段终点后按“1”键；车辆继续稳速前进，到达第二段终点时，按数字键“2”；依此类推。在测试中被测路段长度可以变化，仪器除能把不足 1km 的路段长度测试结果换算成以公里计的测试结果 *VBI* 外，还可以把测试过的路段自动累加后连同测试结果一起打印出来。

“E”键为暂停键，测试过程中按此键将使所显示数值在 3s 内保持不变，供测试者详细观察或记录测试数字。但内部计数器仍在继续累积计数，过 3s 后数码管重新显示新的数据，暂停期间不会中断或丢失所测数据。

(9)测试结果。常规路面调查一般可取一次测量结果，如属重要路面评价测试或与前次测量结果有较大差别时，应重复测试2～3次，取其平均值作为测试结果。

(10)测试完毕，关闭仪器电源，把挂在差速器外壳的钢丝绳摘开，钢丝绳由车厢底板下拉上来放好，以备下次测试。注意：松钢丝绳时要缓慢放松，因机械传感器的定量位移轮内部有张紧的发条，松绳过快容易损坏仪器，甚至会被钢丝绳划伤。装好仪器（挂好钢丝绳）的汽车，不测量时不要长途驾驶。

5）检测报告

(1)应列表报告每一个评定路段内测定区间的颠簸累积值，各评定路段颠簸累积值的平均值、标准差、变异系数。

(2)测试速度。

(3)试验结果与国际平整度指数等其他平整度指标建立的关系式、参数值、相关系数。

(4)平整度评定时，应剔除测试当中对于桥头（包括通道两侧）伸缩缝、路面污染的数据。在测试中应随时将这些情况记录在测试纸上。

## 三、各种平整度指标相互关系的建立

### 1. 国际平整度指数

平整度测定方法和仪器很多，相应采用的指标也各不相同。为了使采用不同的方法和仪器测定的结果可以相互比较，需要寻找一个标准的（或通用的）平整度指标，它同其他平整度指标应有良好的相关关系。同时，采用反应类平整度仪测定时，为使测定结果具有时间稳定性，必须经常进行标定，而标定曲线的精度取决于路段采用的平整度指标同反应类测定系统的相关性。

为了解决上述问题，世界银行于1982年组织了巴西、英国、美国、法国等国家专家参加的国际研究小组，在巴西进行了大规模的路面平整度试验。在此基础上提出采用国际平整度指数（*IRI*）作为标准的建议。

国际平整度指数（*IRI*）是一项标准化的平整度指标。它同反应类平整度测定系统类似，但是采用的是数学模型模拟1/4车轮（即单轮，类似于拖车）以规定速度行驶在路面断面上，分析行驶距离内动态反应悬挂系的累积竖向位移量。标准的测定速度为80km/h，其测定结果的单位为m/km。因此，这一指标与反应类仪器的平均调整坡*ARS*相似，称作参照平均调整坡（$RARS_{80}$）。

求得每一个位置的变量后，即可计算该位置的调整坡（*RS*）。

*IRI*为路段长度内*RS*变量的平均值。故当每个断面点的调整坡求得后，便可按下式计算*IRI*：

$$IRI = \frac{1}{n-1}\sum_{i=2}^{n} RS_i \tag{2-2-33}$$

上述计算过程已编制电算程序，在量测得到纵断面的高程资料后，便可按抽样点间距利用此程序计算该路面平整度的国际平整度指数*IRI*。

国际平整度指数*IRI*作为通用指标的效果，可以通过考察不同平整度测定方法的结果转换成以*IRI*表征后的一致性得到证实。

### 2. *VBI*与其他平整度指标相关关系的建立

用车载式颠簸累积仪测定的*VBI*值需要与其他平整度指标（如连续式平整度仪测出的标

准差、国际平整度指数 $IRI$）等进行换算时，应将车载式颠簸累计积仪的测试结果进行标定，即与相关的平整度仪测量结果建立相关关系，相关系数均不得小于0.90。

为与其他平整度指标建立相关关系，选择的标定路段应符合下列要求：

（1）有5～6段不同平整度的现有道路，从好到坏不同程度的都应各有一段。

（2）每段路长宜为250～300m。

（3）每一段中的平整度应均匀，段内应无太大差别。

（4）标定路段应选择纵坡变化较小的平坦、直线地段。

（5）选择交通量小或可以疏导的路段，减少标定时车辆的干扰。

标定路段起讫点用油漆做好标记，并每隔一定距离做中间标记，标定宜选择在行车道的正常轮迹上进行。

1）用连续式平整度仪进行标定的步骤

（1）用于标定的仪器应使用按规定进行校准后能准确测定路面平整度的连续式平整度仪。

（2）按现行操作规程用连续式平整度仪沿选择的每个路段全程连续测量平整度3～5次，取其平均值作为该路段的测试结果（以标准差表示）。

（3）用车载式颠簸累积仪沿各个路段进行测量，重复3～5次，取其各次颠簸累积值的平均值作为该路段的测试结果，与平整度仪的各段测试结果相对应。标定时的测试车速应在30～50km/h范围内选择一种或两种稳定的车速分别进行，记录车速及载重，以后测试时的情况应与标定时的相同。

（4）整理相关关系。将连续式平整度仪测出的标准差 $\sigma$ 及车载式颠簸累积仪测出的颠簸累积值 $VBI$、绘制出曲线并进行回归分析，建立相关关系：

$$\sigma = a + b \cdot VBI_v \tag{2-2-34}$$

式中：$\sigma$——用连续式平整度仪测定的以标准差表示的平整度，mm；

$VBI_v$——测试速度为 $v$（km/h）时用颠簸累积仪测得的累积值，cm/km；

$a,b$——回归系数。

2）将车载式颠簸累积仪测定结果换算成国际平整度指数的标定方法

（1）将所选择的标定路段在标记上每隔0.25m做出补充标记。

（2）在每个路段上用经过校准的精密水平仪分别测出每隔0.25m标点上的高程，计算国际平整度指数 $IRI$（m/km）。

（3）用车载式颠簸累积仪测试得到各个路段的测试结果。

（4）将各个路段的国际平整度指数 $IRI$ 与颠簸累积值 $VRI_v$ 绘制出曲线并进行回归分析，建立相关关系：

$$IRI = a + b \cdot VBI_v \tag{2-2-35}$$

式中：$IRI$——国际平整度指数，m/km；

$VBI_v$——测试速度为 $v$（km/h）时颠簸累积仪测得的颠簸累积值，cm/km；

$a,b$——回归系数。

# 第五节　路面抗滑性能检测

## 一、概　　述

路面抗滑性能是指路表面阻止车辆轮胎滑移的能力。通常抗滑性能被看作是路面的表面特性,并用轮胎与路面间的摩阻系数来表示。表面特性包括路表面的微观构造和宏观构造。微观构造是由集料表面的粗糙度构成,它随车辆的反复磨耗而逐渐被磨光,通常采用石料的磨光值表征抗磨光性。微观构造在低速(30～50km/h)时对路表抗滑性能起决定作用。而高速时起主要作用的是宏观构造,它是由路表面外露集料形成的构造,其功能是使车轮下的路表水迅速排除,以免形成水膜。宏观构造用路表构造深度表征。

影响路面抗滑性能的因素主要有轮胎的磨耗量、表面形状及构造、路面类型、干湿状态、温度与车速、面层结合料及集料、路面上结冰、积雪及其他状态等。

目前我国沥青路面的抗滑性能指标除了反映集料耐磨性能的石料磨光值外,还有横向力系数和构造深度指标。设计、施工和质量评定标准等规范中都对抗滑性指标提出了要求,如表2-2-17所列为《公路沥青设计规范》(JTG D50—2006)中规定的抗滑标准。

**沥青路面抗滑标准**　　　　表2-2-17

| 指标/标准/年降雨量 | 构造深度 *TD*(mm) | 横向力系数 *SFC* | 石料磨光值 *PSV* | |
|---|---|---|---|---|
| | | | 高速公路、一级公路 | 二级公路 |
| >1000 | ≥0.55 | ≥54 | >42 | >40 |
| 500～1000 | ≥0.50 | ≥50 | >40 | >38 |
| 250～500 | ≥0.45 | ≥45 | >38 | >36 |
| <250 | — | — | >36 | — |

在上表中,石料磨光值是在选择路面面层材料时进行检测。横向力系数 *SFC* 和构造深度 *TD* 是路面设计竣工验收时的标准。

水泥混凝土路面抗滑标准用构造深度评定。对于高速公路、一级公路:一般路段不小于0.7mm且不大于1.1;特殊路段不小于0.8且不大于1.2。其他公路:一般路段不小于0.5mm且不大于1.1mm。

目前抗滑性能测试方法有:构造深度测试法(手工铺砂法、电动铺砂法、激光构造深度仪法)、摆式仪法、横向力系数测试法等。各方法的特点和测试指标如表2-2-18所示。

路面抗滑性能测试方法比较 表 2-2-18

| 测试方法 | 测试指标 | 原理 | 特点及适用范围 |
| --- | --- | --- | --- |
| 制动距离法 | 摩阻系数 $f$ | 以一定速度在潮湿路面上行驶的 4 轮小客车或轻型货车，当 4 个车轮被制动时，测试出车辆减速滑移到停止的距离，运用动力学原理，算出摩阻系数 | 测试速度快，但必须中断交通 |
| 摆式仪法 | 摩阻摆值 *BPF* | 摆式仪的摆锤底面装一橡胶滑块，当摆锤从一定高度自由下摆时，滑块面同试验表面接触。由于两者间的摩擦而损耗部分能量，使摆锤只能回摆到一定高度。表面摩擦阻力越大，回摆高度越小（即摆值越大） | 定点测量，原理简单，不仅可以用于室内，而且可用于野外测试沥青路面及水泥混凝土路面的抗滑性能 |
| 手工铺砂法，电动铺砂法 | 构造深度 *TD* (mm) | 将已知体积的砂摊铺在所要测试路表的测点上，量取摊平覆盖的面积。砂的体积与所覆盖平均面积的比值，即为构造深度 | 定点测量，原理简单，便于携带，结果直观。适用于测定沥青路面及水泥混凝土路面表面构造深度，用以评定路面表面的宏观粗糙度、排水性能及抗滑性能 |
| 激光构造深度测试法 | 构造深度 *TD* (mm) | 中子源发射的许多束光线，照射到路表面的不同深度处，用 200 多个二极管接收返回的光束，利用二极管被点亮的时间差算出所测路面的构造深度 | 测试速度快，适用于测定沥青路面干燥表面的构造深度，用以评价路面抗滑及排水能力，但不适用于许多坑槽、显著不平整或裂缝过多的路段 |
| 摩阻系数测定车测定路面横向力系数 | 横向力系数 *SFC* | 测试车安装有两只标准试验轮胎，它们对车辆行驶方向偏转一定的角度。汽车以一定速度在潮湿路面上行驶时，试验轮胎受到侧向摩阻作用。此摩阻力除以试验轮上的载重，即为横向力系数 | 测试速度快，用于标准的摩阻系数测试车测定沥青或水泥混凝土路面的横向力系数，结果作为竣工验收或使用期评定路面抗滑能力的依据 |

路面抗滑性能检测方法较多，本节仅介绍几种常见的现场检测方法。

## 二、路面构造深度测定方法

路面的构造深度是指一定面积的路表面凹凸不平的开口孔隙的平均深度。常用的检测方法有铺砂法（手工铺砂法和电动铺砂法）和激光构造深度仪法。

**1. 手工铺砂法**

1）目的和适用范围

本方法适用于测定沥青路面及水泥混凝土路面表面构造深度，用以评定路面表面的宏观粗糙度、排水性能及抗滑性能。

2）仪器与材料

（1）人工铺砂仪：由量砂筒、推平板组成。

①量砂筒：形状尺寸如图 2-2-16 所示，一端是封闭的，内径 $\phi$20mm，外径 $\phi$26mm，总高 90mm，容积为(25 ±0.15)mL，可通过称量砂筒中水的质量以确定其容积 $V$，并调整其高度，使其容积符合高度要求。

②推平板：形状尺寸如图所示，推平板应为木制或铝制，直径 50mm，底面粘一层厚 1.5mm 的橡胶片，上面有一圆柱把手。

③刮平尺：可用 30cm 钢板尺代替。

(2)量砂：足够数量的干燥洁净的匀质砂，粒径 0.15 ~0.3mm。

(3)量尺：钢板尺、钢卷尺，或采用专门的构造深度尺。

(4)其他：装砂容器、小铲、扫帚或毛刷、挡风板等。

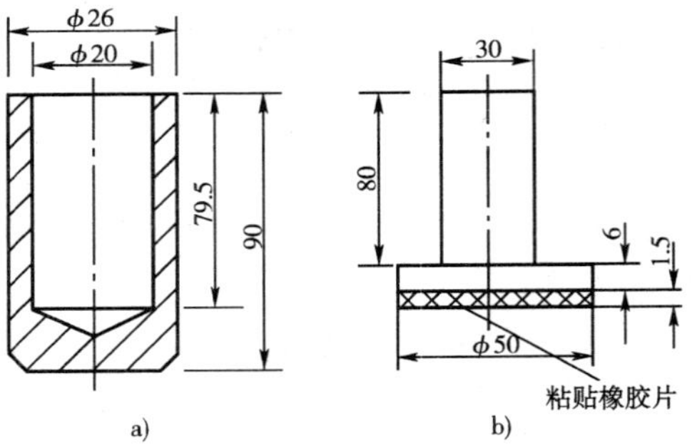


图 2-2-16　量砂筒和推平板示意图
a)量砂筒；b)推平板

3)准备工作

(1)量砂准备　将洁净的细砂晾干、过筛，取 0.15 ~0.3mm 的砂置于适当的容器中备用。量砂只能在路面上使用一次，不宜重复使用。回收砂必须经干燥、过筛处理后方可使用。

(2)确定测点　对测试路段按随机取样选点的方法，确定测点所在横断面位置。测点应选在行车道的轮迹带上，距路面边缘不应小于 1m。

4)测试步骤

(1)用扫帚或毛刷子将测点附近的路面清扫干净，面积不小于 30cm ×30cm。

(2)用小铲装砂，沿筒向圆筒中注满砂，手提圆筒上方，在硬质路上轻轻叩打 3 次，使砂密实，补足砂面，用钢尺一次刮平。注意不可直接用量筒装砂，以免影响量砂密度的均匀性。

(3)将砂倒在路面，用底面粘有橡胶片的推平板由里向外重复做摊铺运动。稍稍用力将砂细心地尽可能地向外摊开，使砂填入凹凸不平的路表面孔隙中。尽可能将砂摊成圆形，并不得在表面上留有浮动的余砂。注意摊铺时不可用力过大或向外推挤。

(4)用钢板尺测量所构成圆的两个垂直方向的直径，取其平均值，准确至 5mm。

(5)按上述方法，同一处平行测定不少于 3 次，3 个测点均位于轮迹带上，测点间距 3 ~5m。该处的测定位置以中间测点的位置表示。

5)计算

(1)路面表面构造深度测定结果按下式计算：

$$TD = \frac{1000V}{\pi D^2/4} = \frac{31831}{D^2} \tag{2-2-36}$$

式中：$TD$——路面表面构造深度，mm；

$V$——砂的体积，25cm$^3$；

$D$——摊平砂的平均直径，mm。

(2)每一处取 3 次路面构造深度的测定结果的平均值作为试验结果，精确至 0.1mm。

(3)计算每一个评定区间路面构造深度的平均值、标准差、变异系数。

6)报告

（1）列表逐点报告路面构造深度的测定值及3次测定的平均值，当平均值小于0.2mm时，试验结果以<0.2mm表示。

（2）每一个评定区间路面构造深度的平均值、标准差、变异系数。

**2. 电动铺砂法**

1）目的和适用范围

本方法适用于测定沥青路面及水泥混凝土路面表面构造深度，用以评定路面表面的宏观粗糙度、排水性能及抗滑性能。

2）仪具与材料

（1）电动铺砂仪：利用可充电直流电源，将量砂通过砂漏铺设成宽度5cm、厚度均匀一致的器具，如图2-2-17所示。

（2）量砂：足够数量的干燥洁净的匀质砂，粒径为0.15～0.3mm。

（3）标准量筒：容积50mL。

（4）玻璃板：面积大于铺砂器，厚5mm。

（5）其他：直尺、扫帚、毛刷等。

3）准备工作

（1）量砂准备　取洁净的细砂晾干，过筛。取0.15～0.3mm的砂置于适当的容器中备用。已在路面上使用过的砂若回收重复使用时，应重新过筛并晾干。

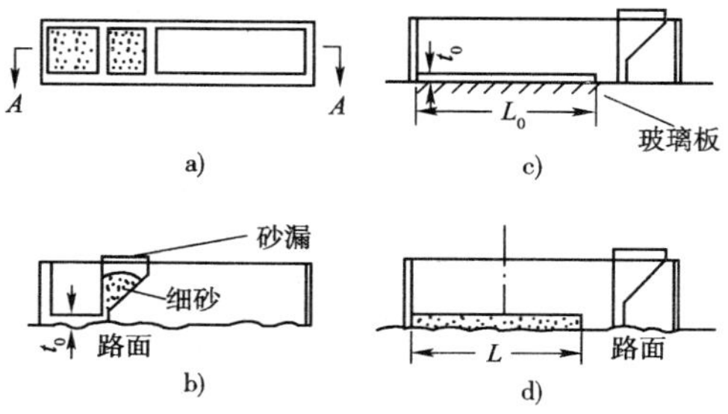

图2-2-17　电动铺砂仪

a）平面图；b）A-A断面；c）标定；d）测定

（2）确定测点　对测试路段按随机取样选点的方法，决定测点所在的横断面的位置。测点应选在行车道的轮迹带上，距路面边缘不小于1m。

（3）电动铺砂器标定

①将铺砂器平放在玻璃板上，将砂漏移至铺砂器端部。

②使灌砂漏斗口和量筒大致齐平。通过漏斗向量筒中缓缓注入准备好的量砂至高出量筒成尖顶状，用直尺沿筒口一次刮平，其容积为50mL。

③使漏斗口与铺砂器砂漏斗上口大致齐平。将砂通过漏斗均匀倒入砂漏，漏斗前后移动，使砂的表面大致齐平，但不得用任何其他工具刮动砂。

④开动电动马达，使砂漏向另一端缓缓运动，量砂沿砂漏底部成图2-2-18所示的宽5cm的带状，待砂全部漏完后停止。

⑤按图2-2-18依下式由$L_1$及$L_2$的平均值决定量砂的摊铺长度$L_0$，精确至1mm。

$$L_0=(L_1+L_2)/2 \tag{2-2-37}$$

式中：$L_0$——量砂的摊铺长度，mm；

$L_1$、$L_2$——见图2-2-18，mm。

⑥重复标定3次，取平均值确定$L_0$，准确至1mm。标定应在每次测试前进行，用同一种量砂，由承担测试的同一试验员进行。

4）测试步骤

（1）将测试地点用毛刷刷净，面积大于铺砂仪。

(2)将铺砂仪沿道路纵向平稳地放在路面上,将砂漏移至端部。

(3)按电动铺砂器标定步骤②至⑤相同步骤,在测试地点摊铺 50mL 量砂,按图 2-2-18 的方法量取摊铺长度 $L_1$ 及 $L_2$,计算 $L$,准确至 1mm。

$$L=(L_1+L_2)/2 \tag{2-2-38}$$

(4)按以上方法,同一处平行测定不少于 3 次,3 个测点均位于轮迹带上,测点间距 3~5m,该处的测定位置以中间测点的位置表示。

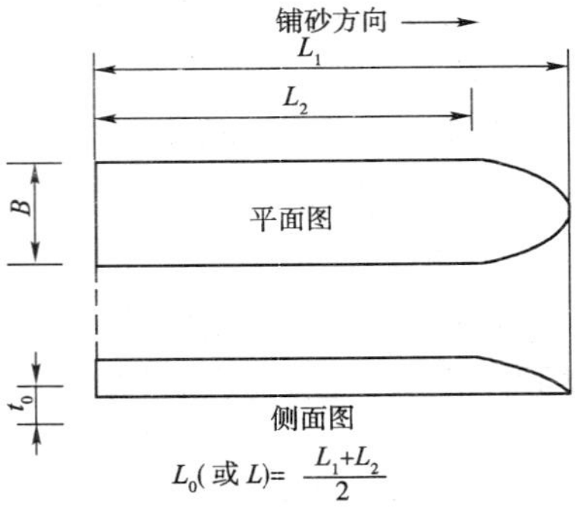


图 2-2-18　决定 $L_0$(或 $L$)的方法

5)计算

(1)按下式计算铺砂仪在玻璃板上摊铺的量砂厚度 $t_0$:

$$t_0=\frac{V}{B\times L_0}\times 1000=\frac{1000}{L_0} \tag{2-2-39}$$

式中:$t_0$——量砂在玻璃板上摊铺的标定厚度,mm;

$V$——量砂体积,$V=50$mL;

$B$——铺砂仪铺砂厚度,$B=50$mm;

$L_0$——玻璃板上 50mL 量砂摊铺的长度,mm。

(2)按下式计算路面构造深度 $TD$:

$$TD=\frac{L_0-L}{L}\times t_0=\frac{L_0-L}{L\times L_0}\times 1000 \tag{2-2-40}$$

式中:$TD$——路面构造深度,mm;

$L$——路面上 50mL 量砂摊铺的长度,mm。

(3)每一处均取 3 次路面构造深度的测定结果的平均值作为试验结果,准确至 0.1mm。

(4)计算每一次评定区间路面构造深度的平均值、标准差、变异系数。

6)报告

(1)列表逐点报告路面构造深度的测定值及 3 次测定的平均值,当平均值小于 0.2mm 时,试验结果以 $<0.2$mm 表示。

(2)报告每一个评定区间路面构造深度的平均值、标准差、变异系数。

### 3. 激光构造深度仪法

1)目的和适用范围

激光构造深度仪是智能化仪器,它适用于测定沥青路面干燥表面的构造深度,用以评价路面抗滑及排水能力,测试温度不低于 0℃。

2)仪具和材料

(1)激光构造深度仪:在两轮的手推小车上装有光电测试设备、打印机及仪器操作装置,如图 2-2-19 所示。最大测量范围为 20mm,精度 0.01mm。

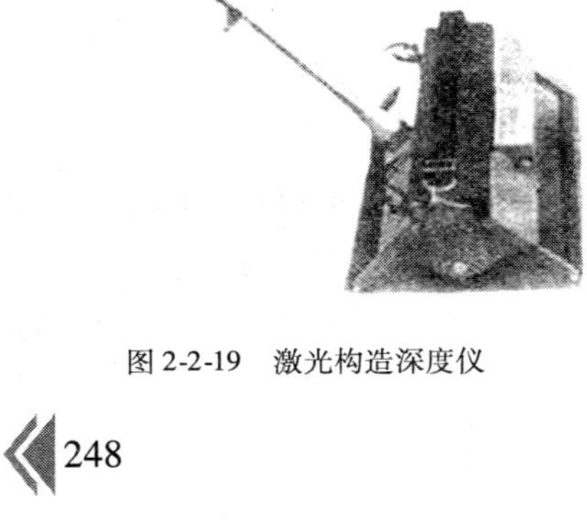

图 2-2-19　激光构造深度仪

(2)其他:扫帚、打气筒、充电器、打印纸、色带、标志板、小红旗等。

3）准备工作

（1）检查仪器是否正常。将手柄电连接器和推车连接器插好拧紧，将连接器装置上的合金套环用手拧紧。

（2）检查电池电压，如不充足应予以充电，充电时间宜为 12 ~ 15h。

（3）检查轮胎压力，应符合 0.07MPa ± 0.01MPa 的要求，保持轮胎顶面的清洁，无沥青及泥块等黏附物。

（4）安装打印纸及色带。

（5）选择测定路段，测定位置应在行车带轮迹上。

（6）将所测定的路段用扫帚清扫干净，做出起、终点标记。

（7）打开手柄的钥匙开关，接通电路，操作控制器和指示器开始工作。仪器将自动打出程序目录，并进行自检，正常仪器在检验后即打印显示"READY"（准备好）字样，然后根据程序目录，选择程序进行下一步工作。如果仪器连续显示"FAILED"（失败）字样，应参照仪器说明书进行维修。

4）试验步骤

（1）将激光构造深度仪置于待测工作状态（READY），仪器备有下列四档程序：

①校准程序（CALIBRATION）或厂家调试程序；

②大孔隙或粗糙度大的路面测量程序（TEXTUREHRA）；

③一般路面程序（TEXTURE）；

④传感器校核程序（SENSORCHECK）。

正式测量时应首先使用传感器校核程序在待测路面上进行传感器检测校核，其峰值数（百分数）应分布在 112 ~ 144 范围内。如果峰值分布明显过高或过低，则表明轮胎气压不正常或已严重磨损或粘满了沥青材料。

（2）根据被测路面状况，选择一般路面测量程序或大孔隙粗糙度大的路面测量程序进行测量。

（3）以稳定的速度推车行驶进行测定，仪器按每一个计算区间打印出该段构造深度的平均值。标准的计算区间长度为 100m，根据需要也可为 10m 或 50m。激光构造深度仪的行驶速度不得小于 3km/h，也不得大于 10km/h，适宜的行驶速度为 3 ~ 5km/h。

5）报告

将仪器测试时按计算区间打印出的数据纸带注上路名及公里桩号标记，作为原始记录。并报告每一个评定路段的平均构造深度、标准差、变异系数。

同一计算区间平行测定 2 次，重复性误差绝对值不大于 0.02mm。

## 三、摆式仪测定路面抗滑值试验方法

摆式仪法的测试指标是摆值 $F_B$，以 BPN 为单位。路面的抗滑摆值是指标准的手提式摆式摩擦系数测定仪（摆式仪）测定路面在潮湿条件下对摆的摩擦阻力的一个指标。

摆式仪属于轻便型测量仪器，它具有结构简单、操作方便、数据稳定的优点。但它毕竟是一种比照试验法，其试验条件与路面实际行车条件没有直接关系，故有一定的局限性。

**1. 目的和适用范围**

本方法适用于测定沥青路面及水泥混凝土路面的抗滑值，用以评定路面在潮湿状态下的抗滑能力。摆式仪构造如图 2-2-20 所示。

**2. 仪器设备**

(1)摆式仪：形状及结构如图 2-2-20 所示，摆及摆的连接部分总质量为 1500g ± 30g，摆动中心至摆的重心距离为 410mm ± 5mm，测定时摆在路面上滑动长度为 126mm ± 1mm，摆上橡胶片端部距摆动中心的距离为 508mm，橡胶片对路面的正向静压力为 22.2N ±0.5N。

(2)橡胶片：用于测定路面抗滑值时的尺寸为 6.35mm ×25.4mm ×76.2mm，橡胶质量应符合规定要求。当橡胶片使用后，端部在长度方向上磨损超过 1.6mm 或边缘在宽度方向上磨耗超过 3.2mm，或有油污染时，即应更换新橡胶片。新橡胶片应先在干燥路面上测 10 次后再用于测试。橡胶片的有效使用期为 1 年。

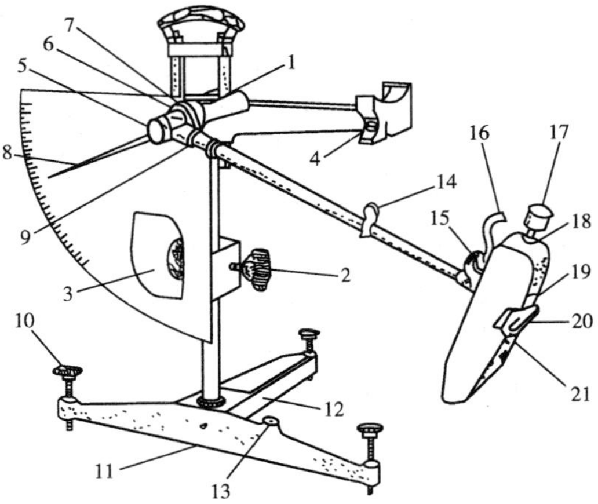

图 2-2-20　摆式仪结构图

1、2-紧固把手；3-升降把手；4-释放把手；5-转向节螺盖；6-调节螺母；7-针簧片或毡垫；8-指针；9-连接螺母；10-调平螺母；11-底座；12-垫块；13-水准泡；14-卡环；15-定位螺钉；16-举升柄；17-平衡锤；18-并紧螺母；19-滑溜块；20-橡胶片；21-止滑螺钉

(3)标准量尺：长 126mm。

(4)洒水壶。

(5)橡胶刮板。

(6)路面温度计：分度不大于 1℃。

(7)其他：皮尺或钢卷尺、扫帚、粉笔等。

**3. 测定方法与步骤**

1)准备工作

(1)检查摆式仪的调零灵敏情况，并定期进行仪器的标定。当用于路面工程检查验收时，仪器必须重新标定。

(2)对测试路段按随机取样选点的方法选定测点。测点应选在行车道的轮迹带上，距路面边缘不应小于 1m，并用粉笔做出标记。

2)测试步骤

(1)仪器调平

①将仪器置于路面测点上，并使摆的摆动方向与行车方向一致。

②转动底板上的调平螺栓，使水准泡居中。

(2)调零

①放松上、下两个紧固把手，转动升降把手，使摆升高并能自由摆动，然后旋紧紧固把手。

②将摆向右运动，按下安装于悬臂上的释放开关，使摆上的卡环进入开关槽，放开释放开关，摆即处于水平释放位置，并把指针抬至与摆杆平行处。

③按下释放开关，使摆杆向左带动指针摆动，当摆杆到达最高位置下落时，用左手将摆杆接住，此时指针应指零。若不指零时，可稍旋紧或放松摆的调节螺母，重复本项操作，直至指针指零。调零允许误差为 ±1BPN。

(3)校核滑动长度

①用扫帚扫净路面表面，并用橡胶刮板清除摆动范围内路面上松散粒料。

②让摆自由悬挂，提起摆头上的举升柄，将底座上垫块置于定位螺钉下面，使摆头上滑溜块升高。并放松紧固把手，转动立柱上的升降把手，使摆缓缓下降。当滑溜块上的橡胶片刚刚接触路面时，即将紧固把手旋紧，使摆头固定。

③提起举升柄，取下垫块，使摆向右运动。然后，手提举升柄使摆慢慢向左运动，直至橡胶片的边缘刚刚接触路面。在橡胶片的外边摆动方向设置标准量尺，尺的一端正对该点。再用手提起升柄，使滑溜块向上抬起，并使摆继续移动至左边，使橡胶片返回落下再一次接触路面。橡胶片两次同路面接触点的距离应在126mm（即滑动长度）左右。若滑动长度不符合标准时，用升高或降低仪器底正面的调平螺钉来校正。但需调平水准泡，重复此项校核直至使滑动长度符合要求，而后将摆和指针置于水平位置。应注意在校核滑动长度时，以橡胶片长边刚刚接触路面为准，不可借摆的力量向前滑动，以免标定的滑动长度过长。

（4）用喷壶的水浇洒试测路面，并用橡胶刮板刮除表面泥浆杂质。

（5）再次洒水，并按下释放开关，使摆在路面滑过，指针即可指示出路面的摆值。但第一次测定不做记录。当摆杆回落时，用左手接住摆杆，右手提起举升柄使滑块升高，将摆向右运动，并使摆杆和指针重新置于水平释放位置。

（6）重复（5）的操作测定5次，并读取每次测定的摆值，即BPN。5次数值中最大值与最小值的差值不得大于3BPN。如差数大于3BPN，应检查产生的原因，并再次重复上述各项操作直至符合规定为止。取5次测定的平均值作为每个测点路面的抗滑值（即摆值 $F_B$），取整数，以BPN表示。

（7）在测点位置上用路表温度计测量记录潮湿路面的温度，准确至1℃。

（8）按以上方法，同一处平行测定不少于3次，3个测点均位于轮迹带上，测点间距3～5m。该处的测定位置以中间测点的位置表示。每一处均取3次测定结果的平均值作为试验结果，准确至1BPN。

3）抗滑值的温度修正

当路面温度为 $T$（℃）时测得的摆值为 $F_{BT}$，必须按下式换算成标准温度20℃的摆值 $F_{B20}$：

$$F_{B20} = F_{BT} + \Delta F \tag{2-2-41}$$

式中：$F_{B20}$——换算成标准温度20℃时的摆值，BPN；

$F_{BT}$——路面温度 $T$ 时测得的摆值，BPN；

$T$——测定的路表潮湿状态下的温度，℃；

$\Delta F$——温度修正值，按表2-2-19选用。

**温度修正值**　　表2-2-19

| 温度 $T$（℃） | 0 | 5 | 10 | 15 | 20 | 25 | 30 | 35 | 40 |
|---|---|---|---|---|---|---|---|---|---|
| 温度修正值 $\Delta F$ | -6 | -4 | -3 | -1 | 0 | +2 | +3 | +5 | +7 |

4）检测报告

（1）测试日期、测点位置、天气情况、洒水后潮湿路面的温度，并描述路面类型、外观、结构类型等。

（2）列表逐点报告路面抗滑值的测定值 $F_{BT}$、经温度修正后的 $F_{B20}$ 及3次测定的平均值。

（3）每一个评定路段（不小于5个测点）路面抗滑值的平均值、标准值、变异系数。

(4)精度要求是同一个测点，重复5次测定的差值不大于3BPN。

## 四、摩擦系数测定车测定路面横向力系数试验方法

**1. 目的和适用范围**

用标准的摩擦系数测定车测定沥青路面或水泥混凝土路面的横向力系数(SFC)。测试结果可作为竣工验收或使用期评定路面抗滑能力的依据。

**2. 仪器设备**

1)摩擦系数测定车：SCRIM型，主要组成如图2-2-21所示，由车辆底盘、测量机构、供水系统、荷载传感器、仪表及操作记录系统、标定装置等组成。测定车应符合下列要求：

(1)测量机构：可以为单侧或双侧各安装一套，测试轮与车辆行驶方向成20°角，作用于测试轮上的静态标准载荷为2kN。测试轮胎应为3.00～20的光面轮胎，其标准气压为0.35MPa±0.01MPa。当轮胎直径减少达6mm时(每个测试轮测350～400km)，需更换新轮胎。

(2)测定车辆轮胎气压应符合所使用汽车规定的标准气压范围。

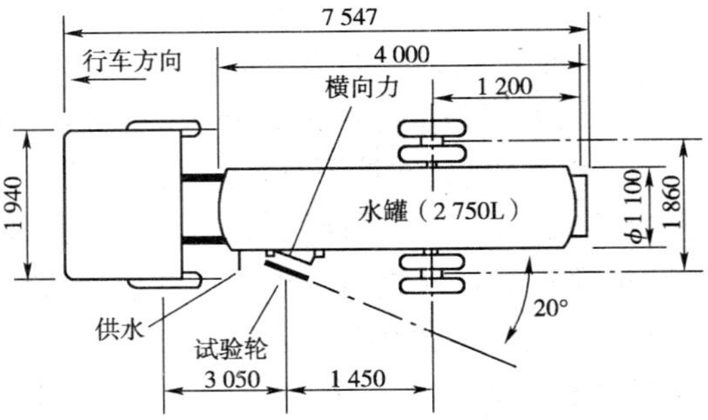

图2-2-21 横向摩擦系数测定车机构示意图(尺寸单位：mm)

(3)能控制洒水量，使路面水膜厚度不小于1mm。通常测量速度为50km/h时，水阀开启量宜为50%；测量速度为70km/h时，宜为70%；余类推。

2)其他备件：备用轮胎等备件。

**3. 测定方法与步骤**

1)准备工作

(1)按照仪器设备技术手册或使用说明书对测定系统进行标定。仪器设备进行标定、检查时，必须在关闭发动机的情况下进行。标定按SFC值10、20、30…100的不同档次进行，满量程为100时的示数误差范围为±2。

(2)检查横向摩擦系数测定车系统的各项参数是否符合要求，检查外部警告标志是否正常。

(3)贮水罐灌水。

(4)将测试轮安装紧固，且保持在升起的位置上。

(5)将记录装置置于正常使用状态，安装足够的打印纸。打开记录预热不少于10min。

(6)根据需要确定采用连续测定或断续测定，以及每公里测定的长度。选择并设定“计算区间”，即输出一个测定数据的长度。标准的计算区间为20m，根据要求也可选择为5m或10m。

(7)根据要求设定为单轮测试或双轮测试。

(8)输入所需的说明性预设数据，如测试日期、路段编号、里程桩号等。

(9)发动车辆驶向测试地段。

2)检测步骤

(1)在测试路段起点前约500m处停住，开机预热不少于10min。

（2）降下测试轮，打开水阀检查水流情况是否正常及水流是否符合需要，检查仪表各项指数是否正常，然后升起测试轮。

（3）将车辆驶向测试路段前100～200m处降下测试轮。测定车的车速可根据公路等级的需要选择。除特殊情况外，标准车速为50km/h，测试过程中必须保持匀速。

（4）进入测试段后，按开始键，开始测试。在显示器上监视测试运行变化，检查速度、距离有无反常波动，当需要标明特征（如桥位、路面变化等）时，操作功能键插入到数据流中，整公里里程桩上也应做相应的记录。

**4. 检测数据处理**

测定的摩擦系数数据存储在磁带中，摩擦系数测定车SCRIM系统配有专用的数据处理程序软件，可计算和打印出每一个计算区间的摩擦系数值、行驶速度、统计个数、平均值及标准差，同时还可打印出摩擦系数的变化图。

**5. 测试报告**

（1）测试路段名称及桩号、公路等级、测试日期、天气情况，路面在潮湿状态下的路表湿度，描述路面结构类型及外观等。

（2）测试过程中交叉口、转弯等特殊路段及里程桩号的记录。

（3）数据处理打印结果，包括各测点路面摩擦系数值、行程距离、行驶速度，每一个评定路段路面摩擦系数值统计个数、平均值、标准差、变异系数。

（4）公路沿线摩擦系数的变化图，不同摩擦系数区间的路段长度占总测试里程百分比的统计表。

**6. 路面横向力系数评定**

评定路段内的路面横向力系数按SFC的设计或验收标准值进行评定。

横向力系数SFC代表值为SFC算术平均值的下置信界限值，即：

$$SFC_r = \overline{SFC} - \frac{t_\alpha S}{\sqrt{n}} \tag{2-2-42}$$

式中：$SFC_r$——$SFC$的代表值；

$\overline{SFC}$——$SFC$平均值；

$S$——标准值；

$n$——采集数据样本数量；

$t_\alpha$——$t$分布表中随测点数和保证率（或置信度）而变的系数，可查规程附表。采用的保证率：高速公路、一级公路为95%；其他公路为90%。

当$SFC$代表值不小于设计或验收标准时，按单个$SFC$值计算合格率；当$SFC$代表值小于设计或验收标准时，相应分项工程评为不合格。

## ●第六节　路面结构层厚度检测●

### 一、概　　述

在路面工程中，各个层次的厚度是和道路整体强度密切相关的。在路面设计中，路面的厚度是按设计荷载及荷载的作用次数计算出来的。厚度不够,就不能抵抗荷载作用下的应力,或者说就不能保证路面的使用寿命。不管是刚性路面、还是柔性路面,各个层次的厚度是至关重要的。只有在保证厚度的情况下,路面的各个层次及整体的强度才能得到保证。除了保证强度外,严格控制各结构层的厚度,还能对路面的高程起到一定的控制作用。因此,厚度是一个非常重要的指标。

路面各结构层厚度的检测一般与压实度同时进行,当用灌砂法进行压实度检查时,可量取挖坑灌砂深度即为结构层的厚度。当用钻芯取样法检查压实度时,可直接量取芯样高度。结构层厚度也可以采用水准仪量测法求得,即在同一测点量出结构层底面及顶面的高程,然后求其差值。这种方法无需破坏路面,测试精度高。目前,国内外还可用雷达、超声波等方法检测路面结构层厚度。

对于基层或砂石路面的厚度可用挖坑法测定,沥青面层与水泥混凝土路面板的厚度应用钻芯法和雷达波法。

## 二、厚度检测方法

**1. 挖坑法**

(1)根据现行规范的要求,随机取样决定挖坑检查的位置。如为旧路,该点有坑洞等显著缺陷或接缝时,可在其旁边检测。

(2)选一块约 40cm×40cm 的平坦表面作为试验地点,用毛刷清扫干净。

(3)根据材料坚硬程度,选择镐、铲、凿子等适当的工具,开挖这一层材料,直至层位底面。在便于开挖的前提下,开挖面积应尽量缩小,坑洞大体呈圆形,边开挖边将材料铲出,置于搪瓷盘中。

(4)用毛刷将坑底清扫,确认坑底面为下一层的顶面。

(5)将钢板尺平放横跨于坑的两边,用另一把钢尺或卡尺等量具在坑的中部位置垂直伸至坑底,测量坑底至钢板尺的距离,即为检查层的厚度,以 cm 计,精确至 0.1cm。

**2. 钻孔取样法**

(1)用路面取芯钻孔机钻孔,芯样的直径应为 100mm。如芯样仅供测量厚度,不作其他试验,对沥青面层与水泥混凝土板也可用直径 50mm 的钻头,对基层材料有可能损坏试件时,也可用直径 150mm 的钻头,但钻孔深度必须达到层厚。

(2)仔细取出芯样,清除底面灰尘,找出与下层的分界面。

(3)用钢板尺或卡尺沿圆周对称的十字方向四处量取表面至上、下层界面的高度,取其平均值,即为该层的厚度,以 cm 计,精确至 0.1cm。

**3. 施工过程中的简易方法**

在施工过程中,当沥青混合料尚未冷却时,可根据需要,随机选择测点,用大改锥插入量取或挖坑量取沥青层的厚度,但不得使用铁镐等扰动四周沥青层的机具。挖坑后清扫坑边,架上钢板尺,用另一钢板尺量取层厚,或用改锥插入坑内量取深度后用尺读数,即为层厚,以 cm 计,精确至 0.1cm。

**4. 地质雷达法**

用钻芯法检测路面面层厚度时,对面层有一定的破坏作用。随着科学技术的发展,用地质雷达测路面面层的厚度，是一种先进、高效、不损坏路面结构，并可以连续检测路面厚度的方法。

用地质雷达测量路面厚度（主要是沥青混凝土与水泥混凝土），在我国已经广泛应用。就已应用的情况来看，效果比较理想。例如某地用地质雷达法对高等级公路路面面层测试，结果为沥青混凝土设计厚度10cm，探测值为10.7cm，挖测值为10.1cm，绝对误差为6mm；水泥混凝土设计厚度23cm，探测值为21.8cm，钻测值为22.1cm，绝对误差为3mm。由此测量数据可以看出，利用雷达检测路面厚度是可取的。随着雷达技术的发展，检测精度将会提高。在长距离、快速路面厚度的测量中，应用雷达将有广阔的应用前景。雷达检测设备有两种：一种是便携式，宜于野外与局部检测；另一种是车载式，适合于高速、大面积检测。公路路面检测时常用后者。

此外，雷达检测仪还可以探测出坚硬路面下的空洞及路面深层的高湿度区域，并可对沥青覆盖的混凝土桥面表层或内部的破损及混凝土剥落分层状况进行检测，十分迅捷地判定桥面的整体质量状况并能估计桥面混凝土破损的数量。在高速公路桥面进行检测时，由于高速检测雷达检测速度相当快，因此几乎不会对交通造成影响。另外，还有一种更详尽的桥面雷达检测方法，这种方法检测的速度会相对较慢，但它可增加提供许多信息，比如可提供桥面混凝土各种破损形式的详尽图形以及在每一段路面及总体检测基础上统计计算出的破损率。项目工程师就可根据这些破损位置及破损范围的信息来确定修补的数量和费用。

雷达检测仪由固体腔、天线、时窗、波形显示与打印五部分组成。固体腔是雷达的核心，产生脉冲高频电磁波，可达2GHZ。天线有发射天线和接收天线。时窗记录器是发射计时脉冲的主要器件。

雷达检测厚度的原理是当雷达检测车以一定速度在路面上行驶时，路面探测雷达发射电磁脉冲，并在短时间内穿过路面，脉冲反射波被无线接收机接受，数据采集系统记录返回时间和路面结构层中的不连续电解质常数的突变情况。路面各结构层材料的电解质常数明显不同，因此电解质常数突变处也就是两结构层的界面。根据测知的各种路面材料的电解质常数及波速，则可计算路面各结构层的厚度或给出含水率、损坏位置等资料。

使用雷达检测车测定路面厚度的技术要点：

（1）检测速度可达80km/h以上。

（2）检测距离：以80km/h的速度对路面及桥面进行连续检测不少于4h（320km）。

（3）最大探测深度大于60cm。

（4）厚度数据精度一般为深度的2%～5%。

（5）检测在计算机控制下进行，可实时地同时进行数据采集、存储及雷达波形显示。

（6）数据经处理后，可显示路面彩色剖面图、雷达波形图、原始雷达波形瀑布图、桥面剥落或破损状况图，打印路面各层厚度表。

地质雷达测试路面厚度的试验方法尚未列入我国路面检测规程中，其测试方法可参照其使用说明书。

## 三、路面结构层厚度评定

对路段内路面结构层厚度按代表值的允许偏差和单个测定值的允许偏差进行评定，厚度

的代表值为厚度的算术平均值的下置信界限值，即

$$h_L = \bar{h} - S \cdot t_\alpha / \sqrt{n} \quad (2\text{-}2\text{-}43)$$

式中：$h_L$——厚度代表值；

$\bar{h}$——厚度平均值；

$S$——标准差；

$n$——检查数量；

$t_\alpha$——$t$ 分布中随测点数和保证率而变的系数，可查规程附表。

采用的保证率：

高速公路、一级公路：基层、底基层为 99%；面层为 95%。

其他公路：基层、底基层为 95%；面层为 90%。

当厚度代表值大于等于设计厚度减去代表值允许偏差时，则按单个检查值的偏差不超过单点合格值来计算合格率；当厚度代表值小于设计厚度减去代表值允许偏差时，相应分项工程评为不合格。

代表值和单点合格值的允许偏差参见《公路工程质量检验评定标准》（土建工程）（JTG F80/1—2004）实测项目表。

沥青面层一般按沥青铺筑总厚度进行评定，高速公路和一级公路分 2 ~ 3 层铺筑时，还应进行上面层厚度的检查和评定。

**【例 2-2-3】** 某路段水泥混凝土路面板厚度检测数据如表 2-2-20 所示。保证率为 95%，设计厚度为 25cm，代表值容许偏差为 5mm，试对该路段的板厚进行评价。

**水泥混凝土路面板厚度检测结果**（cm） 表 2-2-20

| 序号 | 1 | 2 | 3 | 4 | 5 | 6 | 7 | 8 | 9 | 10 | 11 | 12 | 13 | 14 | 15 |
|---|---|---|---|---|---|---|---|---|---|---|---|---|---|---|---|
| 厚度 | 25.1 | 24.8 | 25.1 | 24.6 | 24.7 | 25.4 | 25.2 | 25.3 | 24.7 | 24.9 | 24.8 | 25.3 | 25.3 | 25.2 | 24.9 |
| 序号 | 16 | 17 | 18 | 19 | 20 | 21 | 22 | 23 | 24 | 25 | 26 | 27 | 28 | 29 | 30 |
| 厚度 | 25.0 | 25.1 | 24.8 | 25.0 | 25.1 | 24.7 | 24.9 | 25.0 | 25.4 | 25.2 | 25.1 | 25.0 | 25.0 | 25.5 | 25.4 |

**解**：经计算得：$\bar{h} = 25.05\text{cm}$ $S = 0.24$ $n = 30$ 保证率为 95%

$h_L = \bar{h} - S \cdot t_\alpha/\sqrt{n} = 25.05 - 0.310 \times 0.24 = 24.98(\text{cm})$

代表值 $h_L > 25 - 0.5 = 24.5(\text{cm})$，所以该路段的板厚满足要求。

## ●第七节 路面渗水性能检测方法●

### 一、概 述

沥青路面铺筑后的一个主要作用是防止雨水的下渗，即路面必须具有良好的防渗水性。如果路面渗水严重，则沥青混合料和路面的耐久性将大幅降低。因此，沥青路面渗水性能成为反映沥青混合料级配组成的一个间接指标。如果整个沥青面层均透水，则表面水势必透入基层或路基，大幅降低路面承载能力，且易导致水损害快速出现。目前也有将沥青表面层做成可透水的结构，而将中面层或下面层做成不透水的下封层，这样表面水能及时下渗，不致形成水

膜,可提高抗滑性能,减少噪声,如 OGFC 等透水型路面。

沥青路面渗水性能通常用渗水系数表征,渗水系数是指在规定的水头压力下,水在单位时间内通过一定面积的路面渗入下层的数量,单位为 mL/min。

研究与实践表明,路面渗水系数与空隙率有很大关系,通常剩余空隙率越大,路面渗水系数越大,路面渗水越严重。但有时同样的空隙率,路面的渗水情况却不同,这是因为空隙率包括了开空隙和闭空隙,而只有开空隙才能够透水。由此可见,渗水系数与空隙率又是性质不同的两项指标,控制好空隙率和压实度,并不能完全保证渗水性能。同时,渗水系数非常直观,所以很多国家越来越重视直接检查渗水系数。

由于路面在使用过程中,尘土极易堵塞空隙,使渗水试验无法做好,因此,渗水系数测试应在路面施工结束后进行测试。同时,对于公称最大粒径大于 26.5mm 的下面层或基层混合料,由于渗水系数的测定方法及指标问题,不适用于渗水系数的测定。

## 二、路面渗水性能检测方法

**1. 目的和适用范围**

本方法适用于路面渗水仪测定沥青路面的渗水系数。

**2. 仪具与材料**

(1)路面渗水仪:形状与尺寸如图 2-2-22 所示,由盛水筒、支架、底座、细管和压重铁圈组成。上部盛水量筒为透明有机玻璃制成,容积 600mL,上有刻度,在 100mL 和 500mL 处有粗标线,下方通过 $\phi$10mm 的细管与底座相连,中间有一开关。量筒通过支架联结,底座下方开口内径 150mm,外径 165mm。仪器附压重铁圈 2 个,每个质量约 5kg,内径 160mm。

(2)水桶及大漏斗、秒表、水、红墨水、粉笔、扫帚等。

(3)密封材料:玻璃腻子、油灰或橡皮泥。

**3. 测定方法与步骤**

1)准备工作

(1)在测试路面的行车道上,按随机取样方法选择测试位置,每一个检测路段应测定 5 个点。用扫帚清扫表面,并用粉笔划上测试标记。

(2)在洁净的水桶内滴几点红墨水,使水成淡红色。

(3)装妥路面渗水仪。

2)测试步骤

(1)将清扫后的路面用粉笔按测试仪底座大小画好圆圈记号。

(2)在路面上沿底座圆圈抹一薄层密封材料,边涂边用手压紧,使密封材料嵌满缝隙且牢固地黏结在路面上。密封料圈的内径与底内径相同,约 150mm。将组合好的渗水试验仪底座用力压在路面密封料圈上,再加上压重铁圈压住仪器座,以防压力水从底座与路面间流出。

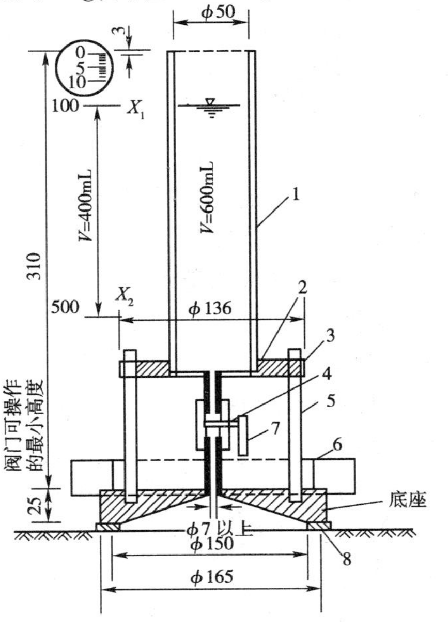


图 2-2-22　渗水仪结构图

1-透明有机玻璃筒;2-螺纹连接;3-顶板;4-阀;5-立柱支架;6-压重铁圈;7-把手;8-密封材料

(3)关闭细管下方的开关,向仪器的上方量筒中注入淡红色的水至满,总量为600mL。

(4)迅速将开关全部打开,水开始从细管下部流出,待水面下降100mL时立即开动秒表,每间隔60s读记仪器管中的刻度一次,至水面下降500mL时为止。测试过程中,若水从底座与密封材料间渗出,说明底座与路面密封不好,应移至附近干燥路面处重新操作。若水面下降速度很慢,从水面下降至100mL开始,测得3min的渗水量即可停止。若试验时水面下降至一定程度后基本保持不动,说明路面基本不透水或根本不透水,则在报告中注明。

(5)按以上步骤在同一个检测路段选择5个点测定渗水系数,取其平均值,作为检测结果。

**4. 计算**

沥青路面的渗水系数按式(2-2-44)计算。计算时以水面从100mL下降至500mL所需要的时间为标准,若渗水时间过长,亦可采用3min通过的水量计算。

$$C_w = \frac{V_2 - V_1}{t_2 - t_1} \times 60 \tag{2-2-44}$$

式中:$C_w$——路面渗水系数,mL/min;

$V_1$——第一次读数时的水量(mL),通常为100mL;

$V_2$——第二次读数时的水量(mL),通常为500mL;

$t_1$——第一次读数时的时间,s;

$t_2$——第二次读数时的时间,s。

## ●第八节　水泥混凝土芯样劈裂强度试验方法●

水泥混凝土路面强度的控制指标具抗弯拉强度或劈裂抗拉强度。由于弯拉强度试件成型及试验过程比较麻烦,现多采用劈裂强度代替。

需要强调的一点是用快速无破损方法与传统的钻芯试验方法比较,有其较大的优势,但是不能代替钻芯的劈裂强度结果,也不能代替试验室标准条件下的弯拉强度,不适宜作为仲裁试验或工程竣工验收的最终依据。

**1. 目的和适用范围**

钻孔取芯法是利用钻机从硬化混凝土结构中钻取和检查芯样,测定芯样的劈裂抗拉强度,作为评定结构品质的主要指标。

**2. 仪具与材料**

(1)压力机。

(2)劈裂夹具、木质三合板垫条。

**3. 试验方法与步骤**

1)检查

(1)外观检查　每个芯样应仔细描述有无裂缝、接缝、分层、麻面或离析等情况,必要时应记录以下事项:

①集料情况。估计集料的最大粒径、形状及种类,粗细集料的比例与级配。

②密实性。检查并记录存在的气孔及其位置、尺寸与分布情况,必要时应拍下照片。

(2)测量

①测平均直径 $d_m$。在芯样的中间及两面各1/4处按两个垂直方向测量三对数值确定芯样的平均值 $d_m$,精确至1.0mm。

②测平均长度 $L_m$。取芯样直径两端侧面测定钻取后芯样长度及断面加工后的长度,精确至1.0mm。

(3)表观密度 如有必要,应测定芯样的表观密度。

2)试验步骤

(1)试件的制作 试件两端平面应与它的轴线相垂直,误差不应大于±1°,端面凹凸每100mm不超过0.05mm,承压线凹凸不应大于0.25mm。

(2)湿度控制 试验前试件应在20℃±2℃的水中浸泡40h,从水中取出后立即进行试验。如有专门要求,可用其他养护或湿度控制条件。

(3)劈裂试验

①将试件、劈裂垫条和垫层按图2-2-23所示放在压力机上,借助夹具两侧杆将试件对中。

②开动压力机,当压力机压板与夹具垫条接近时调整球座使压力均匀接触试件。当压力加到5kN时,将夹具的侧杆抽出,以60N/s±4N/s的速度连续、均匀加荷,直至试件劈裂为止,记录破坏荷载,精确至0.01kN。

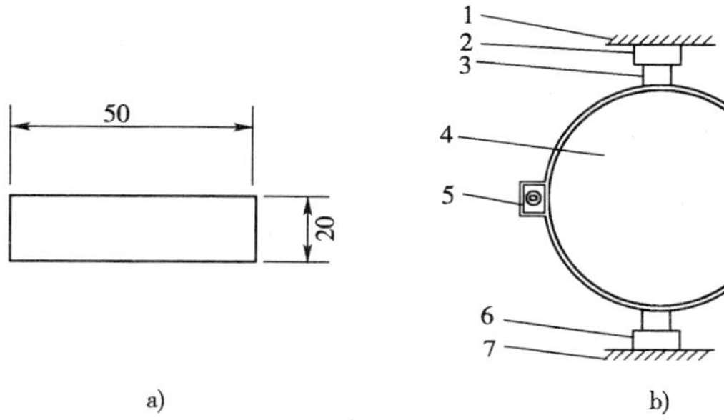


图2-2-23 芯片劈裂试验装置示意图(尺寸单位:mm)

a)夹条钢板条;b)劈裂夹具

1、7-压力机压板;2、6-夹具钢垫条;3-木质或纤维层;4-试件;5-侧杆

**4.计算**

芯样劈裂抗拉强度 $R_a$ 按下式计算:

$$R_a = 2P/A\pi = 2P/\pi d_m L_m \qquad (2\text{-}2\text{-}45)$$

式中:$R_a$——芯样劈裂抗拉强度(MPa);计算结果精确至0.1MPa;

$P$——极限荷载,N;

$A$——芯样劈裂面面积,mm;

$d_m$——芯样截面的平均直径,mm;

$L_m$——芯样平均长度,mm。

## 复习思考题

1.什么是压实度?有何实用意义?

2.不同的路面结构层,压实度测定方法有何不同?

3.已知:某路段基层需检测压实度,要求压实度达到96%,现用灌砂法进行测试。已知贮砂筒质量为5 200g,灌完后剩余砂为2 900g,砂的密度为1.410g/cm$^3$,试坑取出的湿土3 200g,

含水率为6%，锥砂质量为456g。

(1)计算该基层的这点的密度。

(2)该点的压实度是否达到要求？

4. 某路段土方路堤通过室内击实试验，测得该土最大干密度为1.82g/cm$^3$，最佳含水率为15.2%，其测定结果如表2-2-21所示，按95%的保证率评定路段的压实质量。

表2-2-21

| 测点编号 | 湿密度(g/cm$^3$) | 含水率(%) | 干密度(g/cm$^3$) | 压实度(%) |
|---|---|---|---|---|
| 1 | 1.98 | 14.8 | | |
| 2 | 1.94 | 14.6 | | |
| 3 | 1.97 | 14.7 | | |
| 4 | 2.03 | 15.6 | | |

5. 何谓弯沉值？常用哪几种方法进行测定？各测定方法有何特点？

6. 试述贝克曼梁测定路基路面弯沉的主要过程。

7. 某路段路基施工质量检查中，测得标准轴载10点的弯沉值分别为100、101、102、110、95、98、93、96、103、104(单位为0.01mm)，该路段的弯沉值是否满足要求(保证率系数$Z_a=2.0$)？

8. 叙述现场承载板法和弯沉仪法测定回弹模量有何不同？

9. 常见的测试路面平整度的方法有哪几种？各有何特点？

10. 颠簸累积仪、连续平整度仪检测结果分别是什么？它们能否互换？

11. 某高速公路，用连续式平整度仪对其沥青混凝土路面面层做了测定，测得该路段的平整度标准差分别为：0.48、0.46、0.51、0.50、0.65、1.67(桥头伸缩缝)、1.00(桥头伸缩缝)、0.71、0.50、0.54、0.57、0.91(单位为mm)，试判断路面面层平整度合格与否。平整度规定值为$[\sigma]=0.7$mm。

12. 测试路面抗滑性能的常用方法有哪几种？各方法的测试指标、测试原理、特点及适用范围是什么？

13. 如何采用摆式仪、电动铺砂仪检测路面抗滑性能？

14. 叙述检测路面渗水系数的测试过程。

15. 基层和砂石路面、沥青面层及水泥混凝土板的厚度分别用什么方法检测？

16. 采用雷达检测仪检测公路路面厚度的基本原理是什么？

17. 某一级公路稳定粒料基层设计厚度为20cm，该评定路段的检测值为21、22、19、19、20、21、21、22、19(单位为cm)，评定其厚度是否满足要求(已知厚度代表值容许偏差为-8mm，单值容许偏差为-15mm)。

## 第三章

# 混凝土构件质量检测

### 知识目标

1. 描述钻芯法检测混凝土强度的方法；
2. 描述回弹法检测混凝土强度的计算方法；
3. 描述结构混凝土缺陷检测和分析方法；
4. 描述结构混凝土强度等级的评定方法。

### 能力目标

1. 能采用钻芯法进行混凝土的半破损检测；
2. 能用回弹仪测结构混凝土强度；
3. 能用超声波检测结构混凝土缺陷。

桥涵现浇混凝土构件的检验依据国家、部等颁布的有关标准进行，主要内容有三个方面：一是施工阶段的质量控制，包括原材料的试验检测、混凝土浇注前的检查等；二是外观质量检测，主要是在构件成型达到一定强度后检测实物的尺寸和位置偏差，混凝土表面平整度、蜂窝、麻面、露筋及裂缝等；三是构件混凝土强度等级，通常以立方体试件的抗压强度来反映。当对某一方面的检验内容产生怀疑时，如构件的强度离散大、强度不足、振捣不密实或存在其他缺陷时，通常还需要采用无破损和半破损检测的方法进行专项检验。一方面是检查混凝土的均匀性、连续性，另一方面是要推定现浇混凝土的强度，从而为新建工程的施工质量评价提供依据。

目前，对混凝土的检测主要用于结构的强度推定、施工质量检验、结构内部缺陷判断等方面。根据对混凝土强度检测方法与原理的不同可分为两种：一是无损检测法。无损检测法是以混凝土强度与某些物理量之间的相关性为基础，在不影响混凝土任何性能的前提下，测试这些物理量，然后根据相关关系推算被测混凝土的强度。属于这类方法的有回弹法、超声脉冲法、超声—回弹综合法等。其中超声—回弹综合法已在国内外获得广泛应用。二是半破损法。半破损法是以不影响构件的承载能力为前提，在构件上进行局部破坏性试验，或在构件之间钻取芯样进行破损性试验。钻芯法属于这类方法。这类方法的特点是以局部破坏性试验获得混凝土强度，因而较为直观可靠。其缺点是造成结构物的局部破坏，需进行修补，因而不宜用于大面积的全面检测。

本章主要介绍用钻孔取芯法、回弹法和超声波法检测混凝土构件的强度与构件内部的缺陷，以及混凝土构件强度评定方法。

## •第一节　钻芯法(CECS03:88)•

钻孔取芯法是利用钻机从结构混凝土中钻取芯样以检测混凝土的抗压强度或观察混凝土内部质量的方法。

利用钻芯法检测混凝土抗压强度，无需进行某种物理量与强度之间的换算，普遍认为它是一种直观、可靠和准确的方法，但由于在检测时总是对结构混凝土造成局部损伤，而且成本较高，因此大量取芯往往受到一定限制。近年来，国内外都主张把钻芯法与其他非破损检测方法综合使用，一方面利用非破损法可以大量测试而不损伤结构，另一方面又可利用钻芯法提高非破损测强的精度，使二者相辅相成。

### 一、钻芯法的特点与适用情况

**1. 钻芯法的特点**

用钻芯法可以检测混凝土的强度、裂缝、接缝、分层、孔洞或离析等缺陷，具有直观、精度高等特点，但也有一定的局限性。

(1)钻芯时结构造成局部损伤，因而对钻芯位置的选择及钻芯数量等均受到一定限制，而且它所代表的区域也是有限的。

(2)钻芯机及芯样加工配套机具与非破损测试仪器相比，比较笨重，移动不方便，测试成本较高。

(3)钻芯后的孔洞要修补，尤其是当钻断钢筋时，更增加了修补工作的困难。

**2. 钻芯法的适用情况**

(1)对立方体试块的抗压强度产生怀疑时。

(2)因材料、施工或养护不良而发生混凝土质量问题时。

(3)混凝土遭受冻害、水灾、化学侵蚀或其他损害时。

(4)需检测经多年使用的建筑结构或构筑物中混凝土强度时。

(5)对施工有特殊要求的构件，如机场跑道测量厚度等。

### 二、钻芯前的准备

**1. 资料准备**

(1)工程名称(或代号)，以及设计、施工、建设单位名称。

(2)结构或构件种类、外形尺寸及数量。

(3)设计采用的混凝土强度等级。

(4)混凝土的成型日期、原材料(水泥品种、粗集料粒径等)和混凝土试块抗压强度试验报告。

(5)结构或构件质量状况和施工或使用中存在的问题记录。

(6)有关的结构设计图和施工图等。

**2. 钻芯位置的选择**

钻芯时会对结构混凝土造成局部损伤，因此在选择芯样位置时要特别慎重。芯样应在构件的下列部位选取：

（1）构件受力较小的部位。

（2）混凝土强度质量具有代表性的部位。

（3）便于钻芯机安装与操作的部位。

（4）芯样钻取应避开主筋、预埋件和管线的位置，并尽量避开其他钢筋。

（5）用钻芯法和回弹、超声等非破损法综合测定强度时，应与非破损法取同一测区。

**3. 芯样要求**

（1）芯样直径　钻取的芯样直径一般不宜小于骨料最大粒径的 3 倍，在任何情况下不得小于骨料最大粒径的 2 倍。

（2）芯样高度　芯样抗压试件的高度与直径之比应在 1 ~ 2 的范围内。

（3）芯样数量　取芯的数量，应视检测的要求而定。按单个构件进行强度检测时，在构件上的钻芯数量不应少于 3 个，对于较小构件，钻芯数量可取 2 个；对构件局部区域的质量进行检测时，应由要求检测的单位提出钻芯位置及钻芯数量。

（4）芯样外观检查　应详细描述每个芯样有关裂缝、分层、麻面或离析等情况，并估计集料的最大粒径、形状种类及粗细集料的比例和级配，检查并记录存在气孔的位置、尺寸与分布情况，必要时应进行拍照。

## 三、芯样的钻取及要求

**1. 芯样钻取**

混凝土芯样的钻取是钻芯测强过程的首要环节，是技术性很强的工作。芯样质量的好坏、钻头和钻机的使用寿命以及工作效率，都与操作者的熟练程度和经验有关。因此，熟练地进行技术操作、合理调节各部位装置，将会获得较好的钻取效果。

先将钻机安放稳固（钻机的稳固定方法有配重法、真空吸附法、顶杆支撑法和膨胀螺栓法等）并调至水平后，安装好钻头，接通水源，启动电动机，然后操作加压手柄，使钻头慢慢接触混凝土表面。当混凝土表面不平时，下钻更应特别小心，待钻头入槽稳定后，方可适当加压进钻。

在进钻过程中应保持冷却水的畅通，水流量宜为 3 ~ 5L/min，出口水温不宜过高。冷却水的作用：一是防止金刚石温度升高烧毁钻头，二是及时排除钻孔中产生的大量混凝土碎屑，以利钻头不断切削新的工作面和减少钻头的磨损。水流量的大小与进钻速度和直径成正比，以达到料屑能被快速排出，又不致四处飞溅为宜。当钻头钻至芯样要求长度后，退钻至离混凝土表面 20 ~ 30mm 时停电停水，随后将钻头全部退出混凝土表面。如停水停电过早，则容易发生卡钻现象，尤其在深孔作业时更应特别注意。

移开钻机后，用带弧度的钢钎插入圆形槽并用锤敲击，此时由于弯矩的作用，使芯样在底部与结构断离，然后将芯样提出。取出的芯样应及时编号，并检查其外观质量情况，做好记录后，妥善保管，以备割成标准尺寸的芯样试件。

**2. 芯样加工**

1)芯样尺寸要求及测量方法

(1)平均直径　用游标卡尺测量芯样中部,在相互垂直的两个位置上取其两次测量的算术平均值,精确至0.5mm。当沿芯样高度任一直径与平均直径相差达2mm以上时,由于对抗压强度的影响难以估计,故这样的芯样不能作为抗压试件使用。

(2)芯样高度　用钢卷尺或钢板尺进行测量,精确至0.5mm。

(3)垂直度　芯样两个端面应互相平行且应垂直于轴线,偏差过大,抗压时会降低强度,大部分规定垂直度偏差不超过±1°。测量时用游标量角器测量两个端面与轴线的夹角,精确至0.1°。

(4)端面平整度　芯样端面是抗压强度试验时的承压面,其平整度对抗压强度影响很大。端面不平时,向上比向下引起的应力集中更为剧烈,强度会下降很大。因此国内外标准对芯样端面平整度有严格要求。测量时用钢板尺紧靠在芯样端面上,一面转动钢板尺一面用塞尺测量与芯样之间的缝隙,在100mm长度范围内不超过0.05mm为合格。

2)芯样切割加工与端面的修整

(1)芯样切割　采用切割机和人造金刚石圆锯片进行切割加工。芯样切割部位的选择和切割机操作正确与否,是保证芯样切割质量的重要环节。芯样加工时切除部分和保留部分应根据检测的目的确定。在一般情况下,应将影响强度试验的缺边、掉角、孔洞、疏松层、钢筋等部分切除,但是,在一些特殊情况下,如为了检测混凝土受冻或疏松层的强度时,在切割加工中要注意保留这一部分混凝土。为了抗压强度试验的方便,在满足试件尺寸要求的前提下,同一批试件应尽可能切割成同样的高度。

(2)芯样端面的修整　芯样在锯切过程中,由于受到振动、夹持不紧或圆锯片偏斜等因素的影响,芯样端面的平整度及垂直度很难完全满足试件尺寸的要求。此时,需采用专用机具进行磨平或补平处理。芯样端面修整基本可分为两种方法:磨平法和补平法。磨平法是在磨平机的磨盘上撒上金刚石砂粒(或直接用金刚石磨轮)对芯样两端进行磨平处理,或采用金刚石车刀在车床上对芯样端面进行车光处理,直到平整度及垂直度达到要求时为止。补平法是用补平材料对芯样端面进行修整,根据所用材料可分为硫磺补平、硫磺胶泥补平、硫磺砂浆补平、水泥净浆补平、水泥砂浆补平等。

## 四、抗压强度试验

芯样在进行抗压强度试验时,可分为潮湿状态和干燥状态两种试验方法。在干燥状态下试验的试件,通常比经过浸湿的芯样强度高。

(1)芯样试件宜在与被检测结构或构件混凝土湿度基本一致的条件下进行抗压试验。如结构工作条件比较干燥,芯样试件应以自然干燥状态进行试验;如结构工作条件比较潮湿,芯样试件应以潮湿状态进行试验。

(2)按自然干燥状态进行试验时,芯样试件在受压前应在室内自然干燥3d;按潮湿状态进行试验时,芯样试件应在20℃±5℃的清水中浸泡40~48h,从水中取出后应立即进行抗压试验。

## 五、芯样强度计算

混凝土芯样试件的强度换算值系指用钻芯法测得的芯样强度,换算成相应测试龄期的、边长为150mm的立方体试块的抗压强度值。混凝土芯样试件的强度换算值，应按下式计算：

$$f_{cu}^{c}=\alpha\cdot\frac{P}{A}=\alpha\cdot\frac{4P}{\pi d_{m}^{2}} \tag{2-3-1}$$

式中：$f_{cu}^{c}$——混凝土芯样试件强度换算值(MPa)，精确至0.1MPa；

$P$——极限荷载，N；

$A$——受压面积，$mm^2$；

$d_m$——芯样截面的平均直径，mm；

$\alpha$——不同高径比的混凝土芯样试件强度换算系数，应按表2-3-1选用。

**混凝土芯样试件强度换算系数 *h/d***　　表2-3-1

| 高径比 $h/d$ | 1.0 | 1.1 | 1.2 | 1.3 | 1.4 | 1.5 | 1.6 | 1.7 | 1.8 | 1.9 | 2.0 |
|---|---|---|---|---|---|---|---|---|---|---|---|
| 系数 $\alpha$ | 1.00 | 1.04 | 1.07 | 1.10 | 1.13 | 1.15 | 1.17 | 1.19 | 1.21 | 1.22 | 1.24 |

## 六、注意问题

(1)对混凝土强度等级低于C10的结构，不宜采用钻芯法检测。

(2)芯样试件内不应含有钢筋。如不能满足此项要求，每个试件内最多只允许含有两根直径小于10mm的钢筋，且钢筋应与芯样基本垂直并不得露出端面。

(3)将芯样取出并稍晾干后，应标上芯样的编号，并应记录取芯构件名称、取芯位置、芯样长度及外观质量等。必要时应拍摄照片。如发现不符合芯样试件的制作条件，应另行钻取。

(4)在搬运芯样之前应采用草袋、废水泥袋等材料仔细包装，以免碰坏。

(5)芯样有裂缝或有其他较大缺陷时，不得用作抗压强度试验。

(6)硫磺胶泥补平法一般适用于自然干燥状态下抗压强度试验的芯样试件补平，水泥砂浆补平法一般适用于潮湿状态下抗压试验的芯样试件补平。

(7)补平层应与芯样结合牢固，以使补平层与芯样的结合面受压时不致提前被破坏。

(8)经端面补平后的芯样高度小于0.95$d$($d$为芯样试件平均直径)，或大于2.05$d$时，不得用作抗压强度试验。

# • 第二节　回弹法(JTJ/T 23—2001) •

回弹法在我国使用已达50余年，而且越用越广泛，这不仅是因为回弹法简便、灵活、符合国情，更是由于我国已解决了回弹法使用精度不高和不能普遍推广的关键问题。

## 一、回弹法的基本原理

回弹法是采用回弹仪的弹簧驱动重锤，通过弹击杆弹击混凝土表面，并以重锤被反弹回来的距离(称回弹值，指反弹距离与弹簧初始长度之比)作为强度相关指标来推算混凝土强度的一种方法。

混凝土表面硬度是一个与混凝土强度有关的量，表面硬度值是随强度的增大而提高的。回弹值是重锤冲击过程中能量损失的反映。能量损失愈小，说明混凝土表面硬度愈大，其相应的回弹值也就愈高。由于混凝土表面硬度与其抗压强度有一致性的变化关系，因此，回弹值的大小亦反映了混凝土抗压强度的大小。

## 二、回弹法的适用情况和依据

回弹法检测混凝土强度是对常规检验的一种补充。当对构件有怀疑时,例如,试件与结构中混凝土质量不一致,对试件的检验结果有怀疑或供检验用的试件数量不足时,可采用回弹法检测,并将检测结果作为处理混凝土质量问题的一个主要依据。

另外,施工阶段,如构件拆模、预应力张拉或移梁、吊装时,回弹法可作为评估混凝土强度的依据。

回弹法的使用前提是,要求被测结构或构件混凝土的内外质量基本一致。因此,当混凝土表层与内部质量有明显差异,例如遭受化学腐蚀或火灾,硬化期间遭受冻伤等或内部存在缺陷时,不能用回弹法评定混凝土强度。

回弹法检测方法是依照中华人民共和国建设部部颁标准《回弹法检测混凝土抗压强度技术规程》(JGJ/T 23—2001)进行的。

## 三、回弹法的测强曲线

回弹法测定结构混凝土强度的基本依据,就是回弹值与混凝土抗压强度之间的相关性。这种相关性以基准曲线或经验公式的形式予以确定。

基准曲线的制订方法,是在试验室中制作一定数量的、考虑不同强度、不同原材料条件、不同龄期等各种因素的立方体试块,测定其回弹值、碳化深度及抗压强度等参数,然后进行回归分析,取拟合程度最好、相关系数大的回归方程作为经验公式或画出基准曲线。因为混凝土强度与回弹值、碳化深度的相关关系受许多因素的影响,在制订曲线的过程中,所考虑的影响因素越多,曲线的适应性和覆盖面就越大,但其离散性也越大,推算混凝土强度的误差也越大。当被测试的结构混凝土的各种条件越接近于制订基准曲线时所顾及的各种条件时,测试误差越小。

为了提高回弹法测强的精度,目前常用的基准曲线可分为以下三种类型:

**1. 专用测强曲线**

专用测强曲线是针对某一工程、某一预制场或某一商品混凝土供应区的特定的原材料质量、成型和养护工艺、测试龄期等条件而制订的基准曲线。由于专用曲线所考虑的条件可以较好地与被测混凝土相吻合,因此,影响因素的干扰较少,推算强度的误差也较小。

当被测结构混凝土的各种条件与专用曲线相一致时,应优先使用专用曲线进行强度推定。

**2. 地区测强曲线**

地区测强曲线是针对某一省、市、自治区或条件较为类似的特定地区而制订的基准曲线。它适应于某一地区的情况,所涉及的影响因素比专用曲线广泛,因此,其误差也稍大。

**3. 通用测强曲线**

为了便于应用,在允许的误差范围内,应尽量扩大基准曲线的覆盖面。我国在制订《回弹法检测混凝土抗压强度技术规程》(JGJ/T 23—2001)时,在全国广泛布点进行研究,最后选定的回归方程和有关指标如下:

$$R_{\mathrm{n}} = 0.0250\,\overline{N}^{2.0108} \times 10^{-0.0358\overline{L}} \tag{2-3-2}$$

式中:$R_{\mathrm{n}}$——测区混凝土的抗压强度(MPa),精确至0.1MPa;

$\overline{N}$——测区混凝土平均回弹值,精确至0.1;

$\overline{L}$——测区混凝土平均碳化深度,mm,精确至0.1mm。

## 四、回 弹 仪

**1. 回弹仪的构造及工作原理**

回弹仪的类型比较多,有重型、中型、轻型和特轻型,一般工程使用最多的是中型回弹仪,其构造见图2-3-1。

仪器工作时,随着对回弹仪施压,弹击杆1徐徐向机壳内推进,弹击拉簧2被拉伸,使连接弹击拉簧的弹击锤4获得恒定的冲击能量$e$,当仪器水平状态工作时,其冲击能量$e$可由下式计算:

$$e = \frac{1}{2}E_s l^2 \qquad (2\text{-}3\text{-}3)$$

式中:$E_s$——弹击拉簧的刚度系数;

$l$——弹击拉簧起始拉伸长度。

其能量大小为2.207J(标准规定弹击拉簧的刚度为785.0N/m,弹击拉簧工作时拉伸长度为0.075m)。

当挂钩12与调零螺钉16互相挤压时,使弹击锤脱钩,于是弹击锤的冲击面与弹击杆的后端平面相碰撞,此时弹击锤释放出来的能量借助弹击杆传递给混凝土构件,混凝土弹性反映的能量又通过弹击杆传递给弹击锤,使弹击锤获得回弹的能量后弹回,计算弹击锤回弹的距离$x$和弹击锤脱钩前距弹击杆后端平面距离$l$之比,即得回弹值$R$,它由仪器外壳上的刻度尺8示出。

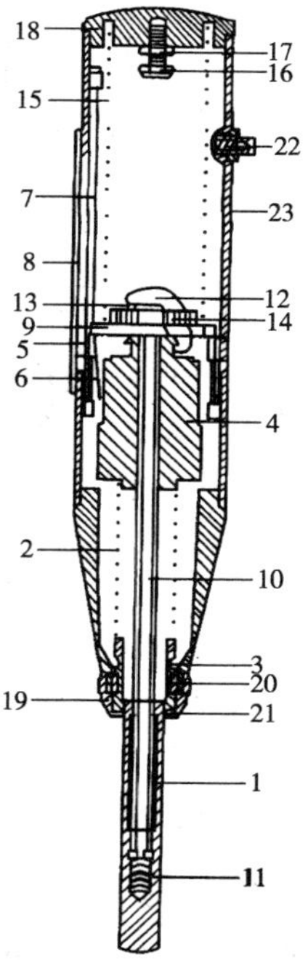


图2-3-1 回弹仪的构造

1-弹击杆;2-弹击拉簧;3-拉簧座;4-弹击锤;5-指针块;6-指针片;7-指针轴;8-刻度尺;9-导向法兰;10-中心导杆;11-缓冲压簧;12-挂钩压簧;13-锤钩压簧;14-挂钩销子;15-压簧;16-调零螺钉;17-紧固螺母;18-尾盖;19-盖帽;20-卡环;21-密封毡帽;22-按钮;23-外壳

**2. 对中型回弹仪的技术要求**

(1)水平弹击时,弹击锤脱钩的瞬间,回弹仪的标准能量应是2.207J。

(2)弹击锤与弹击杆碰撞的瞬间,弹击拉簧应处于自由状态,此时弹击锤起跳点应相应于指针刻度尺上"0"处。

(3)在洛氏硬度HBC为60±2的钢砧上,回弹仪的率定值应为80±2,此值作为校验仪器的标准之一。

(4)回弹仪使用时的环境温度应为-4~40℃。

**3. 回弹仪的率定方法**

在工程检测前后,回弹仪应在钢砧上做率定试验。

回弹仪率定试验宜在干燥、室温为5~35℃的条件下进行。率定时,钢砧应稳固地平放在刚度大的物体上。测定回弹值时,取连续向下弹击三次的稳定回弹值的平均值。弹击杆应分四次旋转,每次旋转宜为90°。弹击杆每旋转一次的率定平均值应为80±2。

**4. 回弹仪的校验**

回弹仪具有下列情况之一时,应由法定部门按照国家现行标准《混凝土回弹仪检定规程》

(JGJ/T 23—2001)对回弹仪进行校验。

(1)新回弹仪启用前。

(2)超过检定有限期限(有效期为半年)。

(3)累计弹击次数超过6 000次。

(4)经常规保养后钢砧率定值不合格。

(5)遭受严重撞击或其他损害。

**5. 回弹仪的保养方法**

当回弹仪的弹击次数超过2 000次,或者对检测值有怀疑以及在钢砧上的率定值不合格时,应对回弹仪进行保养。常规保养时应注意下列几点:

(1)使弹击锤脱钩后取出机芯,然后卸下弹击杆,取出里面的缓冲压簧,并取出弹击锤、弹击拉簧和拉簧座。

(2)清洗机芯各零部件,重点清洗中心导杆、弹击锤、弹击杆的内孔和冲击面,清洗后应在中心导杆上薄薄涂抹钟表油,其他零部件均不得抹油。

(3)应清洗机壳内壁,卸下刻度尺,并应检查指针,其摩擦力应为0.5～0.8N。

(4)不得旋转尾盖上已定位紧固的调零螺钉。

(5)不得自制或更换零部件。

(6)保养后应对回弹仪进行率定试验。

回弹仪使用完毕后,应使弹击杆伸出机壳,清除弹击杆、杆前端球面以及刻度尺表面和外壳的污垢、尘土。回弹仪不用时,应将弹击杆压入仪器内,经弹击后方可按按钮锁住机芯,将回弹仪装入仪器箱,平放在干燥阴凉处。

## 五、检 测 方 法

一般来说,检测结构或构件混凝土强度可采用下列两种方法:一种是单个检测,适用于对混凝土强度质量有怀疑的单独的结构或有明显质量问题的构件的检测;另一种是批量检测,适用于在相同的生产工艺条件下,混凝土强度等级相同,原材料、配合比、成型工艺、养护条件基本一致且龄期相近的同类构件。按批进行检测的构件,抽检数量不得少于同批构件总数的30%,且测区数量不得少于10件。抽检构件时,应随机抽取并使所选构件具有一定的代表性。

**1. 检测准备**

检测前应收集基本技术资料,包括:

(1)工程名称及设计、施工、监理和建设单位名称。

(2)结构或构件名称、外形尺寸、数量及混凝土强度等级。

(3)水泥品种、强度等级、安定性、出厂厂名;砂石种类、粒径;外加剂或掺合料的品种、掺量;混凝土配合比等。

(4)施工时材料计量情况,模板、浇注、养护情况及成型日期等。

(5)必要的设计图纸和施工记录。

(6)检测原因。

**2. 选择符合规定的测区**

(1)每一结构或构件测区数不应少于10个,对某一方向尺寸小于4.5m且另一方向小于

0.3m 的构件，其测区数量可适当减少，但不应少于 5 个。

(2) 相邻两测区的间距应控制在 2m 以内，测区离构件端部或施工缝边缘的距离不宜大于 0.5m，且不宜小于 0.2m。

(3) 测区应选在使回弹仪处于水平方向检测混凝土浇注侧面。当不能满足这一要求时，可选在使回弹仪处于非水平方向检测混凝土浇注侧面、表面或底面。

(4) 测区宜选在构件的两个对称可测面上，也可选在一个可测面上，且应均匀分布。在构件的重要部位及薄弱部位必须布置测区，并应避开预埋件。

(5) 测区的面积宜控制在 $0.04m^2$ 以内。

(6) 检测面应为原状混凝土表面，并应清洁、平整，不应有疏松层和杂物，且不应有残留的粉末或碎屑。

(7) 对于弹击时会产生颤动的薄壁、小型构件应设置支撑固定。

(8) 结构或构件的测区应标有清晰的编号，必要时应在记录纸上描述测区布置示意图和外观质量情况。

**3. 回弹值测量**

按上述方法选取试样和布置测区后，先测量回弹值。

1) 回弹仪的操作

将弹击杆顶住混凝土的表面，轻压仪器，松开按钮，弹击杆徐徐伸出。使仪器对混凝土表面缓慢均匀施压，待弹击锤脱钩冲击弹击杆后即回弹，带动指针向后移动并停留在某一位置上，即为回弹值。继续顶住混凝土表面并在读取和记录回弹值后，逐渐对仪器减压，使弹击杆自仪器内伸出，重复进行上述操作，即可测得被测构件或结构的回弹值。操作中注意回弹仪的轴线应始终垂直于混凝土构件的检测面，缓慢施压，准确读数，快速复位。

2) 测点布置

测点宜在测区范围内均匀分布，相邻两测点的净距一般不小于 20mm，测点距构件边缘或外露钢筋、预埋件的距离一般不小于 30mm。测点不应在气孔或外露石子上，同一测点只允许弹击一次。每一测区应记取 16 个回弹值，每一测点的回弹值读数精确至 1。

**4. 碳化深度值测量**

(1) 回弹值测量完毕后，应在有代表性的位置上测量构件的碳化深度值。测点数应不少于构件测区数的 30%，取其平均值为该构件每测区的碳化深度值。当碳化深度大于 2mm 时，应在每一个测区测量碳化深度值。

(2) 测定方法：采用合适的工具在测区表面形成直径约 15mm 的孔洞，其深度大于混凝土的碳化深度。然后除净孔洞中的粉末和碎屑（注意不得用水冲洗），立即用浓度为 1% 酚酞酒精溶液滴在孔洞内壁的边缘处，当已碳化与未碳化界限清楚时，再用深度测量工具测量已碳化与未碳化混凝土交界面到混凝土表面的垂直距离，测量不少于 3 次，取其平均值，每次读数精确至 0.5mm。

## 六、回弹值的计算

(1) 回弹仪水平方向测试混凝土浇注侧面时，应从该测区的 16 个回弹值中剔除 3 个最大值和 3 个最小值，取余下的 10 个回弹值的平均值，计算公式为：

$$R_m = \frac{\sum_{i=1}^{10} R_i}{10} \tag{2-3-4}$$

式中：$R_m$——测区平均回弹值，精确至 0.1；

$R_i$——第 $i$ 个测点的回弹值。

（2）回弹仪非水平方向检测混凝土浇注侧面时，应按下列公式修正：

$$R_m = R_{ma} + R_{aa} \tag{2-3-5}$$

式中：$R_{ma}$——非水平方向检测时测区的平均回弹值，精确至 0.1；

$R_{aa}$——非水平方向检测时回弹值的修正值（见表 2-3-2）。

**非水平方向检测时测区的回弹值修正表**　　表 2-3-2

| $R_{ma}$ | 检测角度 | | | | | | | |
|---|---|---|---|---|---|---|---|---|
| | 向上 | | | | 向下 | | | |
| | 90° | 60° | 40° | 20° | -30° | -45° | -60° | -90° |
| 20 | -6.0 | -5.0 | -4.0 | -3.0 | +2.5 | +3.0 | +3.5 | +4.0 |
| 21 | -5.9 | -4.9 | -4.0 | -3.0 | +2.5 | +3.0 | +3.5 | +4.0 |
| 22 | -5.8 | -4.8 | -3.9 | -2.9 | +2.4 | +2.9 | +3.4 | +3.9 |
| 23 | -5.7 | -4.7 | -3.9 | -2.9 | +2.4 | +2.9 | +3.4 | +3.9 |
| 24 | -5.6 | -4.6 | -3.8 | -2.8 | +2.3 | +2.8 | +3.3 | +3.8 |
| 25 | -5.5 | -4.5 | -3.8 | -2.8 | +2.3 | +2.8 | +3.3 | +3.8 |
| 26 | -5.4 | -4.4 | -3.7 | -2.7 | +2.2 | +2.7 | +3.2 | +3.7 |
| 27 | -5.3 | -4.3 | -3.7 | -2.7 | +2.2 | +2.7 | +3.2 | +3.7 |
| 28 | -5.2 | -4.2 | -3.6 | -2.6 | +2.1 | +2.6 | +3.1 | +3.6 |
| 29 | -5.1 | -4.1 | -3.6 | -2.6 | +2.1 | +2.6 | +3.1 | +3.6 |
| 30 | -5.0 | -4.0 | -3.5 | -2.5 | +2.0 | +2.5 | +3.0 | +3.5 |
| 31 | -4.9 | -4.0 | -3.5 | -2.5 | +2.0 | +2.5 | +3.0 | +3.5 |
| 32 | -4.8 | -3.9 | -3.4 | -2.4 | +1.9 | +2.4 | +2.9 | +3.4 |
| 33 | -4.7 | -3.9 | -3.4 | -2.4 | +1.9 | +2.4 | +2.9 | +3.4 |
| 34 | -4.6 | -3.8 | -3.3 | -2.3 | +1.8 | +2.3 | +2.8 | +3.3 |
| 35 | -4.5 | -3.8 | -3.3 | -2.3 | +1.8 | +2.3 | +2.8 | +3.3 |
| 36 | -4.4 | -3.7 | -3.2 | -2.2 | +1.7 | +2.2 | +2.7 | +3.2 |
| 37 | -4.3 | -3.7 | -3.2 | -2.2 | +1.7 | +2.2 | +2.7 | +3.2 |
| 38 | -4.2 | -3.6 | -3.1 | -2.1 | +1.6 | +2.1 | +2.6 | +3.1 |
| 39 | -4.1 | -3.6 | -3.1 | -2.1 | +1.6 | +2.1 | +2.6 | +3.1 |
| 40 | -4.0 | -3.5 | -3.0 | -2.0 | +1.5 | +2.0 | +2.5 | +3.0 |
| 41 | -4.0 | -3.5 | -3.0 | -2.0 | +1.5 | +2.0 | +2.5 | +3.0 |
| 42 | -3.9 | -3.4 | -2.9 | -1.9 | +1.4 | +1.9 | +2.4 | +2.9 |
| 43 | -3.9 | -3.4 | -2.9 | -1.9 | +1.4 | +1.9 | +2.4 | +2.9 |
| 44 | -3.8 | -3.3 | -2.8 | -1.8 | +1.3 | +1.8 | +2.3 | +2.8 |
| 45 | -3.8 | -3.3 | -2.8 | -1.8 | +1.3 | +1.8 | +2.3 | +2.8 |
| 46 | -3.7 | -3.2 | -2.7 | -1.7 | +1.2 | +1.7 | +2.2 | +2.7 |

续上表

| $R_{ma}$ | 检测角度 | | | | | | | |
|---|---|---|---|---|---|---|---|---|
| | 向　上 | | | | 向　下 | | | |
| | 90° | 60° | 40° | 20° | -30° | -45° | -60° | -90° |
| 47 | -3.7 | -3.2 | -2.7 | -1.7 | +1.2 | +1.7 | +2.2 | +2.7 |
| 48 | -3.6 | -3.1 | -2.6 | -1.6 | +1.1 | +1.6 | +2.1 | +2.6 |
| 49 | -3.6 | -3.1 | -2.6 | -1.6 | +1.1 | +1.6 | +2.1 | +2.6 |
| 50 | -3.5 | -3.0 | -2.5 | -1.5 | +1.0 | +1.5 | +2.0 | +2.5 |

注：①$R_{ma}$小于20或大于50时，均分别按20或50查表。

②表中未列入的相应于$R_{ma}$的修正值，可用内插法求得，精确至0.1。

(3)回弹仪水平方向检测混凝土浇注顶面或底面时，应按下列公式修正：

$$R_m = R_m^t + R_a^t \tag{2-3-6}$$

$$R_m = R_m^b + R_a^b \tag{2-3-7}$$

式中：$R_m^t$、$R_m^b$——水平方向检测混凝土浇注表面、底面时，测区的平均回弹值，精确至0.1；

$R_a^t$、$R_a^b$——混凝土浇注表面、底面回弹值的修正值(见表2-3-3)。

**不同浇注面的回弹值修正值**　　表2-3-3

| $R_m^t$ 或 $R_m^b$ | 表面修正值 $R_a^t$ | 底面修正值 $R_a^b$ | $R_m^t$ 或 $R_m^b$ | 表面修正值 $R_a^t$ | 底面修正值 $R_a^b$ |
|---|---|---|---|---|---|
| 20 | +2.5 | -3.0 | 36 | +0.9 | -1.4 |
| 21 | +2.4 | -2.9 | 37 | +0.8 | -1.3 |
| 22 | +2.3 | -2.8 | 38 | +0.7 | -1.2 |
| 23 | +2.2 | -2.7 | 39 | +0.6 | -1.1 |
| 24 | +2.1 | -2.6 | 40 | +0.5 | -1.0 |
| 25 | +2.0 | -2.5 | 41 | +0.4 | -0.9 |
| 26 | +1.9 | -2.4 | 42 | +0.3 | -0.8 |
| 27 | +1.8 | -2.3 | 43 | +0.2 | -0.7 |
| 28 | +1.7 | -2.2 | 44 | +0.1 | -0.6 |
| 29 | +1.6 | -2.1 | 45 | 0 | -0.5 |
| 30 | +1.5 | -2.0 | 46 | 0 | -0.4 |
| 31 | +1.4 | -1.9 | 47 | 0 | -0.3 |
| 32 | +1.3 | -1.8 | 48 | 0 | -0.2 |
| 33 | +1.2 | -1.7 | 49 | 0 | -0.1 |
| 34 | +1.1 | -1.6 | 50 | 0 | 0 |
| 35 | +1.0 | -1.5 | | | |

注：①$R_m^t$ 或 $R_m^b$ 小于20或大于50时，均分别按20或50查表。

②表中有关混凝土浇注表面的修正系数是指一般原浆抹面的修正值。

③表中有关混凝土浇注表面的修正系数是指构件底面与侧面采用同一类模板在正常浇注情况下的修正值。

④表中未列入的相应于 $R_m^t$ 或 $R_m^b$ 的 $R_a^t$ 和 $R_a^b$ 值，可用内插法求得，精确至0.1。

(4)如检测仪器非水平方向且测试面非混凝土的浇注侧面，则应先对回弹值进行角度修正，然后再对修正后的值进行浇注面修正。

## 七、混凝土强度的计算

根据行业标准《回弹法检测混凝土抗压强度技术规程》(JGJ/T 23—2001)的规定,用回弹法检测混凝土强度时,除给出强度推定值外,对于测区数小于10个的构件,还要给出平均强度值、测区最小强度值;测区数大于或等于10个的构件还要给出标准差。

**1. 测区混凝土强度换算值**

测区混凝土强度换算值是指将测得的回弹值和碳化深度值换算成被测构件的测区的混凝土抗压强度值。构件第 $i$ 个测区混凝土强度换算值($f^{c}_{cu,i}$),根据每一测区的平均回弹值($R_m$)及平均碳化深度值($d_m$),由《回弹法检测混凝土抗压强度技术规程》(JGJ/T 23—2001)中附录A查得。有地区或专用测强曲线时,混凝土强度换算值应按地区或专用测强曲线换算得出。

**2. 构件混凝土强度的计算**

1)构件混凝土强度平均值及标准差

由各测区的混凝土强度换算值可计算得出结构或构件混凝土的强度平均值。当测区数不少于10个时,还应计算强度标准差。平均值和标准差应按下列公式计算:

$$m_{f^{c}_{cu}} = \frac{\sum_{i=1}^{n} f^{c}_{cu,i}}{n} \tag{2-3-8}$$

$$S_{f^{c}_{cu}} = \sqrt{\frac{\sum_{i=1}^{n}(f^{c}_{cu,i})^2 - n(m_{f^{c}_{cu}})^2}{n-1}} \tag{2-3-9}$$

式中:$m_{f^{c}_{cu}}$——构件测区混凝土强度换算值的平均值(MPa)精确至0.1MPa;

$n$——对于单个检测的构件,取一个构件的测区数;对批量检测的构件,取被抽检构件测区数之和;

$S_{f^{c}_{cu}}$——构件检测混凝土强度换算值的标准差(MPa),精确至0.1MPa。

2)构件混凝土强度推定值 $f_{cu,e}$ 的确定

(1)当该结构或构件测区数少于10个时:

$$f_{cu,e} = f^{c}_{cu,min} \tag{2-3-10}$$

式中:$f^{c}_{cu,min}$——构件中最小的测区混凝土强度换算值。

(2)当构件测区混凝土强度值中出现小于10.0MPa时:

$$f_{cu,e} < 10.0\text{MPa} \tag{2-3-11}$$

(3)当该构件测区数不少于10个或按批量检测时,应按下列公式计算:

$$f_{cu,e} = m_{f^{c}_{cu}} - 1.645 S_{f^{c}_{cu}} \tag{2-3-12}$$

3)批量构件的检测

对于按批量检测的构件,当该批构件混凝土强度标准差出现下列情况之一时,则该批构件应全部按单个构件检测。

(1)当该批构件混凝土强度平均值小于25MPa时:$S_{f^c_{cu}} > 4.5\text{MPa}$;

(2)当该批构件混凝土强度平均值不小于25MPa时:$S_{f^c_{cu}} > 5.5\text{MPa}$。

### 八、注意问题

(1)回弹法测强的误差比较大,因此对比较重要的构件或结构强度检测必须慎重使用。

(2)符合下列条件的混凝土才能采用全国统一测强曲线进行测区混凝土强度换算:

①混凝土采用的材料、拌和用水符合现行国家有关标准;

②不掺外加剂或仅掺非引气型外加剂;

③采用普通成型工艺;

④采用符合现行国家标准规定的钢模、木模及其他材料制作的模板;

⑤自然养护或蒸汽养护出池后经自然养护7d以上,且混凝土表层为干燥状态;

⑥龄期为14~1 000d;

⑦抗压强度为10~60MPa。

(3)当有下列情况之一时,测区混凝土强度不得按全国统一测强曲线进行测区混凝土强度换算,但可制订专用测强曲线或通过试验进行修正。专用测强曲线的制订方法见《回弹法检测混凝土抗压强度技术规程》(JGJ/T 23—2001)。

①粗集料最大粒径大于60mm;

②特种成型工艺制作的混凝土;

③检测部位曲率半径小于250mm;

④潮湿或浸水混凝土。

(4)当构件混凝土抗压强度大于60MPa时,应制订专用测强曲线进行检测。

## • 第三节 超声波法(CECS21:2000) •

### 一、概 述

在混凝土结构物的施工及使用过程中,往往会造成一些缺陷和损伤,形成这些缺陷和损伤的原因是多种多样的。一般而言,主要有四方面的原因:一是施工原因,例如振捣不足、钢筋网过密、集料最大粒径选择不当、模板漏浆等造成内部形成孔洞、不密实区、蜂窝及保护层不足、钢筋外露等;二是由于混凝土非外力作用形成裂缝,例如在大体积混凝土中因水泥水化热积蓄过多,在凝固及散热过程中的不均匀收缩而造成的温度裂缝,混凝土干缩及碳化收缩所造成的裂缝;三是长期在腐蚀介质或冻融作用下由表及里产生层状疏松;四是受外力作用产生裂缝,例如因龄期不足就进行吊装而产生的吊装裂缝等。

这些缺陷和损伤往往会严重影响结构物的承载能力和耐久性。因此,在事故处理、施工验收、旧有建筑物安全性鉴定、进行维修和补强设计时必须进行检测,以确定混凝土内部缺陷的大小、位置和性质。

目前,在诸多混凝土缺陷的无损检测方法中,应用最广泛、最有效的是超声波法。

**1. 超声波检测混凝土缺陷的基本原理和依据**

采用超声脉冲波检测混凝土缺陷的基本原理是:利用超声波在技术条件相同(指混凝土原材料、配合比、龄期和测试距离一致)的混凝土中传播的时间(或速度)、接收波的振幅和频率等声学参数的变化,来判定混凝土的缺陷。因为超声脉冲波传播速度的快慢,与混凝土的密实程度有直接关系,对于技术指标相同的混凝土来说,声速高则混凝土密实,相反则混凝土不密实。当有空洞、裂缝等缺陷存在时,破坏了混凝土的整体性,由于空气的声阻抗率远小于混凝土的声阻抗率,超声波遇到蜂窝、空洞或裂缝等缺陷时,会在缺陷界面发生反射和散射,因此传播的路程会增大,测得的声时会延长,声速会降低。其次,在缺陷界面超声波的声能被衰减,其中频率较高的部分衰减更快,因此接收信号的波幅明显降低,频率明显减小或频率谱中高频成分明显减少。再次,经缺陷反射或绕过缺陷传播的超声波信号与直达波信号之间存在相位差,叠加后互相干扰,致使接收信号的波形发生畸变。根据上述原理,在实际测试中,可以利用混凝土声学参数测量值和相对变化综合分析,判别混凝土缺陷的位置和范围,或者估算缺陷的尺寸。

利用超声波检测混凝土缺陷应按照中国工程建设标准化协会标准《超声法检测混凝土缺陷技术规程》(CECS21:90)规定的方法进行。

**2. 超声波检测混凝土缺陷的方法**

超声脉冲波检测混凝土缺陷技术一般根据被测结构的形状、尺寸及所处环境,确定具体测试方法。常用的测试方法大致分为以下几种:

1)平面测试(用厚度振动式换能器)

(1)对测法　一对发射(T)和接收(R)换能器,分别置于被测结构相互平行的两个表面,且两个换能器的轴线位于同一直线上,见图2-3-2a)。

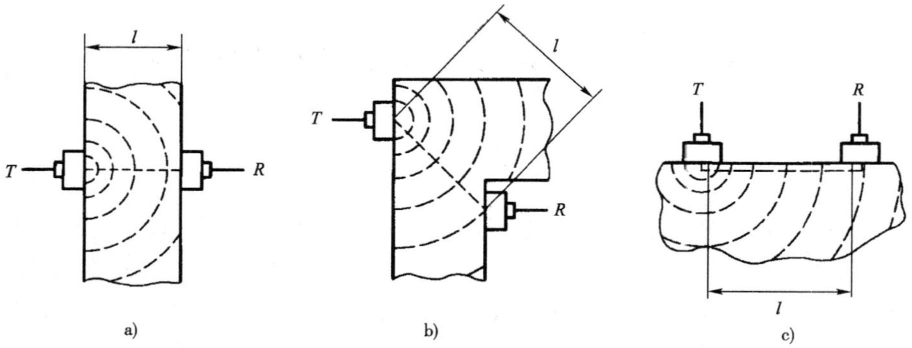


图2-3-2　探头的布置方法

a)对测法;b)斜测法;c)平测法

(2)斜测法　一对发射和接收换能器,分别置于被测结构的两个表面,但两个换能器的轴线不在同一直线上,见图2-3-2b)。

(3)单面平测法　一对发射和接收换能器分别置于被测结构同一表面上进行测试,见图2-3-2c)。

2)测试孔测试(采用径向振动式换能器)

(1)孔中对测　一对换能器分别置于两个对应测试孔中,位于同一高度进行测试。

(2)孔中斜测　一对换能器分别置于两个对应测试孔中,但不在同一高度进行而是在保持一定高程差的条件下进行测试。

(3)孔中平测　一对换能器分别置于同一测试孔中,以一定的高程差同步移动进行测试。

## 二、混凝土缺陷检测

### 1.混凝土匀质性检测

所谓混凝土匀质性检测,是对整个结构物或同一批构件的混凝土质量均匀性的检测。混凝土匀质性检测的传统方法是:在结构物浇注混凝土现场取样制作混凝土标准试块,以其破坏强度的统计值来评价混凝土的匀质性。这种方法存在一些局限性,例如试块的数量有限,或因结构的几何尺寸、成型方法等不同,结构物混凝土的密实程度与标准试块会存在较大差异,可以说标准试块的强度很难全面反映结构混凝土质量均匀性。为克服这些缺点,通常采用超声脉冲法检测混凝土的匀质性。超声脉冲法直接在结构上进行检测,具有全面、直接、方便、数据代表性强的优点,是检测混凝土匀质性的一种有效的方法。

1)测试方法

一般采用厚度振动式换能器进行穿透,对测法检测结构混凝土的匀质性。构件内部或各构件之间的混凝土不均匀性可引起脉冲速度的差异,这种差异又和质量的差别相连。脉冲速度的测量为研究匀质性提供了手段。而为达此目的,就得选定足以均匀地布置该混凝土结构一定体积的若干测点,测点间距一般为200~500mm,测点布置时应避开与声波传播方向相一致的钢筋。

测试时,应使T、R换能器在对应的测点上保持良好的耦合状态,逐点读取声时值 $t_i$,并测量对应测点的距离 $l_i$ 值。

2)计算和分析

各测点的声速值、混凝土声速的平均值、标准差及离差系数分别按下式计算:

$$v_i = \frac{l_i}{t_i} \tag{2-3-13}$$

$$m_v = \frac{1}{n}\sum_{i=1}^{n} v_i \tag{2-3-14}$$

$$S_v = \sqrt{\left(\sum_{i=1}^{n} v_i^2 - n \cdot m_v^2\right)/(n-1)} \tag{2-3-15}$$

$$C_v = \frac{S_v}{m_v} \tag{2-3-16}$$

式中:$v_i$——第 $i$ 点混凝土声速值,km/s;

$l_i$——超声检测距离,mm;

$t_i$——第 $i$ 点混凝土声时值,μs;

$m_v$——声速平均值,km/s;

$S_v$——混凝土声速的标准差;

$C_v$——声速离差系数;

$n$——测点数。

根据声速的标准差和离差系数，可以相对比较相同测距的同类结构或各部位混凝土均匀性的优劣。

**2. 混凝土结合面质量检测**

对于一些重要的混凝土和钢筋混凝土结构物，为保证其整体性，应该连续不间断地一次浇注完混凝土。但有时因施工工艺的需要或意外因素，在混凝土浇注的中途停顿的间歇时间超过 3h 后再继续浇注；或是已有的混凝土结构物因某些原因需加固补强，进行第二次混凝土浇注等。在同一构件上，两次浇注的混凝土之间，应保持良好的结构，使其形成一个整体，方能确保结构的安全使用。因此，应用超声波检测一些结构构件新旧混凝土结合面的质量就非常必要。

1）检测方法

超声波检测两次浇注的混凝土结合面质量，一般采用斜测法，通过穿过与不穿过结合面的超声波声速、波幅和频率等声学参数相比较进行判断。超声测点的布置方法如图 2-3-3 所示。

布置测点时应注意以下几点：

（1）测试前应查明结合面的位置及走向，以正确确定被测部位及布置测点。

（2）结构的被测部位应具有使声波垂直或斜穿结合面的一对平行测试面。

（3）所布置的测点应避开平行声波传播方向的主钢筋或预埋铁件。

（4）使测试范围覆盖全部结合面或有怀疑的部位。

（5）各对 T、R 换能器连线的倾斜角及测距应相等。

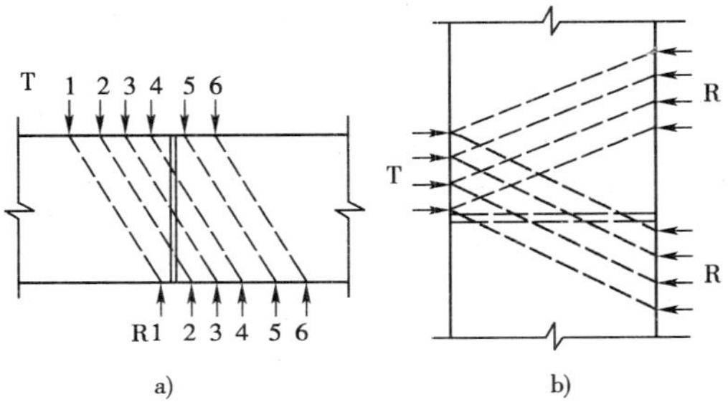


图 2-3-3　检测混凝土结合面时换能器布置示意图
a）梁平面图；b）柱侧面图

（6）测点的间距视结构尺寸和结合面外观质量情况而定，可控制在 100 ~ 300mm。

2）数据处理及判定

按布置好的测点分别测出各点的声时、波幅和频率值对某一测区各测点声时、波幅和频率值分别进行统计和异常值判断，当结合面中有局部地方存在缺陷时，该部位的混凝土失去连续性，超声脉冲波通过时，其波幅和频率会明显降低，声时也有不同程度增大。因此，凡被判为异常值的测点，查明无其他因素影响时，可判定这些部位结合面质量不良。

**3. 混凝土表面损伤层检测**

混凝土和钢筋混凝土结构物，在施工和使用过程中，其表面层会在物理和化学因素的作用下受到损害，如火灾、冻害和化学侵蚀等。从工程实测结果来看，一般总是最外层损伤程度较为严重，越向内部深入，损伤程度越轻。

1）测试方法

表面损伤层厚度检测宜选用频率较低的厚度振动式换能器，采用平测法检测，如图 2-3-4 所示。测试时 T 换能器应耦合保持不动，然后将 R 换能器依次耦合在测点 1、2、3、…位置上，读取相应的声时值 $t_1$、$t_2$、$t_3$…，并测量每次 R、T 换能器之间的距离 $l_1$、$l_2$、$l_3$…。R 换能器每次移动的距离不宜大于 100mm，每一测区的测点数不得少于 6 个。当结构的损伤层厚度不均匀时,应适当增加测区数。

检测时测区测点的布置应满足以下要求:

(1)根据结构的损伤情况和外观质量选取有代表性的部位布置测区。

(2)结构被测表面应平整并处于自然干燥状态,且无接缝和饰面层。

(3)测点布置时应避免 T、R 换能器的连线方向与附近主钢筋的轴线平行。

2)损伤层厚度判定

以各测点的声时值 $t_i$ 和相应测距值 $l_i$ 绘制"时—距"坐标图,如图 2-3-5 所示。由图可以得到声速改变所形成的拐点,并按式(2-3-17)和式(2-3-18)算出损伤混凝土的声速 $v_1$ 和未损伤混凝土的声速 $v_2$,则:

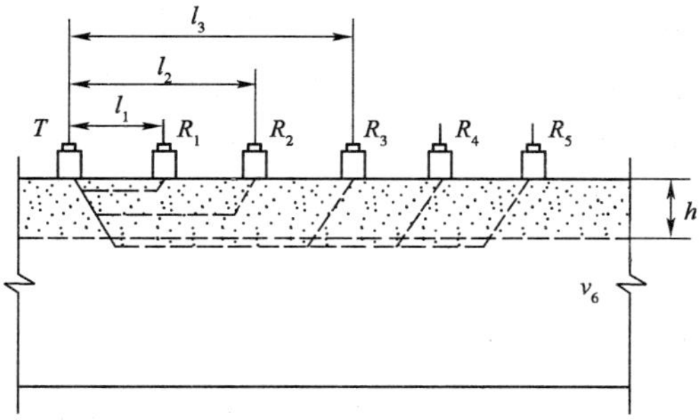


图 2-3-4 混凝土损伤层检测测点布置

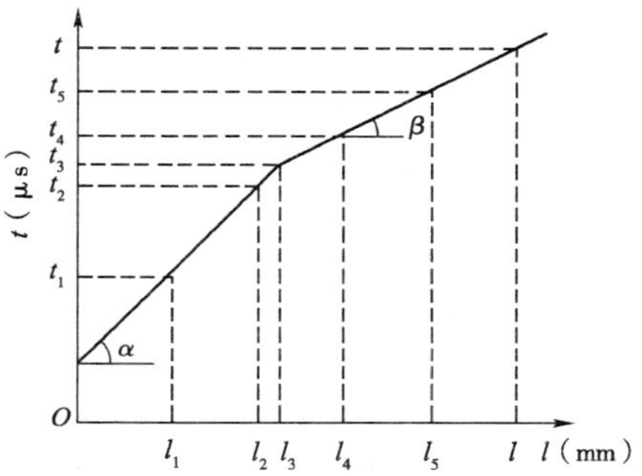


图 2-3-5 混凝土损伤层检测"时—距"图

$$v_1 = \cot\alpha = \frac{l_2 - l_1}{t_2 - t_1} \tag{2-3-17}$$

$$v_2 = \cot\beta = \frac{l_5 - l_3}{t_5 - t_3} \tag{2-3-18}$$

损伤层厚度可按下式计算:

$$d = \frac{l_0}{2}\sqrt{\frac{v_2 - v_1}{v_2 + v_1}} \tag{2-3-19}$$

式中:$d$——损伤层厚度,mm;

$l_0$——声速产生突变时的测距,mm;

$v_1$——损伤层混凝土的声速,km/s;

$v_2$——未损伤层混凝土的声速,km/s。

**4. 混凝土不密实区和空洞检测**

混凝土和钢筋混凝土结构物在施工过程中,有时因漏振、漏浆或因石子架空在钢筋骨架上,导致混凝土内部形成蜂窝状不密实区或空洞。这种结构物内部的隐蔽缺陷,应及时检查并进行技术处理。

1)测试方法

混凝土内部的隐蔽缺陷情况,无法凭直觉判断,因此这类缺陷的测试区域一般总要大于所怀疑的有缺陷区域。为此首先作大范围的粗测,根据粗测情况再着重对可疑区域进行细测。根据被测结构实际情况,可按下列方法布置换能器进行检测:

（1）平面对测　结构具有两对互相平行的测试面时可采用对测法，其测试方法如图 2-3-6 所示。在测区的两对相互平行的测试面上，分别画间距为 200 ~ 300mm 的网络，并编号确定对应的测点位置，然后将 T、R 换能器分别置于对应测点上，逐点读取相应的声时（$t_i$）、波幅（$A_i$）和频率（$f_i$），并量取测试距离（$l_i$）。

（2）平面斜侧　结构中只有一对相互平行的测试面或被测部位处于结构的特殊位置，可采用斜测法检测。测点布置如图 2-3-7 所示。

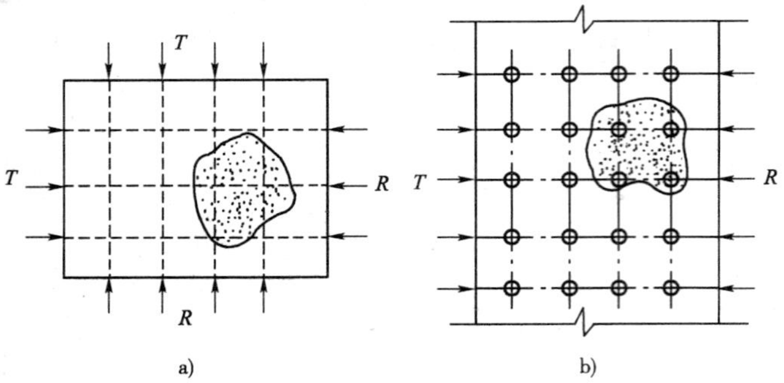


图 2-3-6　对测法换能器布置图

a）平面图；b）立面图

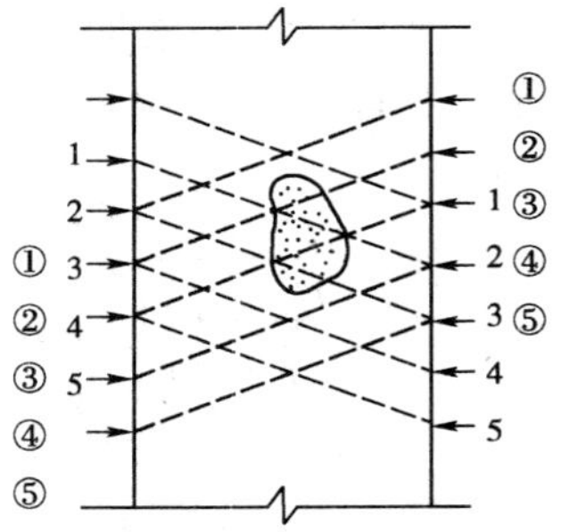


图 2-3-7　斜测法换能器布置立面图

（3）测试孔检测法　当结构的测试距离较大时，为了提高测试灵敏度，可在测区适当位置钻出平行于侧面的测试孔或预埋声测管。钻孔直径或预埋声测管内径宜比换能器直径大 5 ~ 10mm，钻孔直径或预埋声测管间距宜为 2 ~ 3m，深度视测试需要而定。结构侧面采用厚度振动换能器，用黄油耦合。测孔中用径向振动式换能器，用水耦合。换能器布置如图 2-3-8 所示。若为两个测孔时，可用两个径向振动式换能器分别置于两个测孔中进行测试。

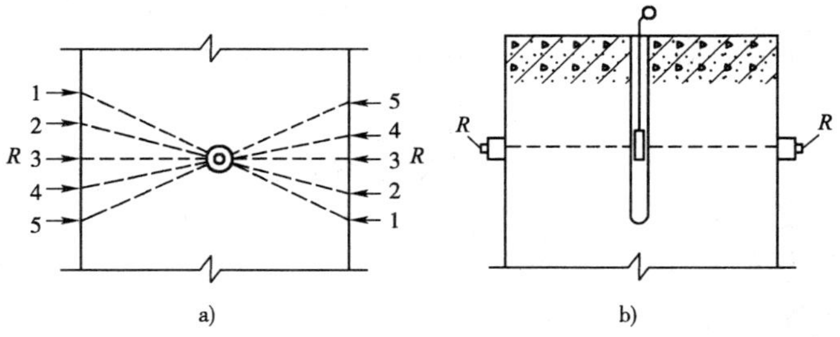


图 2-3-8　测试孔检测法换能器布置图

a）平面图；b）立面图

每一测点的声时、波幅、频率和测距的测量，应分别按规定进行。

2）不密实区和空洞的判定

由于混凝土本身的不均匀性，即使是没有缺陷的混凝土，测得的声时、波幅等参数值也在一定范围内波动。因此，不可能有一个固定的临界指标作为判断缺陷的标准，一般都利用统计方法进行判别。一个测区的混凝土如果不存在空洞、蜂窝区或其他缺陷，则可认为这个测区的混凝土质量基本符合正态分布。虽因混凝土质量的不均匀性，使声学参数测量值产生一定离散，但一般服从统计规律。若混凝土内部存在缺陷，则这部分混凝土与周围的正常混凝土不属于同一母体，其声学参数必然存在明显差异。

（1）混凝土声学参数的统计计算　测区混凝土声时（或声速）、波幅、频率测量值的平均值（$m_x$）和标准差（$S_x$）应按下式计算：

$$m_x = \frac{1}{n}\sum_{i=1}^{n} x_i \tag{2-3-20}$$

$$S_x = \sqrt{\left(\sum_{i=1}^{n} x_i^2 - n m_x^2\right)/(n-1)} \tag{2-3-21}$$

式中：$x_i$——第 $i$ 点的声时（或声速）、波幅、频率的测量值；

$n$——一个测区参与统计的测点数。

（2）测区中异常数据的判别　将一测区各测点的声时值由小至大按顺序排列，即 $t_1 \leqslant t_2 \leqslant \cdots \leqslant t_n \leqslant t_{n+1} \cdots$，将排在后面明显大的数据视为可疑，再将这些可疑数据中最小的一个（假定为 $t_n$）连同其前面的数据按式（2-3-20）和式（2-3-21）计算出 $m_t$ 及 $S_t$，并算出异常情况的判断值（$X_0$）：

$$X_0 = m_t + \lambda_1 S_t \tag{2-3-22}$$

式中：$\lambda_1$——异常值判定系数，应按表 2-3-4 查。

**统计数的个数 $n$ 与对应的 $\lambda_1$ 值**　　表 2-3-4

| $n$ | 14 | 16 | 18 | 20 | 22 | 24 | 26 | 28 | 30 |
|---|---|---|---|---|---|---|---|---|---|
| $\lambda_1$ | 1.47 | 1.53 | 1.59 | 1.64 | 1.69 | 1.73 | 1.77 | 1.80 | 1.83 |
| $n$ | 32 | 34 | 36 | 38 | 40 | 42 | 44 | 46 | 48 |
| $\lambda_1$ | 1.86 | 1.89 | 1.92 | 1.94 | 1.96 | 1.98 | 2.00 | 2.02 | 2.04 |
| $n$ | 50 | 52 | 54 | 56 | 58 | 60 | 62 | 64 | 66 |
| $\lambda_1$ | 2.05 | 2.07 | 2.09 | 2.10 | 2.12 | 2.13 | 2.14 | 2.16 | 2.17 |
| $n$ | 68 | 70 | 72 | 74 | 76 | 78 | 80 | 82 | 84 |
| $\lambda_1$ | 2.18 | 2.19 | 2.20 | 2.21 | 2.22 | 2.23 | 2.24 | 2.25 | 2.26 |
| $n$ | 86 | 88 | 90 | 92 | 94 | 96 | 98 | 100 | 102 |
| $\lambda_1$ | 2.27 | 2.28 | 2.29 | 2.30 | 2.30 | 2.31 | 2.32 | 2.32 | 2.33 |

把 $X_0$ 值与可疑数据中最小值（$t_n$）相比较，若 $t_n$ 大于或等于 $X_0$，则 $t_n$ 及排在其后的各声时值均为异常值；当 $t_n$ 小于 $X_0$ 时，应再将 $t_{n+1}$ 放进去重新进行统计计算和判别。

同样，将一测区各测点的波幅、频率或由声时计算的声速值由大到小按顺序排列，即 $X_1 \geqslant X_2 \geqslant \cdots \geqslant X_n \geqslant X_{n+1} \cdots$，将排在后面明显小的数据视为可疑，再将这些可疑数据中最大的一个（假定 $X_n$）连同其前面的数据按公式（2-3-20）和式（2-3-21）计算出 $m_x$ 及 $S_x$ 值，并代入下面的公式计算出异常情况的判断值（$X_0$）。

$$X_0 = m_x - \lambda_1 S_x \tag{2-3-23}$$

将判断值（$X_0$）与可疑数据的最大值（$X_n$）比较，如 $X_n \leqslant X_0$，则 $X_n$ 及排列于其后的各数据均为异常值；当 $X_n > X_0$，应再将 $X_{n+1}$ 放进去重新进行统计计算和判别。

（3）不密实区和空洞范围的判定　当测区中某些测点的声时值（或声速值）、波幅值（或频率值）被判为异常值时，可结合异常测点的分布及波形状况，判定混凝土内部存在不密实区和

空洞的范围。当判定缺陷是空洞时,可按以下的方法估算其尺寸:

如图 2-3-9 所示,设检测距离为 $l$,空洞中心(在另一对测试面上,声时最长的测点位置)距一个测试面的垂直距离为 $l_h$,声波在空洞附近无缺陷混凝土中传播的时间平均值为 $m_{ta}$,绕空洞传播的时间(空洞处的最大声时)为 $t_h$,空洞半径为 $r$。根据 $l_h/l$ 值和 $(t_h-m_{ta})/m_{ta}\times100\%$ 值,可由表 2-3-5 查得空洞半径 $r$ 与测距 $l$ 的比值,再计算空洞大致尺寸 $r$。

如被测部位只有一对可供测试的表面,空洞尺寸可用下式计算:

$$r=\frac{l}{2}\sqrt{\left(\frac{t_h}{m_{ta}}\right)^2-1} \tag{2-3-24}$$

式中:$r$——空洞半径,mm;

$l$——T、R 换能器之间的距离,mm;

$t_h$——缺陷处的最大声时值,μs;

$m_{ta}$——无缺陷区的平均声时值,μs。

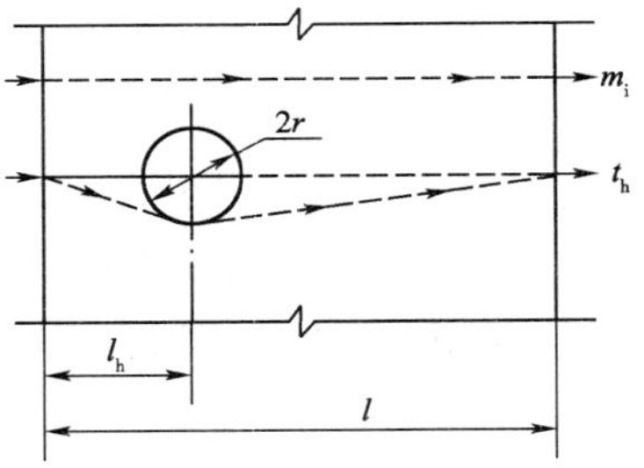

图 2-3-9　空洞尺寸估算原理示意图

**空洞半径 $r$ 与测区 $l$ 的比值**　　表 2-3-5

| $x$ \ $z$ / $y$ | 0.05 | 0.08 | 0.10 | 0.12 | 0.14 | 0.16 | 0.18 | 0.20 | 0.22 | 0.24 | 0.26 | 0.28 | 0.30 |
|---|---|---|---|---|---|---|---|---|---|---|---|---|---|
| 0.10(0.9) | 1.42 | 3.77 | 6.26 | — | — | — | — | — | — | — | — | — | — |
| 0.05(0.85) | 1.00 | 2.56 | 4.06 | 5.97 | 8.39 | — | — | — | — | — | — | — | — |
| 0.2(0.8) | 0.78 | 2.03 | 3.18 | 4.62 | 6.36 | 8.44 | 10.9 | 13.9 | — | — | — | — | — |
| 0.25(0.75) | 0.67 | 1.72 | 2.69 | 3.90 | 5.34 | 7.03 | 8.98 | 11.2 | 13.8 | 16.8 | — | — | — |
| 0.3(0.7) | 0.60 | 1.53 | 2.40 | 3.46 | 4.73 | 6.21 | 7.91 | 9.38 | 12.0 | 14.4 | 17.1 | 20.1 | 23.6 |
| 0.35(0.65) | 0.55 | 1.41 | 2.21 | 3.19 | 4.35 | 5.70 | 7.25 | 9.00 | 10.9 | 13.1 | 15.5 | 18.1 | 21.0 |
| 0.4(0.6) | 0.52 | 1.34 | 2.09 | 3.02 | 4.12 | 5.39 | 6.84 | 8.48 | 10.3 | 12.3 | 14.5 | 16.9 | 19.8 |
| 0.45(0.55) | 0.50 | 1.30 | 2.03 | 2.92 | 3.99 | 5.22 | 6.62 | 8.20 | 9.95 | 11.9 | 14.0 | 16.3 | 18.8 |
| 0.5 | 0.50 | 1.28 | 2.02 | 2.89 | 3.94 | 5.16 | 6.55 | 8.11 | 9.84 | 11.8 | 13.3 | 16.1 | 18.6 |

注:表中 $x=(t_h-m_{tu})/t_{tu}\times100\%$;$y=l_h/l$;$z=r/l$。

**5. 深裂缝检测**

裂缝检测的目的是掌握对结构承载力和耐久性有影响的裂缝的分布、长度、宽度、深度和发展方向等。一般认为裂缝深度小于 500mm 的裂缝为浅裂缝,常用检测方法有对测法、斜测法和单面平测法等;裂缝深度大于 500mm 的裂缝为深裂缝,检测方法有孔中对测、孔中斜测和孔中平测等。混凝土桥梁,若出现深裂缝,对结构的受力和耐久性有很大的影响,因此,掌握裂缝详细情况很有必要。

1)测试方法

深裂缝的检测一般是在裂缝两侧钻测试孔,用径向振动式换能器置于测试孔中进行测试。如图 2-3-10 所示,在裂缝两侧分别钻测试孔 $A$、$B$。应在裂缝一侧多钻一个较浅的孔 $C$,测试无缝混凝土的声学参数,供对比判别之用。

测试孔应满足下列要求:孔径应比换能器直径大5~10mm;孔深应至少比裂缝预计深度深700mm,经测试如浅于裂缝深度,则应加深测试孔;对应的两个测试孔,必须始终位于裂缝两侧,其轴线应保持平行;两个对应测试孔的间距宜为2m,同一结构的各对应测孔间距应相同;孔中粉末碎屑应清理干净。

检测时应选用频率为20~40kHz的径向振动式换能器,并在其接线上做出等距离标志(一般间隔100~500mm)。测试前应先向测试孔中注满清水,然后将T、R换能器分别置于裂缝两侧的对应孔中,以相同高程等间距从上至下同步移动,逐点读取声时、波幅和换能器所处的深度。

2)裂缝深度判定

以换能器所处深度 $d$ 与对应的波幅值 $A$ 绘制 $d$-$A$ 坐标图,如图2-3-11所示。随着换能器的下移,波幅逐渐增大,当换能器下移至某一位置后,波幅达到最大值并基本稳定,该位置所对应的深度便是裂缝深度 $d_c$。

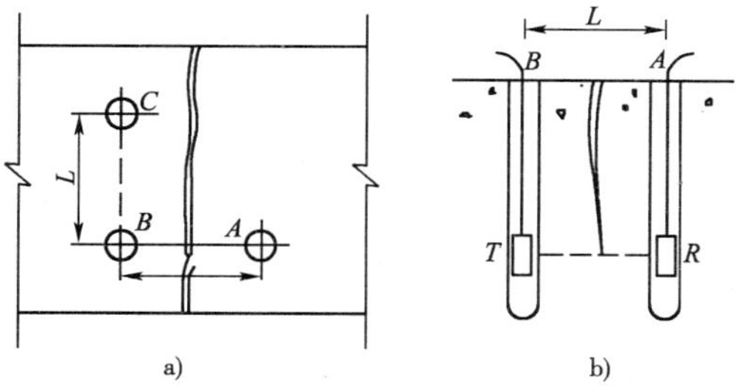


图2-3-10 测试孔测裂缝深度

a)平面;b)立面

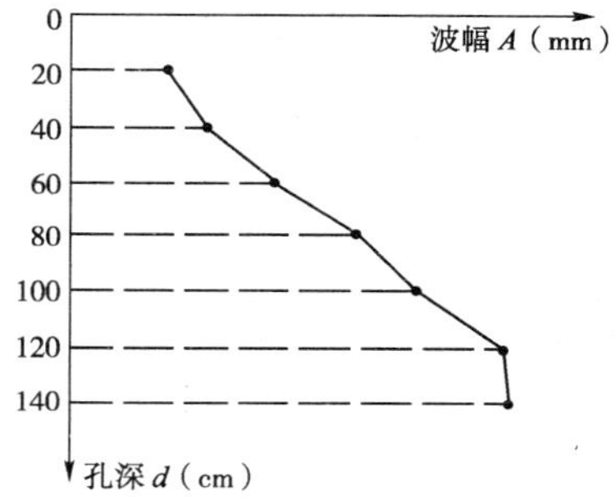


图2-3-11 d-A坐标图

## ●第四节 混凝土强度评定方法●

结构构件的混凝土强度按照国家标准《混凝土强度检验评定标准》(GBJ 107)的规定分批检验评定。

**1.混凝土立方体试件的取样原则**

评定桥涵现浇混凝土的强度,应以标准养护28d龄期的抗压强度为准。试件选用边长150mm的立方体,3个为1组,制取组数应符合下列规定:

(1)不同强度等级及不同配合比的混凝土应在浇注地点或拌和地点分别随机制取试件。

(2)浇注一般体积的结构物(如基础、墩台)时,每一单元结构应制取2组。

(3)连续浇注大体积结构时,每80~200$m^3$或每一工作班应制取2组。

(4)桥梁上部构造,主要构件长度在16m以下应制取1组;16~30m制取2组;31~50m制取3组;50m以上者应不少于5组;对小型构件每批或每个工作班至少应制取2组。

(5)每根钻孔桩至少应制取2组;桩长在20m以上者不少于3组;桩径大、浇注时间很长时,不少于4组。如换工作班时,每工作班应制取2组。

(6)构筑物(小桥涵、挡土墙)每座、每处或工作班制取不少于2组。当原材料和配合比相同,并由同一拌和站拌制时,可几座或几处合并制取2组。

(7)应根据施工的需要,另制取几组与结构物同条件养护的试件,作为拆模、吊装、施加预应力、承受荷载等施工阶段的强度判断依据。

**2. 结构混凝土抗压强度的评定方法**

结构混凝土强度的合格标准评定的常规方法是以浇注或拌和现场制取试件,以28d龄期的极限抗压强度值进行统计评定,评定方法有数理统计法和非数理统计法两种。

1)数理统计法

规范规定,对于大桥等重要工程及中小桥、涵洞工程的取样试件大于或等于10组时,应以数理统计方法按下述条件评定:

$$\overline{R}_n - K_1 S_n \geqslant 0.9R \tag{2-3-25}$$

$$R_{min} \geqslant K_2 R \tag{2-3-26}$$

式中:$n$——验收批混凝土试件的总组数;

$\overline{R}_n$——同一验收批混凝土强度的平均值,MPa;

$S_n$——验收批试件强度的标准差(MPa)。当$S_n$的计算值小于$0.06R$时,取$S_n=0.06R$;

$R$——混凝土的设计强度标准值,MPa;

$R_{min}$——同一验收批混凝土强度的最小值,MPa;

$K_1$、$K_2$——合格判定系数,见表2-3-6。

**混凝土强度的合格判定系数** 表2-3-6

| $n$ | 10~14 | 15~24 | >25 |
|---|---|---|---|
| $K_1$ | 1.70 | 1.65 | 1.60 |
| $K_2$ | 0.90 | 0.85 | |

2)非数理统计法

对于中小桥及涵洞工程,同批混凝土试件少于10组时,应以非数理统计法按下述条件评定:

$$\overline{R}_n \geqslant 1.15R \tag{2-3-27}$$

$$R_{min} \geqslant 0.95R \tag{2-3-28}$$

实测项目中,混凝土的抗压强度评定为合格时得满分,不合格时得零分。

**3. 注意事项**

(1)同批试件是指可以每孔或每2~3孔(较窄桥上时)作为一批,中、小跨径桥的桩、盖梁,可以数孔作为一批。每批的混凝土试件组数也不宜太多,一般不超过80~100组。

(2)如果在一些构件浇注后较长时间才浇注另一些同类构件,或者时间虽不久,但温度等气候条件变化较大时,则不应视作同批,而应分别评定。

(3)只要材料和配合比不变,混凝土构件如桩、盖梁和梁的混凝土强度都应尽可能采用数理统计方法评定。

## 复习思考题

1. 形成桥涵现浇混凝土缺陷和损伤的原因一般有哪些方面?

2. 何谓无损测强法? 本章内容中,哪些属于无损测强法?

3. 钻芯取样法适用于什么情况?

4. 简述回弹法检测混凝土强度的基本原理和检测原则。

5. 用回弹法检测混凝土强度应注意哪些问题?

6. 采用回弹法检测混凝土强度时常用哪几种测强曲线? 它们的用途有何不同?

7. 在进行桥涵混凝土强度评定时,什么情况下可以认为是同批试件?

8. 某钢筋混凝土预制空心板,采用 C25 的混凝土,若按照抽样频率的要求,获得了以下共 16 组混凝土标准强度试验结果:26.5、25.3、25.6、27.1、24.6、26.3、25.6、27.9、28.1、25.6、26.3、26.6、26.9、25.6、25.4、29.0(单位为 MPa),试判断该预制混凝土空心板的强度是否合格?

# 第四章

# 基桩桩身完整性检测

**知识目标**

1. 描述反射波法的基本原理、所用仪器设备及检测方法；
2. 描述机械阻抗法的基本原理、所用仪器设备及检测方法；
3. 描述声波透射法的基本原理、所用仪器设备及检测方法。

**能力目标**

1. 用反射波法进行基桩完整性检测；
2. 用机械阻抗进行基桩完整性法检测；
3. 用声波透射进行基桩完整性法检测。

混凝土钻孔灌注桩是高层建筑、桥梁等工程结构常用的桩基形式之一。桩基属于地下隐蔽工程，施工技术比较复杂，工艺流程相互衔接紧密，施工时需灌注大量水下混凝土，稍有不慎极易出现缩颈、夹泥、断桩等多种形态复杂的质量缺陷，影响桩身的完整性和桩的承载能力，从而直接影响上部结构的安全。据统计国内外钻孔灌注桩的事故率高达5%～10%。因此，对钻孔灌注桩进行无损检测，具有特别重要的意义。

灌注桩的成桩质量通常包含两方面内容，一是桩基的承载能力，二是桩身的完整性。桩基的承载能力检验有两种方法：一为静载试验，它具有直接、可靠等优点，但也存在试验费用高、试验过程长等不足；二为高应变检测法（又名大应变法），即根据土动力学和波动理论来推断桩基的承载能力，它具有试验简单、快速，费用低等优点，但可靠性稍差。桩身的完整性检测是通过现场动力试验来判断桩身质量、内部缺陷的一种测试方法，常见的内部缺陷有夹泥、断裂、缩颈、混凝土离析及桩顶混凝土密实性较差等。桩身的完整性检测主要采用低应变检测法（又名小应变法），它具有设备轻便、费用低、检测速度快等优点，目前在国内外已得到广泛的应用。

我国基桩完整性检验均按照《基桩低应变动力检测规程》(JGJ/T 93—95)规定的方法进行。

按其所依据的检测原理，基桩完整性检验常用的方法有反射波法、超声波透射法和机械阻抗法等，目前应用最为广泛的是反射波法。本章将分别介绍这三种方法。

## •第一节　反射波法•

反射波法适用于检测桩身混凝土的完整性，推定缺陷类型及在桩身中的位置，也可以对桩长进行校核，对桩身混凝土强度等级作出估计。

## 一、基本原理

反射波法源于应力波理论，基本原理是在桩顶进行竖向激振，弹性波沿着桩身向下传播，在桩身存在明显波阻抗界面（如桩底、断桩或严重离析等部位）或桩身截面积变化（如缩颈或扩径）部位，将产生反射波。经接收、放大滤波和数据处理，可识别来自桩身不同部位的反射信号。据此计算桩身波速、判断桩身完整性。如果桩身介质密度、纵波波速、横截面面积和弹性模量分别用 $\rho$、$c$、$A$、$E$ 表示，则

$$Z = \rho A c = EA/c \tag{2-4-1}$$

式中：$Z$——广义波阻抗；

$A$——桩的截面积，$m^2$；

$c$——纵波在桩中的传播速度（m/s），$c^2 = E/\rho$；

$\rho$——桩身混凝土密度，$kg/m^3$；

$E$——桩身混凝土弹性模量，$N/m^2$。

当桩身几何尺寸或材料物理性质发生变化时，相应的 $\rho$、$c$、$A$ 发生变化，其变化发生处称为波阻抗界面，将波阻抗的比值表示为 $n = Z_1/Z_2$。当纵波在无限长直杆内传播时，它将沿某一方向前进，把能量输送到无限远处，若杆长有限，当波和杆端面相遇时，根据边界条件，能量将在端部边界产生反射或透射。反射系数用 $F$ 表示，透射系数用 $T$ 表示。

单桩动测的应力波法中典型的端面边界是固定端边界和自由端边界。在固定端边界，入射波和反射波的位移大小相等、方向相反、叠加的结果互相抵消，总波场在固定端处的位移恒为零。由此可知，固定端使入射波的正向位移改转为负向位移。而对于应力波，情况恰恰相反，入射应力波和反射应力波传播方向相反，在固定端处反射应力与入射应力的大小和方向均相同，总应力为入射应力的两倍。

自由端边界和固定端边界相反。位移波在边界处大小和方向相同，总位移为入射位移的两倍；应力波在边界处大小和方向相反，即在自由端的反射形成拉压互变。

基桩检测中常会遇到桩几何尺寸为扩颈或缩颈现象。我们可以假设为两个物理性质不同的半无限直杆在交界处共轴密接。如图 2-4-1 所示。

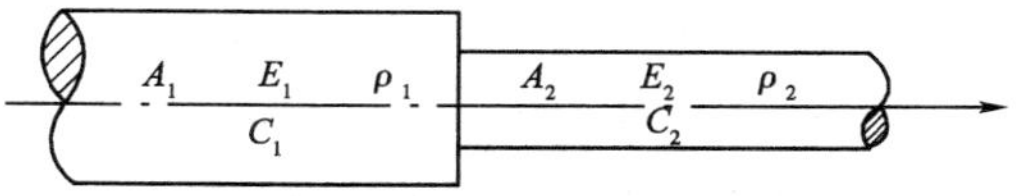


图 2-4-1　弹性波在两个共轴半无限长直杆中传播的交界

桩身各种性状以及桩底不同的支承条件均可归纳成以下三种波阻抗变化类型：

**1. 波阻抗近似不变（$Z_1 \approx Z_2$）**

桩底支承介质与桩身阻抗近似，桩身完整、均匀、无缺陷都属于这种类型。

$Z_1 \approx Z_2$，则 $n=1$，$F=0$，$T=1$，由此可知应力波为全透射，无反射信号产生。因此，若桩底岩石与桩身混凝土阻抗接近时，将无法得到桩底反射信号。

**2. 波阻抗减小（$Z_1 > Z_2$）**

桩底支承介质较桩身材料较软以及桩身断裂、缩颈、离析、疏松、裂缝、裂纹等缺陷都属于这种类型。

$Z_1 > Z_2$，则 $n > 1$，$F < 0$，$T$ 恒大于 0，用传感器在桩顶检测出的反射波速度和初始入射波速度符号相同。即反射波速度、应力均与入射波信号极性一致。

当桩底支承介质的阻抗远小于桩身阻抗或桩身完全断裂时，$Z_1 >> Z_2$。

由于透射波为零，桩身完全断裂处发生全反射，应力波仅在断裂位置以上多次反射，无法检测断裂部位以下的桩身质量。

**3. 波阻抗增大（$Z_1 < Z_2$）**

桩底支承介质较桩身材料硬，桩身扩颈、鼓肚都属于这种类型。

$Z_1 < Z_2$，则 $n < 1$，$F > 0$，$T$ 恒大于 0，在桩顶检测出的反射波速度、应力均与入射波信号极性相反。

当桩底支承介质的阻抗远大于桩身阻抗，桩底近似为固定时，$Z_1 << Z_2$，桩底处的速度为零，而应力加倍。

图 2-4-2 给出了三组塑料模型桩的速度波形曲线，分别代表完整桩、局部缩颈桩和局部扩颈桩，与上述三种波阻抗变化类型相对应。由于材料特性均匀，且无土阻抗，因此，这些曲线非常容易从理论上加以解释。

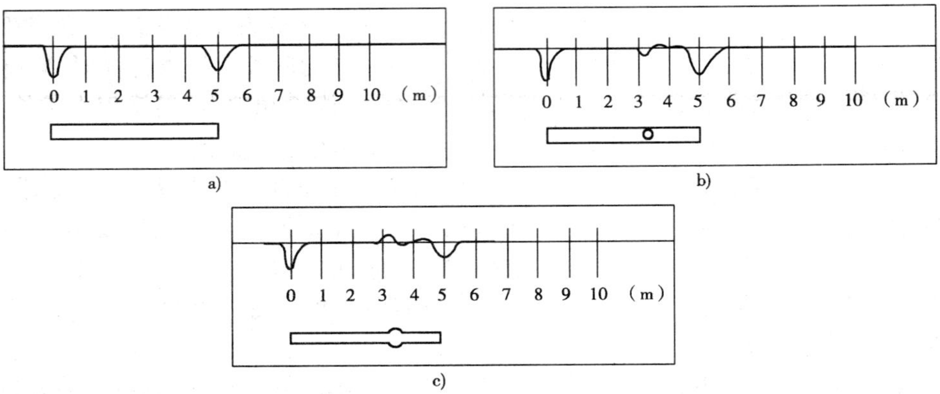


图 2-4-2　塑料模型桩的速度波形曲线

a）完整桩；b）缩颈桩；c）扩颈桩

图 2-4-2a）为完整桩。在 $t = 0$ 时刻，锤击桩头产生压缩波，在曲线 0.0m 处出现下凹。该波不间断地沿波长向下传播直到桩底，桩底反射一个上行拉力波，与入射波同相，在 5.0m 处出现下凹。

图 2-4-2b）为局部缩颈桩。在 $t = 0$ 时刻为起始压缩波，在曲线 0.0m 处出现下凹。应力波通过 3.0m 处的缩颈位置时，桩阻抗减小，产生上行拉力反射波，与入射波极性一致，曲线出现下凹，下凹程度取决于阻抗下降幅度。接着由于应力波通过缩颈后回到原截面，阻抗又相对增加，曲线又上凸至零线水平，最后在 5.0m 处测得桩底的响应。

图 2-4-2c）为局部扩颈桩。在 $t = 0$ 时刻为起始压缩波，在曲线 0.0m 处出现下凹。应力波通过 3.0m 处的扩颈位置时，桩阻抗增加，产生上行压缩反射波，与入射波极性相反，曲线出现上凸，上凸程度取决于阻抗增加的幅度。接着由于应力波通过扩颈后回到原截面，阻抗又相对减小，曲线又下凹至零线水平，最后在 5.0m 处测得桩底的响应。

## 二、仪器设备及要求

基桩检测所用仪器设备的主要技术性能和工作环境条件应符合《基桩动测仪》(JG/T 3055)的规定,并具有良好的波形现场显示、记录和储存功能。

检测仪器设备必须由法定计量单位定期进行标定和年检,合格后方能使用。反射波法检测系统基本组成见图2-4-3。

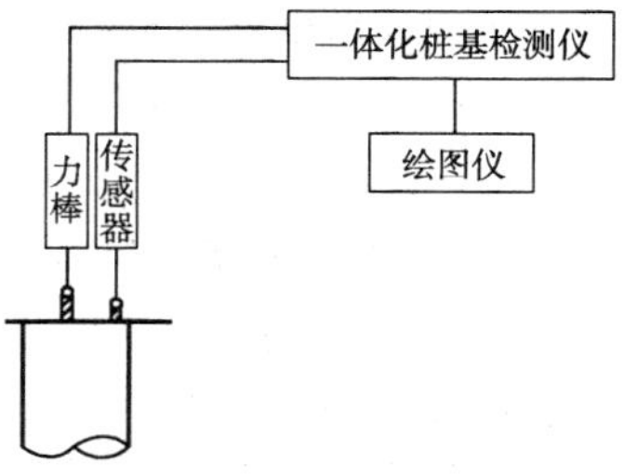


图2-4-3 反射波法检测系统

**1. 信号采集及处理仪应符合的规定**

(1)数据采集装置的模—数转换器不得低于12bit。

(2)采样时间宜为10~500μs,可分数档调整。

(3)单通道采样点不少于1 024点。

(4)放大器系统增益宜大于60dB,可调,长期变化量应小于1%。折合输入端的噪声水平应低于3μV。其频响范围应满足5~5 000Hz。

**2. 传感器的性能应符合的规定**

(1)传感器宜选用压电式加速度传感器或磁电式速度传感器,频响曲线的有效范围应覆盖整个测试信号的频带范围。

(2)加速度型传感器灵敏度应大于100mV/g,电荷灵敏度应大于20PC/g,上限频率不应小于5kHz,安装谐振频率不应小于6kHz,量程应大于100g。

(3)速度传感器的固有谐振频率不应大于30Hz,灵敏度应大于200mV/(cm/s),上限频率不应小于1.5kHz,安装谐振频率不应小于1.5kHz。

**3. 激振设备**

根据桩型和检测目的,宜选择不同材质和质量的力锤或力棒,以获得所需的激振频率和能量。

## 三、现场检测技术

按照《基桩低应变动力检测规程》(JGJ/T 93—95),基桩检测应按以下步骤进行:

**1. 检测前准备工作应符合的规定**

(1)检测前应收集其工程地质资料、基桩设计图纸和施工记录、监理日志等,了解施工工艺及施工过程中出现的异常情况。

(2)根据现场实际情况选择合适的激振设备、传感器及检测仪,检查测试系统各部分之间是否连接良好,确认整个测试系统处于正常工作状态。

(3)桩顶应凿至新鲜混凝土面,并用打磨机将测点和激振点磨平。

(4)应测量并记录桩顶截面尺寸。

(5)混凝土灌注桩的检测宜在成桩14d以后进行。

(6)打入或静压式预制桩的检测应在相邻桩打完后进行。

**2. 传感器安装应符合的规定**

(1)传感器的安装可采用石膏、黄油、橡皮泥等耦合剂,黏结应牢固,并与桩顶面垂直。

(2)对混凝土灌注桩,传感器宜安装在距桩中心1/2~2/3半径处,且距离桩的主筋不宜小于 50mm。当桩径不大于 1 000mm 时不宜少于 2 个测点；当桩径大于 1 000mm 时不宜少于4 个测点。

**3. 激振时应符合的规定**

(1)激振点宜选择在桩顶中心部位。

(2)激振锤和激振参数宜通过现场对比试验选定。短桩或浅部缺陷桩的检测宜采用轻锤短脉冲激振；长桩、大直径桩或深部缺陷桩的检测宜采用重锤宽脉冲激振，也可采用不同的锤垫来调整激振脉冲宽度。

(3)采用力棒激振时，应自由下落；采用力锤敲击时，应使其作用力方向与桩顶面垂直。

**4. 检测工作应遵守的规定**

(1)采样频率和最小的采样长度应根据桩长和波形分析确定。

(2)各测点的重复检测次数不应少于 3 次，且检测波形具有良好的一致性。

(3)当干扰较大时，可采用信号增强技术进行重复激振，提高信噪比；当信号一致性差时，应分析原因，排除人为和检测仪器等干扰因素，重新检测。

(4)对存在缺陷的桩应改变检测条件重复检测，相互验证。

## 四、实测曲线判读解释的基本方法

由于桩身缺陷种类复杂，实测曲线判读人员的技术水平所限，实测资料的解释是一项较为困难的工作。下面通过对桩身各种常见缺陷的反射波特征，结合一些典型的实测波形(图 2-4-4)，对反射波法的实测曲线的解释方法加以归纳。

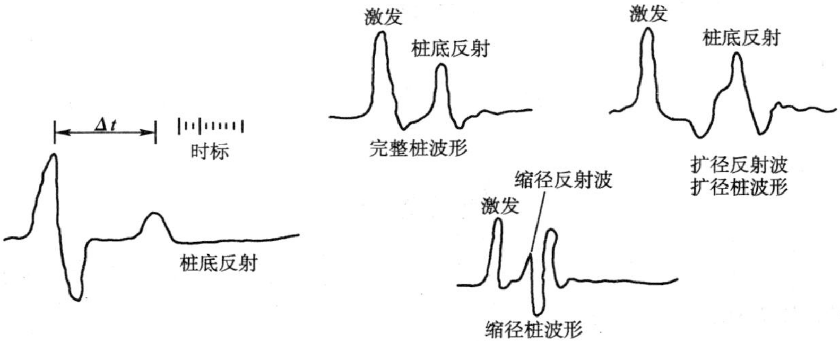


图 2-4-4 反射波法实测记录

**1. 缺陷存在可能性的判读**

判断桩身缺陷存在与否，需要分辨实测曲线中有无缺陷的反射信号及分辨桩底反射信号。这有助于定性及定量解释桩身缺陷。桩底反射明显，一般表明桩身完整性好，或缺陷轻微、规模小。另外，可换算桩身平均纵波速 $c_m$，从而评价桩身是否有缺陷及其严重程度。缺陷段参考波速值见表 2-4-1。

**缺陷段参考波速值** 表 2-4-1

| 缺陷种类 | 离析 | 断层 | 缩、扩颈 | 裂缝(空洞) |
|---|---|---|---|---|
| 纵波速度 $v_p$(m/s) | 1 500 ~ 2 700 | 600 ~ 1 000 | 正常桩混凝土纵波速 | ≤500 |

此外，还应分析地层等资料，排除由于桩周土层波阻抗变化过大等因素造成的“假反射”现象。

**2. 多次反射及多层反射问题**

当实测曲线中出现多个反射波时，应判别它是同一缺陷面的多次反射，还是桩间多处缺陷的多层反射，前者即缺陷反射波在桩顶面与缺陷面间来回反射，主要特征是：反射波至时间成倍增加（倍程），反射波能量有规律递减。后者往往杂乱，不具有上述规律性。

多次反射现象出现，一般表明缺陷在浅部，或反射系数较大（如断桩），它是桩身存在严重离析或断裂（断层）的有力证据。多层反射不只表明缺陷可能有多处，而且由下层缺陷反射波在能量上的相对差异，可推测上部缺陷的性质及相对规模。

**3. 桩身缺陷位置的计算公式**

$$x = \frac{1}{2000} \cdot \Delta t_x \cdot c = \frac{1}{2} \cdot \frac{c}{\Delta f_x} \tag{2-4-2}$$

式中：$x$——测点至桩身缺陷之间的距离，m；

$\Delta t_x$——时域信号第一峰与缺陷反射波波峰间的时间差，ms；

$\Delta f_x$——幅频曲线所对应缺陷的相邻谐振峰间的频差，Hz；

$c$——桩身波速（m/s），无法确定时用 $c_m$ 替代。

缺陷厚度

$$L_c = \Delta t' c_{po}/2$$

$c_{po}$——缺陷段的纵波速；

$\Delta t'$——缺陷段顶、底面反射波的波至时差。

### 五、影响基桩质量检测波形的因素分析

**1. 露出于桩头的钢筋对波形的影响**

由于灌注桩要考虑到承台的设置，桩头均有钢筋露头，这对实测波形有一定影响，严重时会影响反射信息的识别。这是因为在桩头激振时，钢筋所产生的回声极易被检波器接收，之后又与反射信息叠加在一起。克服这一影响因素的方法是将检波器用细砂或黏土屏蔽起来，使检波器收不到声波信息。

**2. 桩头破损对波形的影响**

预制桩在贯入过程中，桩头可能产生破损，灌注桩头表面松散，这将使弹性波能量很快衰减，从而削弱了桩间及桩底反射信息，影响了波形的识别。有效途径是将破损处或松散处铲去。

影响基桩质量检测波形的因素较多，工作中应逐一排除，以便桩间、桩底反射信息的识别，避免产生误判。

## ● 第二节　机械阻抗法 ●

机械阻抗法适用范围较为广泛，可用于各种工程结构的动力分析。在桩基检测中，机械阻抗法有稳态激振和瞬态激振两种方式，适用于检测桩身混凝土的完整性，推定缺陷类型及其在桩中的部位。

### 一、基本原理

某结构物上受到动力 $F$ 激励后，系统必产生响应 $X$，机械阻抗是激励力与其所产生的振动

响应之比,即 $Z = F/X$,响应 $X$ 既可以是位移、速度、又可以是加速度,对应的阻抗分别称为位移阻抗、速度阻抗与加速度阻抗。机械阻抗的倒数称为导纳 $N$,即 $N = 1/Z$。在基桩检测中通常观测的响应量是速度响应,亦称速度阻抗。

如果在桩头施加一正弦激励力 $f(t)$ 时,必产生一稳态响应 $v(t)$,并且是同频率的简谐振动。

$$f(t) = F\sin(\omega t + \varphi_1) \tag{2-4-3}$$

$$v(t) = V\sin(\omega t + \varphi_2) \tag{2-4-4}$$

式中:$F$——激励力的力幅;

$V$——稳态响应速度的振幅;

$\omega$——稳态响应的圆频率;

$\varphi_1$——激励力的初相角;

$\varphi_2$——稳态响应速度的初相角。

上述两式中只有两点不同:一是幅值不同($F/V \neq 1$),二是相角不同,其相位差为 $\varphi = \varphi_1 - \varphi_2$,滞后时间 $t = \varphi/\omega$。

振动理论与实践都证明:激励与响应之间的幅值比 $F/V$ 及相位差 $\varphi_1 - \varphi_2$ 不仅与激振频率 $\omega$ 有关,更主要的是取决于系统本身的固有特性(不随时间变化)。系统的这种固有特性,一般是指惯性、弹性及阻尼特性。所以在进行基桩质量检测时,采用激励与响应之间的幅值比 $F/V$ 及相位差作为判据,从整体上描述桩—土系统在 $\omega$ 频率条件下的频响特性或传递特性。

## 二、仪器设备及要求

机械阻抗法测试仪器根据激振方式的不同分为稳态激励和瞬态激励。测试仪器由激振系统、传感系统和放大与分析系统组成。

**1. 稳态激振设备及瞬态冲击装置应满足的要求**

(1)稳态激振应采用电磁激振器,并宜选择永磁式激振器。激振器的技术要求应符合下列规定:

频率范围宜为 5 ~ 1 500Hz;

最大输出力:当桩径小于 1.5m 时,应大于 200N;当桩径为 1.5 ~ 3.0m 时,应大于 400N,当桩径大于 3.0m 时,应大于 600N。非线性失真应小于 1%。

悬挂装置可采用柔性悬挂(橡皮绳)或半刚性悬挂。采用柔性悬挂时应避免高频段出现横向振动。采用半刚性悬挂,当激振频率在 10 ~ 1 500Hz 的范围内时,激振系统本身特性曲线出现的谐峰值(共振及反共振)不应超过 1 个。

(2)瞬态激振应通过试验选择不同材质的锤头进行冲击,使可用于计算的谱宽度大于 1 500Hz。在冲击桩头时,冲击锤应保持为自由落体。

激振装置初次使用或经长距离运输,在正式使用前应进行调整,使横向振动系数控制在 10% 以下,其谐振时的最大值不应超过 25%。

**2. 传感系统应满足的要求**

(1)接收传感器的力传感器频率响应宜为 5 ~ 1 500Hz,其幅度畸变应小于 1dB,灵敏度不应小于 1.0pC/N。量程按激振力的最大值确定(稳态激振时)或按冲击力最大值确定(瞬态冲击时)。

(2)测量响应的传感器频率响应宜为5~1 500Hz;对小桩径,速度传感器的灵敏$S_r$度应大于300mV/(cm/s),加速度传感器的灵敏度$S_a$应大于1 000pC/g;当桩径较大时,$S_r$应大于800mV/(cm/s),$S_a$应大于2 000pC/g。横向灵敏度不应大于5%。

(3)加速度传感器的量程:稳态激励时不应小于5g;瞬态激振时,不应小于20g。

(4)接收传感器的灵敏度应每年标定一次。力传感器可采用振动台进行相对标定,或采用压力试验机用准静态标定。进行准静态标定所采用的电荷放大器,其输入电阻不应小于$10^{11}\Omega$。测量响应的传感器可采用振动台进行相对标定。

**3. 放大与分析系统的要求**

压电传感器的信号放大应采用电荷放大器,磁电式传感器应采用电压放大。频带宽度宜为5~2 000Hz,增益应大于80dB,动态范围应在40dB以上,折合到输入端的噪声应小于10μV。在稳态测试中,应采用跟踪滤波器或在放大器内设置性能相似的滤波器。滤波器的阻滞衰减不应小于40dB。在瞬态测试中分析仪器的选择,应具有频域平均和计算相干函数的功能。当采用数字化仪器进行数据采集分析时,其模/数转换器位数不应小于12bit。

机械阻抗法检测系统基本组成见图2-4-5。

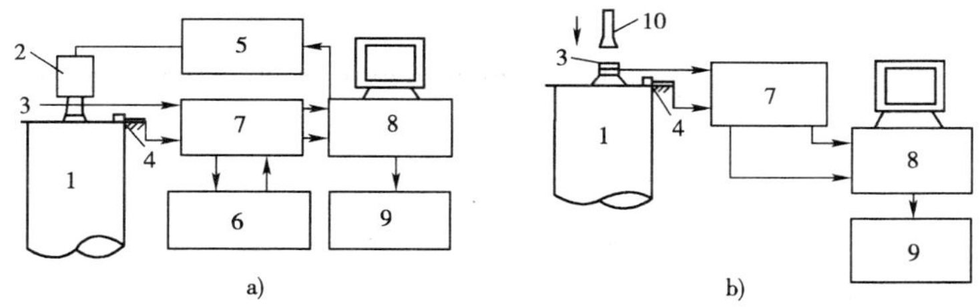


图2-4-5 机械阻抗法检测系统基本组成图

a)机械阻抗(稳态)测试;b)机械阻抗(瞬态)测试

1-桩;2-激振器;3-力传感器;4-速度传感器;5-功率放大器;6-跟踪滤波器;7-信号采信前端;8-微计算机;9-打印机;10-力棒、锤

信号处理分析的记录设备可采用磁记录器,*X-Y*函数记录器、与计算机配合的笔式绘图仪或打印机。磁带记录器不得少于两个通道、信噪比不得低于45dB,频率范围不得低于5kHz。采用的各类记录仪的系统误差应小于1%。

## 三、现场检测及注意事项

按照《基桩低应变动力检测规程》(JGJ/T 93—95),基桩检测应按以下步骤进行:

(1)桩的振动响应测试点应按下列原则布置:

在桥梁桩基础测试中,可布置一个测点;当布置2个测点时,其测点应位于顺流向的两侧;布置4个测点时,应在顺流向两侧和顺流纵轴方向两侧各布置2个测点。

(2)激振力应位于桩头顶面正中,采用半刚性悬挂时,则粘贴在桩头顶面中心的钢板必须保持水平。

(3)现场测试基本程序如下:

①安装全部测试设备,并确认各仪器装置处于正常工作状态;

②在测试前应正确选定系统的各项工作参数,使仪器在设定的状态下试验;

③在瞬态激振试验中，重复测试的次数应大于4次；

④在测试过程中应观察各设备的工作状态，只有当全部设备均处于正常状态时，该次测试有效。

## 四、各种激振下桩的典型导纳曲线

机械阻抗法得到的导纳函数或频响函数描述了桩—土系统的动力特性。它与激励和响应量的性质无关，即不论是简谐稳态激励、瞬态冲击激励或随机激励，得到的导纳函数都是一样的，都能得到相同的导纳曲线。差别仅仅在于激振方法不同、检测仪器不同和分析原理不同可能导致精度不同。如稳态扫频激振的能量比较集中，是阻抗法中最可靠的方法，但逐个频率依次递增，需要时间长、工效不高。瞬态阻抗法检测系统轻便简单，利于现场工作，但影响分析结果的因素多。可靠性不如稳态扫频激振。

可以把桩看成一根埋入土中的细长弹性竖杆，周围土对桩身起着弹性支承和阻尼作用。当桩身不是很细长（$L/d \leqslant 30 \sim 50$），土质不是很刚硬，则桩顶从低频升至高频依次逐个频率激振，桩的竖向振动首先在低频时出现刚体运动，当激振频率增大后，将导致桩身材料内发生压缩和拉伸变形，即“波动”。因此，一般情况下，桩的竖向振动包含了低频的刚体运动和高频的波动。同时由于阻尼的存在，实际从桩顶上检测到的导纳函数的典型曲线应是图2-4-6的形式。

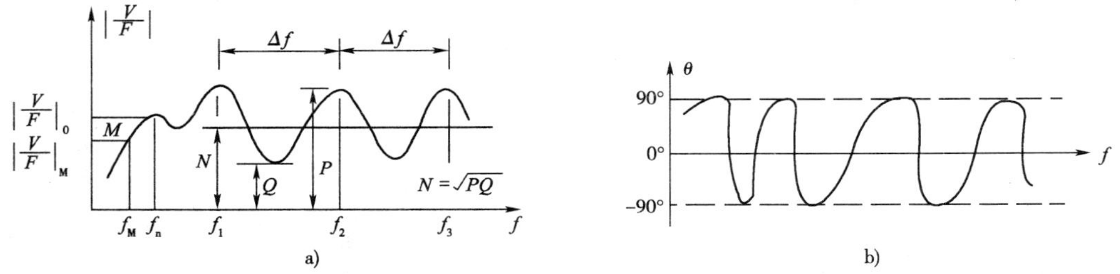


图2-4-6 典型的速度导纳曲线

a）幅频图；b）相频图

在幅频图上，$f_n$ 可理解为桩身做刚体运动的谐振频率，后面 $f_1$、$f_2$、$f_3$…是桩身波动的各阶谐振频率。

各谐振频率点之间的频率差均相等。应注意到：当达到谐振时，在相频曲线上，各谐振点的相角都应是零度。这一特性可用来鉴别实测导纳曲线上哪些是真正的谐振峰，哪些是测试过程中因各种干扰引起的“假峰”，“假峰”可不予考虑。

桩的刚体运动和波动两种状态之间是一种过渡状态，没有明显的分界频率。一般说来，桩周土质愈软，或者说土的支承刚度愈小，两者在导纳曲线图上区分愈明显。如果桩底支承在岩层上或嵌入岩层中，则桩身将不会发生刚体运动而只有波动，导纳曲线上亦不存在 $f_n$ 及其相应的导纳峰。

## 五、判别基桩质量的依据

既然导纳函数反映了桩—土系统的动力特性，那么导纳曲线所具备的各种特征，都可作为判别基桩质量(包括完整性和承载力)的数据。从波动理论分析可知,导纳曲线频率差$\Delta f$、波速$v_{pm}$和桩长$L_m$之间具有下列关系:

$$\Delta f=\frac{v_{pm}}{2\cdot L_m} \tag{2-4-5}$$

式中:$f$可由导纳曲线上实测,利用三者关系可判别桩身质量,确定桩长。

由理论分析计算完整桩的理论平均导纳$N$:

$$N=\frac{1}{v_{pm}\cdot A\cdot \rho} \tag{2-4-6}$$

式中:$v_{pm}$——完好桩波速的平均值,无数据时,可取4 000m/s;

$\rho$——正常混凝土的密度;

$A$——桩的设计截面积。

在被检测的导纳曲线上,可求得实测的平均导纳$N'$

$$N'=\sqrt{PQ} \tag{2-4-7}$$

式中:$P$——导纳曲线上量得导纳的极大值;

$Q$——导纳曲线上量得导纳的极小值。

根据$N$与$N'$,可判别桩身混凝土的质量。

由导纳曲线计算桩顶的动刚度$K_d$和桩周土的静刚度$K$。动刚度也称位移阻抗值。在速度导纳曲线的低频段(近似直线部分)任取一点$M$,则动刚度$K_d$为:

$$K_d=2\pi f_M/|V/F|_M \tag{2-4-8}$$

作为静力参数的桩周土支承刚度$K$为:

$$K=2\pi f_m/|V/F|_m \tag{2-4-9}$$

式中:$f_m$和$|V/F|_m$分别为导纳曲线的原点切线上(低频段)任一点$m$对应的频率和导纳值。

动刚度与静刚度在数值上的差别取决于$m$点的位置,由于低频段数据可靠性差,为得到较可靠的数据,可通过原点画其渐近线代替导纳曲线的原点切线,如图2-4-7。

但要注意,如果桩身存在严重缺陷而使桩不能出现整桩的刚体运动,或桩在某一深度全截面断裂,这时用$K$估算桩的承载力便会出错。

根据以上各项参数可以判断桩基质量。

质量完好桩的判定可归纳为:由$L_m=\frac{v_{pm}}{2\Delta f}$计算的桩长与实际桩长相近,实测导纳$N'$小于各桩的平均值,并与理论值接近,即$N'\approx N$;动刚度$K_d$接近各桩的平均值;波速$v_p\geqslant$ 3 500m/s,曲线形状无异常,此时可判定为质量良好的完整桩。

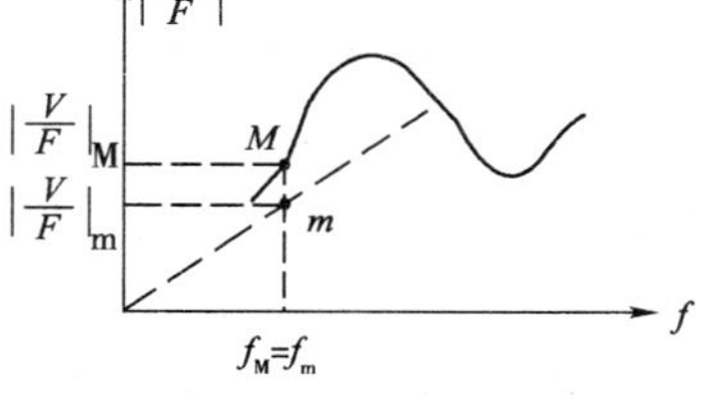


图2-4-7 动刚度和静刚度的计算

存在下列情况之一,便判为有缺陷桩:

(1)桩长不足或测不出$\Delta f$。

同一工地的大多数正常桩计算出的波速应是大体接近的。取其平均值作为参考值,然后代入同一公式反求桩长,如果与建筑实际长度差别较大或测不出$\Delta f$,桩身可能出现断裂、鼓胀或严重离析。

如果测出的桩长偏小，而动刚度 $K_d$ 小于各桩平均值较多，导纳测量值大于各桩平均值和理论值较多，即可判断为桩身断裂。反之，如桩身出现鼓肚，承载力得到加强，其动刚度就偏大，测量导纳值就偏小了。

如果桩身严重离析，波动的传播受到不规则的漫反射，桩顶传感器测不出规律的谐振峰值，$\Delta f$ 难以辨认。

(2)导纳的实测平均值大于理论值并大于同一工地各桩的平均值较多。

此时怀疑整桩或局部截面缩小，即有缩颈现象，或混凝土质量不合要求。当实测导纳随频率而变化时，则表示桩的断面沿轴向变化。

(3)声波在混凝土中的传播速度小。

传播速度 $v_p < 3\ 500$m/s，认为混凝土质量不佳，可能出现离析、贫混凝土等缺陷，$v_p$ 与混凝土的抗压强度有明确的相关关系。

(4)$K_d$ 值降低。

桩的各种不利缺陷最终都表现为承载力下降。当桩身混凝土完好时，$K_d$ 值的降低意味着桩底持力层不强，或有较厚的沉渣等。

(5)导纳曲线与典型曲线相差较大。

如果曲线类似调制波形(图 2-4-8)，则大峰之间的 $\Delta f_2$ 表示了桩身缺陷处的反射，小峰之间的 $\Delta f_1$ 表示了桩底的反射或桩身更深部位缺陷的反射。如果导纳曲线各峰值逐渐加大或减小，而各峰之间的 $\Delta f$ 均相等，则桩身横截面可能沿深度向下扩大或缩小。

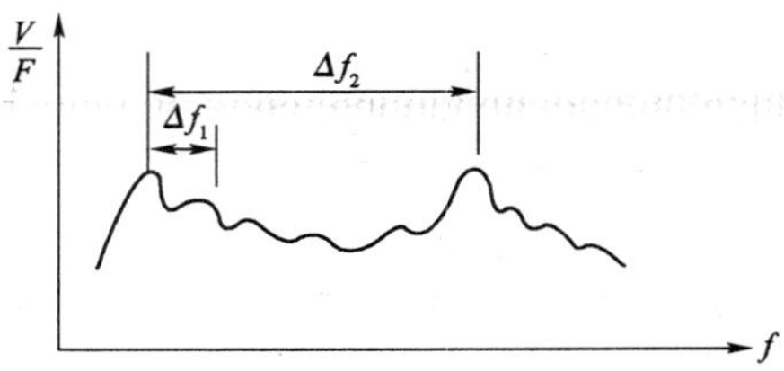


图 2-4-8 调制波形

(6)导纳曲线各峰值有较大差异，其间 $\Delta f$ 又有较大差异。

由于在通常情况下，最大峰幅值往往出现在较高的频率上。此时可认为最大的峰幅值表示接近桩顶处有较明显的缺陷。

上述各种情况通常是伴随出现的。因此，在判别桩可能出现的缺陷时，必须进行综合分析，并结合经验才能作出符合实际的结论。

## 六、单桩承载力估算

单桩竖向承载力的估算采用在容许荷载作用下的容许沉降值来确定。

$$R = [S]K_d/\eta \tag{2-4-10}$$

式中：$R$——单桩轴向承载力的推算值；

$K_d$——单桩的动刚度，kN/mm；

$\eta$——桩的动静刚度测试对比系数，宜为 0.9～2.0；

$[S]$——单桩的容许沉降量，mm。

动力检测法还有频率法与频率—初速法，该两种方法是将桩—土体系视为单自由度振动系统。在桩顶施加一瞬时冲击荷载，激起桩—土系统产生自由衰减振动。在桩顶将这一速度响应信号记录下来，获得桩顶振动速度与时间的关系曲线，称为"时域曲线"。在此曲线上求得系统的固有频率，计算该系统的竖向刚度(弹簧常数)$K$，最后由经验公式估算出基桩的承载力。“频率法”必须有详细的地质资料和土工试验数据，若此资料不全或不准会影响承载力的准确判断。频率—初速法是根据重物撞击桩头时冲击前后动量不变的原理提出的，唯一的优点是不再需要借助地质土工资料计算桩—土体系参振重力，其他方面两者均相同。

## ●第三节　声波透射法●

钻孔灌注桩超声脉冲检测法的基本原理与超声测缺和测强技术基本相同。但是要在桩内预埋几根声测管作为检测通道，将超声脉冲发射换能器（又称发射探头）和超声脉冲接收换能器（又称接收探头）置于声测管中，管中需充满清水，作为耦合剂。由仪器中的脉冲信号发生器发出一系列周期性电脉冲，加在发射换能器的压电体上，转换成超声脉冲。该脉冲穿过待测的桩体混凝土，为接收换能器所接收，再转换成电信号。由仪器中的测量系统测出超声脉冲穿过混凝土所需的时间、接收波幅值（或衰减值）、接收脉冲主频率、接收波波形和频谱等参数。然后由数据处理系统，按判断软件对接收信号的各种参数进行综合判断和分析，即可对混凝土各种内部缺陷的性质、大小、位置作出判断，并给出混凝土总体均匀性和强度等级的评价指标。

声波检测方法适用于直径不小于800mm的混凝土灌注桩的完整性检测，它包括跨孔透射法和单孔折射法。

### 一、检测方法

根据声测管埋置的不同情况，可以有如下三种检测方法：

**1. 双孔检测**

在桩内预埋两根以上的管道，把发射探头和接收探头分别置于两根管道中，检测时超声脉冲穿过两管道之间的混凝土。这种检测方法的实际有效范围为超声脉冲从发射换能器到接收换能器所穿过的范围。

随着两换能器沿桩的纵轴方向同步升降，使超声脉冲扫过桩的整个纵剖面，从而得到各项声参数沿桩的纵剖面的变化数据。为了扩大在桩横截面上的有效检测控制面积，必须使声测管的布置合理。双孔测量时，根据两探头相对高程的变化，可分为平测、斜测、扇形扫测等方式，如图2-4-9a）、b）、c）所示，在检测时视实际需要灵活掌握。

**2. 单孔检测**

在某种特殊情况下，只有一个孔道可供检测使用。例如在钻孔取芯后需进一步了解芯样周围混凝土的质量，以扩大取芯检测后的观察范围，这时可利用此法（图2-4-10）。换能器放置在一个孔中，中间以隔声材料隔离。这时声波从水中及混凝土中分别绕射到接收换能器，接收信号为从水及混凝土等不同声通路传播而来的信号的叠加，分析这一叠加信号，测出不同声通路的声音参数，即可分析孔道周围混凝土的质量。

运用这一检测方法时，必须运用信号分析技术，排除管中的混响干扰，当孔道中有钢质套管时，不能用此法检测。

**3. 桩外孔检测**

当桩的上部结构已施工，或桩内未预埋管道时，可在桩外的土基中钻孔作为检测通道。检测时在桩顶上放置一较强功率的低频平探头，向下沿桩身发射超声脉冲，接收探头从桩外孔中慢慢放下，超声脉冲沿桩身混凝土向下传播，并穿过桩与测孔之间的土层，进入接收探头，逐点测出声时、波高等系数作为判断依据(图 2-4-10)。这种方式的可测深度受仪器发射功率的限制，一般只能测到 10m 左右。

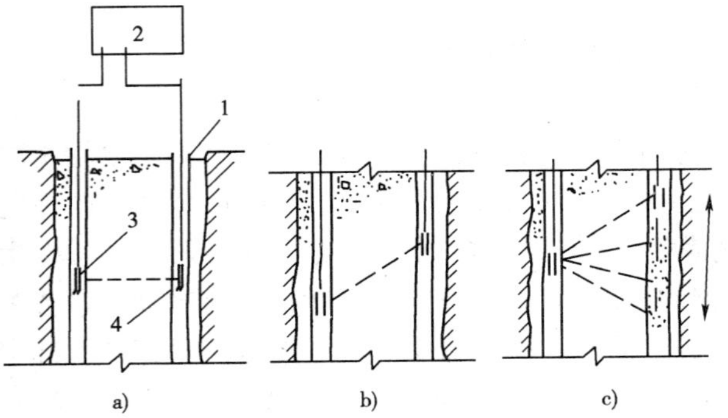


图 2-4-9　双孔检测方法

a)双孔平测；b)双孔斜测；c)扇形扫测

1-声测管；2-超声仪；3、4-发射和接收换能器

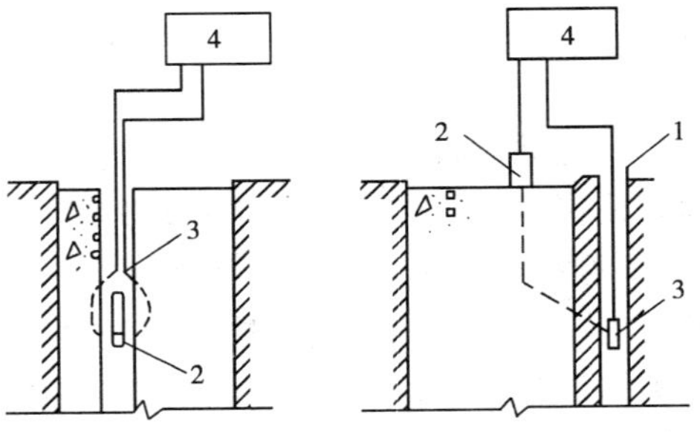


图 2-4-10　单孔检测与桩外孔检测

1-声测管；2-发射探头；3-接收探头；4-超声波检测仪

以上三种方式中，双孔检测是桩基超声脉冲检测的基本形式，其他两种方法在检测和结果分析上都比较困难，只能作为特殊情况下的补救措施。

## 二、判断桩内缺陷的基本物理量

判断桩内缺陷的基本物理量有以下四个：

**1. 声时值**

声时即超声脉冲穿过混凝土所需的时间。如果两声测管基本平行，则当混凝土质量均匀，没有内部缺陷时，各横截面所测得的声时值基本相同。当存在缺陷时，由于缺陷区的泥、水、空气等内含物的声速远小于完好混凝土的声速，所以使穿越时间明显增大，而且当缺陷中的物质与混凝土的声阻抗不同时，界面透过率很小，声波将绕过缺陷继续传播，波线呈折线状，由于绕行声程比直达声程长，因此，声时值也相应增大，所以声时值是缺陷的重要判断参数。

**2. 波幅(或衰减)**

当波束穿过缺陷区时，部分声能被缺陷内含物所吸收，部分声能被缺陷的不规则表面反射和散射，到达接收探头的声能明显减少，使接收波的波幅明显下降。从而在缺陷背后形成一个声阴影。实践证明，波幅对缺陷的存在非常敏感，也是判断缺陷的重要参数。

**3. 接收信号的频率变化**

当超声脉冲穿过缺陷区时，声脉冲中的高频部分首先被衰减，导致接收信号的主频率向低频端漂移，漂移的多少取决于缺陷的严重程度。接收频率的变化实质上是缺陷区声能衰减作用的反映，它对缺陷较敏感，测值也较稳定，因此，是桩内缺陷判断的重要依据。

**4. 接收波形畸变**

由于超声脉冲在缺陷界面的反射和折射，形成波线不同的波束，这些波束的前锋到达接收探头的时间参差不齐，相位也不尽一致，叠加后造成接收波形的畸变。但波形畸变的原因很多，波形信息处理方法目前尚未能解决，只能将波形畸变作为缺陷定性分析的依据及判断缺陷的参考指标。

检测时，探头在声测管中逐点测量各深度的声时、波幅（或衰减）、接收频率及波形畸变位置等，然后绘出“声时—深度曲线”，“波幅—深度曲线”及“接收频率变化率—深度曲线”等，供分析使用。

## 三、主要设备

（1）检测仪系统应包括信号放大器、数据采集及处理存储器、径向振动换能器等。

（2）检测仪应具有一发双收功能。

（3）声波发射应采用高压阶跃脉冲或矩形脉冲，其电压最大值不应小于 1 000V，且分档可调。

（4）接收放大与数据采集器应符合下列规定：

①接收放大器的频带宽度为 5 ~ 200kHz，增益应大于 100dB，放大器的噪声有效值不大于 2μV；波幅测量范围不小于 80dB，测量误差小于 1dB。

②计时显示范围应大于 2 000μs，精度优于 0.5μs，计时误差不应大于 2%。

③采集器模—数转换精度不应低于 8bit，采样频率不应小于 10MHz，最大采样长度不应小于 32KB。

（5）径向振动换能器应符合下列规定：

①径向水平面无指向性。

②谐振频率宜大于 25kHz。

③在 1MPa 水压下能正常工作。

④接收换能器宜带有前置放大器，频带宽度宜为 5 ~ 60kHz。

⑤收、发换能器的导线均应有长度标注，其标注允许偏差不应大于 10mm。

⑥单孔检测采用一发双收一体型换能器，其发射换能器至接收换能器的最近距离不应小于 30cm，两接收换能器的间距宜为 20cm。

## 四、现场检测技术

按照《基桩低应变动力检测规程》（JGJ/T 93—95），基桩检测应按以下步骤进行。

**1. 声测管埋设应满足的要求**

（1）声测管埋设数量。当桩径小于 1.0m 时，应埋设 2 根管；当桩径在 1.0 ~ 2.5m 时，应埋设 3 根管；当桩径大于 2.5m 时，应埋设 4 根管。声波透射管的埋置见图 2-4-11。

（2）声测管材质的选择，以透声率较大，便于安装及费用较低为原则。目前常用的管子有钢管、钢质波纹管、塑料管三种，其内径宜为 50 ~ 60mm。钢管的优点是便于安装，可用电焊焊在钢筋骨架上，并可代替部分钢筋截面，而且埋置后又保持其平行度和平直度，但价格较贵，钢质波纹管是一种较好的声测管材料，具有管壁薄、省钢材、抗渗、耐压、强度高及柔性好等特点，可直接绑扎在钢筋骨架上。塑料管的声阻抗率较低，具有较大的透声率，但大直径灌注桩，混凝土用量大，水泥的水化热不易发散，而塑料的热膨胀系数与混凝土相差悬殊，混凝土凝固后塑料管因温度下降而产生径向和纵向收缩，有可能与混凝土局部脱开而造成空气或水的夹缝，在声通路上又增加了更多反射强烈的界面，容易造成误判。因此，声测管宜采用金属管，其管的连接宜采用螺纹连接，且不漏水。

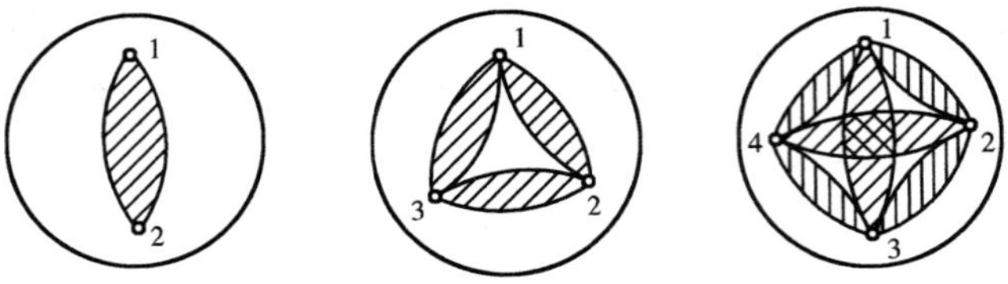


图 2-4-11 声波透射管的埋置

注：图中数字为检测管埋设位置

(3)声测管应牢固焊接或绑扎在钢筋笼的内侧，且互相平行、定位准确，并埋设至桩底，管口宜高出桩顶面 300mm 以上。

(4)声测管管底应封闭，管口应加盖。

(5)声测管的布置以路线前进方向的顶点为起始点，按顺时针旋转方向进行编号和分组，每两根编为一组。见图 2-4-11。

**2. 检测前准备应符合的规定**

(1)被检测桩的混凝土龄期应大于 14d。

(2)声测管内应灌满清水，且保证畅通。

(3)标定超声波检测仪发射至接收的系统延迟时间 $t_0$。

(4)准确量测声测管的内、外径和两相邻声测管外壁间的距离，量测精度为 ±1mm。

(5)取芯孔的垂直度误差不应大于 0.5%，检测前应进行孔内清洗。

**3. 检测方法应符合的要求**

(1)测点间距不宜大于 250mm。发射与接收换能器应以相同高程同步升降，其累计相对高差不应大于 20mm，并随时校正。

(2)在对同一根桩的检测过程中，声波发射电压应保持不变。

(3)对于声时值和波幅值出现异常的部位，应采用水平加密、等差同步或扇形扫测等方法进行细测，结合波形分析确定桩身混凝土缺陷的位置及其严重程度。

**4. 声时修正**

由于埋置声测管影响声时值，应按下式计算声时修正值 $t'$：

$$t' = \frac{D-d}{v_t} + \frac{d-d'}{v_w} \tag{2-4-11}$$

式中：$D$——检测管外径，mm；

$d$——管内径，mm；

$d'$——换能器外径，mm；

$v_t$——检测管壁厚度方向声速，km/s；

$v_w$——水的声速，km/s；

$t'$——声时修正值，μs。

混凝土中声波的传播时间和速度按下式计算：

$$t = t_p - t_0 - t' \tag{2-4-12}$$

$$v = L/t \tag{2-4-13}$$

式中：$t$——混凝土中声波的传播时间，μs；

$t_p$——声时测读值，μs；

$t_0$——声波检测仪发射至接收系统的延迟时间，μs；

$v$——混凝土的声速，km/s；

$L$——声波传播的距离，称声程或声距，m。

单孔折射法的声时、声速值应按下列公式计算：

$$\Delta t = t_2 - t_1 \tag{2-4-14}$$

$$v_i = \frac{h}{\Delta h} \tag{2-4-15}$$

式中：$\Delta t$——两个接收换能器间的声时差，μs；

$t_1$——近道接收换能器声时，μs；

$t_2$——远道接收换能器声时，μs；

$v_i$——第 $i$ 测点的声速值，km/s；

$h$——两个接收换能器之间的距离，mm。

## 五、检测数据处理与缺陷判定

目前常用的缺陷分析判断方法可分为两大类：第一类为数值判据法，即根据测试值，经适当的数学处理后，找出一个可能存在缺陷的临界值，作为判断的依据。第二类为声场阴影区重叠法，即从不同的方向测出缺陷背面所形成的声阴影区。

这些声阴影的重叠区即为缺陷的所在位置。通常用于数值判据粗略判断缺陷的存在之后，仔细测量缺陷的位置、大小和性质。

**1. 数值判据法**

1）声速判据

当实测混凝土声速值低于声速临界值时应将其作为可疑缺陷区。

$$v_i < v_D \tag{2-4-16}$$

式中：$v_i$——第 $i$ 个测点声速值，km/s；

$v_D$——声速临界值，km/s。

声速临界值采用正常混凝土声速平均值与 2 倍声速标准差之差，即

$$v_D = \bar{v} - 2\sigma_v \tag{2-4-17}$$

将所测各参数的数据分别按大小次序排列，计算出桩各测点的平均值$\bar{v}$及标准差 $\sigma_v$，然后计算临界值。计算公式如下：

$$\bar{v} = \frac{\sum_{i=1}^{n} y_i}{n} \tag{2-4-18}$$

$$\sigma_v = \sqrt{\frac{\sum_{i=1}^{n}(v_i - \bar{v})^2}{n-1}} \tag{2-4-19}$$

式中：$\bar{v}$——正常混凝土声速平均值，km/s；

$\sigma_v$——正常混凝土声速标准差；

$v_i$——第 $i$ 个测点声速值，km/s；

$n$——测点数。

当检测剖面 $n$ 个测点的声速值普遍偏低且离散性很小时，宜采用声速低限值判据。若实测混凝土声速值低于声速低限值时，可直接判定为异常，即

$$v_i < v_L \tag{2-4-20}$$

式中：$v_i$——第 $i$ 个测点声速值，km/s；

$v_L$——声速低限值，km/s。

声速低限值应由预留同条件混凝土试件的抗压强度与声速对比试验结果，结合本地区实际经验确定。

2）波幅判据

用波幅平均值减 6dB 作为波幅临界值，当实测波幅低于波幅临界值时，应将其作为可疑缺陷区。

$$A_D = A_m - 6 \tag{2-4-21}$$

$$A_m = \frac{\sum_{i=1}^{n} A_i}{n} \tag{2-4-22}$$

式中：$A_D$——波幅临界值，dB；

$A_m$——波幅平均值，dB；

$A_i$——第 $i$ 个测点相对波幅值，dB；

$n$——测点数。

3）PSD 判据

PSD 判据是指声参数—深度曲线相邻两点之间的斜率与差值之积作为判据。以声时值为例，设测点的深度为 $H$，相应的声时值为 $t$，则声时值因混凝土中存在缺陷或其他因素的影响，而随深度变化的关系，可用如下函数式表达：

$$t = f(H)$$

当桩内存在缺陷时，由于缺陷与完好混凝土的分界面处超声传播介质的性质产生突变，因而声时值也产生突变，该函数为不连续函数。当深度增量（即测点间距）$\Delta H \to 0$ 时，声时增量 $\Delta t$ 不趋向于零，该函数的不连续点即为缺陷界面的位置。但实际检测中总是每隔一定距离检测一点，$\Delta H$ 不可能趋向于零，而且由于缺陷表面凹凸不平以及孔洞等缺陷而导致声时变化，所以 $t = f(H)$ 的实测曲线中，在缺陷界面处只表示为斜率的变化。各点的斜率可用下式求得：

$$S_i = \frac{t_i - t_{i-1}}{H_i - H_{i-1}} \tag{2-4-23}$$

式中：$t_i$、$t_{i-1}$——相邻两测点的声时值；

$H_i$、$H_{i-1}$——相邻两测点的深度；

$S_i$——第 $i-1$ 至测点之间的斜率。

斜率反映了相邻两测点声时值的变化速度，由于在检测时往往采用不同的测点间距，因此，虽然所求出的斜率可能相同，但测点间距不同时，所对应的声时差值是不同的，而声时差值

是与缺陷大小有关的参数。为了使判据进一步反映缺陷的大小，就必须加大声时差值在判据中的权数。因此判据可写成：

$$PSD = S_i(t_i - t_{i-1}) = \frac{(t_i - t_{i-1})^2}{H_i - H_{i-1}} \tag{2-4-24}$$

式中：*PSD* 为 $i$ 点的判据值，简称 *PSD* 判据。

显然，当 $i$ 点处相邻两点的声时值没有变化或变化很小时，*PSD* 等于或接近于零，当声时值有明显变化时，由于 *PSD* 和 $(t_i - t_{i-1})^2$ 成正比，因而 *PSD* 将大幅度变化。

实践证明，*PSD* 判据对缺陷十分敏感，而对因声测管不平行，或因混凝土不均匀等非缺陷原因所引起的声时变化，则基本上不予反映。这是由于非缺陷因素所引起的声时变化都是渐变过程，虽然总的声时变化量可能很大，但相邻两测点间的声时差值却很小，因而 *PSD* 很小，所以运用 *PSD* 判据基本上消除了声测管不平行或混凝土不均匀等因素所造成的声时变化对缺陷判断的影响。

为了对全桩各测点进行判别，首先应将各测点的 $K_i$ 值求出，也可绘成"判据值—深度"曲线，凡是 *PSD* 值较大的地方，均可列为缺陷可疑点，做进一步的细测。

对支承桩或嵌岩桩，宜同时采用低应变反射波法检测桩段的支承情况。

**2. 声阴影重叠法**

运用上述数值判据判定桩内缺陷的大概位置、性质和大小后，应在初定的缺陷区段内采用声阴影重叠法仔细判定缺陷的确切位置、范围和性质。声阴影重叠法，就是当超声脉冲波束穿过桩体并遇到缺陷时，在缺陷背面的声强减弱，形成一个声辐射阴影区。在阴影区内，接收信号的波幅明显下降，声时值增大，甚至波形畸变。

双管对测时，各种缺陷的细测判断法示于图 2-4-12 ~ 图 2-4-15。基本方法是将一个探头固定，另一探头上下移动，找出声时和波幅发生突变的位置，即声阴影所在边界位置。然后交换测试，找出另一面的阴影边界，两组边界线的交叉范围内的声阴影重叠区，即为缺陷区。

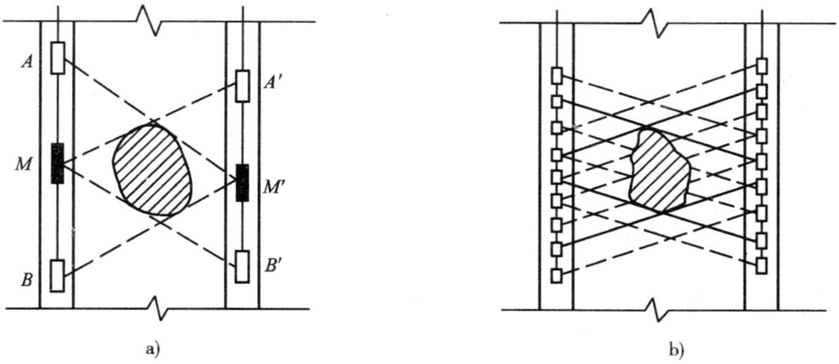


图 2-4-12 孔洞大小及位置的细测判断

a）扇形扫测；b）加密测点平移扫测

在混凝土中，由于各种不均匀界面的漫反射及低频波的绕射等原因，使声阴影的边界十分模糊。需通过声参数的综合运用方可定出其范围。

混凝土质量除用以上判据法外还有多因素概率分析法，此处不再赘述，可参阅有关资料。

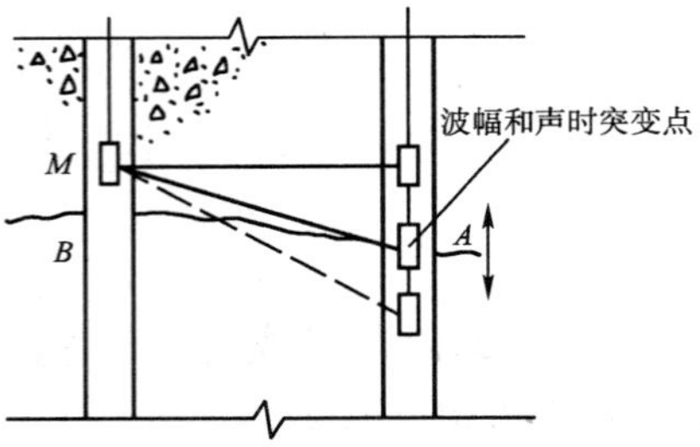


图 2-4-13　断层位置的细测判断

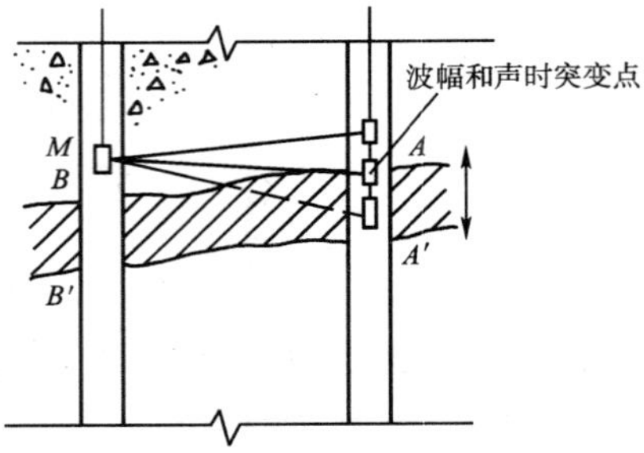


图 2-4-14　厚夹层上下界面的细测判断

## 六、桩身完整性类别判断

I 类桩:各声测剖面每个测点的声速、波幅均大于临界值,波形正常。

II 类桩:某一声测剖面个别测点的声速、波幅略小于临界值,但波形基本正常。

III 类桩:某一声测剖面连续多个测点或某一深度桩截面处的声速、波幅值小于临界值,*PSD* 值变大,波形畸变。

IV 类桩:某一声测剖面连续多个测点或某一深度桩截面处的声速、波幅值明显小于临界值,*PSD* 值突变,波形严重畸变。

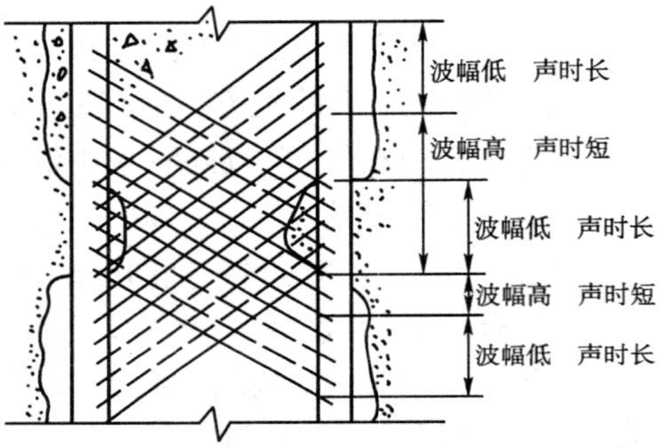


图 2-4-15　颈缩现象的细测判断

检测报告应符合有关规定的内容,并应包括每根被检测桩各剖面的声速—深度、波幅—深度曲线及各自的临界值,声速、波幅的平均值,桩身缺陷位置及程度的分析说明。

## 复习思考题

1. 利用实测应力波如何分析桩身缺陷?
2. 如何利用导纳曲线进行桩身质量分析?
3. 声测管的选择与预埋应注意什么问题?
4. 如何用超声脉冲法测桩? 如何判断桩身缺陷?

# 第五章 桥梁荷载试验

**知识目标**

1. 描述桥梁静荷载和动荷载试验的准备工作和试验方案的设计；
2. 描述试验所用仪器设备的使用和要求；
3. 描述试验加载与观测的方法以及对试验结果的分析评定方法。

**能力目标**

1. 进行加载试验与观测的操作；
2. 进行各类桥梁静载试验结果的计算。

桥梁荷载试验分静载试验和动载试验，进行桥梁荷载试验的目的是检验桥梁整体受力性能和承载力是否符合设计要求；对于新桥型及桥梁中运用新材料、新工艺的应验证计算图式，为完善结构分析理论积累资料；对于旧桥通过荷载试验可以评定其运营荷载等级。

桥梁结构在荷载作用下所产生的变形可以分为两大类：一类变形能反映结构的整体工作状态，如梁的挠度、转角、支座位移等，称为整体变形；另一类变形能反映结构的局部工作状态，如纤维变形、裂缝、钢筋的滑动等，称为局部变形。

测定挠度，可以了解结构的刚度并分析结构的弹性和非弹性性质。挠度的不正常发展还能说明结构中的局部现象；测定转角可以用来分析超静定结构；控制断面的最大应变和应变沿断面的分布规律是我们推断结构极限强度的重要指标。

桥梁结构动载试验的基本任务是：测定动荷载的动力特性，即引起结构产生振动的作用力的数值、方向、频率和作用规律；测定结构的动力特性，即结构或构件的自振频率、阻尼特性及固有振型；测定结构在动荷载作用下的强迫振动响应，如振幅、动应力、冲击系数及疲劳性能等。

桥梁荷载试验可大致分为三个阶段：桥梁结构的考察、试验方案设计及试验准备阶段；加载试验与观测阶段；试验结果的分析与总结阶段。本章就此问题进行详细阐述。

## ●第一节 桥梁结构荷载试验的准备工作与试验方案●

### 一、荷载试验的准备工作

荷载试验正式进行之前应做好以下准备工作：

**1. 试验孔(或墩)的选择**

对多孔桥梁中跨径相同的桥孔(或墩)可选1~3孔具有代表性的桥孔(或墩)进行加载试验。选择时应综合考虑以下因素:

(1)该孔(或墩)计算受力最不利。

(2)该孔(或墩)施工质量较差,缺陷较多或病害较严重。

(3)该孔(或墩)便于搭设脚手架,便于实测。

**2. 搭设脚手架和测试支架**

脚手架和测试支架应分开搭设互不影响,并应具有足够的强度、刚度和稳定性。

**3. 静载试验加载位置的放样和卸载位置的安排**

静载试验前应在桥面上对加载位置进行放样,并预先安排卸载的安放位置,以便于加载试验的顺利进行。

**4. 试验人员组织及分工**

桥梁的荷载试验是一项技术性较强的工作,最好组织专门的桥梁试验队伍来承担。试验人员应能熟练掌握所分管的仪器设备,读数快速而精确。试验队伍应设总指挥1人,其他人员的配备视具体情况而定。

**5. 其他准备工作**

加载试验的安全设施、供电照明设施、通信联络设施、桥面交通管制等工作应根据荷载试验的需要进行准备。

## 二、试验对象的考察

在确定试验方案之前,必须对试验结构进行实地考察和了解,做到情况清楚、心中有数。

**1. 技术文件和资料的收集**

收集桥梁结构的设计资料,如设计标准、设计主要荷载类型、结构特点、计算书及设计原始资料;收集施工资料,如材料性能试验报告、隐蔽工程验收资料、施工观测记录、阶段施工质量检查验收记录、事故记录及竣工图纸等;收集桥梁结构的使用资料,如养护情况、运营情况及结构损伤与破损阶段报告。

**2. 桥梁结构现状调查**

用直观或量测的方法确定结构各部分的几何形状及相互位置偏差,确定墩台的空间位置和距离,记录有无沉降、隆起、倾斜和转动等;观察圬工体的外表质量;考察现有的损伤、裂缝、蜂窝、麻面、钢筋外露、混凝土保护层厚度不够的地方、漏水的地方等;用非破损检验的方法确定结构或构件混凝土实际强度是否与设计文件相符。

以上工作中,重点应考察:混凝土的强度、墩台和上部结构的裂缝;混凝土保护层厚度不够的地方;钢筋外露和锈蚀的区段;易发生应力集中的部位;圬工桥梁注意测量拱圈尺寸、拱轴线位置以及拱圈上有无横向裂缝。

考察支座的位置、尺寸,有无损伤,活动支座是否灵活,排水是否符合要求,伸缩缝工作情况是否良好。

实测结构材料的实际强度及弹性模量等重要的物理力学性能指标。可以通过原配合比制试件实测,或从结构非重要部位挖取试件实测,也可以用非破损法实测。

## 三、加载方案设计

**1. 试验工况的确定**

为了满足鉴定桥梁承载力的要求，荷载工况选择应反映桥梁设计的最不利受力状态，简单结构可选1～2个工况，复杂结构可适当多选几个工况，但不宜过多。进行荷载工况布置时可参照截面内力（或变形）影响线进行。常见桥型荷载工况如下：

（1）简支梁桥　跨中最大正弯矩工况，l/4最大正弯矩工况，支点最大剪力工况以及桥墩最大竖向反力工况。

（2）连续桥梁　主跨跨中最大正弯矩工况，主跨支点负弯矩工况，主跨桥墩最大竖向反力工况以及主跨支点最大剪力工况。

（3）悬臂梁桥（T型钢构桥）　支点（墩顶）最大负弯矩工况，锚固孔跨中最大剪力工况，支点（墩顶）最大剪力工况，挂孔跨中最大正弯矩工况。

（4）无铰拱桥　跨中最大正弯矩工况，拱脚最大负弯矩工况，拱脚最大推力工况。

（5）钢架桥　跨中截面最大弯矩工况，柱腿截面最大应力工况，节点附近截面最大应力工况。

（6）悬索桥　主梁控制截面最大弯矩应力工况，主梁扭转变形工况，主梁控制截面位移或挠度工矿，塔顶最大水平变位工况，塔柱地截面最大应力工况，钢索（主缆、吊索）最大拉力工况。

（7）斜拉桥　主梁跨中最大正弯矩工况，主梁最大负弯矩工况，主塔塔顶顺桥向最大水平位移工况，斜拉桥最大索力工况，主梁最大挠度工况。

此外，对桥梁施工中的薄弱截面或缺陷修补后的截面可以专门进行荷载工况设计，以检验该部位或截面对结构整体性能的影响。

使用车辆加载而又未安排动载试验项目时，可在静载试验项目结束后，将加载车辆（多辆车则相应地进行排列）沿桥长慢速行驶一趟，以全面了解荷载作用于桥面不同部位时结构承载状况。

动载试验一般安排标准汽车车列（对小跨径桥也可用单车）在不同车速时的跑车试验，跑车时速一般定为5、10、20、30、40、50（单位为km/h）。此外，如需测定桥梁承受动载水平力性能时要做车辆制动试验，为测定桥梁自振频率要做跳车后的余振观测，并在无荷载时进行脉动观测。

**2. 确定试验荷载**

为保证荷载试验的效果，必须首先确定试验荷载。试验荷载可以取控制荷载。依据汽车和人群（标准设计荷载）、挂车或履带车（标准设计荷载）及需通行的特殊重型车辆分别对结构截面产生的内力（或变形）的最不利值对应的荷载作为控制荷载。因为挂车和履带车不计冲击力，所以动载试验以汽车荷载作为控制荷载。当客观条件所限，采用的试验荷载与控制荷载有差别时，为保证试验效果，在选择试验荷载的大小和加载的位置时采用静载试验效率$\eta_q$、动载试验效率$\eta_d$进行控制。

（1）静载试验效率$\eta_q$为：

$$\eta_q = \frac{S_s}{S(1+\mu)} \tag{2-5-1}$$

式中：$S_s$——静载试验荷载作用下控制截面内力计算值；

$S$——控制荷载作用下控制截面最不利内力计算值；

$\mu$——按规范采用的冲击系数，对于平板挂车、履带车、重型车辆，$\mu=0$。

$\eta_q$ 值可采用0.80～1.05，如果桥梁的调查、检算工作比较完善而又受加载设备能力所限，$\eta_q$ 可采用低限，反之取高限，一般情况下 $\eta_q$ 值不宜小于0.95。

荷载试验宜选择温度稳定的季节和天气进行。当温度变化对桥梁结构内力影响较大时，应选择温度内力较不利的季节进行荷载试验，否则应适当增大 $\eta_q$ 值来弥补温度影响对结构控制截面产生的不利内力。

当控制荷载为挂车或履带车而采用汽车荷载加荷时，考虑到汽车荷载的横向应力增大系数较小，为了使截面的最大应力与控制荷载作用下截面最大应力相等，可适当增大静载试验效率 $\eta_q$。

对于病害较为明显的旧桥，为保证荷载试验过程中的安全，须按照《公路桥梁承载能力检测评定规程》首先对旧桥的承载能力进行验算，确定目前情况下桥梁结构的承载力，保证荷载试验效应不大于结构承载力，进而合理确定荷载试验的静载试验效率。

（2）动载试验效率 $\eta_d$ 为：

$$\eta_d = S_d/S \tag{2-5-2}$$

式中：$S_d$——动载试验荷载作用下控制截面最大计算内力值；

$S$——标准汽车荷载作用下控制截面最大计算内力值（不计入汽车荷载冲击系数）。

$\eta_d$ 一般采用1，动载试验的效率不仅取决于试验车型及车重，而且取决于实际跑车时的车间距。因此在动载试验跑车时应注意保持试验车辆之间的间距，并采用实际测定跑车时的车间距作为修正动荷载试验效率 $\eta_d$ 的计算依据。

**3. 静载加载形式与控制**

试验荷载载位有两种形式：一种是沿桥轴方向加载，一种是垂直于桥轴方向加载。设计加载时除注意试验荷载纵向加载位置外，同时还要注意荷载横向加载图式，横向加载图式有对称和偏心加载两种方式。

1）加载分级的控制原则

为了加载安全和了解结构应变和变位随荷载增加的变化关系，桥梁静荷载试验的各荷载工况的加载应分级进行，分级控制的原则如下：

（1）当加载分级较为方便时，可按最大控制截面内力荷载工况均分为4～5级。

（2）使用载重车加载，车辆称重有困难时也可分成3级加载。

（3）如果桥梁的调查和验算工作不充分，或桥况较差，应尽量增多加载分级。如限于条件，加载分级较少时，应注意每级加载，使车辆荷载逐辆缓缓驶入预定加载位置，必要时可在加载车辆未到达预定加载位置前分次对控制测点进行读数监控，以确保试验安全。

（4）在安排加载分级时，应注意加载过程中其他截面内力亦应逐渐增加，且最大内力不应超过控制荷载作用下的最不利内力。

2）分级方法

根据具体条件决定分级加载方法，最好每级加载后卸载，也可逐级加载，达到最大荷载后逐级卸载。车辆荷载加载分级的方法可采用：先上轻车后上重车；逐渐增加加载车数量；加载车分次装载重物；加载车位于内力影响线的不同部位等。

3）加、卸载的时间控制

为了减少温度变化对试验的影响，加载试验时间以22:00至6:00为宜。尤其是采用重物直接加载，加、卸载周期比较长的情况下只能在夜间进行试验；如果采用车辆等加、卸载迅速的试验方法，当夜间试验照明等有困难时也可安排在白天试验，但在晴天或多云的天气下进行加载试验时每一加卸载周期所花费的时间不宜超过20min。

4）加载分级的计算

根据各荷载工况的加载分级，按弹性阶段计算结构各测点在不同荷载等级下计算变位（或应变），以便对加载试验过程进行分析和控制。计算采用的材料弹性模量，如果已经作了材料试验的用实测值，未作材料试验的可按规范规定取值。

**4. 加载设备的选择**

静载试验加载设备可根据加载要求和具体条件选用可行式车辆及重物直接加载。

1）可行式车辆

可选用装载重物的汽车或平板车，也可就近利用施工机械车辆。选择装载的重物时要考虑车厢能否容纳得下，装载是否方便。装载的重物应放置稳妥，以避免车辆行驶时因摇晃而改变重物的位置。采用车辆加载的优点很多，如便于调运、加载布置，加、卸载迅速等。采用汽车荷载既能做静载试验又能做动载试验。这是较常采用的一种方法。

2）重物直接加载

一般可按控制荷载的着地轮迹先搭设承载架，再在承载架上堆放重物或设置水箱进行加载。若加载仅为满足控制面内力要求，也可采取直接在桥面上堆放重物或设置水箱的方法加载。承载架的设置和加载物的堆放应安全、合理，能按照要求分布和加载质量，并不使加载设备与桥梁结构共同承载而形成“卸载”现象。采用重物直接加载的方法准备工作量大，加、卸载所需要的周期一般较长，交通中断时间也较长，而且试验时温度变化对测点的影响较大，因此宜安排在夜间进行试验。

此外其他一些加载方式也可根据加载要求因地制宜采用。

**5. 加载重物的称量**

可根据不同的加载方法和具体条件选用以下方法对所加载进行称量。

1）称重法

当采用重物直接在桥上加载时，可将重物化整为零称重后按逐级加载要求分堆置放，以便加载取用。当采用车辆加载时，可将车辆逐轴开上称重台进行称重，如没有现成可利用的称重台，可自制专用承重台进行称重。

2）体积法

如采用水箱加载，可通过测量水体积来换算水的重力。

3）综合计算法

根据车辆出厂规定确定空车轴重（注意考虑车辆零配件的更换和添减，汽油、水、乘员重力的变化）。再根据装载重物的重力及其重心将其分配至各轴。装载物最好采用规则外形的物体整齐码放或采用松散均匀料在车厢内摊铺平整，以便准确确定其重心位置。

无论采用何种确定加载物重力的方法，均应做到准确可靠，其误差最大不得超过5%。最好能采用两种称重方法互相校核。

### 四、测点设置

主要测点的布设应能控制结构的最大应力（应变）和最大挠度（或位移），测点的布设不宜过多，但要保证观测质量，几种常用桥梁体系的主要测点布设如下：

简支梁桥：跨中挠度、支点沉降、跨中截面应变；

连续梁桥：跨中挠度、支点沉降、跨中和支点截面应变；

悬臂梁桥：悬臂端部挠度、支点沉降、支点截面应变；

拱桥：跨中与$L/4$处挠度、拱顶$L/4$和拱脚截面应变。

挠度观测测点一般布置在桥中轴线位置。截面抗弯应变测点应设置在截面横桥向应力可能分布较大的部位，沿截面上下缘布设，横桥向测点设置一般不少于3处，以控制最大应力的分布。

根据桥梁调查和检查工作的深度，综合考虑结构特点和桥梁状况等可按需要加设测点。

在与大多数测点较接近的部位设置1～2处气温观测点，此外可根据需要在桥梁主要测点部位设置一些构件表面温度观测点。

## •第二节　静载试验仪器设备•

桥梁静载试验需要测结构的反力、应变、位移、倾角、裂缝等物理量。常用的仪器有百分表、千分表、位移计、应变仪、应变计（应变片），精密水准仪、倾角仪、刻度放大镜等。这些测试仪器按其工作原理可分为机械测试仪器，电测仪器与光测仪器等。机械测试仪器具有安装与使用方便、迅速、读数可靠的优点，但需要搭设观测脚手架，而且所需试验人员多，观测读数费时，不便于自动记录。电测仪表安装测试比较麻烦，影响测试精度的因素也较多，但测试较方便，便于数据自动采集记录，操作安全。荷载试验应根据测试内容和量测值的大小选择仪器，试验前应对测试值进行理论分析估计，选择仪器的精度和量测范围，同时满足有关规程对仪器精度和量测范围的要求，本节介绍几种常用的仪器设备的使用要求和注意事项。

### 一、机械式位移计

机械式位移计包括百分表、千分表及张线式位移计和挠度计等，其构造和工作原理基本相同，主要区别在于精度和量程不同。

百分表和千分表是一种多功能仪表，与其他附属装置配套后可用于量测位移、应变、力、倾角等。

**1. 百分表的基本构造**

图2-5-1是百分表的构造图。千分表和百分表相似，只不过增加一对放大齿轮。

测杆1穿过百分表躯体8，齿轮2和3同轴，轴上面套有短针（图中未示），齿轮4的轴上套有长针5，齿轮2和测杆的齿带相啮合，扇形齿轮3和中央齿轮4啮合。当测杆向上（下）运动时,这些齿轮都转动,从而带动了长针和短针。因此,指针在度盘上示值表示出了测杆相对于躯体 8 的位移。

弹簧 6 的作用是使测杆跟上测点的位移,并使它回到原始状态。固定在躯体上的轴颈 7 可供安装百分表使用。有些百分表背壳上有耳环,也是为安装方便所设。

百分表的分辨力为 0.01mm,通常的量程为 5 mm 或 10mm。最近四川成都量具厂生产的大行程百分表量程为 30 ~ 52mm。这些大行程百分表对结构试验尤为合适。

百分表的工作原理,就是利用齿轮转动机构所检测位置的位移值放大,并将检测的直线往复运动转换成指针的回旋转动,以指示其位移数值,见图 2-5-1。

千分表是一种测微位移计,其结构与百分表基本相同。由于多了一对齿轮放大,灵敏度又提高了 10 倍,其分辨力为 0.001mm,量程为 1mm,有的为 3mm。

机械式位移计是工程结构试验中测量位移最常用的仪器。它读数直观稳定,但读数工作量大。

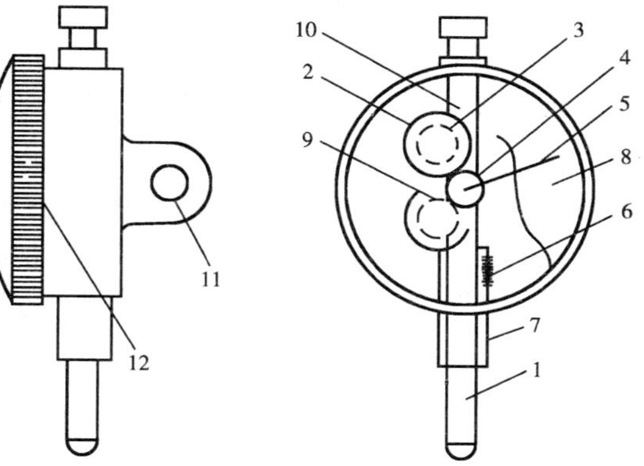


图 2-5-1 百分表构造图

1-测杆;2-小齿轮;3-扇形齿轮;4-中央齿轮;5-长针;6-弹簧;7-轴颈;8-躯体;9-扇形齿轮;10-平齿;11-孔环;12-表盘

**2. 使用方法**

使用时,百分表装在表座上(目前大都采用磁性表座),表架安装在临时专门搭设的支架上,支架应具有一定的刚度,并与被测结构物分开。

将测杆触头抵在测点上,借助弹簧的使用,使其接触紧密。当测点沿(或背向)测杆方向发生位移时,推动(或放松)测杆,使测杆的平齿带动小齿轮,小齿轮叉和它同轴的大齿轮一起转动,最后使指针齿轮和指针旋转,经过一系列放大之后,便在表盘上指示出位移值。

**3. 使用时应注意的事项**

(1)使用时,只能拿取外壳,不得任意推动测杆,避免磨损机件,影响放大倍数。注意保护触头,触头上不得有伤痕。

(2)安装时,要使测杆与欲测的位移的方向一致,或者与被测物体表面保持垂直。并注意位移的正反方向和大小,以便调节测杆,使百分表有适宜的测量范围。

(3)百分表架要安设稳妥,表架上各个螺丝要拧紧,但当夹住百分表的轴颈时,不可夹得过紧,否则会影响测杆移动。

(4)百分表安装好,可用铅笔头在表盘上轻轻敲击,看指针摆动情况。若指针不动或绕某一固定值在小范围内左右摆动,说明安装正常。

(5)百分表使用日久或经过拆洗修理后,必须进行标定,标定可在专门的百分表、千分表校正仪上进行。千分表与百分表使用方法完全相同。

**4. 用位移计测挠度与变位**

用位移计测挠度或某点的位移时,要注意位移的相对性,位移计的定点(表壳)和动点(测杆)必须分别和相对位移的两点连接。

位移针可装在各种表架上，通常用颈箍夹住表的轴颈，也可用其他方式将表壳或轴颈固定在某一个定点，测杆可直接顶住试件测点。

应用位移计量挠度与变位时，应注意下列问题：

(1)作为固定位移计的不动点支架必须有足够的刚性。采用磁性或万能百分表架时，表架连杆不可挑出太长。因为位移计测杆顶住测点时，有一定的反力压在连杆上，如果连杆或支架的柔性较大，就会在该压力作用下产生变形。这样，当结构变形时，仪表就不动或跳动，反映不出测点的真正位移值。

(2)位移计测杆与所量测的位移方向完全一致。测点表面需经一定处理，如在混凝土、木材等表面粘贴小块玻璃片或金属薄片等，以避免结构变形后，由于测点垂直于百分表测杆方向的位移，而使位移计产生误差。这种误差有时会很大。如果上述方式还不足以消除误差，则不应将位移测杆直接顶住测点，而需采用其他方式。

(3)位移计使用前后要仔细检查测杆上下活动是否灵活。由于灰尘落入或表架颈拧得过紧等都会影响杆上下运动的灵活性。

**5. 用位移计测应变**

应变，就是结构上某区段纤维长度的相对变化($\varepsilon = \Delta L/L$)。应变仪就是用来测定这个长度变化的。

采用特制的夹具将位移计安装在结构表面测定应变，具有精度高、量程大的特点。当应变值变化范围很大或需用大标距测定应变时，采用这种装置是非常合适的。

图 2-5-2 所示为位移计应变量测装置。固定位移计和顶杆的夹具，可用钢、铜或铝合金等制成，按照选定的标距以粘贴或预埋的方式固定在结构需量测应变的部位上。

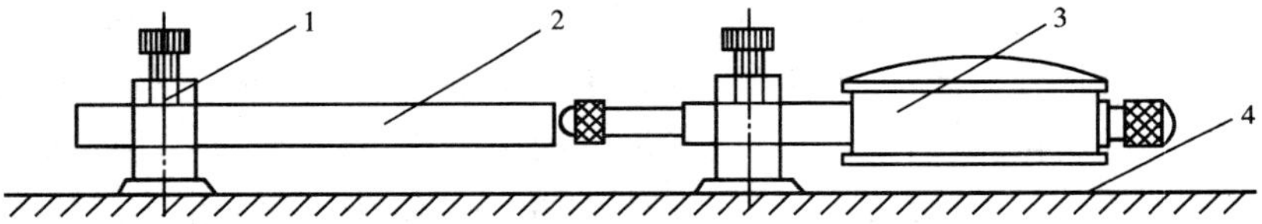


图 2-5-2　位移计应变量测装置

1-金属夹头;2-顶杆;3-位移计;4-试件

粘贴是最常用的固定方式。在混凝土结构上贴夹具时，应先将混凝土表面用砂轮打磨，除去泥灰再用细砂布略为磨光，用丙酮等擦净，随后用胶粘剂将夹具按选定的标距粘上，待胶粘剂固化后，即可安装位移计进行量测。

位移计应变量测装置主要用于量测结构构件的轴向应变。常用的量测标距对混凝土为10～20cm，对砖石砌体则更大。

对受荷载后会发生曲率变化的构件，不宜用位移计应变量测装置来测定其表面的应变。因为位移计测杆与构件表面之间有一段距离，当构件发生曲率变化时，所测得的应变有时是虚应变(又称视应变)，同时顶杆与位移计测杆接触点发生移动影响量测。因此，仅当构件截面变形满足平截面假定，且曲率变化很小时，才能从所测得的虚应变值，推算出实际应变。

## 二、手持式应变仪

当需要在现场较长期连续地观测结构的应变时，一般的应变仪不适用，手持式应变仪则比较适用。此种仪器的外形见图 2-5-3，构造原理见图 2-5-4。

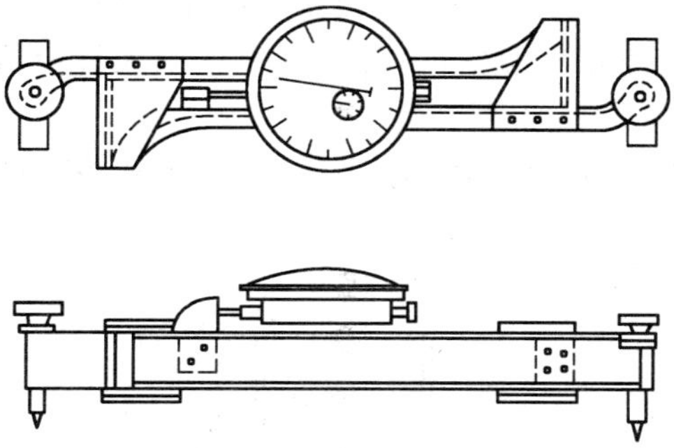

图 2-5-3 手持式应变仪外形

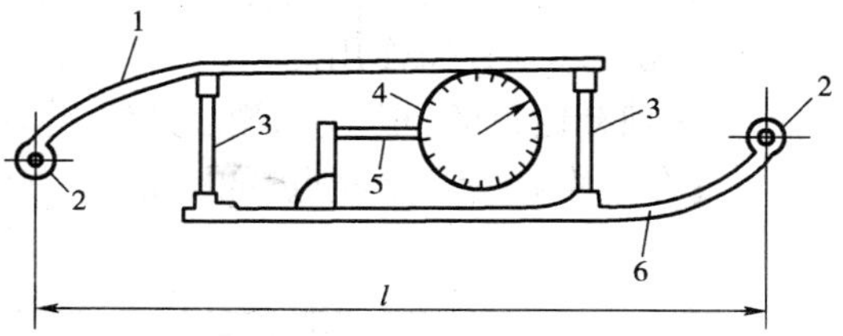


图 2-5-4 手持式应变仪构造原理

1-刚性的金属杆；2-插轴（尖形）；3-薄钢片；4-千分表；5-千分表的测杆；6-刚性的金属杆

此仪器的主要部分是千分表 4，它固定在一根金属杆 1 上，其测杆则自由地顶在另一金属杆 6 的突出部分上，两金属杆之间用两片富有弹性的薄钢片 3 相连，因而能平行地相对移动，每根金属杆的一端带有一个尖形插轴 2，两插轴间的距离 $l$ 即仪器的标距。后二次读数差即为结构在区段 $l$ 内的变形 $\Delta l$，除以标距 $l$ 即得杆件的应变值。

仪器的各部分由合理地选用不同膨胀系数的金属制造，因而使仪器读数受仪器本身的温度影响得到最大限度的消除。

仪器不是固定在测点上，而是读数时才安上去。因此，为了保证仪器工作稳定可靠，标距两端的小孔必须钻得和仪器的插轴钢尖相吻合。因测量时仪器钢尖和测孔之间的接触稳定与否，直接影响到量测的准确性，如果测孔打得不标准，将使钢尖和测孔的接触极不稳定，增大读数误差，甚至无法读取稳定的读数。关于测孔的制作方法建议如下：

（1）钢结构可在杆件上直接钻孔。

（2）圬工或木质构件则可粘贴特制的钢脚标（用环氧树脂粘接剂粘贴），脚标尺寸见图 2-5-5。无论钢材上是钻的孔眼还是特制脚标上的孔眼均应按图 2-5-6 制作。

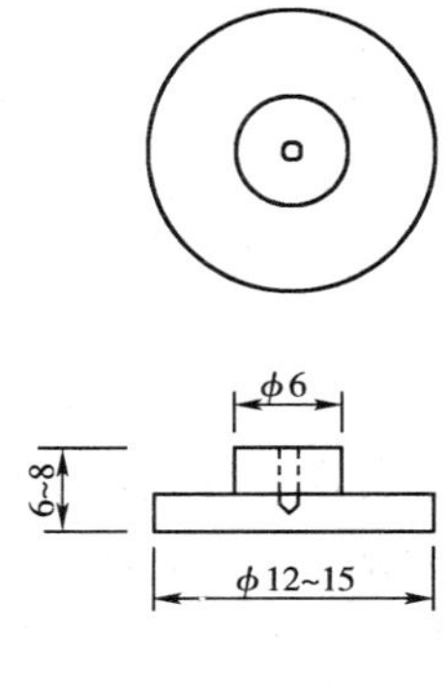


图 2-5-5 （尺寸单位：mm）

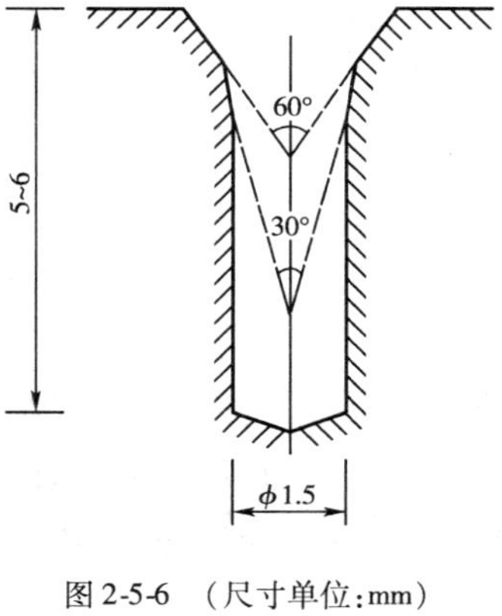


图 2-5-6 （尺寸单位：mm）

使用此种仪器，尚有一温度影响问题，即在长期量测过程中，初读数和加载数不可能在同一温度条件下读取，因此在量测读数中不仅包含了受载应变 $\varepsilon$，而且还包含了温度应变 $\varepsilon_t$，为了从读数中扣除温度部分的影响，就要在量测过程中进行“温度补偿”。一般较常用的温度补偿办法是采用与结构同一材料的“补偿块”，和杆件放在一起，同时取得读数，从“补偿块”

上取得的读数为单纯的温度应变，并将此应变作为结构的温度应变 $\varepsilon_t$。但是，补偿块与结构两者体积差别极为悬殊，两者对气温变化的敏感程度差别很大，由于补偿块体积小，能在短时间内跟上气温的变化，而结构表现为极大“滞后”。因此在气温变化较大时（例如白天日照情况下）实际上无法起到补偿作用。

为了达到补偿目的，根据量测的实践，建议采取“横向温度补偿法”。在布置测应变的测点的同时，在垂直方向布置测点，如图 2-5-7 所示。

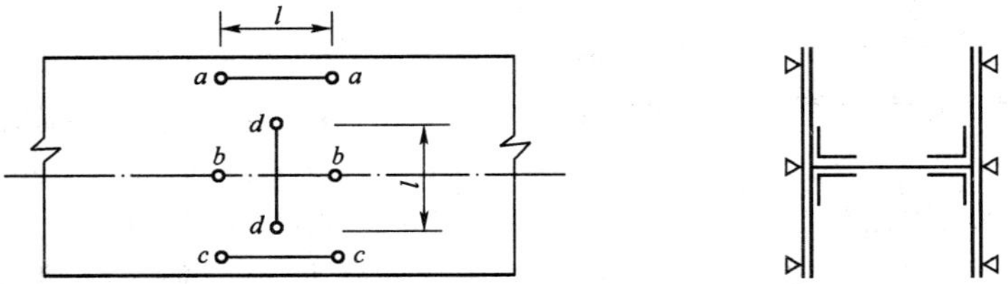


图 2-5-7

测点 $a—a$、$b—b$、$c—c$ 等分别为杆件应变测点，$d—d$ 为温度补偿测点，它垂直于应变测点，且在杆件中部。

当对测点 $a—a$、$b—b$、$c—c$ 进行读数时，也对测点 $d—d$ 进行读数。则

$$\varepsilon'_a=\varepsilon_a+\varepsilon_t,\ \varepsilon'_b=\varepsilon_b+\varepsilon_t,\ \varepsilon'_c=\varepsilon_c+\varepsilon_t,\ \varepsilon'_d=\varepsilon_t-\mu\varepsilon_b$$

式中：　$\mu$——材料泊桑比；

$\varepsilon_t$——温度应变；

$\varepsilon'_a$、$\varepsilon'_b$、$\varepsilon'_c$、$\varepsilon'_d$——测点 $a—a$、$b—b$、$c—c$、$d—d$ 的综合应变读数。联解上述四式得

$$\varepsilon_t=\frac{\mu\varepsilon'_b+\varepsilon'_d}{l+\mu} \tag{2-5-3}$$

$$\varepsilon_a=\varepsilon'_a-\frac{\mu\varepsilon'_b+\varepsilon'_d}{l+\mu} \tag{2-5-4}$$

$$\varepsilon_b=\frac{\varepsilon'_b-\varepsilon'_d}{l+\mu} \tag{2-5-5}$$

$$\varepsilon_c=\varepsilon'_c-\frac{\mu\varepsilon'_b+\varepsilon'_d}{l+\mu} \tag{2-5-6}$$

量测时应注意：手持式应变仪操作简单，但量测的精度会随操作人员和每次操作方式的改变而改变。所以，量测时不宜更换使用者；要使仪器与试件表面垂直；每次对仪器施加的压力要尽量相等，并使仪器插足时应在同一孔穴等，以减小量测误差。

## 三、电子式数显倾角仪

公路行业较早使用的是水准管式倾角仪，其原理是使用高灵敏度的水准管来测定结构节点、截面或支座处的位移。目前使用的是电子式数显倾角仪。此类产品是基于 MEMS（微机电系统）开发，是一种基于半导体硅材料的微加工技术，仪器核心元件为微硅单轴加速度计，利

用单轴加速度计输出值与倾角的正弦值成线性关系计算倾角。该类产品是水准管式水平仪的升级换代产品,具有使用方便、测量准确的特点,既可独立使用,也可配套在工具、量具、仪器、设备上,同时具有数字显示角度、倾斜度(%)和相对角度的功能。此外,仪器内置温度传感器,系统可自动完成零点和灵敏度补偿。

## 四、连　通　管

连通管是一种可用来测量桥梁结构挠度的简单装置。利用物理学上“连通器中处于水平平面上的静止液体的压强相同”的原理,如图 2-5-8 所示,$P_a = P_1 + \gamma h_1 = P_2 + \gamma h_2$,即 $P_2 - P_1 = \gamma h$。表面压强相同,$p_2 = p_1$ 时,连通器两柱的液面高度相同,$h = 0$。

连通管临时用在桥上测挠度,可用直径 $\phi$10 ~ 15mm 的白塑料软管和三通,配普通(毫米刻度的)钢卷尺,人工可测读到 1mm 精度,十分方便。

使用前先沿桥梁跨度方向布置管子,然后在每个测点位置剪断管子,接上三通,把三通开口的一端管子竖起来绑在支架上,最后灌水(或其他有色液体)至标尺位置,如图 2-5-9。桥梁试验时加、卸荷载会引起桥梁结构下挠,此时水管中的水平液面仍需持平,但每个测点的相对水位会发生变化,读取这个变化值,经简单计算即可得到桥梁的挠度。

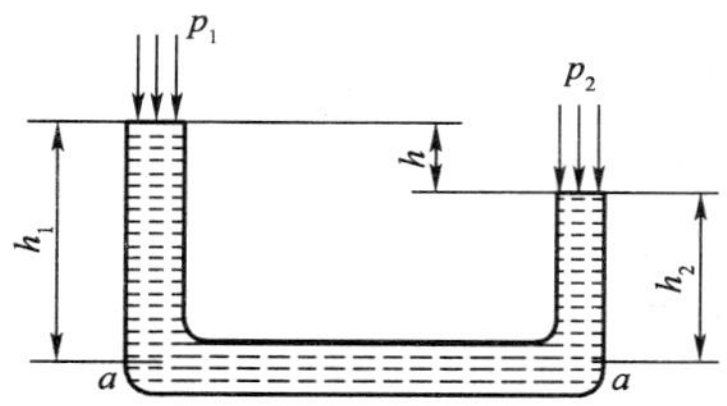


图 2-5-8　连通器

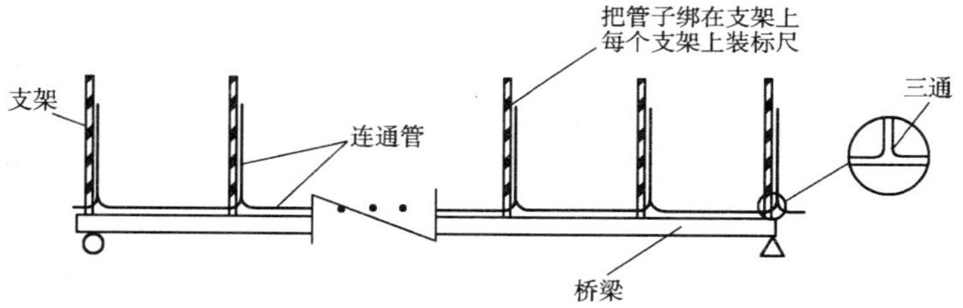


图 2-5-9　用连通管测桥梁挠度

用连通管测量桥梁挠度的优点是可靠、易行,当挠度的绝对值大于 20mm 时,1mm 最小读数至少可有 5% 的相对精度。这个精度对小跨度桥梁显然是不合适的,所以选用前须对挠度的期望值有所了解。为了提高连通管测量挠度的精度,有人利用声反射原理在连通管顶部安装“超声波液位计”,该类设备的分辨率可达到 0.1mm。

## 五、电阻应变仪

用电阻式应变仪测试桥梁结构应变时需用应变仪和电阻应变片(应变计)配合使用。

**1. 电阻应变片**

电阻应变片又称电阻应变计,简称应变片或电阻片。它是非电量电测中最重要的变换器。

应变片电测法与其他测试方法比较,有如下优点:

①灵敏度高。由于利用电阻片将非电器转换电器,再经电子仪器进行放大、显示和记录,所以能获得很高的放大倍数,从而达到很高的灵敏度。电阻应变仪可以精确地分辨出 $1 \times 10^6$ 应变,这个应变的量级对于钢材而是言相当于 0.2MPa 的应力。

②电阻片尺寸小且粘贴牢固。这个特点十分重要。当前某些工程结构(如船体、桥梁、飞机、桁架等)进行全面的应力分析时,往往要测量数十点甚至数百点的应力,电阻片很容易大

量粘贴使用。对于结构十分紧凑以至其他测量仪表(如杠杆引伸仪)根本无法安装的情况下,电测法就能发挥很大的作用。尺寸大小另一个重要意义在于可以用来测量局部应力。现在电阻片的标距甚至可以小于 1 mm,这对于应力集中区的测量比较合适。

③电阻片质量小。这是一个突出的优点。它使得电测不仅可以作静态应力的测量,而且可以在动态应力分析方面发挥独特作用。对一系列重要的动力学参数(如加速度、振幅、频率、冲击力及爆炸压力等)能够比较精确地进行试验研究。同时应变片的基长可以制作得很短,并且有很高的频率响应能力。因此在应变梯度较大的构件上测量时仍能获得一定的准确度,在高频动应变测量中具有很好的动态响应。

④可以在高温(800 ~ 100℃)、低温(-100 ~ -70 ℃)、高压(上万个大气压)、高速旋转(几千转/min ~ 几万转/min)、核辐射等特殊条件下成功地使用。

此外,由于应变片输出是电信号,易于实现测量数字化和自动化。应变片在试验应力分析,断裂力学,静、动态试验,宇航工程中都有广泛的用途。

应变片电测法在用于对结构物表面应变测量时的主要缺点是:粘贴工作量大;粘贴好的应变片较为脆弱,野外防潮、防损伤难度大;由于每次使用前需平衡、归零,无法长期观测,一般仅用于短期测试,无法应用于施工监控中;重复使用困难。为克服这些缺点,人们利用电阻应变片的工作原理通过某种转换器间接地测定出被测量的数值。这种转换器称为电阻式应变传感器。

1)电阻应变片的构造

绕线式应变片主要由敏感元件 1、基底 2、覆盖层 3 和引出线 4 等几部分组成,见图2-5-10。

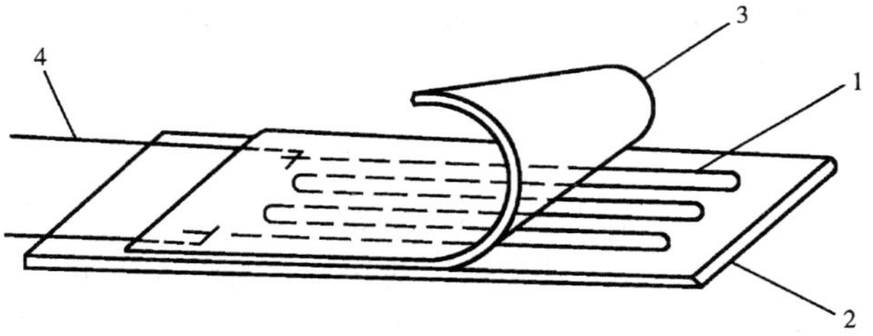


图 2-5-10　电阻应变片的构造

1-敏感丝栅;2-基底;3-覆盖层;4-引出线

(1)敏感丝栅是应变片的主要元件,一般由康酮、镍铬合金制成。

(2)基底和覆盖层起定位和保护应变片几何形状的作用,也起到与被测试试件之间电绝缘作用。纸基常用厚度 0.015 ~0.02mm 机械强度高、绝缘性能好的纸张制作。胶基则用性能稳定、绝缘度高、耐腐蚀的聚合胶制成。其他有特殊要求的应变片,可采用不同的材料做成基底。

(3)引出线是用以连接导线的过渡部分,一般用直径约为 0.15 ~0.30mm 的金属丝。

(4)粘结剂把丝栅基底和覆盖层牢固地粘结成一个整体。

2)电阻应变片的分类

应变片的种类很多,至今各种规格的应变片已有两万多种。根据不同的方法,有如下的分类:

- 根据敏感元件试件
  - 金属应变片
    - 体型应变片
      - 丝式应变片
        - 丝绕式应变片
        - 短接式应变片
      - 箔式应变片
    - 金属薄膜应变片
  - 半导体应变片
    - 体型半导体应变片
    - 扩散型半导体应变片
    - 薄膜型半导体应变片

- 根据基底材料
  - 纸基应变片
  - 胶基应变片
  - 金属片基应变片
  - 临时基底应变片

- 根据温度场
  - 低温应变片（工作温度低于 -30℃）
  - 常温应变片（工作温度为 -30 ~60℃）
  - 中温应变片（工作温度为 60 ~350℃）
  - 高温应变片（工作温度高于 350℃）

此外，按敏感栅的长度分，有大标距应变片和小标距应变片；按敏感栅形状分，有单轴应变片和应变花。还有各种特殊用途的应变片如防磁应变片、防水应变片、埋入式应变片、层式应变片、可拆式应变片、疲劳寿命片、测压片、无基底式应变片、大应变片、裂缝探测片、温度自补偿应变片等。

(1)金属丝式应变片　金属丝式应变片最常用的形式为丝绕式，又称为圆角线栅式（图 2-5-11）。它的制造设备和技术都较简便，但横向灵敏度较箔式应变片为大（横向灵敏度会给测量带来一定的误差）。丝式应变片常用的金属材料是康酮、镍铬合金、铁镍铬合金和铂铱金等。

(2)箔式应变片　箔式应变片是由照相、光刻技术腐蚀成丝。它在性能上的优点是散热条件好，逸散功率大，可以允许较大电流通过，耐蠕变和漂移的能力强，易做成任意形状，但它工艺较复杂。箔片的材料主要为康酮、镍铬合金等，其形式见图 2-5-12。

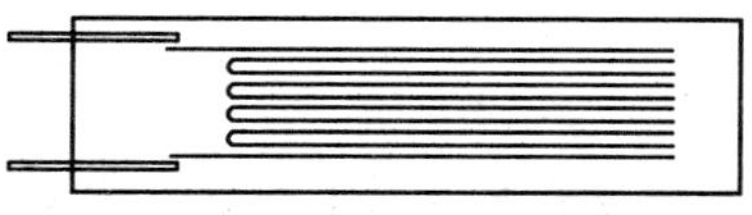

图 2-5-11　金属丝式应变片

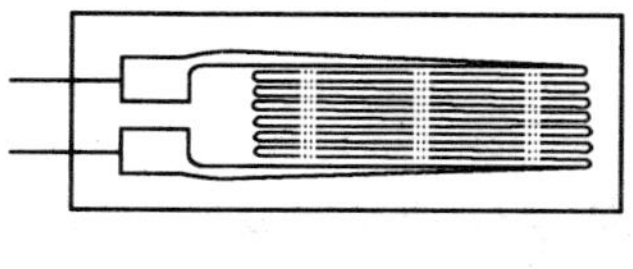

图 2-5-12　金属箔式应变片

(3)应变花　在两向应力状态时，需要测出一点的两个或三个方向的应变，才可求出此测点的主应力的大小和方向。这就要使用粘贴在一个公共基底上，按一定方向布置的 2 ~4 个敏感栅组成的电阻应变片。这种应变片叫做电阻应变花、应变花或多轴应变片，见图 2-5-13 所示。

对于箔式应变片组成的应变花，因其横向效应系数极小，故不考虑修正问题。对于由半圆头丝绕式应变片组成的应变花，如果对测试结构要求不很严格的话，也不必考虑修正。

(4)半导体应变片　半导体应变片的外形如图 2-5-14 所示。它的优点是灵敏度高、频率响应好、可以做成小型和超小型应变片。半导体应变片的出现为应变电测技术的发展开创了新的途径。它的缺点是温度系数大,稳定性不及金属应变片等。

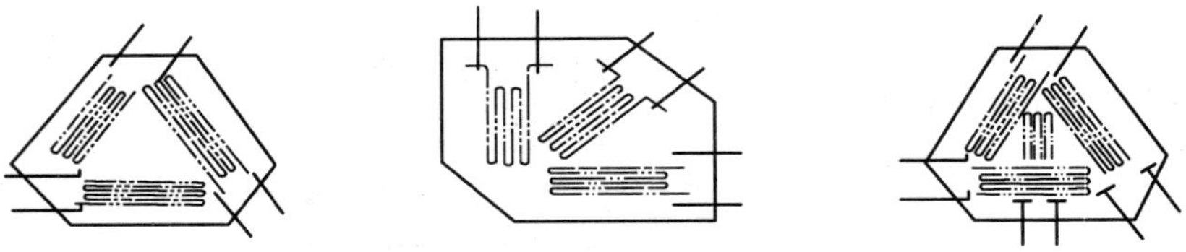

图 2-5-13 应变花

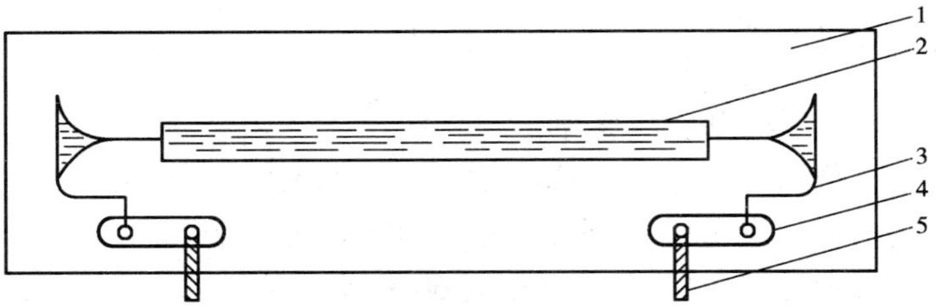


图 2-5-14 半导体应变片

1-胶膜衬底;2-P—SI 片;3-内引线;4-接板;5-外引线

3)金属应变片的工作原理

金属应变片的工作原理在于导体的"电阻应变效应"。所谓电阻应变效应是指导体或半导体在机械变形(伸长或缩短)时,其电阻随其变形而发生变化的物理现象。金属导体产生电阻应效应,主要是因为电阻丝的几何尺寸改变而引起阻值的变化,见图 2-5-15。

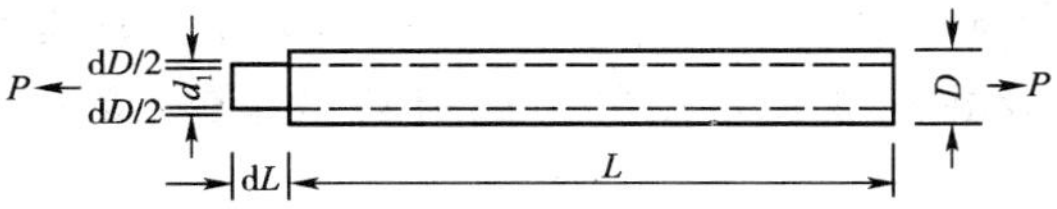


图 2-5-15 金属导体的电阻应变效应

如果一根细长的金属导体长度为 $L$,截面积为 $A$,电阻率为 $\rho$,则它的电阻值 $R$ 可以用下式表示:

$$R=\rho\frac{L}{A} \tag{2-5-7}$$

当电阻丝受到拉伸或压缩后,$\rho$、$L$、$A$ 都产生了变化。为了求得三个参数变化对电阻的影响,可对式(2-5-7)进行全微分,经整理后并用相对变化率表示时,则有:

$$\frac{dR}{R}=\frac{d\rho}{\rho}+\frac{dL}{L}-\frac{dA}{A} \tag{2-5-8}$$

一般电阻丝的横截面呈圆形。

式中:$A=\frac{1}{4}\pi D^2$,$D$ 为电阻丝的直径,显然

$$\frac{dA}{A}=\frac{2dD}{D}$$

由材料力学知道,轴向应变与横向应变的关系为:

$$\frac{\mathrm{d}D}{D}=-v\frac{\mathrm{d}L}{L}=-v\varepsilon$$

式中：$v$——泊松比。

所以有
$$\frac{\mathrm{d}A}{A}=-2v\frac{\mathrm{d}L}{L}$$

将上式代入式(2-5-8)，整理得：

$$\frac{\mathrm{d}R}{R}=(1+2v)\frac{\mathrm{d}L}{L}+\frac{\mathrm{d}\rho}{\rho}$$

$$\frac{\mathrm{d}R}{R}\Big/\frac{\mathrm{d}L}{L}=(1+2v)+\frac{\mathrm{d}\rho}{\rho}\Big/\frac{\mathrm{d}L}{L}$$

令
$$K_0=(1+2v)+\frac{\mathrm{d}\rho}{\rho}\Big/\frac{\mathrm{d}L}{L} \tag{2-5-9}$$

有
$$\frac{\mathrm{d}R}{R}=K_0\varepsilon \tag{2-5-10}$$

式中 $K_0$ 为常数，其物理意义是每单位应变所造成的相对电阻变化率。它是该类电阻丝的电阻应变效应显著与否的标志，故称为金属丝电阻变化率对应变的灵敏度，或简称为电阻丝的灵敏系数。

由试验得知，常用于制造电阻应变片的金属电阻丝的 $K_0$ 值多在 1.7～3.6 之间（主要由 $1+2v$ 的因素引起的），故金属导体的电阻应变效应主要是受电阻丝几何尺寸改变的影响。

由于存在半圆形弯头部分承受了横方向的应变，应变片的灵敏系数就不同于电阻丝的灵敏系数 $K_0$。所以应变片的灵敏系数就只有通过试验方法加以确定。

常用的公式可改写为：

$$\frac{\Delta R}{R}=K\varepsilon \tag{2-5-11}$$

式中 $K$ 称为应变片灵敏系数。$K$ 的数值由制造厂按统一标准抽样测定。上述内容表达了一个十分重要的结论：在一定范围内，应变片的电阻变化率与应变成正比关系，这就是应变片测量应变的理论基础。

4）电阻应变片的选用

选用应变片时应根据应变片的初始参数及试件的受力状态、应变梯度、应变性质、工作条件、测试精度要求等综合考虑。

对于一般的结构试验，采用 120Ω 纸基金属丝应变片就可满足试验要求。其标距可结合试件的材料来选定，如钢材常用 5～20mm，混凝土则用 40～150mm，石材用 20～40mm。

对于有特殊要求的，可选择特种应变片，如低温应变片、高温应变片、疲劳寿命片、裂纹探测片、应力片以及高压、核辐射、强磁场等条件下使用的应变片。

5）电阻应变片的粘贴技术

（1）黏结剂　黏贴应变片用的黏结剂称为应变胶。应变胶应能可靠地将试件应变传递到应变片的敏感栅上。同时，其线性滞后、零飘、蠕变等特性在一定程度上还影响着应变片的一些工作性能。

对应变胶的性能要求是：黏结强度高（剪切强度一般不低于 3～4MPa），电绝缘性能好，化学稳定性及工艺性好等。在特殊条件下,还要考虑一些其他要求,例如耐高温、耐老化、耐介质(油、水、酸和碱等)、耐疲劳等。目前常用的应变胶分为有机胶和无机胶两类。常温下用有机胶,无机胶则用于高温应变片的粘贴。

常规桥梁试验粘贴应变片的应变胶一般为快干胶和热固性树脂胶等。

501 快干胶和 502 快干胶是借助于空气中微量水分的催化作用而迅速聚合固化产生黏结强度的。该类胶黏结强度能满足桥梁应变测试要求,但随生产厂家产品质量和存放时间长短,黏结强度差别很大,只能在低温、干燥和避光的条件下保存。

环氧树脂胶是靠分子聚合反应而固化产生黏结强度的。它有较高的剪切强度和防水性能,电绝缘性能好。它的主要成分是环氧树脂,并酌量加入固化剂和增韧剂等配制而成。环氧树脂胶可以自制,其配方是:

| | |
|---|---|
| 环氧树脂 | 100% |
| 邻苯二甲酸二丁脂 | 5% ~20% |
| 乙二胺 | 6% ~7% |

注意:乙二胺有毒,须通风操作。

(2)应变片的粘贴技术　应变片的粘贴是应变电测技术中一个很关键的环节,粘贴质量的好坏直接影响测量的结果。有时可能因某些主要测点的应变片失效,导致测量工作失败。因此,必须掌握粘贴技术,保证测量结果的准确性和可靠性。粘贴时应掌握下列技术环节。

①选片。用放大镜对应变片进行检查,保证选用的应变片无缺陷和破损。同批试验选用灵敏系数和阻值相同的应变片,采用兆欧表或万用表对其阻值进行测量,保证误差不大于0.5Ω。

②定位。先初步画出贴片位置,用砂布或砂轮机将贴片位置打磨平整,钢材光洁度达到▽3 ~ ▽5;混凝土表面无浮浆,必要时涂底胶处理,待固化后再次打磨。在打磨平整的部位准确画出测点的纵、横中心及贴片方向。

③贴片。用镊子夹脱脂棉球蘸酒精(或丙酮)将贴片位置清洗干净。用手握住应变片引出线,在其背面均匀涂抹一层胶水,然后放在测点上,调整应变片的位置,使其可准确定位。在应变片上覆盖小片玻璃纸,用手指轻轻滚压,挤出多余胶水和气泡。注意不要使应变片位置移动。用手指轻按 1 ~2min,待胶水初步固化后,即可松手。粘贴质量较好的应变片,应胶层均匀,位置准确。

④干燥固化。干燥才能固化,对气温较高、相对湿度较低的短期试验,可自然干燥,时间一般1 ~2d。

⑤人工干燥。待自然干燥 12h 后,用红外线灯烘烤,温度不要高于 50%,还要避免骤热,烘干到绝缘电阻符合要求时为止。

⑥应变片的防护。在应变片引线端贴上接线端子,把应变片引线和连接导线分别焊在接线端子上,然后立即涂防护层,以防止应变片受潮和机械损伤。受潮会影响应变片的正常工作,故防潮就显得十分重要。应变片受潮的程度不易直接测量,一般用应变片和结构表面的绝缘电阻值来判断。绝缘电阻值高能保证测量精度,但要求过高会增加防潮难度和工作量。一般静态测量绝缘电阻应大于 200MΩ,动态测量可以稍小于 200MΩ,长期观测和高精度要求的测量应大于 500MΩ。表 2-5-1 给出常用的防护剂配方。图 2-5-16 给出了几种防潮剂应用举

例,a)和b)适用于一般潮湿条件,c)和d)用于水中和有混凝土浇注的场所。

常用防护剂配方 表2-5-1

| 配方＼材料 | 石蜡(%) | 蜂蜡(%) | 松香(%) | 机油(%) | 凡士林(%) | 环氧树脂(%) | 邻苯二甲酸二丁脂(%) | 乙二胺(%) |
|---|---|---|---|---|---|---|---|---|
| 配方1 | | 100 | | | | | | |
| 配方2 | | | | | 100 | | | |
| 配方3 | 65 | | 20 | | 15 | | | |
| 配方4 | 32 | 8 | 35 | 10 | 15 | | | |
| 配方5 | 40 | | 35 | 10 | 15 | | | |
| 配方6 | | | | | | 86.2~75 | 8.6~19 | 5.1~6 |
| 配方7 | | | | | | 83~72 | 10~18 | 7~10 |

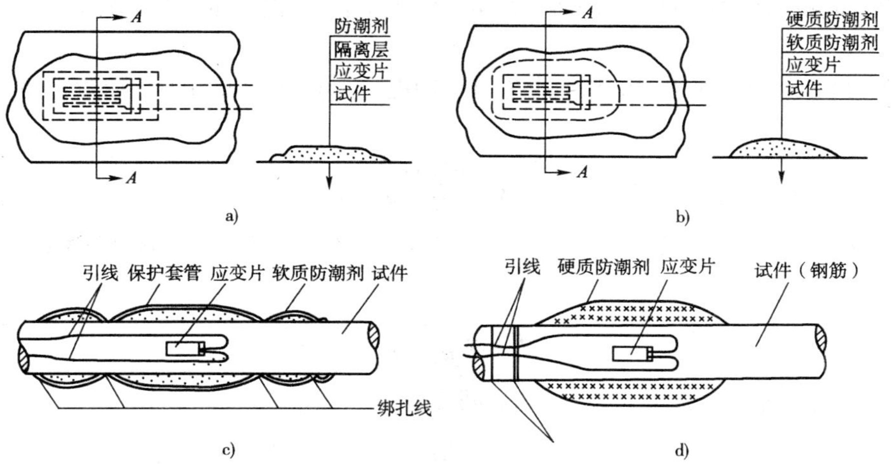


图2-5-16 应变片防护构造

**2.应变仪**

1)测量电路

测量电路是应变仪的重要组成部分,其作用是将应变片的电阻变化转换为电压(或电流)的变化。在特殊情况下,应根据测量的目的和具体要求自行设计测量电路。应变片电测一般采用两种测量电路,一种是电位计式电路,一种是桥式电路,通常采用惠斯登电桥。

电位计式电路,常在冲击测量等场合使用,而且其阻值变化与输出电压的关系不是线性关系,在特定情况下可以满足试验要求。本节只讨论桥式电路原理及测试办法。

桥式电路也称应变电桥,其测量电路能精确地测量极其微小的电阻变化。例如我们假设用阻值 $R=120\Omega$、灵敏系数 $K=2$ 的应变片测量某一网结构,若钢材的弹模 $E=2\times10^5$MPa,当某点应力为100MPa时,根据电阻应变片的阻值与应变的关系,得

$$\frac{\Delta R}{R}=K\varepsilon=K\frac{\sigma}{E}$$

$$\Delta R = KR\frac{\sigma}{E} = 2\times 120\times \frac{100}{2\times 10^5} = 0.12(\Omega)$$

如要求测量精度为1%，那么测量电阻变化的应变刻度就要求不大于0.001Ω，这就产生了测量灵敏度要求高而量程又要求大的矛盾。在桥式电路中，采用惠斯登电桥就解决了这一矛盾。惠斯登电桥具有四个电阻(图2-5-17)，其中任何一个都可以是应变片电阻，电桥的对角接入输入电压，另一对角来测量输出电压。电桥的一个特点是，四个电阻达到某一关系时，电桥输出为零，这样我们就能应用很灵敏的检流计来测量输出。由于这一特点使电桥能够精确地测量微小的电阻变化。

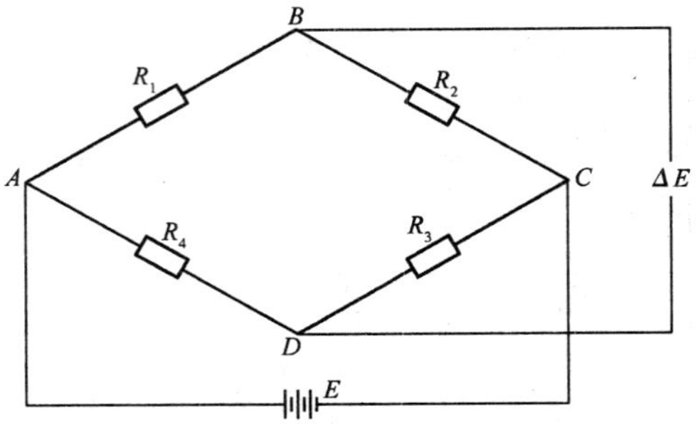


图2-5-17　电桥

为了分析电桥中电阻的变化与输出端 $\Delta E$ 的变化规律，架设电桥的四根桥臂上的电阻 $R_1$、$R_2$、$R_3$ 和 $R_4$ 为四个电阻片，把桥分为 $ABC$ 和 $ADC$ 两部分。

从 $ABC$ 这半个电桥来看，由 $A$ 经过 $B$ 到 $C$ 的电压(即 $AB$ 间的电压)降为 $E$，$R_1$ 上的电压降为 $E_{AB}$。

$$E_{AB} = \frac{R_1}{R_1 + R_2}E \tag{2-5-12}$$

同样 $ADC$ 这半个电桥电压降也是 $E$，(因为 $R_1$、$R_2$ 和 $R_3$、$R_4$ 为并联在电路中)，$R_4$ 上的电压降为 $E_{AD}$

$$E_{AD} = \frac{R_4}{R_3 + R_4}E \tag{2-5-13}$$

整个电桥的输出电压就是 $E_{AB}$ 和 $E_{AD}$ 之间的差：

$$\Delta E = E_{AB} - E_{AD} = \frac{R_1}{R_1 + R_2}E - \frac{R_4}{R_3 + R_4}E = \frac{R_1R_3 - R_2R_4}{(R_1 + R_2)(R_3 + R_4)}E \tag{2-5-14}$$

为了使测量前的输出为零(即保持电桥平衡)，应满足

$$R_1R_3 = R_2R_4$$

根据分析，在符合该关系条件下，输出电压的增量与电阻片阻值变化可由下式计算：

$$\Delta E = \left[\frac{R_1R_2}{(R_1 + R_2)^2}\left(\frac{\Delta R_1}{R_1} - \frac{\Delta R_2}{R_2}\right) + \frac{R_3R_4}{(R_3 + R_4)^2}\left(\frac{\Delta R_3}{R_3} - \frac{\Delta R_4}{R_4}\right)\right]E$$

根据电桥平衡的条件，上式可写为

$$\begin{aligned}\Delta E &= \frac{E}{4}\left(\frac{\Delta R_1}{R_1} - \frac{\Delta R_2}{R_2} + \frac{\Delta R_3}{R_3} - \frac{\Delta R_4}{R_4}\right)\\ &= \frac{1}{4}EK(\varepsilon_1 - \varepsilon_2 + \varepsilon_3 - \varepsilon_4)\end{aligned} \tag{2-5-15}$$

根据电桥的测量电路，应变电桥的测量方法有下列几种：

(1)单点测量　单点测量时，组成测量电桥的四个电阻中，$R_1$ 为电阻片电阻，其余三个为精密电阻(无电阻变化)，则

$$\Delta E = \frac{1}{4}EK\varepsilon_1 \tag{2-5-16}$$

（2）半桥测量　其方法是将半桥接电阻片，另半桥为精密电阻（$\Delta R_3 = \Delta R_4 = 0$），则

$$\Delta E = \frac{1}{4}EK(\varepsilon_1 - \varepsilon_2) \tag{2-5-17}$$

（3）全桥测量　其方法是组成测量电桥的四个电阻全由电阻片组成，即

$$\Delta E = \frac{1}{4}EK(\varepsilon_1 - \varepsilon_2 + \varepsilon_3 - \varepsilon_4) \tag{2-5-18}$$

根据应变电桥测量电路的分析，所建立的这些基本关系式表明了电桥的输出与桥臂电阻（由测量的接片需要可为电阻片和精密电阻桥）的相对增量 $\Delta R/R$ 或应变 $\varepsilon$ 成正比的关系。由此也可看出，电桥的增减特性：相邻的输出符号相反，电桥输出具有相减特性；相对两臂符号相同，电桥输出具有相加特性。

根据电桥的这些特性，我们就可以采用不同的测量（电阻片接线）方法进行选择。

2）电阻应变仪

电阻应变仪按使用内容不同，分为静态应变仪、动态应变仪和静动态应变仪。下面介绍常用的两种静态电阻应变仪。

（1）江苏省靖江市东华测试技术开发有限公司 DH3816 静态应变测试系统　本套静态应变测试系统由江苏省靖江市东华测试技术开发有限公司生产，由计算机控制操作，能够完成多测点（最多 960 个测点）的应变应力的测试和分析。

①主要特点：

a. 和笔记本电脑 USB、RS—232 口进行数据通信，便于携带，适用于试验室和工地现场的测试；

b. 全桥、半桥、（公用补偿）连接方便；

c. 采样速度快；

d. 参数设置及修正、平衡、数据存储均由计算机完成；

e. 系统能配接桥式传感器、热电耦；

f. 对每个测点的多次采样（测量）结果可由数据序列或图形显示，并可打印输出或存储。

②主要技术指标：

a. 测试点数：每台计算机可连接 16 个数据采集箱，每个数据采集箱可接 60 个测点；

b. 采样速度：12 点/s，

c. 应变测量范围：±200 000με；

d. 分辨率：1με；

e. 零飘：4με/4h；

f. 自动平衡范围：应变计阻值的 ±1%。

（2）日本产 TDS—602 静态数据采集仪　本仪器为日本东京测器 TML 公司生产、由欧美大地仪器设备中国有限公司经销的静态数据采集仪。该仪器具有自动多通道测量应变、应变式传感器、直流电压、热电偶和热电阻的功能。内部可以最多测量 30 个通道，如果接上自动转换箱最多可以测量 1 000 点。彩色触摸屏操作。通常测量速度是 0.06s/点，高速 *ADC* 方式时

扫描速度为0.02s/点。可以通过以太网方式与网络进行通信联络。仪器使用方便,是目前较为先进的仪器设备。

①主要特点:

a. 仪器由自带计算机系统控制;

b. 仪器自带接线扫描箱;

c. 测试数据可直接打印;

d. 测试数据可存于自备计算机硬盘中;

e. 可由普通计算机键盘控制或触摸屏控制,操作简单、方便;

f. 外形小巧,携带方便;

g. 测试稳定性好。

②主要配置及技术指标:

a. 彩色 LCD 触摸屏;

b. 高应变分辨率 $0.1\times10^{6}$;

c. 全部通道可以进行应变分析及计算;

d. 定时测量、比较、报警监视功能;

e. 标准配置 1.2GB 硬盘,3 吋软驱;

f. 标准配置 GP—IB 和 RS—232 C 接口;

g. 最多可同量监视 30 通道数据;

h. 内部半导体继电器转换箱最多 30 点(标准为 10 点);

i. 标准配置光纤端口可以连接 ISW—50C 转换箱。

**3. 电阻应变测量的温度补偿**

用应变片测量应变时,它除了能感受试件受力后的变形外,同样也能感受环境温度变化,并引起电阻应变仪指示部分的示值变动,这称为温度效应。

温度变化从两方面使应变片的电阻值发生变化。第一是电阻丝温度改变 $\Delta t$(℃),其电阻将会随之而改变 $\Delta R_\beta$。

$$\Delta R_\beta=\beta_1 R\Delta t \tag{2-5-19}$$

式中:$\beta_1$——电阻丝的电阻温度系数,1/℃;

$R$——应变片的原始电阻值,Ω。

第二是因为材料与应变片电阻丝的线膨胀系数不相等,但二者又粘合在一起,这样温度改变 $\Delta t$(℃)时,应变片中产生了温度应变,引起一附加的电阻的变化 $\Delta R_\alpha$。

$$\Delta R_\alpha=K_t(\alpha_j-\alpha)\Delta tR \tag{2-5-20}$$

式中:$K_t$——贴好的应变丝对温度应力的灵敏系数,$K_t=K_0$;

$\alpha_j$——试件材料的线膨胀系数,1/℃;

$\alpha$——电阻丝的线膨胀系数,1/℃。

因此,总的温度效应是二者之和:

$$R_t=\Delta R_\alpha+\Delta R_\beta=[K_t(\alpha_j-\alpha)+\beta_j]R\Delta t$$

令 $$\beta = K_t(\alpha_j - \alpha) + \beta_1$$

则 $$\Delta R_t = \beta R \Delta t \tag{2-5-21}$$

式中：$\beta$——贴好的应变片总的电阻温度系数。

温度效应的应变值为：

$$\varepsilon_t = K_0 \beta_1 R \Delta t \tag{2-5-22}$$

这个 $\varepsilon_t$ 称为视应变。当采用镍铬合金丝做成的应变片进行测量时，温度变动1℃，会在钢材（$E - 2.1 \times 10^5$MPa）中产生相当于1.5MPa左右的应力示值变动，这是不能忽视的，必须加以消除。消除温度效应的应变值主要是利用惠斯登电桥桥路的特性进行，称为温度补偿。

如图2-5-17所示，在电桥的$BC$臂上接一个与测量片$R_1$同样阻值的温度补偿应变片$R_2$（简称补偿片）。测量应变片$R_1$（简称工作片）贴在受力构件上，它既受应变作用又受温度作用，故$R_1$是由两部分组成。即：$\Delta R_1 = \Delta R_\varepsilon + \Delta R_t$。

补偿片$R_2$贴在一个与试件材料相同并置于试件附近，具有同样温度变化条件但不承受外力作用的小试块上，它只有$\Delta R_2 = \Delta R_t$的变化。此时，电桥对角线上的电流计的反应为$\Delta R_1 - \Delta R_2 = \Delta R_\varepsilon$，测得结果仅是试件受力后产生应变值，而温度效应所产生的视应变就消除了。

在实际工作中，为保证补偿效果，对补偿片的设置应考虑如下因素：

（1）补偿片与工作片应该是同批产品，具有相同电阻值、灵敏系数和几何尺寸。

（2）贴补偿片的试块材料应与试件的材料一致，并应做到热容量基本相等。如是混凝土材料，则需同样配合比和在同样条件下养护。

（3）补偿片的贴片、干燥、防潮等处理工艺必须与工作片完全一致。

（4）连接补偿片的导线应与连接工作片的导线同一规格、同一长度，并且相互平列靠近布置或捆扎成束。

（5）补偿片与工作片的位置应尽量接近，使二者处于同样温度场条件下，以防不均匀热源的影响。

（6）补偿片的数量多少，根据试验材料特性、测点位置、试验条件等决定。一般情况下，钢结构可用两个补偿片同时补偿10个工作片。对混凝土材料或木材可用一个补偿片补偿5～10个工作片。如果要求严格或者是某些测点所处条件特殊时，应单独补偿，以尽量减少因补偿片连续工作而工作片间断工作所造成的温差影响。

上述桥路补偿的主要优点是方法简单、适用、经济，在常温下补偿效果较好，但在温度变化梯度较大时，将会有一定误差。

目前除采用桥路补偿外，还有采用应变片温度自补偿的办法，即使用一种特殊的应变片，当温度变化时，其电阻增量等于零或相互抵消而不产生视应变。这种特殊应变片称为温度自补偿应变片，它主要用于机械类试验中，在结构试验中国内目前尚少采用。

## 六、电阻应变原理的推广——传感器

电阻应变仪不仅可以测量应变，在结构试验中尚可利用它的工作原理对其他物理参数进行测定。这时需通过相应的转换器，先把要求观测的物理量转换成该转换器中某一弹性元件的应变，由贴在该元件上的应变片所测得的应变量间接求得被测量的数值。这种转换器称为

电阻应变式传感器,最常用的有以下几种:

**1. 应变式测力传感器**

图 2-5-18 为一压力传感器的典型构造图,圆柱(或筒)形弹性元件承受轴向压力,而粘贴在元件上面的应变片感受其应变。知道元件的截面积,即可求得压力。为了提高量测的灵敏度和达到温度补偿,在元件上粘贴 8 片应变片[2-5-18a)],并组成全桥式接线[2-5-18b)]。

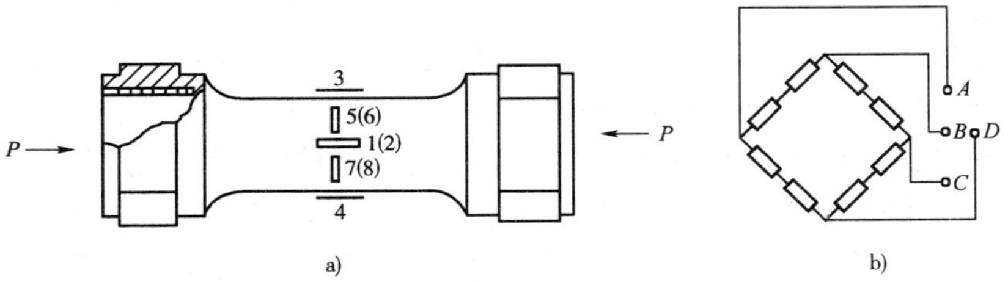


图 2-5-18 应变式测力传感器构造及全桥式接线方法

采用上述应变片的桥路连接方式,电桥的灵敏度提高到 $2(1+v)$ 倍。同时,这种连接形式还能消除由于弹性元件因荷载偏心而产生的附加弯曲影响。

应变式测力传感器除可用电阻应变仪进行量测外,还可以用专门的电位差计(通称电子秤)进行测量,目前国内生产的 BLR 型电阻式拉压传感器和 BHR 型电阻式荷重传感器就是按上述原理制造的。量程从 0.10~100t,可配以 DCZ 型电子秤进行测量和显示。国外发展了一种利用剪切应变的测力传感器,其高度小,稳定性好,精度高,非线性误差和滞后误差均在 0.02% 以内,温度零漂小于 0.003%(额定荷载)/℃。

**2. 电子式位移传感器**

电子式位移传感器是一种位移测量计,属于一次仪表,它只能检测试件的位移,而本身不能显示其数值。因此,使用时必须依赖二次仪表进行显示或指示。

1)电阻式位移计

YHD 型电子位移计是电阻式位移计的一种,它主要由机械传动机构、应变电桥和滑线电阻等组成(图 2-5-19)。

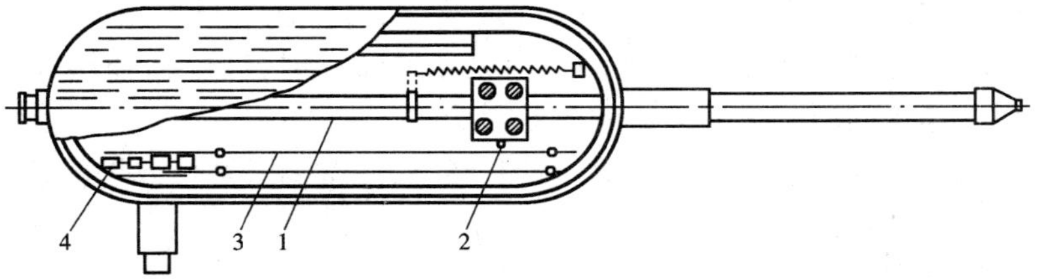


图 2-5-19 YHD 型电子位移计

1-测杆;2-触点;3-滑线电阻;4-精密无感电阻

YHD 型位移计的工作原理也是利用应变电桥进行测量。在仪器内部设置四个无感电阻 $R_1$、$R_2$、$R_3$ 和 $R_4$,在 $R_1$ 和 $R_2$ 之间用一根电阻丝串联起来组成应变电桥。当试件产生位移时,位移计的测杆便沿着导向槽做轴向移动,带动触点在电阻丝上滑动。由图 2-5-20 可知,在两个桥臂上都产生电阻的变化。如触点向右移动时,$AB$ 桥臂的电阻增为 $R_1+\Delta R$;$BC$ 桥臂的电阻则减为 $R_2-\Delta R$,则输出

$$\Delta U=\frac{U}{4}\left(\frac{\Delta R}{R_1}+\frac{\Delta R}{R_2}\right)=\frac{1}{2}U\frac{\Delta R}{R} \tag{2-5-23}$$

电阻式位移传感器的特点是结构简单输出信号大，但因存在着活动触点，寿命受磨损影响。

2）应变式位移传感器

应变式位移传感器结构见图2-5-21，它主要由测杆、悬臂梁、应变片和弹簧等组成。由图2-5-21可见，将两个弹性元件、弹簧和悬臂梁串联，在矩形截面悬臂梁根部正、反面分别贴上2片应变片，组成应变电桥。结构位移时推动弹性变形，再用应变片来感受弹性元件的变形来实现位移的测量。这种传感器的特点是分辨率高，反应速度快，但测量精度和稳定性受应变片粘贴质量的影响。

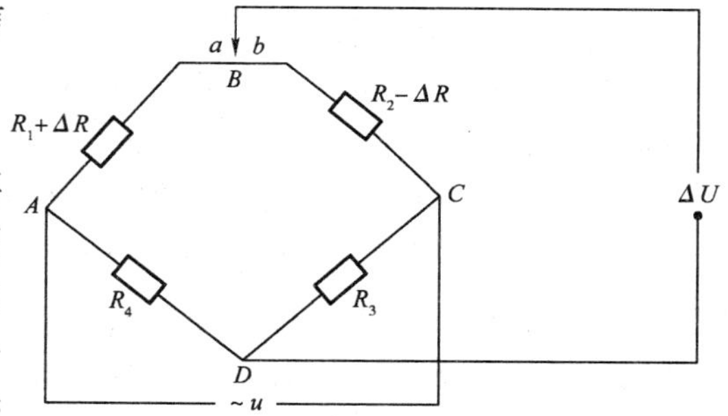


图2-5-20　电桥接线图

$a$、$b$-滑线电阻；$R_1$、$R_2$、$R_3$、$R_4$-无感电阻；$B$-触头

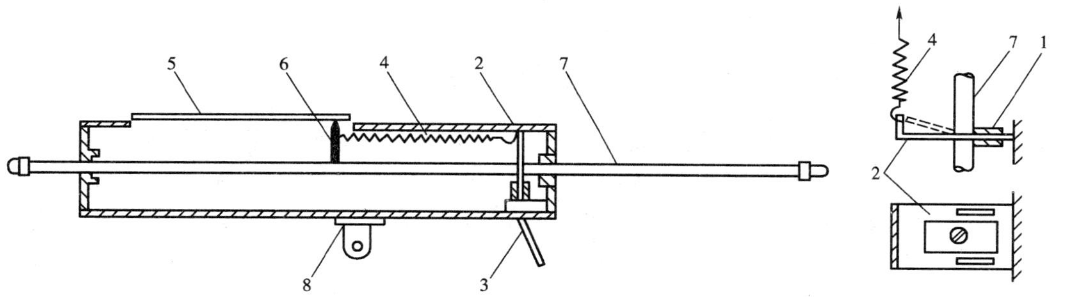


图2-5-21　应变式位移计

1-应变片；2-悬臂梁；3-引线；4-弹簧；5-标尺；6-指针；7-测杆；8-固定环

目前，已有集机械式位移计与应变式位移计于一体的机电百分表。它兼有两者各自的优点，既可同普通百分表那样灵活运用、直接读数，又可以接入静态数据采集系统进行电测，提高了测试精度及速度，避免了人员读数的差错和误差。

3）HJ型应变测量传感器

在桥梁静、动载试验时，应变是必须观测的主要物理量之一。目前测量应变主要是用应变片，使用时将应变片直接粘贴在结构物被检测部位。贴片、焊线、封片等工作常常在几米乃至几十米的高空进行，难度比较大，质量很难保证，效率低，而且测量值受环境温度和环境湿度影响很大，经常有些测点的测量值漂移很大，测量数据可信度低。为了克服应变片的上述缺点，长安大学桥梁试验室研制出了HJ型系列应变测量传感器，其原理如图2-5-22所示。

在图2-5-22中，连杆的一端与应变传感器相连接、另一端与支座相连接，然后将其用502胶粘贴在被测构件上，当构件发生变形时，传感器与支座间发生相对位移，此位移大小由传感器测出。则构件被测部位的应变值由下式计算：

$$\varepsilon=\frac{\Delta L}{L_0} \tag{2-5-24}$$

式中：$\Delta L$——传感器与支座间的相对位移，mm；

$L_0$——传感器轴线与支座轴线间的距离，通常称为标距，mm。

这种结构的应变测量计，经过试验室和多座桥梁的现场测试，证明它具有灵敏度高、易于标定、线性误差小、标距可调、适用范围广、受环境温度和环境湿度影响小、输出信号稳定、使用方便等优点。目前这种应变测量传感器已有系列产品，既能测量结构物表面一个方向的应变，又能测量结构物同一平面内不同方向的应变（类似应变花）。

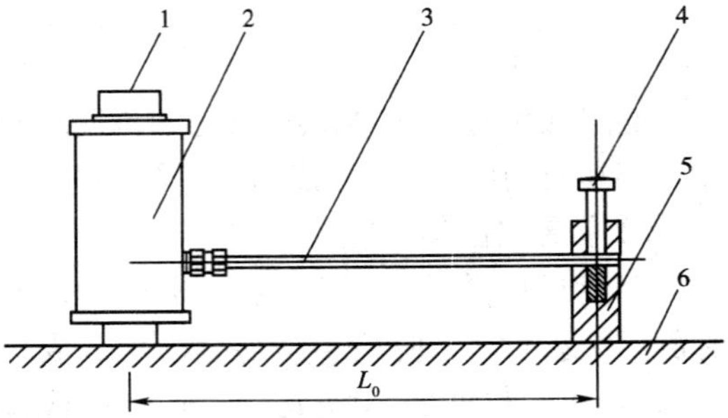


图 2-5-22　HJ 型传感器原理示意图

1-四芯插座；2-传感器；3-连杆；4-限动螺钉；5-支座；6-被测构件

## 第三节　静载试验方法及桥梁承载力评定

### 一、准备工作

试验准备工作包括：设备及仪表夹具的加工；试验现场的清理；设置仪器、仪表的支护装置以及其他必要的支架和安全设备；准备加载物质或设备；仪表校正、安装和调试；对试验人员进行技术培训；印发各种记录表格。在试验准备阶段，必须将试验所用的仪器设备及时配齐，试验前必须按规定进行校正或标定，并且应该有一定数量的备用仪器，以确保试验工作的顺利进行。

测试技术的准备也十分重要，正式加载试验前，试验人员必须明确分工和职责，能熟练地进行仪器、仪表的测读，掌握仪器、仪表的工作原理、基本性能以及排除一般性故障的能力。对于规模较大、测试时间较长、使用仪器较多、测点布置难度较大的试验，可以考虑拟定专门的测试技术操作规程。

在施工现场，根据试验方案的要求，应及时调集必需的物质和器材，解决用电、水源、燃料等问题。

使用电测仪器，调试工作量大。电阻片粘贴后，要做好防潮、防水处理，其绝缘阻值要满足试验规定的要求。试验用导线要经过测试，导线与试验结构或构件上电阻应变片的连接，要锡焊并做好绝缘处理。

当所有准备工作就绪后，在正式试验之前，要对所有仪器、仪表进行一次观测演习，以便熟悉试验程序、仪器和仪表的测读、记录方法等。

在试验前及测试过程中观测并记录气温情况。

### 二、加载实施与控制

**1. 加载程序**

加载应严格按计划程序进行。采用重物加载时按荷载分级逐级施加，每级荷载堆放位置准确、整齐、稳定。荷载施加完毕后，逐级卸载。采用车辆加载时，先由零加至第一级荷载，卸载至零载；再由零载加至第二级荷载，卸至零载…，直至所有荷载施加完毕（有时为了确保试验结果准确无误，每一级荷载重复施加 1 ~ 2 次），每一级荷载施加次序为纵向先施加重车，后施加两侧标准车，横向先施加桥中心的车辆，后施加外侧的车辆。

**2. 加载稳定时间控制**

为控制加卸载稳定时间，应选择一个控制观测点（如简支梁为跨中挠度或应变测点），在每级加载（或卸载）后立即测读一次，计算其与加载前（或卸载前）测读值之差值 $S_g$，然后每隔 2min 测读一次，计算 2min 前后读数的差值 $\Delta S$，并计算相对读数差值 $m$：

$$m = \Delta S / S_g \tag{2-5-25}$$

当 $m$ 值小于 1% 或小于量测仪的最小分辨值时即认为结构基本稳定，可进行各观测点读数。主要控制截面最大内力荷载工况对应的荷载在桥上稳定时间不少于 5min，对尚未投入营运的新桥应适当延长加载稳定时间。

有些桥测点观测值稳定时间较长，如结构的实测变位（或应变）值远小于计算值，可将加载稳定时间定为 20 ~ 30min。

**3. 测试方法与加载过程的观察**

1）位移的测量

一般的梁、板、拱、桁架结构的位移测定，主要是指挠度及其变形曲线的测定。挠度的测试断面，一般在 1/2 跨、1/4 跨、1/8 跨、3/4 跨、7/8 跨等位置布设测点，以便能测出挠度变形的特征曲线。对梁或板宽大于或等于 100cm 的构件，应考虑在横截面两侧都布设测点，测值取两侧仪表读数的平均值。为了求得最大挠度值以及其变形特征曲线，测试中要设法消除支座沉降的影响。

常用的位移测量的仪器、仪表有各种类型的挠度计、百分表、位移传感器等。

在桥梁结构设计中的荷载横向分布系数，往往是以测定桥梁横断面各梁（或梁肋）挠度的方法推算出来的。具体做法是在特征断面（跨中或 1/4 跨断面），所有各梁或梁肋布点测挠度，然后经过简单的数据处理，即可得到该断面的荷载横向分布特征值。

2）应变的测量

试验结构的断面内力（弯矩、轴向力、剪力、扭矩）和断面应力分布，一般都是通过应变测定来反映的，所以，应变值的正确测定是非常重要的。

应变的测量分以下两种情况：

（1）桥梁结构主应力方向已知　对承受轴向力的结构，如桁架中的杆件，测点应在平行于结构轴线的两个侧面，每处不少于两点。

对承受弯矩和轴向力共同作用的结构，如拱式结构的拱圈等，应在弯矩最大的位置处，平行轴线的两侧布点，每处不少于 4 点。

对承受弯矩作用的结构，如梁式结构，应在弯矩最大的位置处，沿截面上、下边缘布点或沿侧面梁高方向布点，每处不少于 2 点。

（2）桥梁结构主应力方向未知　如在受弯构件中正应力和剪应力共同作用的区域、截面形状不规则或者有突变的位置，这些部位的主应力、剪应力的大小和方向都是未知的，当测定这些部位的平面应力状态时，一般按一定的 $x$—$y$ 坐标系均匀布点，每点按 3 个方向布设成一个应变花形式。再按此测出的应变确定主应力的大小和方向。

应变测试常用的仪器、仪表有千分表、杠杆引伸仪、手持应变仪、电阻应变仪等。

3)裂缝的观测

对于钢筋混凝土梁,加载后受拉区及时发现第一条裂缝是十分重要的。测定裂缝的仪器、仪表有刻度放大镜、塞尺、应变计、电阻应变仪等。

刻度放大镜可用来测定混凝土裂缝的宽度。最小刻度值为0.01~0.1mm,量程为3~8mm。使用时将放大镜的物镜对准需测定的裂缝,经过目测即可读出裂缝的宽度。

塞尺的用途是测定混凝土裂缝的深度,它是由一些不同厚度的薄钢片组成。按裂缝宽度选择合适的塞尺厚度并插入裂缝中。根据塞尺插入的深度即可得到裂缝的深度。

用应变测量仪测量裂缝的出现或开裂荷载时,应在结构内力最大的受拉区,沿受力主筋方向连续布置电阻应变片或应变计,连续布置的长度不小于2~3个计算的裂缝间距或不小于30倍的主筋直径。在裂缝没有出现时,仪表的读数是有规律的,若在某级荷载作用下开裂,则跨越裂缝的仪表读数骤增,而相邻的其他仪表读数很小或出现负值。

在每级荷载下出现的裂缝或原有裂缝的开展,都要在结构上标明,用软铅笔在离裂缝1~3mm处平行地描出裂缝的走向、长度和宽度,并注明荷载吨位。试验结束时,根据结构上的裂缝,绘出裂缝开展图。

加载过程应对结构控制点位移(或应变)、结构整体行为或薄弱部位破损实行监控,并随时向指挥人员汇报。要随时将控制点实测数值与计算结果比较,如实测值超过计算值较多,应暂停加载,查明原因后再决定是否继续加载。加载过程中应指定人员随时观察结构各部位(尤其是薄弱部位)可能产生的新裂缝,结构是否产生不正常的响声,加载时墩台是否发生摇晃现象等,如有这些情况及时报告试验指挥人员,以便采取相应的措施。

加载过程要注意观测原有裂缝较长、较宽的部位。测量裂缝的长度、宽度,并在混凝土表面沿裂缝走向进行描绘。观测加载过程裂缝长度及宽度的变化情况,在混凝土表面进行描绘,并采用专门表格记录。将最后的检查情况填入裂缝观测记录表。

**4. 终止加载控制条件**

发生下列情况应终止加载:

(1)控制测点应力值已达到或超过用弹性理论按规范安全条件反算的控制应力值。

(2)控制测点变位(或挠度)超过规范允许值时。

(3)由于加载,使结构裂缝的长度、缝宽急剧增加,新裂缝大量出现,缝宽超过允许值的裂缝大量增多,对结构使用寿命造成较大的影响时。

(4)拱桥加载时沿跨长方向的实测挠度曲线分布规律与计算值相差过大或实测挠度超过计算值过多时。

(5)发生其他损坏,影响桥梁承载能力或正常使用时。

## 三、试验数据分析

**1. 试验资料的修正**

1)测值修正

根据各类仪表的标定结果进行测试数据的修正,如考虑机械式仪表校正系数、电测仪表率定系数、灵敏系数、电阻应变观测的导线电阻影响等。当这类因素对测值的影响小于1%时可不予修正。

2）温度影响修正

温度对测试的影响比较复杂，结构构件的各部位不同的温度变化、结构的受力特性、测试仪表或元件的温度变化、电测元件的温度敏感性、自补性等均对测试精度造成一定的影响。逐项分析这些影响因素是困难的。一般可采用综合分析的方法来进行温度影响修正，即利用加载试验前进行的温度稳定观测数据，建立温度变化（测点处构件表面温度或空气温度）和测点的测值（应变和挠度）变化的线性关系，然后按下式进行温度修正计算：

$$S' = S - \Delta t \cdot K_t \tag{2-5-26}$$

式中：$S$——温度修正后的测点加载测值变化；

$S'$——温度修正前测点加载测值变化；

$\Delta t$——相应于 $S$ 观测时间段内的温度变化，℃；

$K_t$——空载时温度上升1℃时测点测值变化量。

$$K_t = \Delta S / \Delta t_1 \tag{2-5-27}$$

式中：$\Delta S$——空载时某一时间区段内测点测值变化量；

$\Delta t_1$——相应于 $\Delta S$ 同一时间区段内温度变化量。

温度变化量的观测对应变宜采用构件表面温度，对挠度宜采用气温。温度修正系数 $K_t$ 应采用多次观测的平均值，如测值变化与温度变化关系不明显时则不能采用。

由于温度影响修正比较困难，一般不进行这项工作，而采取缩短加载时间、选择温度变化较小的时间进行试验等办法尽量减小温度对测试精度的影响。

3）支点沉降影响的修正

当支点沉降较大时，应修正其对挠度值的影响（图2-5-23），修正量 $C$ 可按式（2-5-28）计算：

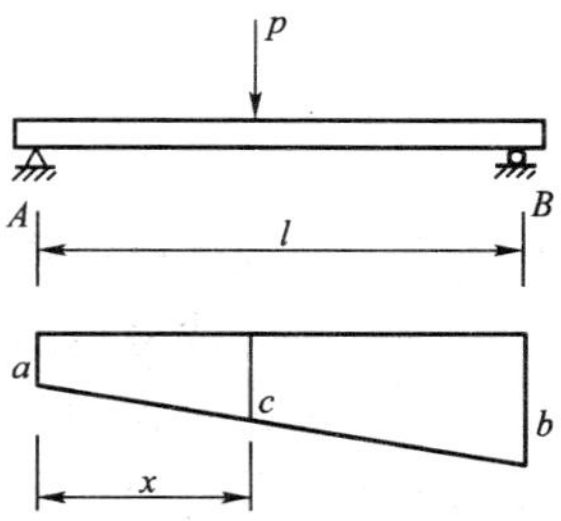

图2-5-23 实测挠度的修正量图式

$$c = \frac{l - x}{l}a + \frac{x}{L}b \tag{2-5-28}$$

式中：$c$——测点的支点沉降影响修正量；

$l$——$A$ 支点到 $B$ 支点的距离；

$x$——挠度测点到 $A$ 支点的距离；

$a$——$A$ 支点沉降量；

$b$——$B$ 支点沉降量。

**2. 各测点变位（挠度、位移、沉降）与应变的计算**

根据量测数据作下列计算：

总变位（或总应变）　$S_t = S_1 - S_i$

弹性变位（弹性应变）　$S_e = S_1 - S_u$

残余变位（或残余应变）　$S_p = S_t - S_e = S_u - S_i$

式中：$S_i$——加载前测值；

$S_1$——加载达到稳定时测值；

$S_u$——卸载后达到稳定时测值。

引入相对残余变位（或应变）的概念描述结构整体或局部进入塑性工作状态的程度。

相对残余变位（或应变）按式(2-5-29)计算：

$$S'_p = S_p / S_t \times 100 \tag{2-5-29}$$

式中：$S'_p$——相对残余变位（或应变）；

$S_p$、$S_t$ 意义同前。

**3. 应力计算**

根据测量到的测点应变，当结构处于线弹性工作状态时可以利用应力应变关系计算测点的应力。

(1)单向应力状态

$$\sigma = E\varepsilon \tag{2-5-30}$$

(2)平面应力状态

①当主应力方向已知时：

$$\sigma_1 = \frac{E}{1-\mu^2}(\varepsilon_1 - \mu\varepsilon_2) \tag{2-5-31}$$

$$\sigma_2 = \frac{E}{1-\mu^2}(\varepsilon_2 + \mu\varepsilon_1) \tag{2-5-32}$$

式中：$E$——构件材料弹性模量；

$\mu$——构件材料泊松比；

$\varepsilon_1$、$\varepsilon_2$——方向相互垂直的主应变；

$\sigma_1$、$\sigma_2$——方向相互垂直的主应力。

②主应力方向未知时需用应变花测量其应变计算主应力。应变花的常见形式为直角形或等边形，如图2-5-24a)、b)、c)，由三个应变片组成；也可以增加增色核片布置为扇形和伞形，如图2-5-24d)、e)。采用图2-5-24中的五种应变花时测点主应力可以表示为：

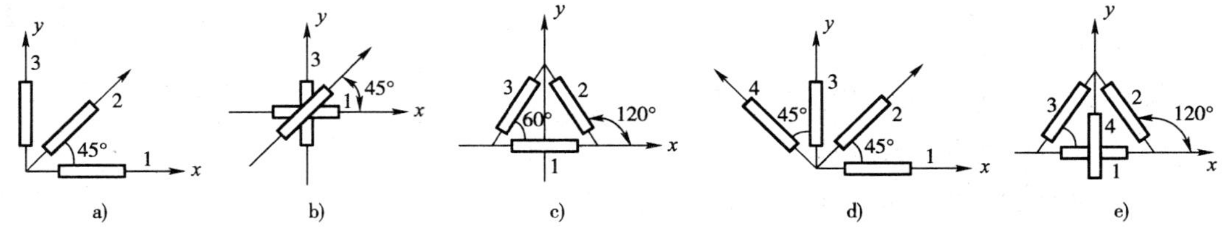


图2-5-24　常用应变花的形式

a)直角形；b)直角交叉形；c)等边形；d)扇形；e)伞形

$$\sigma_1 = \left(\frac{E}{1-\mu}\right)A + \left(\frac{E}{1+\mu}\right)\sqrt{B^2 + C^2} \tag{2-5-33}$$

$$\sigma_2 = \left(\frac{E}{1-\mu}\right)A - \left(\frac{E}{1+\mu}\right)\sqrt{B^2 + C^2} \tag{2-5-34}$$

$$\tau_{max} = \left(\frac{E}{1+\mu}\right)\sqrt{B^2 + C^2} \tag{2-5-35}$$

$$\varphi_0 = \frac{1}{2}\tan^{-1}\frac{C}{B} \tag{2-5-36}$$

其中：参数 $A$、$B$、$C$ 由应变花的形式而定，上面五种形式应变花的参数见表 2-5-2。

**应 变 花 参 数**　　表 2-5-2

| 测量平面上一点主应变时应变计的布置 | | 参　数 | | |
|---|---|---|---|---|
| 应变花名称 | 应变花形式 | $A$ | $B$ | $C$ |
| 45°直角应变花 | 图 2-5-24a) | $\frac{\varepsilon_0+\varepsilon_{90}}{2}$ | $\frac{\varepsilon_0-\varepsilon_{90}}{2}$ | $\frac{2\varepsilon_{45}-\varepsilon_0-\varepsilon_{90}}{2}$ |
| 60°等边三角形应变花 | 图 2-5-24c) | $\frac{\varepsilon_0+\varepsilon_{60}+\varepsilon_{120}}{3}$ | $\varepsilon_0-\frac{\varepsilon_0+\varepsilon_{60}+\varepsilon_{120}}{3}$ | $\frac{\varepsilon_{60}-\varepsilon_{120}}{\sqrt{3}}$ |
| 伞形应变化 | 图 2-5-24e) | $\frac{\varepsilon_0+\varepsilon_{90}}{2}$ | $\frac{\varepsilon_0-\varepsilon_{90}}{2}$ | $\frac{\varepsilon_{60}-\varepsilon_{120}}{\sqrt{3}}$ |
| 扇形应变花 | 图 2-5-24d) | $\frac{\varepsilon_0+\varepsilon_{45}+\varepsilon_{90}+\varepsilon_{135}}{4}$ | $\frac{1}{2}(\varepsilon_0-\varepsilon_{90})$ | $\frac{1}{2}(\varepsilon_{135}-\varepsilon_{45})$ |

**附：混凝土结构的弹性模量确定方法**

混凝土结构的弹性模量一般按下列方法确定：一种是用回弹仪对全桥进行强度测定，测出梁体混凝土实际的强度，查表得出相应的弹性模量。另一种方法是根据实测结构截面特性，通过实测的跨中挠度反求结构的弹性模量。再一种方法是根据实测结构截面特性，通过实测的跨中挠度反求结构的弹性模量，公式为：

对钢筋混凝土桥：

$$f=\frac{l^3}{48(0.8EhI)}\sum\frac{P_k}{n}\sin\frac{\pi x}{l}$$

对于预应力混凝土桥：

$$f=\frac{l^3}{48EhI}\sum\frac{P_k}{n}\sin\frac{\pi x}{l}$$

式中：$P_k$——作用在梁上距支点为 $x$ 的车轴重，t；

$l$——钢筋混凝土梁上不计受拉区混凝土的跨中截面换算截面惯性矩或预应力混凝土梁跨中全截面换算截面惯性矩；

$n$——横断面上梁的根数；

$f$——跨中截面实测挠度。

**4. 试验结果与理论分析的比较**

为了评定结构整体受力性能，需对桥梁荷载试验结果与理论分析值进行比较，以检验新建桥是否达到设计要求的荷载标准，或者判断旧桥的承载能力。比较时可以将结构位移、应变等试验值与理论计算值列表进行比较，对结构在最不利荷载工况作用下主要控制测点的位移、应力的实测值与理论分析值，要分别绘出荷载—位移（$P$-$\Delta$）曲线，荷载—应力（$P$-$\sigma$）曲线，并绘出最不利荷载工况作用下位移沿结构（纵、横向）分布曲线和控制截面应变（沿高度）分布图，绘制结构裂缝分布图（对裂缝编号注明长度、宽度、初裂荷载以及裂缝发展情况）。为了量化以及描述试验值与理论分析值比较的结果，此处引入结构校验系数：

$$\eta = S_e/S_s \tag{2-5-37}$$

式中：$S_e$——试验荷载作用下量测的弹性变位（或应变）值；

$S_s$——试验荷载作用下的理论计算变位(或应变)值。

$S_e$ 与 $S_s$ 的比较可用实测的横截面平均值与计算值比较,也可考虑荷载横向不均匀分布而选用实测最大值与考虑横向增大系数的计算值进行比较。横向增大系数最好采用实测值,如无实测值也可采用理论计算值。

## 四、荷载试验成果分析与承载能力评定

经过荷载试验的桥梁,应根据整理的试验资料分析结构的工作状况,进一步评定桥梁承载能力,为新建桥验收作出鉴定结论,或作为旧桥承载力鉴定检算的依据,并纳入桥梁承载能力鉴定报告和桥梁承载能力鉴定表。一般进行下列分析评定工作:

**1. 结构工作状况**

1)校验系数 $\eta$

校验系数 $\eta$ 用来评定结构工作状况,常用校验系数 $\eta$ 来说明。不同结构形式的桥梁,其 $\eta$ 值常不相同。

挠度校验系数 = 实测跨中挠度/理论跨中挠度

应力校验系数 = 杆件实测弯曲应力/杆件理论弯曲应力(或杆件实测轴向力/杆件理论轴向力)

$\eta=1$ 时,说明理论与实际相符。一般要求 $\eta$ 值不大于 1。$\eta$ 值越小结构的安全储备越大。$\eta$ 值过大或过小都应该从多方面分析原因。如 $\eta$ 值过大可能说明组成结构的材料强度较低,结构各部分联结性较差,刚度较低等。$\eta$ 值过小可能说明材料的实际强度及弹性模量较高,梁桥的混凝土桥面铺装及人行道等与主梁共同受力,拱桥拱上建筑与拱圈共同作用,支座摩阻力对结构受力具有有利影响,计算理论或简化的计算式偏于安全等。试验加载物的称量误差、仪表的观测误差等也对 $\eta$ 值有一定影响。表 2-5-3 所列为常见 $\eta$ 值参考表。

**桥梁检验系数常值表** 表 2-5-3

| 桥梁类型 | 应变(或应力)校验系数 | 挠度校验系数 | 桥梁类型 | 应变(或应力)校验系数 | 挠度校验系数 |
|---|---|---|---|---|---|
| 钢筋混凝土板桥 | 0.20～0.40 | 0.20～0.50 | 预应力混凝土桥 | 0.60～0.90 | 0.70～1.00 |
| 钢筋混凝土梁桥 | 0.40～0.80 | 0.50～0.90 | 圬工拱桥 | 0.70～1.00 | 0.80～1.00 |

2)实测值与理论值的关系曲线

由于理论的变位(或应变)一般按线性关系计算,所以如测点实测弹性变位(或应变)与理论计算值成正比。其关系曲线接近于直线,说明结构处于良好的弹性工作状况。

3)相对残余变位(或应变)

测点在控制荷载工况作用下的相对残余变位(或应变)$S_p/S_t$ 越小,说明结构越接近弹性工作状况。一般要求 $S_p/S_t$ 值不大于 20%,当 $S_p/S_t$ 大于 20% 时,应查明原因。如确系桥梁强度不足,应在评定时,酌情降低桥梁承载能力。

4)动载性能

当动载试验效率 $\eta_d$ 接近 1 时,不同车速下实测的冲击系数最大值可用于结构的强度及稳定性验算。结构的自振频率、活载强迫振动频率及阻尼系数等对桥梁承载能力的影响可参考其他有关资料进行分析。

**2. 结构的强度和稳定性**

当动载试验项目比较全面时，可采用荷载试验主要挠度测点的校验系数 $\eta$ 来评定结构的强度和稳定性。

$\eta$ 值应取控制截面内力最不利荷载工况时最大挠度测点进行计算。对梁桥可采用跨中最大正弯矩荷载工况的跨中挠度；对拱桥检算拱顶截面时可采用拱顶最大正弯矩荷载工况时跨中挠度；检算拱脚截面时可采用拱脚最大负弯矩荷载工况时 $L/4$ 截面处挠度；检算 $L/4$ 截面时用上者平均值。如已安排 $L/4$ 截面最大正、负弯矩荷载工况，则可采用该程序 $L/4$ 截面挠度。

**3. 地基与基础**

当试验荷载作用下墩台沉降、水平位移及倾角较小，符合上部结构检算要求，卸载后变位基本回复时，认为地基与基础在检算荷载作用下能正常工作。

当试验荷载作用下墩台沉降、水平位移、倾角较大或不稳定，卸载后变位不能回复时，应进一步对地基、基础进行探查、检算，必要时应对地基基础进行加固处理。

**4. 结构的刚度要求**

试验荷载作用下，主要测点挠度校验系数 $\eta$ 应不大于 1。各点的挠度不超过“桥规”(JTG 062—2004 第 6.5.3)规定的允许值。即

| | | |
|---|---|---|
| 钢筋混凝土桥： | 梁桥主梁跨中 | $L/600$ |
| | 梁桥主要悬臂端 | $L/300$ |
| | 桁架、拱桥 | $L/300$ |

**5. 裂缝**

对于新建桥，试验荷载作用下预应力结构不应出现裂缝，钢筋混凝土结构裂缝不超“桥规”容许值，即

$$\delta_m \leqslant [\delta] \tag{2-5-38}$$

对于旧桥试验荷载作用下绝大部分裂缝宽度应不大于表 2-5-4 规定的允许值，荷载试验后所有裂缝应不大于表 2-5-4 规定的允许值。

**裂缝限值** 表 2-5-4

| 结构类别 | 裂缝部位 | 允许最大缝宽(mm) | 其他要求 |
|---|---|---|---|
| 钢筋混凝土梁 | 主筋附近竖向裂缝 | 0.25 | |
| | 腹板斜向裂缝 | 0.3 | |
| | 组合梁结合面 | 0.5 | 不允许贯通结合面 |
| | 横隔板与梁体端部 | 0.3 | |
| | 支座垫石 | 0.5 | |
| 预应力混凝土梁 | 梁体竖向裂缝 | 不允许 | |
| | 梁体纵向裂缝 | 0.2 | |
| 砖、石、混凝土拱 | 拱圈横向 | 0.3 | 裂缝高小于截面高一半 |
| | 拱圈纵向 | 0.5 | 裂缝长小于跨径 1/8 |
| | 拱波与拱肋结合处 | 0.2 | |

续上表

| 结构类别 | 裂缝部位 | | | 允许最大缝宽(mm) | 其他要求 |
|---|---|---|---|---|---|
| 墩台 | 墩台帽 | | | 0.3 | 不允许贯通墩台身截面一半 |
| | 墩台身 | 经常受侵蚀性环境水影响 | 有筋 | 0.2 | |
| | | | 无筋 | 0.3 | |
| | | 常年有水,但无侵蚀性影响 | 有筋 | 0.25 | |
| | | | 无筋 | 0.35 | |
| | | 干沟或季节性有水河流 | | 0.4 | |
| | 有冻结作用部分 | | | 0.2 | |

注:表中所列除特指外适用于一般条件,对于潮湿和空气中含有较多腐蚀性气体等条件下的缝宽限制应要求严格一些。

通过对桥梁结构工作状况、强度稳定性、刚度和抗裂性各项指标进行综合评定,并结合结构下部评定和动力性能评定,综合给出桥梁承载能力评定结论,将评定结论写入桥梁承载能力鉴定报告。

## 五、荷载试验报告编写

在全部试验资料整理与分析的基础上,提出桥梁结构荷载试验报告。其内容应该包括下列各项:

**1. 试验概况**

主要内容是简要介绍被试验的桥梁结构的形式、构造特点、施工概况。对于鉴定性试验,要说明在施工与设计中存在的技术问题,以及其对使用的影响等。对于科研性试验,还要说明设计中需要解决的问题。文中要适当附上必要的简图。

**2. 试验目的**

根据试验对象的特点,要有针对性地说明结构荷载试验所要达到的目的和要求。

**3. 试验方案设计**

这一部分要说明根据试验目的确定的测试项目和测试方法、仪器配备及测点布置情况,并附以简图。同时要说明试验荷载的情况,如试验荷载的形成(是标准列车或汽车荷载,还是模拟等代荷载)以及加载的程序。

**4. 试验日程及试验的过程**

说明具体组织桥梁静载试验的起讫日期、试验准备的阶段情况、整个试验阶段特殊的问题及其解决办法。

**5. 各项试验达到的精度**

将本次试验中使用的各种仪器、仪表的类型、精度(最小读数)列表说明,同时还要说明试验中可能使用的夹具对试验精度的影响程度。

**6. 试验成果与分析**

依据桥梁结构荷载试验项目,将理论值、实测值以及有关的参考限值进行对比,说明理论与实测二者的符合程度,从中得出试验结构所具有的实际承载能力、抗裂性、使用的安全度,以及从试验中所发现的新问题。从现场检查的综合情况,说明试验结构的施工质量。对于一些科研性试验,还要从综合分析中说明设计计算理论的正确性和实用性,以及尚存在未解决的问题。

**7. 结论与建议**

通过对全桥的考察和检查结果及对试验结果分析得出最后的技术结论，并对试验结构作出科学的评价。同时根据存在的问题，提出改进设计或加强维修养护方面的建议。

**8. 试验记录摘要及有关图表与照片**

将试验中所得的实例的控制数据，以列表或以曲线的形式表达出来并附上有关图表、照片。

**9. 经验教训**

从结构试验的角度，对本次试验的计划、程序、测定方法等，提出不足或改进的意见。

## • 第四节　结构动载试验 •

当车辆荷载以一定速度行驶于桥上，桥梁结构便产生振动，桥面凹凸不平或发动机颤抖等原因会使振动加剧。此外，人群荷载、强风或地震的作用也会引起桥梁产生振动。桥梁的动载试验就是研究桥梁振动的动力特性，以评定桥梁的承载力状态。

桥梁动载试验与静载试验相比，不同之处是引起结构产生振动的根源（如车辆、人群、风或地震）和结构的动效应是随时间而变化的，动荷载产生的动效应大于相应的静力效应，有时甚至不大的动力作用也可能使结构遭到严重损坏。

桥梁的振动试验多是在原型结构上进行的非破坏性试验，也有模拟地震试验、抗风试验、疲劳试验等。本节只介绍桥梁原型结构动力特性和动载响应的试验与分析。

### 一、桥梁动载试验测试系统的选配

桥梁结构振动的测试仪器包括：测振传感器、信号放大器、光线示波器、磁带记录仪和数字信号处理机。近年来已开发出多种以 *A/D* 转换和微机结合的数据采集和分析一体化的智能仪器，可以进行实时数据采集分析，并能实现数据储存，有取代磁带记录仪和专用信号处理机的趋势。

**1. 测振传感器**

振动参数有位移、速度和加速度。测量这些振动参数的传感器有许多种类。由于振动测量难以在振动体附近找到一个静止点作为测量的基准点，所以就需要使用惯性式测振传感器。通常所指的测振传感器即为惯性式测振传感器（以下简称测振传感器）。其基本原理为：由惯性质量、阻尼和弹簧组成一个动力系统，这个动力系统固定在振动体上，即传感器外壳固定在振动体上，与振动体一起振动。通过测量惯性质量相对于传感器外壳的运动，就可以得到振动体的振动，见图 2-5-25。

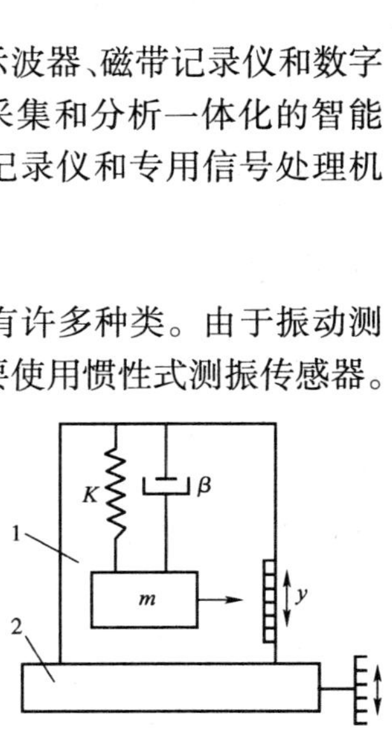

图 2-5-25　测振传感器力学原理
1-传感器；2-振动器

测振传感器除了要通过惯性质量、弹簧和阻尼系统感受振动外，还要将感受到的振动信号通过各种方式转换成电信号。转换方式有磁电式、压电式、电阻应变式等。传感器所测的振动量通常是位移、速度和加速度等，按转换方式和所测振动量可以分成许多种类。

**2. 光线示波器**

光线示波器也是一种常用的模拟式记录器，主要用于振动测量的数据记录，它将电信号转换为光信号、并记录在感光纸和胶片上，得到的是试验变量与时间的关系曲线。

**3. 磁带记录仪**

磁带记录仪可以用于振动测量和静力试验的数据记录，它将电信号转换成磁信号并记录在磁带上，得到的是试验变量和时间的变化关系。

**4. 信号处理机**

动态信号数据处理，一般在专用信号处理机或利用数据处理软件在通用计算机上进行。一般信号处理机的工作程序是，输入信号首先通过低通抗混淆滤波器和前置放大器，然后经过模数转换器，将模拟电量信号转换成数字信号输入给计算机，在数据处理硬件和软件支持下进行各种数据处理，最后将结果打印出来。

**5. 测试系统的选配**

根据常用的一些测试仪器的性能，一般可构成电磁式测试系统、压电式测试系统和电阻应变式测试系统等。

电磁式测试系统在桥梁的动力测试中应用较为普遍，这类系统通过仪器的组合变换可测位移、速度和加速度。电磁式测试系统的特点是输出信号强，灵敏度高，稳定性好，传感器输出阻抗低，长导线的影响较小，因此抗干扰性能好，系统的组成为：

电磁式传感器——信号放大器——记录装置

压电式测试系统一般用于测量加速度。系统的组成为：

压电式传感器——电压或电荷放大器——光线示波器或磁带机

由于压电式传感器具有高输出阻抗的特性，要求与输入阻抗很高的放大器相连。因此，放大器输入阻抗的大小将对测试系统的特性产生重大影响。压电式传感器的自振频率较高，因而可测频响较宽。但系统抗干扰性差。长导线阻抗影响较大，易受电磁场干扰。配套的前置放大器有两种基本形式，一种是电压放大器，它的输出电压正比于输入电压。另一种是电荷放大器，它的输出电压正比于压电传感器输出电荷。前者的输出电压受输出电缆长度的影响，低频特性也受其他输入电阻的影响，由这种放大器组配的系统适用于一般频率范围的动力测试。后者不受传输电缆分布电容的影响，低频特性也很少受输入电阻的影响，使用频率可达到零，它适用于低频或超低频长距离的动力测试。

电阻应变式测试系统中传感器的种类较多，例如位移计、应变计、加速度计等，需配套使用的放大器是各类动态电阻应变仪，记录装置为常用的光线振子示波器或磁带记录仪等。系统组成为：

电阻式传感器——电阻应变仪——光线示波器或磁带记录仪

这类测试系统的低频响应好，可从 0Hz 开始。动态电阻应变仪可作为各类电阻应变式传感器的放大器，但这类测试系统易受温度的影响，抗干扰性能较差，长导线对灵敏度也有影响。电阻应变式测试系统中各部分仪器通用性强，应用方便，因而在桥梁动载试验中的应用很普遍。

在选配上述测试系统时，要注意选择测振仪器的技术指标，使传感器、放大器和记录仪的灵敏度、动态范围、频率响应和幅值范围等技术指标合理配套，以保证测试结果的准确性与可靠性。

**6. 测振仪器的主要技术指标**

1）灵敏度

测振传感器或测试系统的灵敏度是指它们的输出信号（电压、电荷或应变等）与输入信号（位移、速度或加速度等）的比值。

2）频率响应

当所测振动的频率变化时，测量系统灵敏度、输出的相位等也随之变化，这个变化规律称为频率响应。对于一个阻尼值，只有一条频率响应曲线。

3）阻尼比

阻尼比是系统存在阻尼的一种量度，它等于实际阻尼系数与临界阻尼系数之比值。当阻尼比小于1时，系统呈欠阻尼状态；当阻尼比等于1时，系统呈临界阻尼状态；当阻尼比大于1时，系统呈过阻尼状态。

4）动态范围

测振仪器的动态范围（或线性度范围）是指输出信号与输入信号保持线性关系时，输入信号幅值的允许变化范围，即仪器的可测幅值范围。当二者偏离线性关系时称幅值失真。

5）频率特性范围

测振仪器的频率特性范围是指当仪器灵敏度不变或其变化不超过允许值时频率信号的允许变化范围即仪器的可测频率范围。当被测信号频率超出使用频率范围时，测试结果会产生很大误差。

6）相位特性

测振仪器的相位特性反映了仪器输出信号的相位差随频率而变化的情况。当测量由各种频率的简谐波合成的复杂周期波时，输出信号对输入信号的相位差应始终为零或与频率成线性关系，这样信号波形才不会失真，否则产生相位畸变。

进行测振仪器的选择时，一定要符合可测幅值范围、可测频率范围，相位差不畸变等要求，同时要注意仪器对环境条件的适应能力。

## 二、桥梁动载试验的激振方法

在进行桥梁动载试验时，首先要设法使桥梁产生一定的振动，然后应用测振仪器加以测试和记录，通过对记录的振动信号分析得到桥梁的动力特性和响应。

桥梁结构动载试验的激振方法有多种，应结合所测桥梁的结构形式和刚度大小选择激振效果好、易于实施的方法。激振方法可分为自振法、共振法和随机激振法。

**1. 自振法**

自振法的特点是使桥梁产生有阻尼的自由衰减振动，记录到的振动图形是桥梁的衰减自由振动曲线，为使桥梁产生自由振动，一般常用突加荷载和突卸荷载两种方法。

1）突加荷载法（冲击发）

在被测结构上急速地施加一个冲击作用力，由于施加冲击作用的时间短促，因此施加于结构上的作用实际是一个冲击脉冲作用。由振动理论可知，冲击脉冲的动能传递到结构振动系统的时间要小于振动系统的自振周期，并且冲击脉冲一般都包含了从零到无限大的所有频率的能量,只有被测结构的固有频率与之相同或很接近时,冲击脉冲的频率分量才对结构起作用,从而激起结构以其固有频率作自由振动。

对于中小型桥梁结构,可用落锤激振器(或枕木)垂直地冲击桥梁,激起桥梁竖直方向的自由振动。如果水平方向冲击桥面缘石,则可激起横向振动。

跳车法就是从三角垫木上利用车轮突然下落对桥梁产生冲击作用,激起桥梁的竖向振动。但此时所测得的结构固有频率包括了试验车辆这一附加质量的影响。图 2-5-26 为试验用解放载重汽车后轮在跨度为 25m 预应力混凝土简支梁桥的跨中位置越过 15cm 高三角垫木后,激起桥跨结构的振动波形记录。

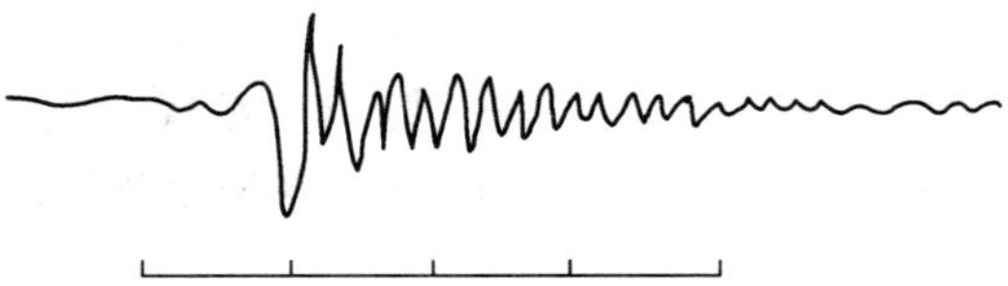

图 2-5-26　跳车引起的结构振动图

采用突加荷载法时,要注意冲击荷载的大小及其作用位置。如果要激起结构的整体振动,则必须在桥梁的主要受力构件上施加足够的冲击力,冲击荷载的位置可按所测结构的振型来确定,如为了获得简支梁桥的第一振型,则冲击荷载作用于跨中部位。

冲击法引起自由振动,一般可记录到第一固有频率的振动图形。如用磁带记录仪录取结构某处之响应,通过频谱分析,则可获得多阶固有频率的参数。

2)突然卸载法

突然卸载法(位移激振法)是在结构上预先施加一个荷载作用,使结构产生一个初位移,然后突然卸去荷载,利用结构的弹性性质使其产生自由振动。

为卸落荷载,可通过自动脱钩装置或剪绳索等方法,有时也专门设计一种断裂装置,当预施加力达到一定的数值时,在绳索中间的断裂装置便突然断离,从而激发结构的振动。突卸荷载的大小要根据所需最大振幅计算求出。

**2. 共振法**(强迫振动法)

共振法是利用激振器,对结构施加激振力,使结构产生强迫振动,改变激振力的频率而使结构产生共振现象并借助共振现象来确定结构的动力特性。

激振设备有机械式激振器、电磁式激振器和电气液压式振动台。

激振器在结构上安装位置和激振方向要根据试验的要求和目的而定。具体安装方法,看有关说明。如果将两台激振器安放于结构的适当位置上,反向激振,则可进行扭转振动试验。

试验时连续改变激振器的频率,当激振力的频率与结构的固有频率相等时,结构出现共振现象,此时,所记录到的频率即为结构的固有频率。

对于较复杂的结构,有时需要知道基频以后的几个频率。此时可以连续改变激振力的频率,进行"频率扫描",使结构连续出现第一次共振,第二次共振,……,同时记录结构的振动图形。由此可得到结构的第一频率(基频),第二频率,……,在此基础上,再在共振频率附近进行稳定的激振试验,则可准确地测定结构的固有频率与振型。图 2-5-27 为进行频率扫描时的记录曲线。

在上述频率扫描试验时,同时记录结构的振幅变化情况,则可作出共振曲线,即频率—振幅关系曲线，从而确定结构的阻尼特性。

对于自振频率较低的大跨度柔性桥梁结构，也可利用人群在桥面上作有规律的运动，使结构发生共振现象。

在桥梁的动载试验中，常用载重车队由低到高的不同速度驶过桥梁，使结构产生不同程度的强迫振动。在若干次运行车辆荷载试验中，当某一行驶速度产生的激振力的频率与结构的固有频率相接近时，结构便产生共振现象，此时结构各部位的振动响应达最大值。在车辆驶离桥跨以后，结构做自由衰减振动，这时可由记录到的波形曲线分析得出结构的动力特性。图 2-5-28 为车速 21km/h 的车辆在驶过 25m 预应力混凝土简支梁桥时，跨中挠度的时历曲线。振动波形曲线中 $AB$ 一段，是车辆离桥后，结构做自由衰减振动的波形记录，从中可分析计算出结构的固有频率和阻尼特征。

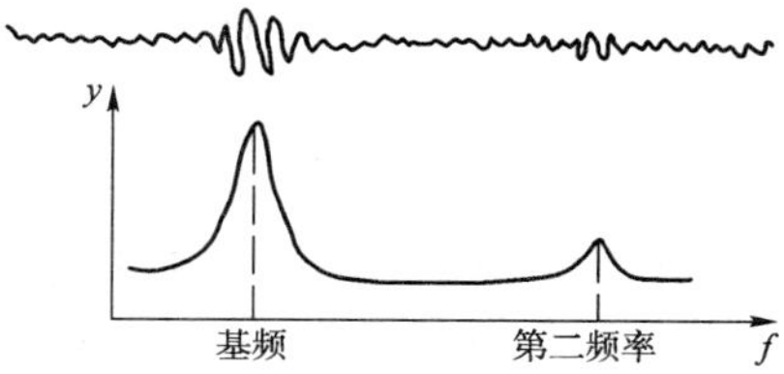

图 2-5-27 频率扫描时结构的振动

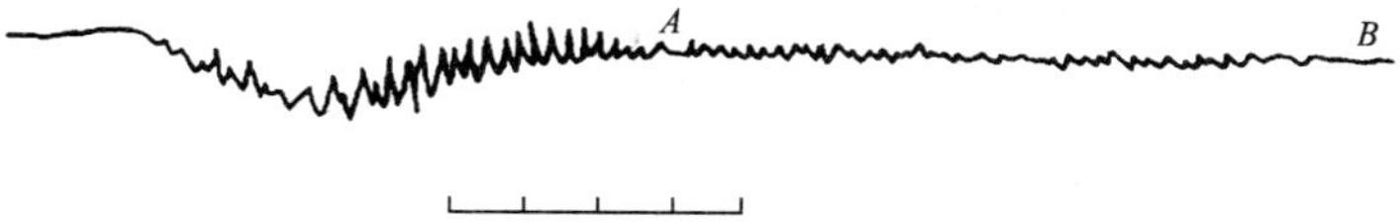

图 2-5-28 车速为 21km/h 时跨中挠度的时历曲线

**3. 脉冲法**

对于大跨度悬吊结构，如悬索桥、斜拉索桥跨结构、塔墩以及具有分离式拱肋的大跨度下承式或中承式拱桥，可利用结构由于外界各种因素所引起的微小而不规则的振动来确定结构的动力特性。这种微振动通常称为“脉动”，它是由附近的车辆、机器等振动或附近地壳的微小破裂和远处的地震传来的脉动所产生。

结构的脉动有一重要特性，就是它能明显地反映出结构的固有频率。因为结构的脉动是因外界不规则的干扰所引起的，因此它具有各种频率成分，而结构的固有频率的谐量是脉动的主要成分，在脉动图上可直接量出。如图 2-5-29 所示结构脉动记录曲线，振幅呈现有规律的增减现象，凡振幅大波形光滑之处的频率都相同，而且多次重复出现。此频率即为结构的基频。如果在结构不同部位同时进行检测，记录在同一纸上，读出同一瞬时各测点的振幅值，并注意它们之间的相位关系，则可分析得到某一固有频率的振型。

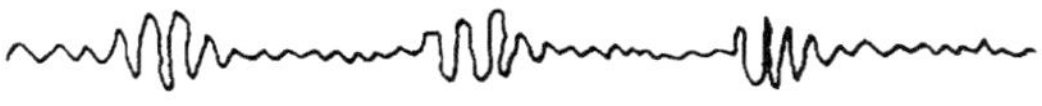
图 2-5-29 结构脉动曲线

在桥梁结构的正常运营条件下，经常地作用于结构上的动力荷载是各类车辆荷载，在进行桥梁的动载试验中，首先应考虑采用车辆荷载作为试验荷载，以便确定桥梁在使用荷载作用下的动力特性及响应。对需要考虑风动荷载或地震荷载的桥梁，应结合桥梁的结构形式作进一步的研究。

## 三、桥梁动载试验数据分析

桥梁结构的动力特性是进行结构动力分析所必需的参数，是结构振动系统的基本特性。例如结构的固有频率、阻尼系数和振型等，它们只与结构本身的固有性质有关（如结构的组成形式、刚度、质量分布和材料的性质等），而与荷载等其他条件无关。

对于比较简单的结构，一般只需结构的一阶频率，对于较复杂的结构动力分析，还应考虑第二、第三甚至更高阶的固有频率及相应的振型。至于系统的阻尼特性只能通过试验的方法确定。

桥梁在实际的动荷载作用下，结构各控制部位的动力响应，如振幅、频率、速度和加速度以及反映结构整体动力作用的冲击系数等，除了可用来分析结构在动荷载作用下的受力状态外，还可验证或修改理论计算值，并作为结构设计的依据。

**1. 结构固有频率的测定**

按照前面叙述的激振方法，使桥梁产生自由振动，通过测试系统实测记录结构的衰减振动波形，如图 2-5-30 所示。在记录的振动曲线上，可根据时标符号直接计算出结构的固有频率。

$$f_0 = \frac{L \cdot n}{t_1 \cdot S} \tag{2-5-39}$$

式中：$L$——两个时标符号间的距离，mm；

$n$——波数；

$S$——$n$ 个波长的距离，mm；

$t_1$——时标的间隔（常用 1s、0.1s、0.01s 三种标定值）。

在计算频率时，为消除冲击荷载的影响，开始的一、二个波形应舍弃，从第三个波形开始计算分析。

当使用激振器进行共振法试验时，结构产生连续周期性强迫振动，在激振器振动频率与结构的固有频率一致时，结构出现共振现象，振幅达到最大值，经准确测试后，共振波峰处的频率即为结构的固有频率，如图 2-5-31 所示。

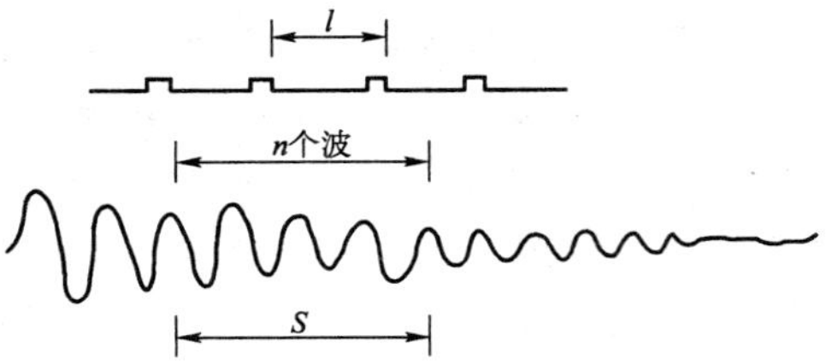


图 2-5-30　由衰减振动曲线求固有频率

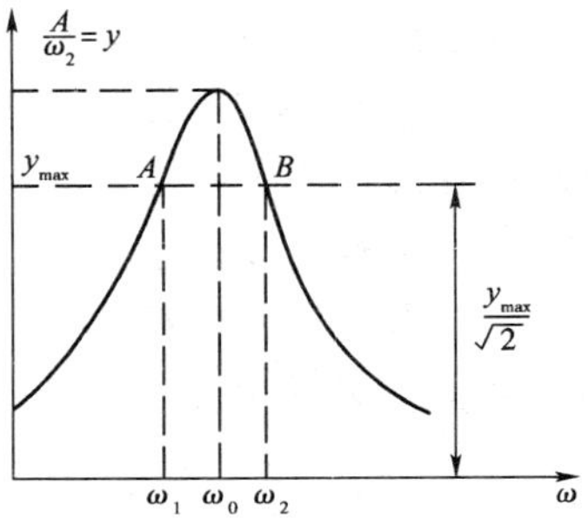


图 2-5-31　共振曲线

采用偏心式激振器时，由于激振力的大小与激振器转速的平方成正比，激振器转数不同，激振力大小不一样。为便于比较，应将振幅折算成单位激振力作用下的振幅，即振幅除以相应的激振力，或者将振幅换算为在相同激振力作用下的振幅，即 $A/\omega_2$，其中 $A$ 为振幅，$\omega$ 为激振器的频率。以 $A/\omega_2$ 为纵坐标，$\omega$ 为横坐标标出共振曲线，如图 2-5-31，曲线之峰值所对应的频率即为结构的固有频率。

**2. 结构阻尼的测定**

桥梁在振动过程中，要受到介质阻尼、材料内部阻尼及支座摩擦阻尼等作用，阻尼特性是振动系统的重要的动态特性之一。

桥梁结构的阻尼特性，一般用对数衰减率 $\delta$ 或阻尼比 $D$ 来表示。实测的衰减自由振动曲

线如图 2-5-32，由振动理论知，对数衰减率为

$$\delta_a = \ln(A_i / A_{i+1}) \tag{2-5-40}$$

式中：$A_i$、$A_{i+1}$——相邻的两个波的同号振幅峰值，可直接从衰减曲线上量取。

实践中，常在衰减曲线上量取 $m$ 个波形，求得平均的衰减率：

$$\delta_a = \frac{1}{m}\ln\frac{A_i}{A_{i+m}} \tag{2-5-41}$$

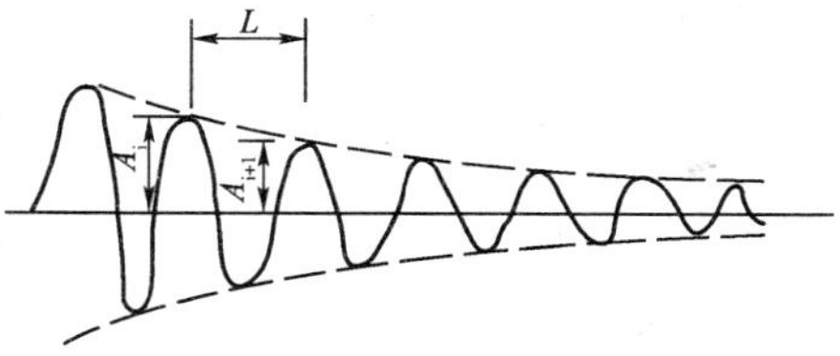


图 2-5-32　由衰减振动曲线求阻尼特性

由振动理论知，对数衰减率 $\delta$ 与阻尼比 $D$ 的关系为

$$\delta = \frac{2\pi D}{\sqrt{1 - D^2}} \tag{2-5-42}$$

由于一般材料的阻尼比都很小，因此

$$D = \frac{\delta}{2\pi} \tag{2-5-43}$$

图 2-5-33 为净跨 25m 预应力混凝土 T 型简支梁桥在动载试验时的自由振动和强迫振动波形曲线。

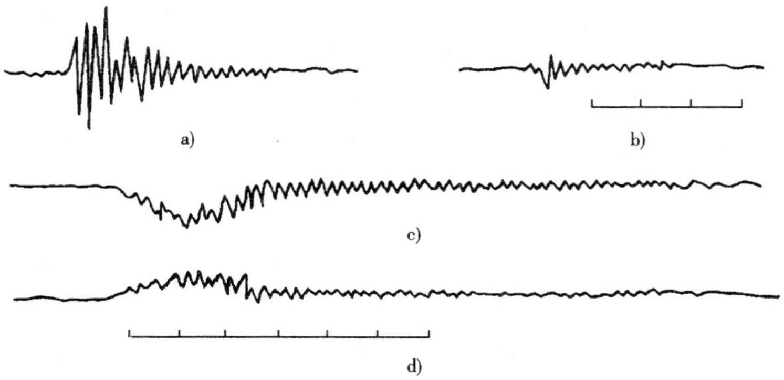


图 2-5-33　桥梁动载试验实测记录曲线

试验时，采用激振方法是用解放牌载重汽车驶越垫木后给桥梁一个冲击作用，使结构产生自由振动。图 2-5-33a)、b)表示结构做自由衰减振动的波形记录。图 2-5-33a)的波形是跨中的主梁挠度时历曲线。图 2.5-33b)的波形是跨中断面预应力钢丝的应力时历曲线。由于挠度和钢丝应力的测点都位于同一控制断面，所以二者的波形相位是一致的。

按照前述的方法，可求出结构的动力特性：

固有频率　　$f_0 = 4.56\text{Hz}$

对数衰减率　　$\delta = 0.087\,6$

阻尼比　　$D = 0.013\,9$

应当指出，上述分析中，包含有载重汽车这一附加质量的影响。

图 2-5-33c)、d)为载重汽车以 28km/h 的速度通过桥梁时引起结构产生强迫振动的记录曲线。图 2-5-33c)为挠度曲线，图 2-5-33d)为钢丝应力曲线，由图可见，当汽车驶离桥跨后，桥跨结构恢复到静力平衡位置时仍在振动，只有在这个时候结构才做自由衰减振动。

在结构做自由衰减振动这一段记录上，仍可按上述方法求出结构的动力特性，但此时没有载重汽车的附加质量的影响。

仍用上述方法求出结构的动力特性：

固有频率 $f_0 = 4.63\text{Hz}$

对数衰减率 $\delta = 0.062$

阻尼比 $D = 0.096$

在实测的共振曲线上也可推算阻尼比，如图 2-5-31，具体做法是取 $Y_{max}/\sqrt{2}$ 值作一水平线，同曲线相交于 $A$、$B$ 两点，其对应的横坐标为 $\omega_1$ 和 $\omega_2$，即

阻尼系数
$$n = \frac{1}{2}(\omega_1 - \omega_2) \tag{2-5-44}$$

阻尼比
$$D = n/\omega_0 \tag{2-5-45}$$

式中：$\omega_0$——结构的固有频率。

**3. 振型的测定**

结构的振型是结构振动时相应于各阶固有频率的振动形式，一个振动系统的数目与其自由度数目相等。桥梁结构是一个具有连续分布质量的体系。也就是说，桥梁是一无限多自由度体系，因此，其固有频率及相应的振型也有无限多个。但是，如前所述，对于一般的桥梁结构，第一固有频率即基频，对结构的动力分析才是重要的。对于较复杂的动力分析问题，也仅需前面几个固有频率。也就是说在一般情况下，一些低阶振型才是重要的。图 2-5-34 表示具有分布质量的各种梁的振型。

采用共振法测定振型时，将若干传感器安装在结构各有关部位，当激振装置激发结构共振

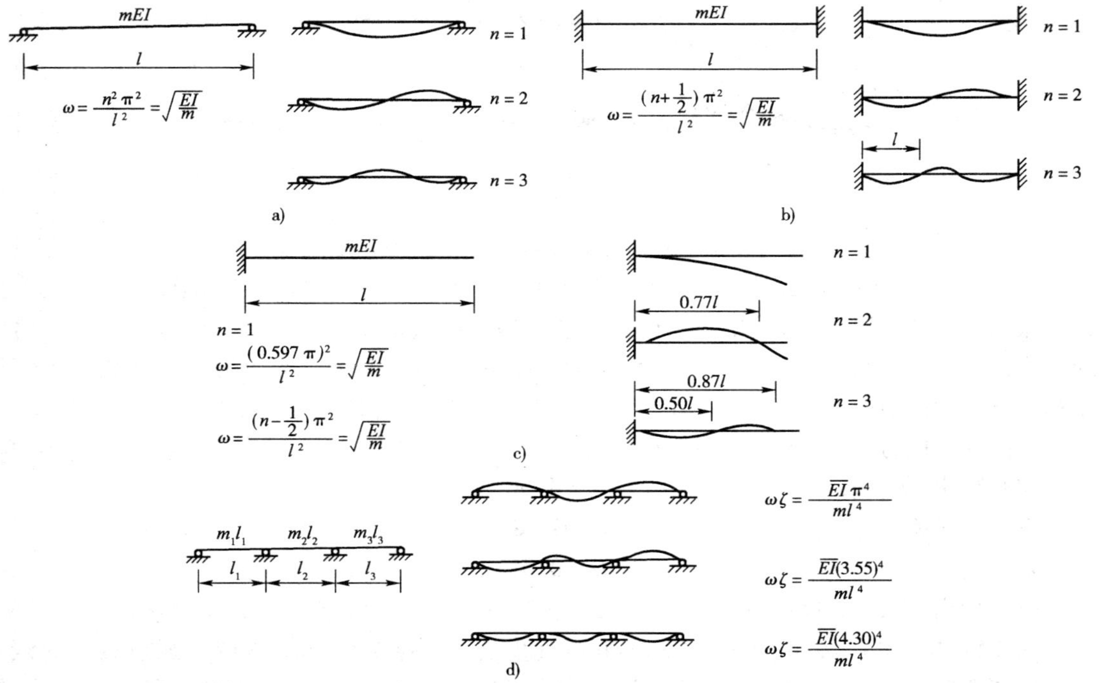


图 2-5-34 具有分布质量的各种梁的振型

a）简支梁的主振型；b）闸风而动梁的主振型；c）悬臂梁的主振型；d）三跨连续梁的主振型

时，同时记录结构各部位的振幅和相位，比较各测点的振幅及相位便可绘出振型曲线。

传感器的测点布置视结构形式而定，一般要根据理论分析，估计振型的大致形状，然后在变位较大的部位布点，以便能较好地连接出振型曲线。

振型的测定一般采用两种方法。一是在结构上同时安装许多传感器，这时必须保证预先标定所有传感器的灵敏度，在用多路放大器时，还要求放大器的特性相同。另一种方法只用一个传感器，测试时要不断改变它的位置，以便测出各点的振幅。这种方法需要对传感器多次拆卸和安装，并且还需要有一个不能移动的传感器作为参考点对应比较。

**4. 结构动力响应的测定**

在动力荷载作用下，桥梁结构某些部位的振动参数如振幅、频率、位移、应力等的测定，可根据试验的具体要求和结构的形式布置测点，采用适当的仪表进行测试。动力荷载作用于结构上产生的动挠度，一般较同样的静荷载所产生的相应静挠度要大。最大动挠度与最大静挠度的比值称为活荷载的冲击系数。由于挠度反映了桥跨结构的整体变形，是衡量结构刚度的主要指标，因此活载冲击系数综合反映了荷载对桥梁的动力作用。它与结构的形式、车辆运行速度和桥面的平整度等有关。

为了测定冲击系数，应使车辆荷载以不同的速度驶过桥梁，并逐次记录跨中挠度的时历曲线，如图 2-5-35 所示。

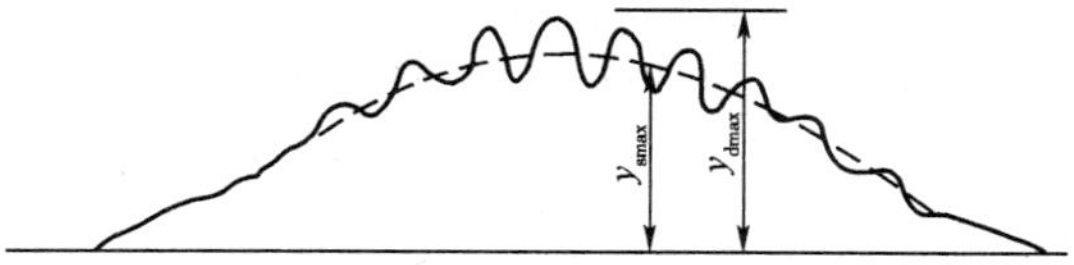


图 2-5-35　移动荷载作用下结构变形曲线

按冲击系数的定义有：

$$1+\mu = Y_{dmax}/Y_{smax} \tag{2-5-46}$$

式中：$Y_{dmax}$——最大动挠度值；

$Y_{smax}$——最大静挠度值。

图 2-5-36 为 25m 预应力混凝土梁桥的强迫振动记录。图 2-5-36a）为跨中挠度时间历程曲线，图 2-5-36b）为跨中断面预应力钢丝的应力时间历程曲线。

图 2-5-36　汽车驶过桥时结构振动图形

## 四、桥梁结构动力性能评价

桥梁结构动力性能的各个参数（如固有频率、阻尼比、振型、动力冲击系数等）以及动力响应的大小，是宏观评价桥梁结构的整体刚度、运营性能的重要指标；是一些规范评价桥梁安全运营性能的主要尺度。目前，虽然国内外规范对桥梁结构的动力响应、动力特性尚无统一的评价尺度，但是一般认为，桥梁结构的动力特性反映了结构的整体刚度、桥面平整度以及耗散外部振动能量输入的能力，同时，过大的动力响应会影响车辆的安全行驶，会引起乘客的不舒适，应予以避免。在实际测试中，通常通过以下几个方面评价桥梁的动力性能：

**1. 比较桥梁结构频率的理论值与实测值**

若实测值大于理论值，说明桥梁结构的实际刚度较大，反之说明桥梁实际刚度偏小，可能存在开裂或其他不正常的现象。

**2. 根据动力冲击系数的实测值来评价桥梁结构的行车性能**

实测冲击系数较大则说明桥梁结构的行车性能差，桥面平整度不良，反之亦然。

**3. 实测阻尼比的大小反映了桥梁结构耗散外部能量输入的能力**

阻尼比大，说明桥梁耗散外部能量输入的能力大，振动衰减得快；阻尼比小，说明桥梁耗散外部能量输入的能力差，振动衰减得慢。但是，过大的阻尼比可能是由于桥梁结构存在开裂或支座工作不正常等现象引起的。

## 第五节　桥梁荷载试验案例

### 一、概　　述

某高速公路黄河大桥桥梁中心线与黄河交角为90°。桥梁起于K1179 + 854.250，终于K1180 + 461.750，中心桩号为K1180 + 158.000，桥梁全长607.5m。主桥中心桩号为K1180 + 078.000，长280m，结构形式为75m + 130m + 75m预应力混凝土连续箱梁。东引桥为2 × 40m，西引桥为6 × 40m装配式预应力混凝土连续箱梁；东引桥全长83.75m，西引桥全长243.75m。

大桥主桥跨中梁高为3.0m，为主跨跨径的1/43.3；中支点梁高为7.0m，为主跨跨径的1/18.6；边跨梁端高度为3.0m；梁高按二次抛物线规律变化，变化范围为2～17号梁段，共62m范围；梁高理论计算位置为箱梁中心处，底板保持水平，肋板处高度根据桥面横坡相应调整。

桥梁全宽为26.00m，分为上下行分离的两幅桥，两幅桥间距0.50m，每幅桥宽12.75m。箱梁采用单箱单室断面，悬臂长度为330cm，箱底宽615cm，采用腹板，箱梁全宽为330 + 615 + 330 = 1275(cm)。每幅桥外侧设置墙式防撞护栏，宽0.5m，内侧设置波形护栏，宽0.75m，桥面净宽11.50m。桥面横坡1.5%。

桥位平面位于直线段内，桥面纵坡为1.421% ～3.8%，桥上变坡点桩号为K1180 + 400，变坡点高程为1 098.570m。竖曲线半径为25 222.312m。

桥梁设计标准：设计行车速度100km/h。

设计荷载：汽车—超20级；挂车—120。

图2-5-37为黄河大桥的总体布置图。

受某高速公路建设项目管理办公室委托，上海同济建设工程质量检测站于2005年8月30日至9月3日对该高速公路黄河大桥进行了现场竣工荷载试验。竣工荷载试验的主要目的是掌握黄河大桥的实际性能，从结构整体上评价桥梁的强度和刚度，从而检验桥梁的设计与施工质量，为桥梁通车前的竣工验收提供技术依据，并为桥梁运营阶段的检测、养护和管理建立结构初始档案。

竣工试验中进行了以下方面的测试工作：

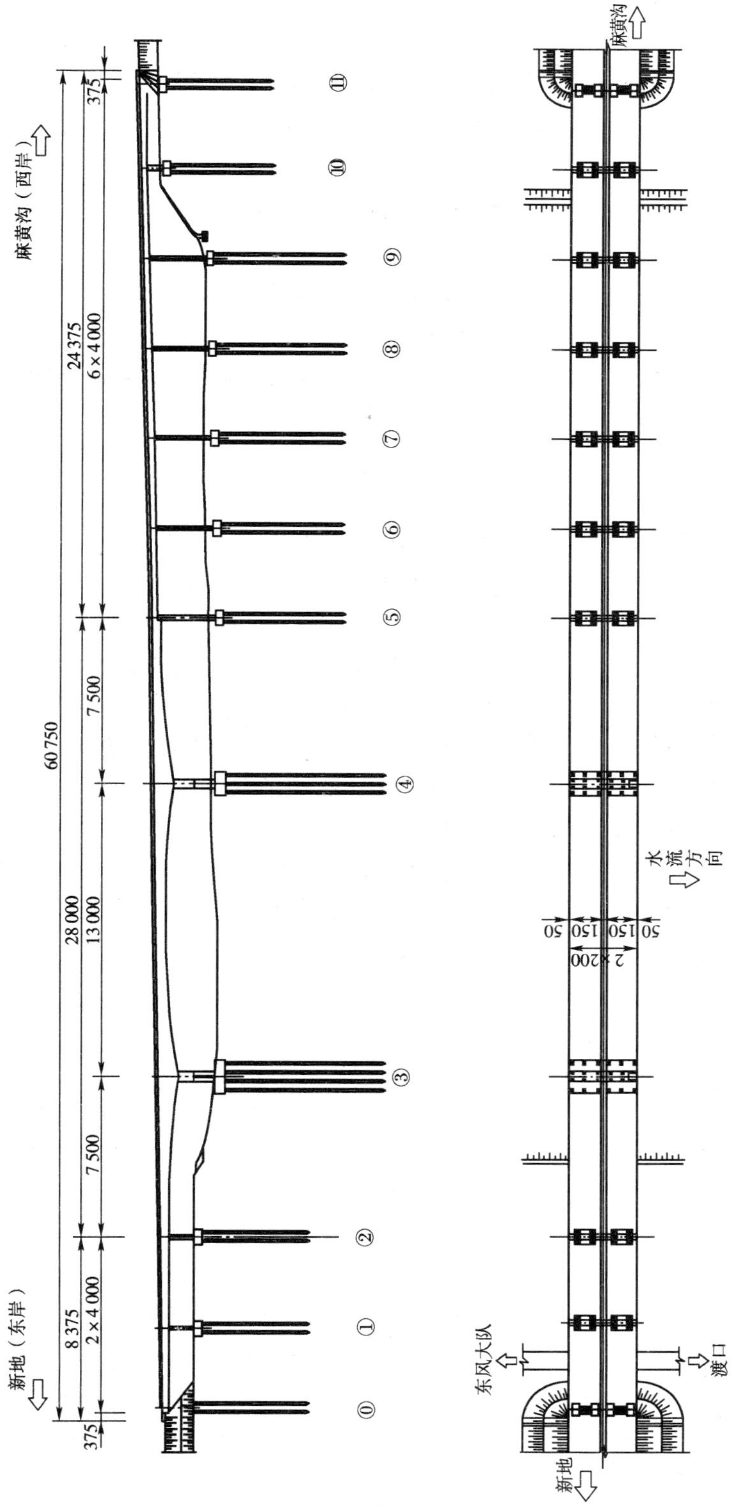


图 2-5-37 黄河大桥总体布置图(尺寸单位:cm)

(1)静载试验。

(2)动载试验。

除桥梁结构图纸外,试验的技术标准及依据主要有:

①《大跨度混凝土桥梁的试验方法》,交通部公路科学研究所、交通部公路局技术处、交通部公路规划设计院,1982年。

②《公路桥涵设计通用规范》(JTG D60—2004),中华人民共和国交通部部颁标准,人民交通出版社,2004年。

③《公路钢筋混凝土及预应力混凝土桥涵设计规范》(JTG D62—2004),中华人民共和国交通部部颁标准,人民交通出版社,2004年。

④《公路工程质量检验评定标准》(土建工程)(JTG F80/1—2004),中华人民共和国交通部部颁标准,2004年。

## 二、静载试验

静载试验是测量桥梁在静力试验荷载作用下结构的变形和应力,以了解结构的实际性能,如刚度、强度等,从而评价结构承载能力是否符合设计要求。

### 1. 试验荷载

根据《大跨度混凝土桥梁的试验方法》,试验采用基本荷载加载,且静力试验荷载的效率系数$\eta$须满足$1.05 \geqslant \eta \geqslant 0.8$。根据静力试验荷载效率要求及主要控制断面的设计内力计算结果,再考虑加载车辆的特性,选用12辆单车满载总质量约30t的载货车作加载车辆。实际试验车辆的前轴轮距为195cm,后轴轮距为180cm,中前轴轴距为350cm左右,中后轴轴距为135cm左右。各加载车实际轴重见表2-5-5。

**实际加载车辆载重** 表2-5-5

| 车　　号 | 中后轴重(t) | 总　　重(t) |
|---|---|---|
| 蒙C02980 | 23.6 | 29.1 |
| 蒙C18608 | 23.6 | 30.5 |
| 蒙C02705 | 22.1 | 27.5 |
| 蒙C06287 | 25.3 | 31.0 |
| 蒙C03466 | 24.1 | 30.1 |
| 蒙C13198 | 23.0 | 28.2 |
| 蒙C05575 | 22.0 | 28.2 |
| 蒙C06262 | 22.1 | 28.8 |
| 蒙C03868 | 24.8 | 30.4 |
| 蒙C1779 | 24.9 | 30.3 |
| 蒙C06406 | 22.8 | 29.1 |
| 蒙C07991 | 25.4 | 30.6 |

### 2. 试验内容与测点布置

1)黄河大桥静载试验测试内容与测点布置

(1)测试内容　黄河大桥主桥为3孔一联预应力混凝土连续箱梁,跨径为75m + 130m + 75m。根据黄河大桥的结构特点、实际状况及现场条件,在荷载试验中对主桥部分右幅(2#墩~5#墩间)进行加载,测量桥梁在静力试验荷载作用下结构的变形和应力,以了解实际结构的工作性能。

在静力加载试验中测量以下基础上在相应最不利荷载下的变形和应力(参见图2-5-38):

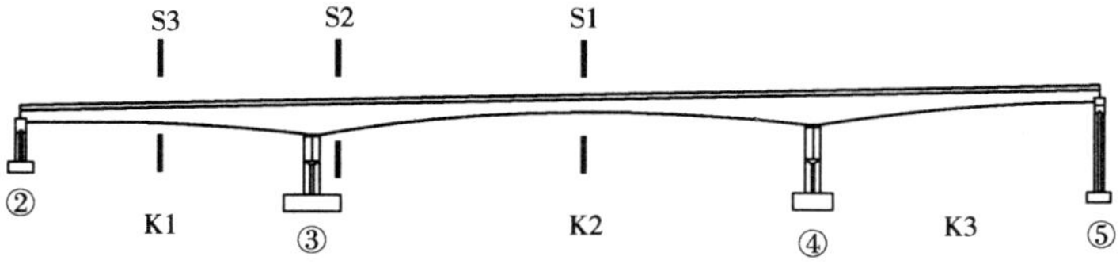


图2-5-38　黄河大桥测试断面示意图

①中跨K2孔跨中断面(S1)在相应最不利荷载下的混凝土应力;

②中跨K2孔跨3#墩附近支点断面(S2)在相应最不利荷载下的混凝土应力;

③边跨K1孔跨中附近断面(S3)在相应最不利荷载下的混凝土应力;

④中跨K2孔跨中断面(S1)在相应最不利荷载下的主梁挠度;

⑤边跨K1孔跨中附近断面(S3)在相应最不利荷载下的主梁挠度。

其中,S1为跨中断面,S2断面距3#墩支座中心线6m左右(偏中跨侧),S3断面距2#墩支座中心线30m。

(2)测点布置　在测试断面S1和S3,混凝土应力测点布置如图2-5-39所示;在测试断面S2,混凝土应力测点布置如图2-5-40所示。

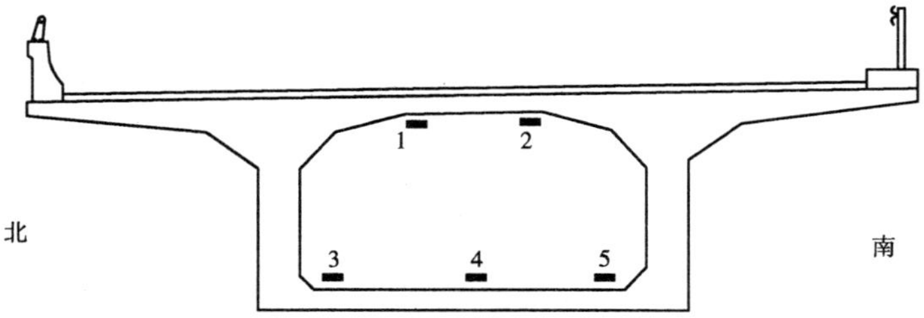


图2-5-39　S1、S3断面混凝土应力测点布置图

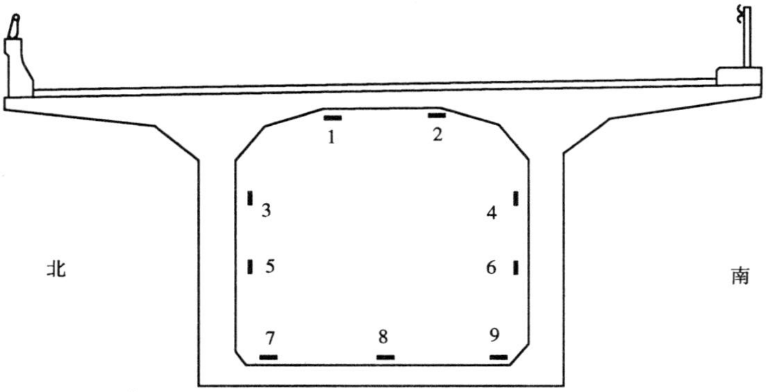


图2-5-40　S2断面混凝土应力测点布置图

对于挠度测试，分别在断面 S1、S3 以及中跨的两个四分点断面布置测点，每个断面在上、下游各设一个测点，参见图 2-5-41。

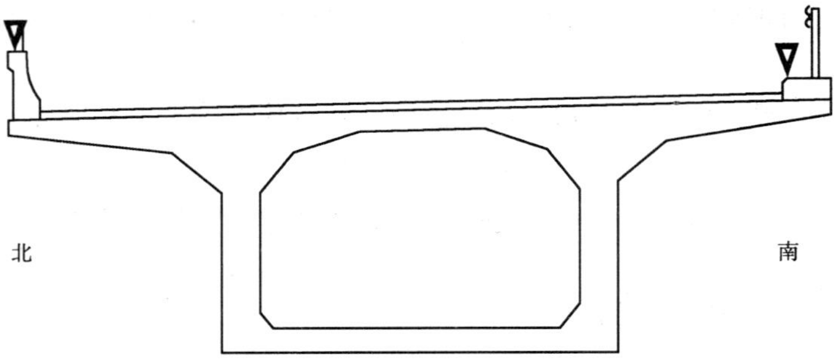


图 2-5-41　S1、S3 断面箱梁挠度测点布置图

2）测试仪器

（1）应力（应变）测量：YJR5 型电阻应变仪、DH3815 静应变采集系统。

（2）挠度测量：Leica TCA2003 全站仪、Leica 专用棱镜。

**3. 加载与测试程序**

根据确定的各项静载试验测试内容，黄河大桥按表 2-5-6 所列的加载工况逐项进行加载测试。各工况具体加载位置见图 2-5-42、图 2-5-43。

**黄河大桥静载试验加载工况表**　　表 2-5-6

| 试验工况号 | 测试断面（控制内力、应力） | 加载位置 纵桥向 | 加载位置 横桥向 | 测试内容 |
|---|---|---|---|---|
| 01 | 读零 | — | — | · S3 断面应力<br>· 挠度 |
| 1 | 边跨跨中 S3 断面（最大正弯矩）<br>分级加载 1 | 前 1 排 | □□□ | 同上 |
| 2 | 边跨跨中 S3 断面（最大正弯矩）<br>分级加载 2（满载） | 全 2 排 | □□□<br>□□□ | 同上 |
| 03 | 读零 | — | — | 同上 |
| 3 | 重复工况 2 | 全 2 排 | □□□<br>□□□ | 同上 |
| 04 | 读零 | — | — | 同上 |
| 05 | 读零 | — | — | · S2 断面应力 |
| 5 | 中跨近支点 S2 断面（最大负弯矩）<br>分级加载 1 | 前 2 排 | □□□<br>□□□ | 同上 |
| 6 | 中跨近支点 S2 断面（最大负弯矩）<br>分级加载 2（满载） | 全四排 | □□□<br>□□□<br>□□□<br>□□□ | 同上 |
| 07 | 读零 | — | — | 同上 |

续上表

| 试验工况号 | 测试断面(控制内力、应力) | 加载位置 | | 测试内容 |
| --- | --- | --- | --- | --- |
| | | 纵桥向 | 横桥向 | |
| 7 | 重复工况6 | 全四排 | □□□<br>□□□<br>□□□<br>□□□ | 同上 |
| 08 | 读零 | — | | 同上 |
| 09 | 读零 | — | | 同上 |
| 9 | 中跨跨中S1断面(最大正弯矩) | 前2排 | □□□<br>□□□ | 同上 |
| | 分级加载1 | 全3排 | □□□<br>□□□<br>□ | 同上 |
| 10 | 中跨跨中S1断面(最大正弯矩) | — | | 同上 |
| | 分级加载2(满载) | 全3排 | □□□<br>□□□<br>□ | |
| 011 | 读零 | — | | 同上 |
| 11 | 重复工况10 | 全3排 | □□□<br>□□□<br>□ | 同上 |
| 012 | 读零 | — | | |
| 12 | 中跨跨中S1断面(偏载) | 边1列 | □<br>□<br>□ | 同上 |
| | 分级加载1 | | | |
| 13 | 中跨跨中S1断面(偏载) | 边2列 | □<br>□<br>□ | 同上 |
| | 分级加载2(满载) | | | |
| 014 | 读零 | — | | 同上 |

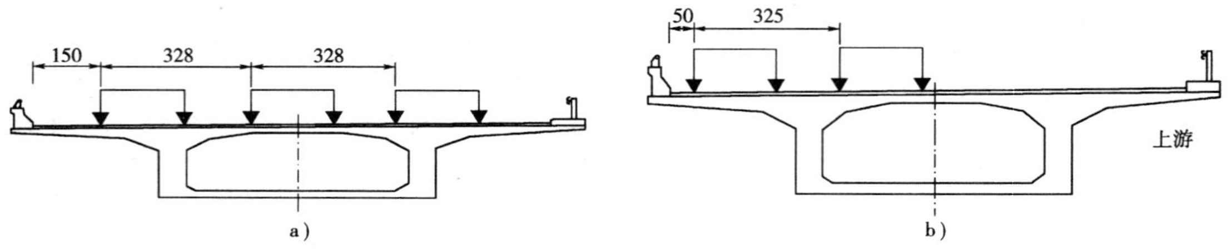


图 2-5-42　横桥向车辆布置示意图(尺寸单位:cm)

a)黄河桥加载,横桥向车辆布置示意图(3 列,对称);b)黄河大桥加载,横桥向车辆布置示意图(2 列,偏心)

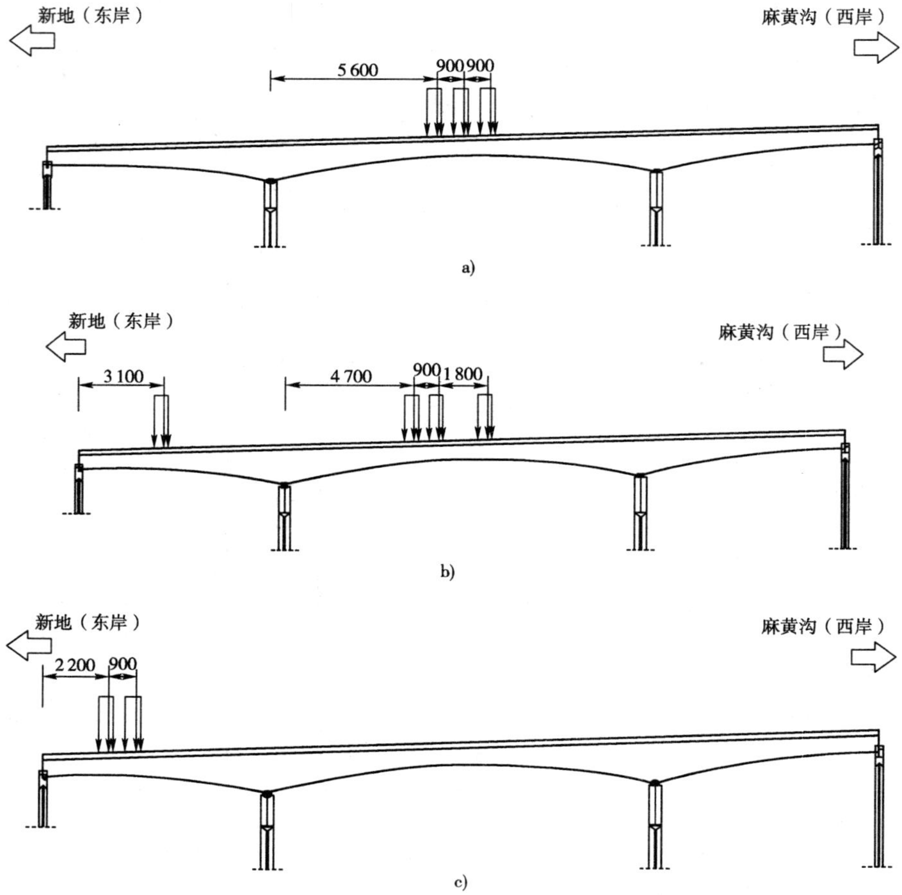


图 2-5-43　纵桥向车辆位置(尺寸单位:cm)

a)黄河大桥 S1 断面加载,纵桥向车辆位置;b)黄河大桥 S2 断面加载,纵桥向车辆位置;c)黄河大桥 S3 断面加载,纵桥向车辆位置

**4. 加载效率 $\eta$**

以上各加载工况的加载车布置均由计算确定。表 2-5-7 给出了静载试验各加载工况的主要结构内力和变形的理论计算值以及相应的荷载效率 $\eta$。可见,主要试验工况的荷载效率系

数介于0.87至0.99之间。

**黄河大桥静载试验加载测试工况的计算内力与变形值及相应的荷载效率 $\eta$** 表2-5-7

| 加载控制量 | 试验荷载响应计算值（kN·m） | 设计荷载效应（kN·m） | 荷载效率 $\eta$ | 试验荷载下相应量的计算值 |
|---|---|---|---|---|
| S1断面正弯矩 | 21 706.6 | 24 900.6 | 0.87 | 桥面挠度:48.1mm |
| S2断面负弯矩 | -51 741.3 | -53 500.2 | 0.96 | — |
| S3断面正弯矩 | 20 586.3 | 219 003.3 | 0.94 | 桥面挠度:16.8mm |

**5. 试验结果与分析**

对静载试验中测量得到的应变和变形原始数据进行处理，得到桥梁各测量部位在相应试验荷载下的实测应力与变形。根据各加载工况的实测响应与理论计算值的比较，可以分别得到各联桥梁结构响应的校验系数，从而评估结构的强度与刚度。静载试验结果及与理论值的比较如下：

1)挠度

黄河大桥S1断面、S3断面和中跨东、西两个4分点断面在各加载工况下的竖向挠度实测结果与理论计算值的比较列于表2-5-8及图2-5-44和图2-5-45。其中，对应各位置最大竖向挠度加载的测量结果如下：

**黄河大桥断面在不同加载工况下的竖向挠度实测结果与理论值比较**（单位:mm） 表2-5-8

| 加载工况 \ 测量位置 | | S3断面 | | 中跨4分点(东) | | S1断面 | | 中跨4分点(西) | |
|---|---|---|---|---|---|---|---|---|---|
| | | 实测值 | 计算值 | 实测值 | 计算值 | 实测值 | 计算值 | 实测值 | 计算值 |
| 2、3平均 | 下游测点(北) | 10.6 | 16.8 | -5.5 | -10.5 | -5.8 | -11.6 | -1.0 | -4.2 |
| | 上游测点(南) | 9.8 | 16.8 | -5.0 | -10.5 | -5.0 | -11.6 | -1.0 | -4.2 |
| 10、11平均 | 下游测点(北) | -8.3 | -14.8 | 16.1 | 25.2 | 30.2 | 48.1 | 15.5 | 20.7 |
| | 上游测点(南) | — | -14.8 | 16.0 | 25.2 | 26.0 | 48.1 | 14.0 | 20.7 |
| 13(偏载) | 下游测点(北) | -7.2 | — | 14.2 | — | 27.9 | — | 15.5 | — |
| | 上游测点(南) | — | — | 12.5 | — | 22.0 | — | 12.0 | — |

注:竖向挠度向下为正。

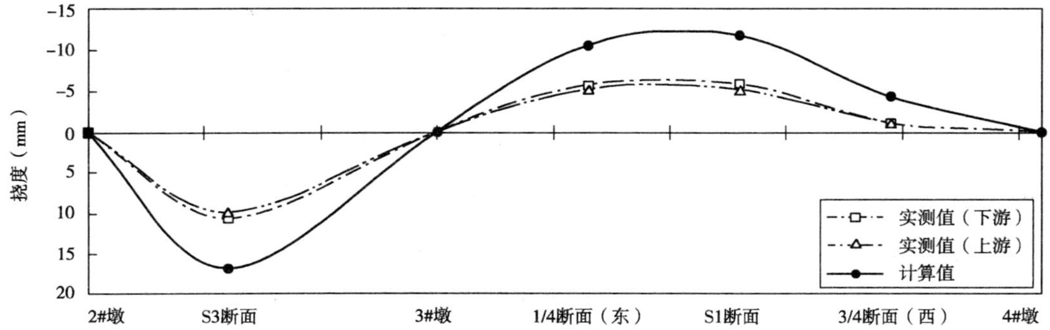


图2-5-44 黄河大桥边跨S3断面加载时实测挠曲线与理论值比较(横向对称加载)

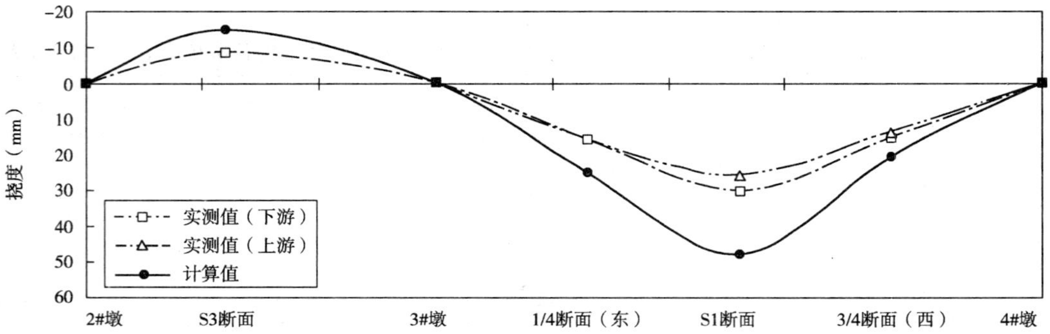


图 2-5-45　黄河大桥中跨跨中 S1 断面加载时实测挠曲线与理论值比较(横向对称加载)

(1)加载工况 2 和 3 作用下,S3 断面桥面挠度实测值为 10.2mm(南、北侧测点平均),计算值为 16.8mm。S3 断面桥面竖向挠度实测值为计算值的 0.58 ~0.63 倍。

(2)加载工况 10 和 11 作用下,S1 断面桥面挠度实测值为 28.1mm(南、北侧测点平均),计算值为 48.1mm;S1 断面桥面竖向挠度实测值为计算值的 0.54 ~0.63 倍。

另外,从实测结果可以看出,在试验荷载下,桥面的实际变形曲线与理论计算值相似,且在横向对称荷载下,上、下游主梁的挠度基本上一致。在横向偏载下,桥面上、下游挠度差不大,在可接受的范围内。

2)应力

黄河大桥各断面应力的实测结果及与理论计算值的比较列于表 2-5-9,各个断面不同测点的编号见图 2-5-39 和图 2-5-40。实测结果表明:

**黄河大桥各加载工况下各测试断面应力实测值与理论值比较**　　表 2-5-9

| 加载工况／测点号 | S1 断面 | | | | S2 断面 | | S3 断面 | |
|---|---|---|---|---|---|---|---|---|
| | 加载工况 10、11 平均 | | 加载工况 13(偏载) | | 加载工况 6、7 平均 | | 加载工况 2、3 平均 | |
| | 实测值 | 计算值 | 实测值 | 计算值 | 实测值 | 计算值 | 实测值 | 计算值 |
| 1 | -1.32 | -1.73 | -1.30 | — | 0.89 | 1.42 | -0.81 | -1.40 |
| 2 | -1.28 | -1.73 | -1.09 | — | 0.91 | 1.42 | -0.82 | -1.40 |
| 3 | 2.24 | 3.19 | 1.79 | — | 0.53 | 1.15 | 1.30 | 2.27 |
| 4 | 2.38 | 3.19 | 2.00 | — | 0.53 | 1.15 | 0.81 | 2.27 |
| 5 | 2.36 | 3.19 | 1.86 | — | 0.09 | -0.12 | 1.58 | 2.27 |
| 6 | | | | | -0.05 | -0.12 | | |
| 7 | | | | | -1.16 | -1.43 | | |
| 8 | | | | | -0.81 | -1.43 | | |
| 9 | | | | | -1.27 | -1.43 | | |

注:①表中应力以拉为正、压为负。

②各加载工况号对应的加载情况参见表 2-5-6。

(1)在加载工况 10、11 情况下,S1 断面底板拉应力与顶板压应力的实测值与计算值之比分别为 0.70 ~0.75(底板)和 0.74 ~0.76(顶板)。

(2)在加载工况 6、7 情况下,S2 断面底板压应力与顶板拉应力的实测值与计算值之比分别为0.57～0.89(底板)和0.63～0.64(顶板)。

(3)在加载工况2、3情况下,S3断面底板压应力与顶板拉应力的实测值与计算值之比分别为0.36～0.70(底板)和0.58～0.59(顶板)。

(4)在试验荷载下,箱梁断面的实际应力值与理论计算值相似,且在横向对称荷载下断面应力分布对称。在横向偏载下,箱梁断面应力分布比较均匀。

**6.静载试验小结**

静载试验对黄河大桥不利断面进行了系统的测试。通过对静载试验测试数据的分析及与理论计算值的比较,可以得到以下结论:

(1)在横向对称加载情况下,混凝土梁的应力和变形对称性良好,表明黄河大桥整体受力均衡,整体性好。

(2)试验荷载作用下,黄河大桥中跨和边跨多个测试断面的竖向挠度均小于计算值(校验系数为0.54～0.63);全桥变形曲线与计算值相似。

(3)各种试验荷载加载情况下,黄河大桥的各检测断面应力均小于相应的理论值。

(4)总的看来,黄河大桥结构动、静力性能符合设计要求,具有承受预定设计荷载(汽车—超20级)的足够的强度和刚度。

## 三、动载试验

动载试验的目的是要测量桥梁在移动车辆荷载作用下的静力、动力总效应,并进一步计算出动、静力总效应与相应静力效应的比值,即动态放大系数$(1+\mu)$。本动载试验测试内容为主桥主梁跨中断面的动应力,以获得应力动态放大系数。

$$1+\mu=\frac{\text{最大动态应力}}{\text{最大静态应力}}$$

**1.测试内容与方法**

黄河大桥动载试验测试内容为中跨K2孔跨中断面S1和边跨K1孔跨中附近断面S3箱梁混凝土动应力。

动应力测点布置见图2-5-46。

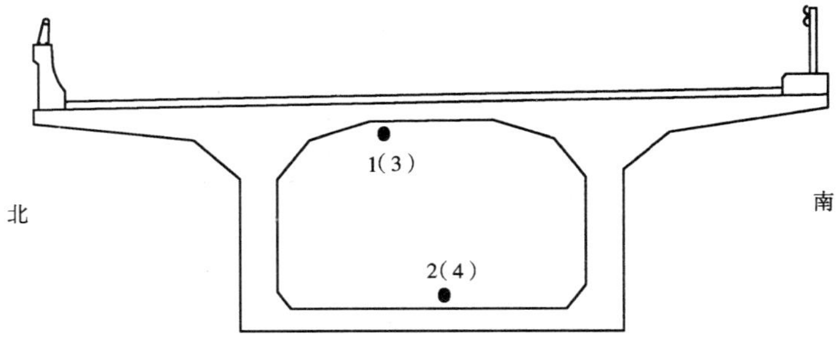


图2-5-46 黄河大桥中跨跨中断面S1和边跨跨中附近断面S3动应力测点布置

动荷载采用两辆载货车(车辆总质量与静载试验车辆质量相同),以不同车速在桥上行驶。动载试验按以下顺序进行:

两辆重车分别以10km/h、20km/h、30km/h、40km/h的车速驶过桥面,记录所有测点的动应变时程信号。

测试仪器采用 DH3817 动态应变采集系统，配 DASP 数据自动采集自理系统作记录和分析设备。

**2. 动载试验数据分析**

图 2-5-47 ~ 图 2-5-53 分别为两辆重车以 10km/h、20km/h、30km/h 和 40km/h 的车速匀速驶过黄河大桥桥面时，S1、S3 断面主梁部分测点的动应力时程。需要说明的是，试验时的实际车速与要求的车速有一定的误差，本节图表中给出的车速指要求的车速。

根据 S1、S3 断面主梁的应力时程得到动应力峰值以及应力动态放大系数，见表 2-5-10。可以看出，两辆重车低速（10 ~ 20km/h）正常行驶时引起的主梁动态应力增量很小，动态放大系数约为 1.01 ~ 1.05；两辆重车以中高速（30 ~ 40km/h）正常行驶时，主梁应力放大系数稍高，但均小于 1.1。

**黄河大桥 S1、S3 断面实测应力峰值及动态放大系数（$1+\mu$）** 表 2-5-10

<table>
<tr><th>车速(km/h)</th><th colspan="2">测试部位测点号</th><th>应力峰值(MPa)</th><th>应力动态放大系数($1+\mu$)</th></tr>
<tr><td rowspan="4">10</td><td rowspan="2">S1 断面</td><td>1</td><td>-0.42</td><td>1.02</td></tr>
<tr><td>2</td><td>0.74</td><td>1.02</td></tr>
<tr><td rowspan="2">S2 断面</td><td>3</td><td>-0.44</td><td>1.03</td></tr>
<tr><td>4</td><td>0.28</td><td>1.02</td></tr>
<tr><td rowspan="4">20</td><td rowspan="2">S1 断面</td><td>1</td><td>-0.58</td><td>1.01</td></tr>
<tr><td>2</td><td>0.83</td><td>1.02</td></tr>
<tr><td rowspan="2">S3 断面</td><td>3</td><td>-0.55</td><td>—</td></tr>
<tr><td>4</td><td>0.31</td><td>1.05</td></tr>
<tr><td rowspan="4">30</td><td rowspan="2">S1 断面</td><td>1</td><td>-0.60</td><td>1.03</td></tr>
<tr><td>2</td><td>0.81</td><td>1.03</td></tr>
<tr><td rowspan="2">S3 断面</td><td>3</td><td>-0.50</td><td>—</td></tr>
<tr><td>4</td><td>0.31</td><td>1.05</td></tr>
<tr><td rowspan="4">40</td><td rowspan="2">S1 断面</td><td>1</td><td>-0.65</td><td>10.9</td></tr>
<tr><td>2</td><td>0.73</td><td>1.04</td></tr>
<tr><td rowspan="2">S3 断面</td><td>3</td><td>-0.33</td><td>—</td></tr>
<tr><td>4</td><td>0.22</td><td>1.04</td></tr>
</table>

**3. 动载试验小结**

通过满载总质量 30kN 的加载车的跑车试验，测量了黄河大桥 S1、S3 断面的动态应力时间历程。数据分析结果表明：黄河大桥在车辆正常行驶时引起的主梁动态应力增量较小，应力动态放大系数小于 1.10；主梁动态应力增量与行车速度无明显关系。

总的说来，黄河大桥在动载作用下的动态放大效应在正常范围之内。

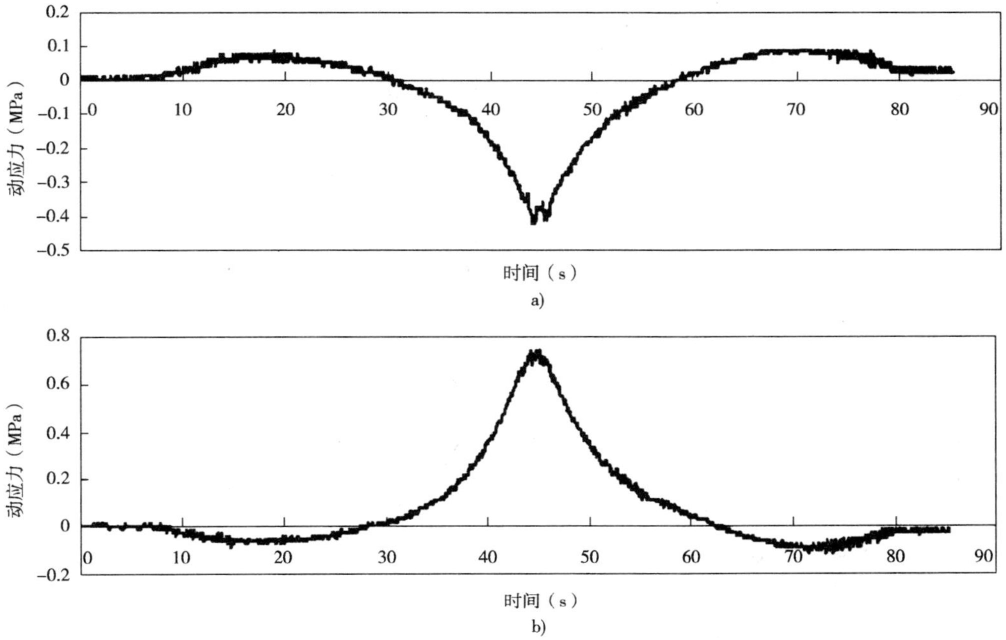


图 2-5-47 以 10km/h 的速度匀速行驶过黄河大桥时 S1 断面主梁动应力时程

a)测点 1 的动应力时程；b)测点 2 的动应力时程

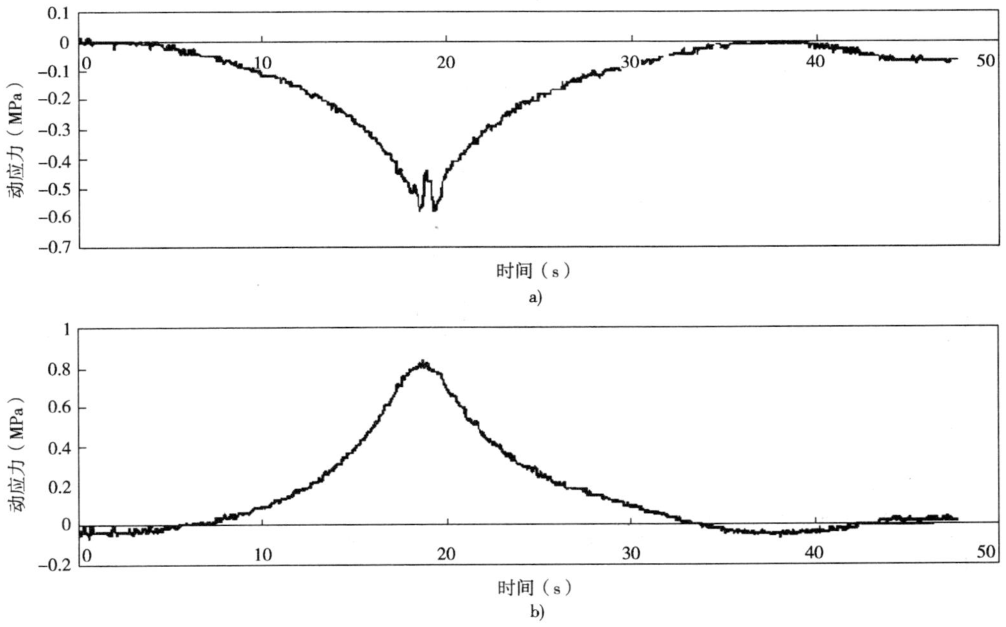


图 2-5-48 以 20km/h 的速度匀速行驶过黄河大桥时 S1 断面主梁动应力时程

a)测点 1 的动应力时程；b)测点 2 的动应力时程

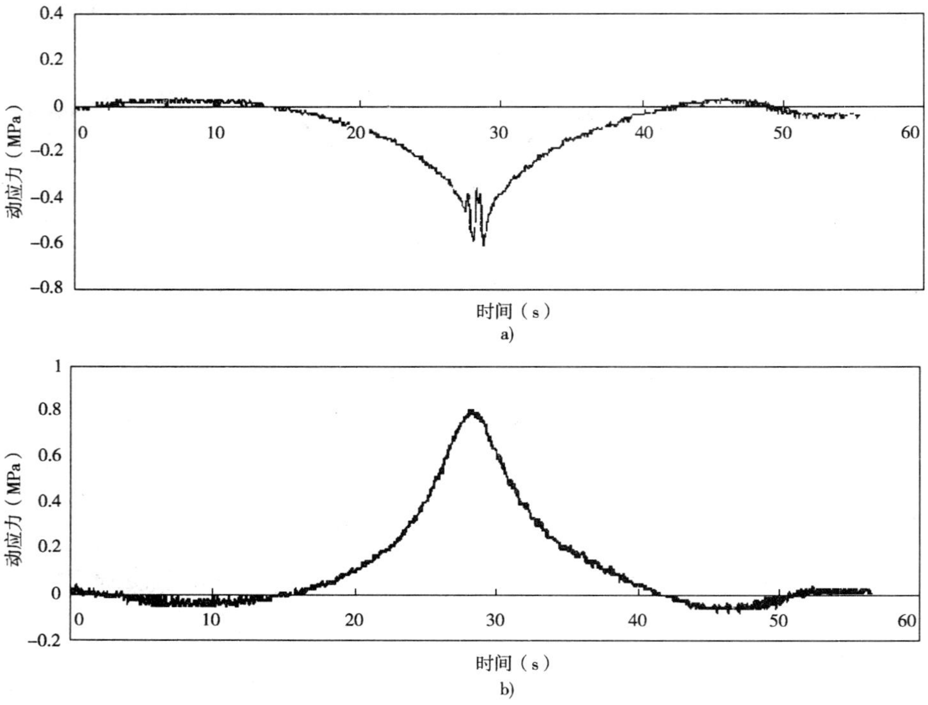


图 2-5-49　以 30km/h 的速度匀速行驶过黄河大桥时 S1 断面主梁动应力时程

a）测点 1 的动应力时程；b）测点 2 的动应力时程

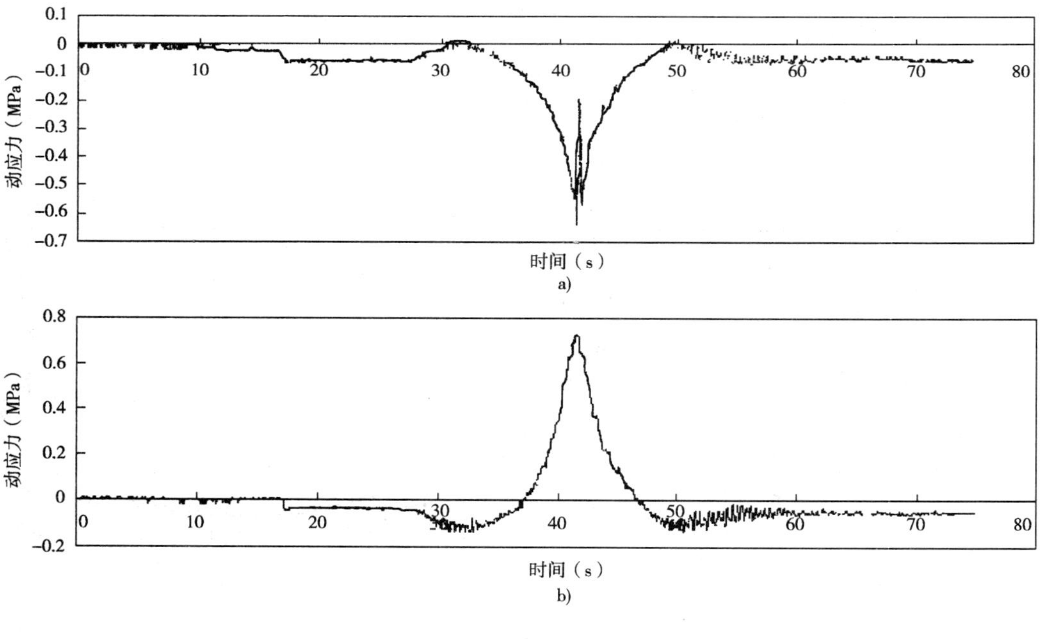


图 2-5-50　以 40km/h 的速度匀速行驶过黄河大桥时 S1 断面主梁动应力时程

a）测点 1 的动应力时程；b）测点 2 的动应力时程

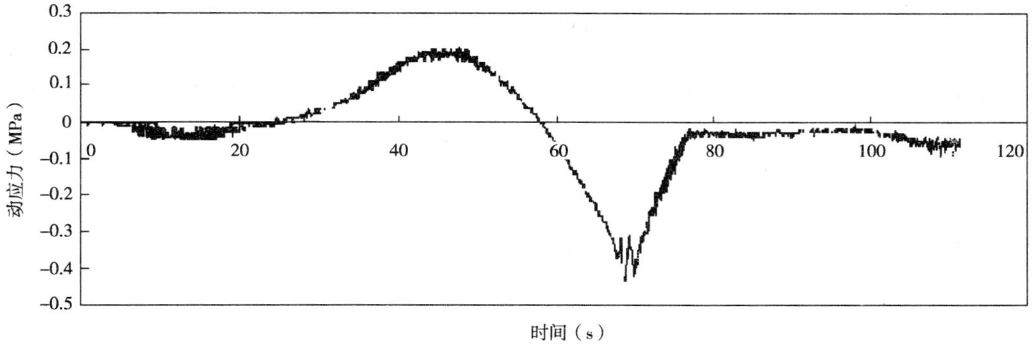


a)

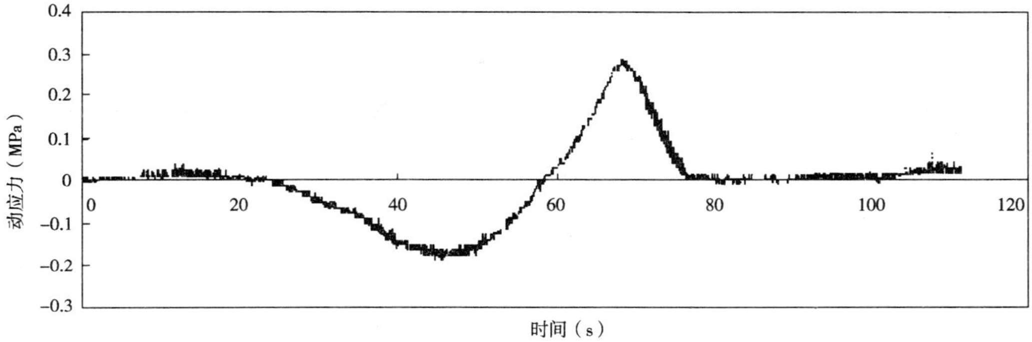


b)

图 2-5-51　以 10km/h 的速度匀速行驶过黄河大桥时 S3 断面主梁动应力时程

a)测点 1 的动应力时程；b)测点 2 的动应力时程

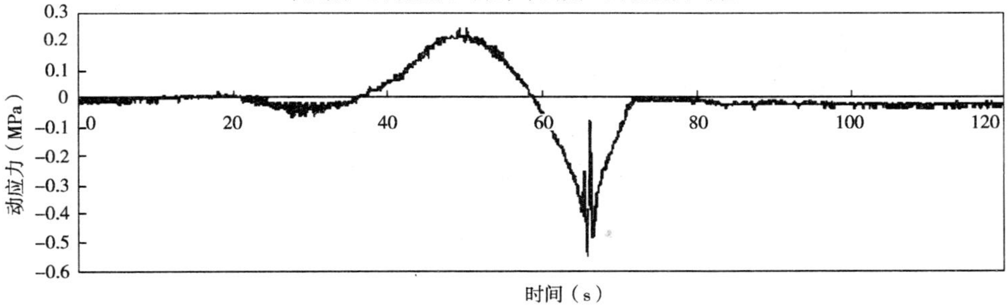


a)

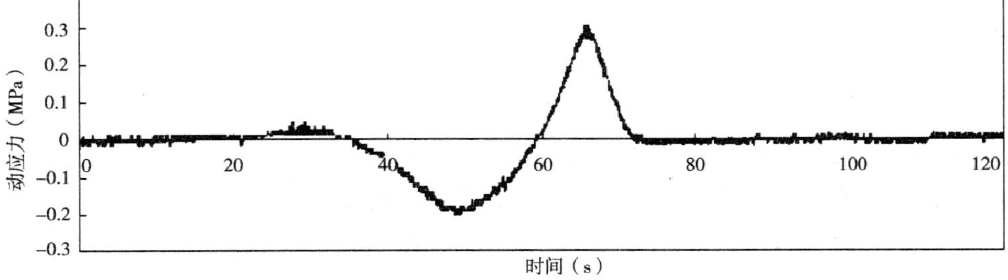


b)

图 2-5-52　以 20km/h 的速度匀速行驶过黄河大桥时 S3 断面主梁动应力时程

a)测点 1 的动应力时程；b)测点 2 的动应力时程

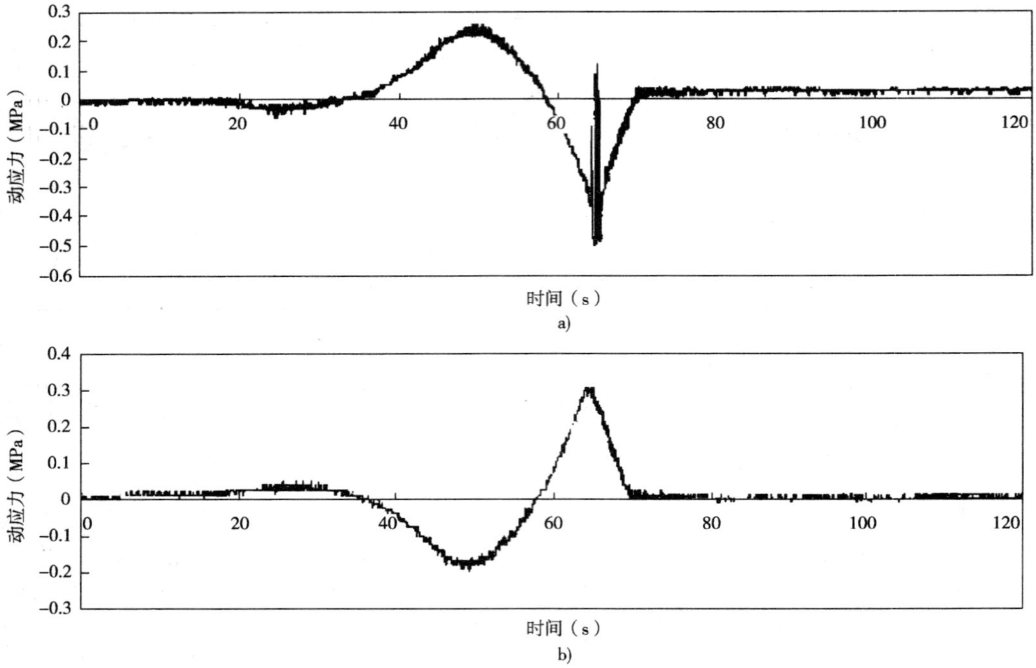


图 2-5-53　以 30km/h 的速度匀速行驶过黄河大桥时 S3 断面主梁动应力时程

a)测点 1 的动应力时程；b)测点 2 的动应力时程

## 四、结　　论

(1)在试验荷载下，黄河大桥各测试断面实测混凝土应力增量和挠度值均小于相应的理论计算值。在横向对称的荷载下，箱梁横桥向应变和变形分布均匀；大桥整体的变形曲线与理论值相符。桥梁具有承受设计荷载的足够的强度和刚度，且结构整体性好。

(2)黄河大桥在行驶车辆作用下的应力动态放大效应在正常范围内。

综上所述，该高速公路黄河大桥的强度和刚度均符合设计要求，具有设计期望的可靠度。

## 复习思考题

1. 桥梁结构现状调查的主要内容有哪些？
2. 简述桥梁荷载试验的目的及静、动载试验的主要测试内容。
3. 桥梁静载试验中常采用哪些加载设备？荷载如何称量？
4. 电阻应变片分哪几类？什么是应变片的“电阻应变效应”和灵敏系数？
5. 应变片选购和粘贴时应考虑哪些因素？
6. 静载试验效率与动载试验效率的含义是什么？
7. 主要测点的布设应考虑哪些因素？如何布设？

8. 桥梁静载试验时如何进行荷载分级和安排加载程序？如何控制加载稳定时间和确定终止加载条件？

9. 桥梁的模态参数(频率、振型、阻尼比)对桥梁整体受力性能有何意义？

10. 如何利用桥梁荷载试验的成果进行桥梁承载能力的评定？

11. 桥梁荷载试验报告应包括哪些内容？

第六章

# 给排水工程使用功能检测

**知识目标**

1. 解释闭水试验、水压试验的概念；
2. 描述给水排水管渠防渗漏性能的检测方法；
3. 识别闭水试验与水压试验的区别。

**能力目标**

1. 进行闭水试验、水压试验操作；
2. 进行闭水试验、水压试验结果数据计算与处理；
3. 进行给水排水管渠质量判定。

市政基础设施工程在交付使用之前必须进行使用功能的检测，这种试验称为功能性试验。给水排水管渠工程及构筑物功能性试验主要包括：给排水管渠工程闭水试验、给水及燃气等压力管道气密性试验、强度试验及水池的满水试验等。功能性试验应按照有关标准进行，并有相关单位参加，填写试验记录，有参加各方的签字，手续完备。功能性试验报告必须由具有相应检测资质且获得省级以上质量技术监督部门计量认证的检测机构出具。

本章主要阐述给水排水管道与排水构筑物的闭水试验和水压试验以及水池的满水试验的试验方法和质量要求。

## ● 第一节　概　　述 ●

为加强给水、排水管渠工程的施工管理，提高技术水平，确保工程质量，提高经济效益，安全生产，节约材料，保证国家现行有关技术标准的实现，给水排水管渠工程从沟槽开挖、管渠基础施工到管渠安装都应进行严格的质量检验，严把原材料质量关，有效进行施工过程控制，但最后还必须进行给排水管渠工程水压试验，以检验实际使用性能，检验合格方能进行管座护管施工，最后回填土。

**1. 给排水管渠工程水压试验的一般规定**

(1) 当管道工作压力小于0.1MPa时，除设计另有规定外，进行无压力管道严密性试验，即闭水试验。当管道工作压力大于或等于0.1MPa时，进行压力管道的强度及严密性试验，即水压试验。

(2) 管道闭水、水压试验前，应做好水源引接及排水疏导路线的设计。

(3)管道灌水应从下游缓慢灌入。灌入时,在试验管段的上游管顶及管段中的凸起点应设排气阀,将管道内的气体排除。

(4)冬期进行管道闭水及水压试验时,应采取防冻措施。试验完毕后应及时放水。

**2. 给排水管渠工程水压试验依据**

(1)《给水排水管道工程施工及验收规范》(GB 50268—97)。

(2)《给水排水构筑物施工及验收规范》(GBJ 141—90)。

(3)《市政排水管渠工程质量检验评定标准》(CJJ 3—90)。

## ●第二节 闭水试验●

当管道工作压力小于0.1MPa时,除设计另有规定外,进行无压力管道严密性试验,即闭水试验。

### 一、闭水试验的目的

闭水试验的目的是测定单位长度的管(渠)在规定时间内的渗漏水的数量,以验证排水管、渠的施工质量,是市政管渠施工质量能否保证其使用功能的重要试验。

按照市政施工规程要求,对于污水管道、雨污水合流管道、倒虹吸管、设计要求闭水的其他给排水管道和污水渠道、雨污水合流渠道,必须做闭水试验。

闭水试验应在管渠填土前进行,并应在管渠灌满水浸泡1~2昼夜再进行。闭水试验管段应按井距分隔带井试验,长度不宜大于1km。

### 二、试验条件

**1. 管道闭水试验时,试验管段的要求**

(1)管道及检查井外观质量已验收合格。

(2)管道未回填土且沟槽内无积水。

(3)全部预留孔应封堵,不得渗水。

(4)管道两端堵板承载力经核算应大于水压力的合力;除预留进出水管外,应封堵坚固,不得渗水。

**2. 管道闭水试验的规定**

(1)当试验段上游设计水头不超过管顶内壁时,试验水头应以试验段上游管顶内壁加2m计。

(2)当试验段上游设计水头超过管顶内壁时,试验水头应以试验段上游设计水头加2m计。

(3)当计算出的试验水头小于10m,但已超过上游检查井井口时,试验水头应以上游检查井井口高度为准,但不得少于0.5m。

### 三、试验程序

在具备了闭水试验条件后,即可进行管道闭水试验。试验从上游往下游分段进行,上游试验完毕后,可往下游充水,倒段试验以节约用水。试验各阶段说明如下:

**1. 注水浸泡**

闭水试验的水位，应为试验段上游管内顶以上 2m，将水灌至接近上游井口高度。注水过程应检查管堵、管道、井身，无漏水和严重渗水，试验管段灌满水后浸泡时间，对于硬聚氯乙烯管道不应小于 12h，其他材质管道及灌渠不应小于 24h，在浸泡管和井 1 ~ 2d 后进行闭水试验。

**2. 闭水试验**

当试验水头达到规定水头时开始计时，观测管道的渗水量，直至观测结束时，应不断地向试验管段内补水，保持试验水头恒定。渗水量的观测时间不得小于 30min；实测渗水量不超过规定的允许渗水量即为合格。

**3. 实测渗水量计算**

实测渗水量应按下式计算：

$$q = 1440W/(T \cdot L) \tag{2-6-1}$$

式中：$q$——实测渗水量，$m^3/24h \cdot km$；

$W$——补水量，L；

$T$——实测渗水量观测时间，min；

$L$——试验管段的长度，m。

当 $q \leq$ 允许渗水量时，试验即为合格。

**4. 检测要求**

管径小于 1 500m 的管道，每一井段均应进行闭水试验，经建设、设计、施工单位确认，现场缺少试验用水时，可按井段数量抽检 1/3 进行试验；管径为 1 500 ~ 2 400mm 的管道，每 3 个井段抽查一段，如工程不足 3 个井段可抽查 1 个井段，如不合格者需做全线闭水试验；管径 2 500 ~ 3 000mm 的管道，每 5 个井段抽查一段，如不合格，可加倍抽查做试验，如仍不合格，需做全线闭水试验。

闭水试验应做记录，记录表格式如表 2-6-1。

**管道闭水试验记录表** 表 2-6-1

<table>
<tr><td>工程名称</td><td colspan="3"></td><td colspan="2">试验日期</td><td>年　月　日</td></tr>
<tr><td>桩号及地段</td><td colspan="6"></td></tr>
<tr><td>管道内径(mm)</td><td colspan="3">管材种类</td><td colspan="2">接口种类</td><td>试验段长度(m)</td></tr>
<tr><td></td><td colspan="3"></td><td colspan="2"></td><td></td></tr>
<tr><td>试验段上游</td><td colspan="3">试验水头</td><td colspan="3">折合实际试验水头允许渗水量</td></tr>
<tr><td></td><td colspan="3"></td><td colspan="3"></td></tr>
<tr><td rowspan="5">渗水量测定记录</td><td>次</td><td>观测起始时间</td><td>观测结束时间</td><td>恒压时间</td><td>恒压时间内补</td><td>实测渗水量</td></tr>
<tr><td>1</td><td></td><td></td><td></td><td></td><td></td></tr>
<tr><td>2</td><td></td><td></td><td></td><td></td><td></td></tr>
<tr><td>3</td><td></td><td></td><td></td><td></td><td></td></tr>
<tr><td colspan="6">折合平均实测渗水量($m^3/24h \cdot km$)</td></tr>
<tr><td>外观记录</td><td colspan="6"></td></tr>
<tr><td>评　语</td><td colspan="6"></td></tr>
</table>

施工单位：　　　　试验负责人：　　　　记录员：

监理单位：　　　　设计单位：

## 四、管道闭水试验质量要求

管道闭水试验时，应进行外观检查，不得有漏水现象，且符合下列规定时，认为管道严密性试验为合格：

（1）实测渗水量小于或等于表 2-6-2 规定的允许渗水量；

（2）管道内径大于表 2-6-2 规定的管径时，实测渗水量应小于或等于按下式计算的允许渗水量：

$$Q = 1.25D^{1/2} \tag{2-6-2}$$

式中：$Q$——允许渗水量，$m^3/24h \cdot km$；

$D$——管道内径，mm。

（3）异形截面管道的允许渗水量可按周长折算为圆形管道计。

无压力管道严密性试验允许渗水量　　表 2-6-2

| 管　材 | 管道内径(mm) | 允许渗水量($m^3/24h \cdot km$) |
|---|---|---|
| 混凝土管、钢筋混凝土管、管渠及陶土管 | 200 | 17.60 |
| | 300 | 21.62 |
| | 400 | 25.00 |
| | 500 | 27.95 |
| | 600 | 30.60 |
| | 700 | 33.00 |
| | 800 | 35.35 |
| | 900 | 37.50 |
| | 1 000 | 39.52 |
| | 1 100 | 41.45 |
| | 1 200 | 43.30 |
| | 1 300 | 45.00 |
| | 1 400 | 46.70 |
| | 1 500 | 48.40 |
| | 1 600 | 50.00 |
| | 1 700 | 51.50 |
| | 1 800 | 53.00 |
| | 1 900 | 54.48 |
| | 2 000 | 55.90 |

# ●第三节　水 压 试 验●

当管道工作压力大于或等于 0.1MPa 时，进行压力管道的强度及严密性试验，通常采用水压试验方法。

压力管道全部回填土前须进行强度及严密性试验

## 一、管道水压试验前的准备工作

(1)管道水压试验前,应编制试验设计,其内容应包括:

①后背及堵板的设计。

②进水管路、排气孔及排水孔的设计。

③加压设备、压力计的选择及安装的设计。

④排水疏导措施。

⑤升压分段的划分及观测制度的规定。

⑥试验管段的稳定措施。

⑦安全措施。

(2)管道水压试验的分段长度不宜大于1.0km。

(3)试验管段的后背应符合下列规定:

①后背应设在原状土或人工后背上;土质松软时,应采取加固措施。

②后背墙面应平整,并应与管道轴线垂直。

(4)试验管端口要求:

管道水压试验时,当管径大于或等于600mm时,试验管段端部的第一个接口应采用柔性接口或采用特制的柔性接口堵板。

(5)水压试验时,采用的设备、仪表规格及其安装应符合下列规定:

①当采用弹簧压力计时精度不应低于1.5级,最大量程宜为试验压力的1.3~1.5倍,表壳的公称直径不应小于150mm,使用前应校正。

②水泵、压力计应安装在试验段下游的端部与管道轴线相垂直的支管上。

(6)管道水压试验前应符合下列规定:

①管道安装检查合格后,应按《给水排水管道工程施工及验收规范》(GB 50268—97)第3.5.2.1款规定回填土。

②管件的支墩,锚固设施已达设计强度;未设支墩及锚固设施的管件,应采取加固措施。

③管渠接缝砂浆及混凝土强度,应达到设计规定。

④试验管段所有敞口应堵严,不得有渗水现象。

⑤试验管段不得采用闸阀作堵板,不得有消火栓、水锤消除器、安全阀等附件。

(7)试验管段灌满水后,宜在不大于工作压力条件下充分浸泡后再进行试压,浸泡时间应符合下列规定:

①铸铁管、球墨铸铁管、钢管:无水泥砂浆衬里,不少于24h;有水泥砂浆衬里,不少于48h;

②预应力、自应力混凝土管及现浇钢筋混凝土管渠:管径小于或等于1 000mm,不少于48h;管径大于1 000mm,不少于72h。

(8)管道水压试验时,应符合下列规定:

①管道升压时,管道的气体应排除,升压过程中,当发现弹簧压力计表针摆动、不稳,且升压较慢时,应重新排气后再升压。

②应分级升压,每升一级应检查后背、支墩、管身及接口,当无异常现象时,再继续升压。

③水压试验过程中，后背顶撑、管道两端严禁站人。

④水压试验时，严禁对管身、接口进行敲打或修补缺陷，遇有缺陷时，应做出标记，卸压后修补。

(9)管道水压试验的试验压力应符合表 2-6-3 的规定。

管道水压试验的试验压力(MPa) 表 2-6-3

| 管材种类 | 工作压力 $P$ | 试验压力 |
|---|---|---|
| 钢管 | $P$ | $P+0.5$ 且不应小于 0.9 |
| 铸铁及球墨铸铁管 | ≤0.5<br>>0.5 | $2P$<br>$P+0.5$ |
| 预应力、自应力混凝土管 | ≤0.6<br>>0.6 | $1.5P$<br>$P+0.3$ |
| 现浇钢筋混凝土管渠 | ≥0.1 | $1.5P$ |

## 二、水压试验

水压试验包括管道强度及严密性试验两项内容，当试验管段内气体排除后方可进行下述两项试验。

(1)管道强度试验　在水压升至试验压力后，保持恒压 10min，检查接口，管身无破损及漏水现象时，管道强度试验为合格。

(2)管道严密性试验　通常采用放水法或注水法。

**1. 放水法试验**

(1)将水压升至试验压力，关闭水泵进水截门，记录降压 0.1MPa 所需的时间 $T_1$。打开水泵进水节门。再将管道压力升至试验压力后，关闭水泵进水节门。

(2)打开连通管道的放水截门，记录降压 0.1MPa 的时间 $T_2$，并测量在 $T_2$ 时间内，从管道放出的水量 $W$。

(3)实测渗水量应按下式计算：

$$q = W/(T_1 - T_2) \cdot L \tag{2-6-3}$$

式中：$q$——实测渗水量，L/min · m；

$T_1$——从试验压力降压 0.1MPa 所经过的时间，min；

$T_2$——放水时，从试验压力降压 0.1MPa 所经过的时间，min；

$W$——$T_2$ 时间内放出的水量，L；

$L$——试验管段的长度，m。

(4)放水法试验应做记录，记录表格式如表 2-6-4。

**2. 注水法试验**

(1)水压升至试验压力后开始记时。每当压力下降，应及时向管道内补水，但降压不得大于 0.03MPa，使管道试验压力始终保持恒定，延续时间不得小于 2h，并计量恒压时间内补入试验管段内的水量。

(2)实测渗水量应按下式计算：

$$q = W/T \cdot L \tag{2-6-4}$$

式中：$q$——实测渗水量，L/min·m；

$W$——恒压时间内注入管道的水量，L；

$T$——从开始计时至保持恒压结束的时间，min；

$L$——试验管段的长度，m。

**放水法试验记录表**　　　　表2-6-4

<table>
<tr><td colspan="2">工程名称</td><td colspan="2"></td><td>试验日期</td><td colspan="2">年　月　日</td></tr>
<tr><td colspan="2">桩号及地段</td><td colspan="5"></td></tr>
<tr><td colspan="2">管道内径(mm)</td><td colspan="2">管材种类</td><td>接口种类</td><td colspan="2">试验段长度(m)</td></tr>
<tr><td colspan="2"></td><td colspan="2"></td><td></td><td colspan="2"></td></tr>
<tr><td colspan="2">工作压力(MPa)</td><td colspan="2">试验压力(MPa)</td><td>10min 降压值</td><td colspan="2">允许渗水量(L/min·km)</td></tr>
<tr><td colspan="2"></td><td colspan="2"></td><td></td><td colspan="2"></td></tr>
<tr><td rowspan="5">渗水量<br>测定记录</td><td rowspan="5">放水法</td><td>次数</td><td>由试验压力降压<br>0.1MPa 的时间</td><td>由试验压力放水下降<br>0.1MPa 的时间</td><td>由试验压力放水下降<br>0.1MPa 的放水量</td><td>实测渗水量 $q$<br>(L/min·m)</td></tr>
<tr><td>1</td><td></td><td></td><td></td><td></td></tr>
<tr><td>2</td><td></td><td></td><td></td><td></td></tr>
<tr><td>3</td><td></td><td></td><td></td><td></td></tr>
<tr><td colspan="5">折合平均实测渗水量(L/min·km)</td></tr>
<tr><td colspan="2">外观</td><td colspan="5"></td></tr>
<tr><td colspan="2">评语</td><td colspan="2">强度试验</td><td></td><td>严密性试验</td><td></td></tr>
</table>

施工单位：　　　　试验负责人：　　　　记录员：

监理单位：　　　　设计单位：

(3)注水法试验应做记录，记录表格式如表2-6-5。

**注水法试验记录表**　　　　表2-6-5

<table>
<tr><td colspan="2">工程名称</td><td colspan="2"></td><td colspan="2">试验日期</td><td colspan="2">年　月　日</td></tr>
<tr><td colspan="2">桩号及地段</td><td colspan="6"></td></tr>
<tr><td colspan="2">管道内径(mm)</td><td colspan="2">管材种类</td><td colspan="2">接口种类</td><td colspan="2">试验段长度(m)</td></tr>
<tr><td colspan="2"></td><td colspan="2"></td><td colspan="2"></td><td colspan="2"></td></tr>
<tr><td colspan="2">工作压力(MPa)</td><td colspan="2">试验压力(MPa)</td><td colspan="2">10min 降压值</td><td colspan="2">允许渗水量(L/min·km)</td></tr>
<tr><td colspan="2"></td><td colspan="2"></td><td colspan="2"></td><td colspan="2"></td></tr>
<tr><td rowspan="5">渗水量<br>测定记录</td><td rowspan="5">注水法</td><td>次</td><td>达到试验压力<br>的时间 $t_1$</td><td>恒压结束<br>时间</td><td>恒压<br>时间</td><td>恒压时间内补入的水量</td><td>实测渗水量 $q$<br>(L/min·m)</td></tr>
<tr><td>1</td><td></td><td></td><td></td><td></td><td></td></tr>
<tr><td>2</td><td></td><td></td><td></td><td></td><td></td></tr>
<tr><td>3</td><td></td><td></td><td></td><td></td><td></td></tr>
<tr><td colspan="6">折合平均实测渗水量(L/min·km)</td></tr>
<tr><td colspan="2">外观</td><td colspan="6"></td></tr>
<tr><td colspan="2">评语</td><td colspan="2">强度试验</td><td colspan="2"></td><td>严密性试验</td><td></td></tr>
</table>

施工单位：　　　　试验负责人：　　　　记录员：

监理单位：　　　　设计单位：

**3. 管道严密性试验**

管道严密性试验时，不得有漏水现象，且符合下列规定时，严密性试验为合格。

(1)实测渗水量小于或等于表2-6-6规定的允许渗水量。

**压力管道严密性试验允许渗水量** 表2-6-6

| 管道内径(mm) | 允许渗水量(L/min·km) | | |
|---|---|---|---|
| | 钢管 | 铸铁管、球墨铸铁管 | 预(自)应力混凝土管 |
| 100 | 0.28 | 0.70 | 1.40 |
| 125 | 0.35 | 0.90 | 1.56 |
| 150 | 0.42 | 1.05 | 1.72 |
| 200 | 0.56 | 1.40 | 1.98 |
| 250 | 0.70 | 1.55 | 2.22 |
| 300 | 0.85 | 1.70 | 2.42 |
| 350 | 0.90 | 1.80 | 2.62 |
| 400 | 1.00 | 1.95 | 2.80 |
| 450 | 1.05 | 2.10 | 2.96 |
| 500 | 1.10 | 2.20 | 3.14 |
| 600 | 1.20 | 2.40 | 3.44 |
| 700 | 1.30 | 2.55 | 3.70 |
| 800 | 1.35 | 2.70 | 3.96 |
| 900 | 1.45 | 2.90 | 4.20 |
| 1 000 | 1.50 | 3.00 | 4.42 |
| 1 100 | 1.55 | 3.10 | 4.60 |
| 1 200 | 1.65 | 3.30 | 4.70 |
| 1 300 | 1.70 | — | 4.90 |
| 1 400 | 1.75 | — | 5.00 |

(2)当管道内径大于表2-6-6规定时，实测渗水量应小于或等于按下列公式计算的允许渗水量：

钢管：
$$Q=0.05\sqrt{D} \tag{2-6-5}$$

铸铁管、球墨铸铁管：
$$Q=0.1\sqrt{D} \tag{2-6-6}$$

预应力、自应力混凝土管：
$$Q=0.14\sqrt{D} \tag{2-6-7}$$

式中：$Q$——允许渗水量，L/min·km；

$D$——管道内径，mm。

(3)现浇钢筋混凝土管渠实测渗水量应小于或等于按下式计算的允许渗水量：

$$Q=0.014D \tag{2-6-8}$$

式中：$Q$——允许渗水量，L/min·km；

$D$——管道内径，mm。

(4)管道内径小于或等于400mm，且长度小于或等于1km的管道，在试验压力下，10min

降压不大于 0.05MPa 时,可认为严密性试验合格。

(5)非隐蔽性管道,在试验压力下,10min 压力下降不大于 0.05MPa,且管道及附件无损坏,然后使试验压力降至工作压力,保持恒压 2h,进行外观检查,无漏水现象认为严密性试验合格。

## ●第四节　满 水 试 验●

水池施工完毕后必须进行满水试验,满水试验合格后,方才可进行池壁外的各项工序及回填土方。在满水试验中并应进行外观检查,不得有漏水现象。

### 一、试 验 准 备

(1)水池满水试验前,应具备以下条件:

①池体的混凝土或砖石砌体的水泥砂浆已达到设计强度。

②现浇钢筋混凝土水池的防水层、防腐层施工以及回填土以前。

③装配式预应力混凝土水池施加预应力以后,保护层喷涂以前。

④砖砌水池防水层施工以后、石砌水池勾缝以后。

⑤砖石水池满水试验与填土工序的先后安排符合设计规定。

(2)水池满水试验前,应做好下列准备工作:

①将池内清理干净,修补池内外缺陷,临时封堵预留孔洞、预埋管口及进出水口等。并检查充水及排水闸门,不得渗漏。

②设置水位观测标尺。

③标定水位测针。

④准备现场测定蒸发量的设备。

⑤充水的水源应采用清水并做好充水和放水系统的设施。

### 二、充　　水

(1)向水池内充水宜分三次进行:第一次充水为设计水深的 1/3;第二次充水为设计水深的 2/3;第三次充水至设计水深。

对大、中型水池,可先充水至池壁底部的施工缝以上,检查底板的抗渗质量,当无明显渗漏时,再继续充水至第一次充水深度。

(2)充水时的水位上升速度不宜超过 2m/d。相邻两次充水的间隔时间,不应小于 24h。

(3)每次充水宜测读 24h 的水位下降值,计算渗水量,在充水过程中和充水以后,应对水池做外观检查。当发现渗水量过大时,应停止充水。待作出处理后方可继续充水。

(4)当设计单位有特殊要求时,应按设计要求执行。

### 三、水 位 观 测

(1)充水时的水位可用水位标尺测定。

(2)充水至设计水深进行渗水量测定时,应采用水位测计测定水位。水位测针的读数精度应达 1/10mm。

(3)充水至设计水深后至开始进行蓄水量测定的间隔时间,应不少于 24h。

(4)测读水位的初读数与末读数之间的间隔时间,应为 24h。

(5)连续测定的时间可依实际情况而定,如第一天测定的渗水量符合标准,应再测定一天;如第一天测定的渗水量超过允许标准,而以后的渗水量逐渐减少,可继续延长观测。

## 四、蒸发量测定

(1)现场测定蒸发量的设备,可采用直径约为 50cm、高约 30cm 的敞口钢板水箱,并设有测定水位的测针。水箱应经检验、不得渗漏。

(2)水箱应固定在水池中,水箱中充水深度可在 20cm 左右。

(3)测定水池中水位的同时,测定水箱中的水位。

## 五、水池渗水量的计算

$$q=\frac{A_1}{A_2}[(E_1-E_2)-(e_1-e_2)] \qquad (2\text{-}6\text{-}9)$$

式中:$q$——渗水量,$L/m^2 \cdot d$;

$A_1$——水池的水面面积,$m^2$;

$A_2$——水池的浸湿总面积,$m^2$;

$E_1$——水池中水位测针的初读数,即初读数,mm;

$E_2$——测读 $E_1$ 后 24h 水池中水位测针末的读数,即末读数,mm;

$e_1$——测读 $E_1$ 时水箱中水位测针的读数,mm;

$e_2$——测读 $E_2$ 时水箱中水位测针的读数,mm。

注:①当连续观测时,前次的 $E_2$、$e_2$,即为下次的 $E_1$ 及 $e_1$。

②雨天时,不做满水试验和渗水量的测定。

③按上式计算结果,渗水量如超过规定标准,应经检查,处理后重新进行测定。

水池渗水量按池壁和池底的浸湿总面积计算,钢筋混凝土水池不得超过 $2L/m^2 \cdot d$;砖石砌体水池不得超过 $3L/m^2 \cdot d$。

水池满水试验应填写试验记录,格式应符合表 2-6-7。

**水池满水试验记录** 表 2-6-7

工程名称________________ 建设单位________________

水池名称________________ 施工单位________________

| | | | |
|---|---|---|---|
| 水池结构 | | 允许渗水量($L/m^2 \cdot d$) | |
| 水池平面尺寸(m) | | 水面面积 $A_1$($m^2$) | |
| 水深(m) | | 湿润面积 $A_2$($m^2$) | |
| 测读记录 | 初读 | 末读 | 两次读数差 |
| 测读时间<br>(年、月、日、时、分) | | | |

续上表

| | | | |
|---|---|---|---|
| 水池水位 $E$(mm) | | | |
| 蒸发水箱水位 $e$(mm) | | | |
| 大气温度(℃) | | | |
| 水温(℃) | | | |
| 实际渗水量 | (L/m$^2$ · d) | (L/m$^2$ · d) | 占允许量的百分率 |
| | | | |
| 参加单位和人员 | 建设单位 | 设计单位 | 施工单位 |
| | | | |

## 复习思考题

1. 何时进行闭水试验？何时进行水压试验？
2. 哪些管渠必须做闭水试验？
3. 简述闭水试验的基本试验程序。
4. 闭水试验时，如何判定管道严密性试验结果？
5. 水压试验包括哪些内容？
6. 水压试验时，如何判定管道强度试验和管道严密性试验结果？
7. 水池满水试验前，应做好哪些准备工作？
8. 简述满水试验的基本试验程序。

# 参考文献


[1] 陈方晔. 监理概论[M]. 北京:人民交通出版社,2007.

[2] 周瑜. 施工监理基础[M]. 北京:人民交通出版社,2005.

[3] 黄兴安. 市政工程施工监理实用手册[M]. 北京:中国建筑工业出版社,2001.

[4] 许焕兴. 监理工程师实务手册[M]. 北京:机械工业出版社,2005.

[5] 韩明,邓祥发. 建设工程监理基础[M]. 天津:天津大学出版社,2004.

[6] 雷俊卿. 合同管理[M]. 北京:人民交通出版社,2005.

[7] 梁世连. 工程项目管理[M]. 北京:人民邮电出版社,2002.

[8] 刘三会. 公路工程监理[M]. 北京:机械工业出版社,2005.

[9] 皮振益. 道路工程施工便携手册[M]. 北京:中国电力出版社,2006.

[10] 李宇峙. 工程质量监理[M]. 北京:人民交通出版社, 1999.

[11] 郝素先. 施工监理基础[M]. 北京:人民交通出版社,2003.

[12] 唐杰军,蒋玲. 公路施工监理[M]. 北京:人民交通出版社,2006.

[13] 中国交通部建设监理协会. 交通建设工程安全监理[M]. 北京:人民交通出版社, 2007.

[14] 浙江省交通厅工程质量监督站. 公路施工环境保护监理[M]. 北京:人民交通出版社, 2006.

[15]《城镇道路工程施工与质量验收规范》(CJJ 1—2008)[S]. 北京:中国建筑工业出版社,2008.

[16] 赵卫平. 路基路面检测技术[M]. 北京:人民交通出版社,2006.

[17] 王建华,孙胜江. 桥涵工程试验检测技术[M]. 北京:人民交通出版社,2004.

[18] 张俊平,周建宾. 桥梁检测与维修加固[M]. 北京:人民交通出版社,2006.

[19] 梅月植. 市政工程质量监督手册(第二版)[M]. 北京:中国建筑工业出版社,2005.

[20] 金桃,张美珍. 公路工程检测技术[M]. 北京:人民交通出版社,2002.